Theoretische Kartographie

Studienbücherei Kartographie
Band 1

Herausgegeben von:
R. Ogrissek (Leiter),
P. Bauer, E. Haack, R. Habel, F. Hoffmann, W. Stams, F. Töpfer

Theoretische Kartographie

Eine Einführung

Mit 92 Abbildungen

R. Ogrissek

VEB Hermann Haack
Geographisch-Kartographische Anstalt
Gotha

Autor:
NPT Prof. Dr. phil. habil. Rudi Ogrissek (Technische Universität Dresden)

Lektor: Dipl.-Geogr. M. Böttcher

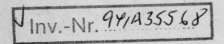
ISBN 3-7301-0570-1

LSV 5124
1. Auflage 1987
VLN 1001, 320/1/87-K2/64, 162/86 (7857)
© VEB Hermann Haack, Geographisch-Kartographische Anstalt Gotha

Lichtsatz: Karl-Marx-Werk Pößneck V 15/30
Offsetdruck und Buchbinderei: Mühlhäuser Druckhaus
Einbandgestaltung: R. Wendt, Berlin

966 331 5 / Theoretische Kartographie
01960

Vorwort

Die vorliegende monographische Darstellung der Theoretischen Kartographie mit dem Charakter eines Hochschullehrbuches ist der erste Band einer auf insgesamt sieben Bände konzipierten „Studienbücherei Kartographie" und basiert im wesentlichen auf drei Quellen.

Zum **ersten** sind dies die langjährigen Erfahrungen des Verfassers in der praktischen Kartenherstellung, insbesondere in der kartenkonzeptionellen, der kartengestalterischen und der kartenredaktionellen Tätigkeit.

Zum **zweiten** handelt es sich um intensive Studien zur theoretischen Kartographie in Verbindung mit den aus der genannten praktischen Tätigkeit gewonnenen theoretischen Erkenntnissen, die auch in entsprechenden Veröffentlichungen zahlreich niedergelegt und somit zur Diskussion gestellt wurden. Diese Arbeiten haben zu einem System der Theoretischen Kartographie geführt, für das SALIŠČEV (1982) besondere Aufmerksamkeit empfahl. Das System fußt auf einer praktikablen Hauptgliederung in theoretische und praktische Kartographie, die in der DDR von EDGAR LEHMANN, dem akademischen Lehrer des Verfassers, unter den Bezeichnungen Wissenschaft und Technik bereits 1952 vorgeschlagen wurde. Aufgaben und Methoden einer theoretischen Kartographie nannte erstmals IMHOF 1953 in Petermanns Geographischen Mitteilungen (OGRISSEK 1985). Die theoretische Kartographie wird den Auffassungen des Verfassers zufolge in eine Allgemeine Theorie der Kartengestaltung (im weiten Sinne des Wortes) und in eine Allgemeine Theorie der Kartennutzung als Hauptkomponenten gegliedert, zu denen die Geschichte der Kartographie, die kartographische Terminologie und die kartographische Ausbildung als Subkomponenten hinzukommen.

Als **dritte** Quelle müssen der Inhalt der speziellen Vorlesungen des Verfassers zur theoretischen Kartographie genannt werden, die in der Mitte der siebziger Jahre bei der Einführung des neuen Studienplanes für die Fachrichtung Kartographie an der Technischen Universität Dresden mit den Lehrteilgebieten kartographische Kommunikation und ingenieurpsychologische Grundlagen der Kartographie begonnen wurden und in deren Mittelpunkt seit dem Beginn der achtziger Jahre – damit den neuesten Erkenntnissen der theoretischen Kartographie und dem Bildungsvorlauf Rechnung tragend – die Karten als Mittel der Erkenntnisgewinnung und die damit verbundenen Probleme stehen. Die überzeugende Begründung für diese Kartenfunktion gab wiederholt SALIŠČEV. Im übrigen spiegelt sich dieser Tatbestand auch in der vorliegenden Veröffentlichung entsprechend wider.

Die didaktisch-methodische Gestaltung der Veröffentlichung im Sinne einer Einführung ist durch folgende Gesichtspunkte gekennzeichnet: Zunächst einmal sind im Sinne des Lehrbuches die bedeutsamen Studieninhalte, insbesondere des Grundlagenwissens enthalten. Die vergleichsweise geringe Anzahl Studierender der Kartographie rechtfertigt ökonomisch nicht die Schaffung eines eigenen Arbeitsbuches für die Anwendung und Festigung des Wissens zur Entwicklung bzw. Weiterentwicklung von Fähigkeiten und Fertigkeiten, die im genannten Lehrbuch angesprochen werden. Daher wurden derartige Überlegungen bei der Konzipierung der vorliegenden Darstellung in gewissem Umfange mitberücksichtigt. So dient dem vorgenannten Ziel auch die in einer weitreichenden Dezimalklassifikation zum Ausdruck kommende Strukturierung des Buchinhalts. Großer Wert wurde darauf gelegt, Impulse für das Finden von Lösungswegen bzw. das Erkennen von Problemen, Gesetzmäßigkeiten und Zusammenhängen zu geben. Ausdruck dieses Bemühens sind die relativ zahlreich dargestellten, unterschiedlichen wissenschaftlichen Denk- und Problemlösungsansätze sowie die Verweise auf weiterführende Literatur, die den Leser bzw. den Studierenden zur kritischen Auseinandersetzung mit unterschiedlichen Auffassungen anregen sollen. Gerade bei dem Umfang der ausgewerteten Literatur wird jedem Leser sicher klar werden, in welch starkem Umfange theoretisches Wissen der Kartographie, inbesondere seit der Mitte der siebziger Jahre entstanden ist. Eine herausragende Rolle spielt dabei die sowjetische Kartographie. Die dortige hohe Wertschätzung der Theorie ist dabei offenbar nicht neu, wie das nachgenannte Beispiel zeigt: Rund 10 Jahre nach Erscheinen seines großen Werkes erbat ECKERT (1939) vom Verlag Mitteilung über die Anzahl der exportierten Exemplare und erhielt folgende Auskunft: „Norwegen: 2, Schweden: 1, Italien: 1, Spanien: 2, Jugoslawien: 2, Ungarn: 2, USA: 2, China: 2, Japan: 1, Palästina: 1, Kapstadt: 2 und Rußland: 12(!)". Dem ist wohl nichts hinzufügen.

Es war das erklärte Anliegen des Verfassers, das von den sowjetischen Kartographen produzierte Wissen möglichst weitgehend zu erschließen und in dem Lehrbuch zu verarbeiten. Die im Interesse hoher Aktualität oftmals notwendig kurzfristige Beschaffung der betreffenden Veröffentlichungen aus der UdSSR wurde insbesondere durch den regen wissenschaftlichen Schriftentausch mit den bekannten sowjetischen Kartographen K. A. SALIŠČEV, A. M. BERLJANT und A. S. VASMUT, aber auch anderen, sehr erleichtert.

Hohe Bedeutung wurde vom Verfasser der Anschaulichkeit der Darstellung beigemessen. Dies drückt sich nicht zuletzt in der relativ umfangreichen Beispielswahl und den zahlreich beigegebenen graphischen Abbildungen aus, die sicherlich gut geeignet sind, das Verständnis der Textausführungen wesentlich zu fördern. Hinzu kommt der große Vorteil der Platzeinsparung, der im Idealfall auf eine kurzgefaßte Erläuterung der Abbildung hinausläuft, um die notwendige Informationsvermittlung zu gewährleisten. Der zwangsläufig begrenzte Umfang der vorliegenden Veröffentlichung bedingte, daß auch auf die Vorstellung einer Reihe von vorliegenden Ansätzen auf dem heute schon sehr großen Gebiet der theoretischen Kartographie verzichtet werden mußte und es dann mit dem Hinweis auf die betreffende Publikation zu bewenden war. Die Entscheidung war dabei nicht immer leicht, und in manchen Fällen wird der Verfasser auch andere Meinungen der Auswahl gelten lassen müssen. Letztlich aber handelt es sich um ein Lehrbuch, das in den Gesamtprozeß des Hochschulstudiums der Kartographie in der DDR – die Weiterbildung eingeschlossen – eingeordnet sein muß. Das bedeutet, daß monographische Darstellungen zu speziellen Teilen des Gegenstandes damit weder ersetzt sein wollen noch ersetzt werden können.

Bei allen Ausführungen – es handelt sich immerhin um den erstmaligen Versuch einer Darstellung der theoretischen Kartographie als System – war der Verfasser angestrengt bemüht, die Bedeutung der kartographischen Theorie für die kartographische Praxis möglichst konkret vor Augen zu führen. FRIEDRICH ENGELS hat das Problem wie folgt in prägnanter Kürze formuliert: Die Unterschätzung der Theorie ist der sicherste Weg, falschen Theorien zu verfallen!

Dresden, im Frühjahr 1983   Der Verfasser

Inhaltsverzeichnis

0. Theoretische Grundlagen der Herausbildung der Kartographie als Wissenschaft

Die *Struktur der Wissenschaft* in der Gegenwart ist im wesentlichen Maße durch ihre Gliederung in verschiedene Disziplinen bestimmt, die sich im Laufe der Geschichte des wissenschaftlichen Erkennens herausgebildet haben. Auf dem *disziplinären Gefüge der Wissenschaft* basieren alle wesentlichen Forschungsarbeiten, die Aus- und Weiterbildung wissenschaftlicher Kader, die Kommunikation wissenschaftlicher Erkenntnisse, die Organisation wissenschaftlicher Institutionen, die Berufsgliederung der Wissenschaftler usw. Auch die interdisziplinäre Zusammenarbeit ist in der Grundstruktur der Wissenschaft begründet (GUNTAU 1978). Hinsichtlich der Forschungsinstitutionen ist nicht zu übersehen, daß den multidisziplinär aufgebauten sicherlich auch in der Kartographie die Zukunft gehört.

In der Regel lösen sich im Rahmen der *Entwicklung einer Disziplin* bestimmte wissenschaftliche Tätigkeiten und Erkenntnisresultate aus anderen Wissenschaften heraus und verknüpfen sich auf neue Art. Damit zeigt sich die Verselbständigung einer Einzelwissenschaft im Sinne der Wissenschaftsdisziplin als Vorgang im Rahmen der Prozesse der Differenzierung und Integration in der Wissenschaftsentwicklung. In der Kartographie lassen sich diese Prozesse sowohl in der Geographie als auch in der Geodäsie beobachten, die daher im zu betrachtenden Falle als Mutterwissenschaften bezeichnet werden. ARNBERGER (1976) hat versucht, in einer graphischen Darstellung diese Entwicklung zu veranschaulichen, auf die hier verwiesen sei (vgl. Abbildung 1). Dabei spielten auch theoretische bzw. methodische Überlegungen schon relativ früh eine Rolle, wie das Beispiel des Geographen HETTNER (1910) zeigt. Seine Darlegungen waren im übrigen noch in den 60er Jahren so aktuell, daß sie auf Veranlassung von IMHOF im Internationalen Kartographischen Jahrbuch (1962, Bd. II) wieder abgedruckt wurden.

Die Herausbildung der Kartographie als Wissenschaftsdisziplin trägt ausgeprägten Prozeßcharakter, wie bei einer derart langen praktischen Entwicklung (BOČAROV 1966) wohl nicht anders zu erwarten. Bei der Entwicklung zur eigenständigen Disziplin zeigt sich zunächst einmal das Entstehen verschiedener selbständiger Elemente, wie Gegenstand, Ziel, kartographische Methodik, Inhalt als Disziplin, kartographische Institutionen und kartographische Berufswissenschaftler. Aber auch die Wirksamkeit in der materiellen Produktion, in anderen Wissenschaften usw. müssen hier angeführt werden, wofür die Kartographie gegenwärtig zahllose Beispiele liefert. Auf diese Problematik wird entsprechend ausführlich bei dem Kapitel (7.1.) eingegangen, das die „Geschichte der Kartographie" als Komponente der Theoretischen Kartographie behandelt. Es ist zu erkennen, daß auch die Herausbildung der Wissenschaftsdisziplin Kartographie ein sehr komplexer Vorgang ist, auf den Bedürfnisse aus der Produktionssphäre, Bedürfnisse aus der Politik und geistig-kulturelle Bedürfnisse der Gesellschaft Einfluß ausüben.

Zusammenfassend läßt sich feststellen, daß eine neue Wissenschaftsdisziplin sich kaum aus dem Stande „Null" entwickelt. Auch für die Kartographie gilt, daß diese Herausbildung erfolgt durch Abtrennung (Spezifizierung) vorhandener Wissenschaften, Fusionen von Er-

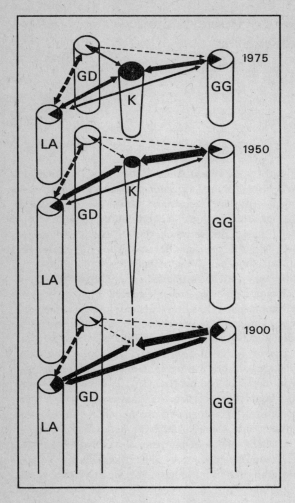

Abbildung 1
Geodäsie, Geographie und Landesaufnahme, ihre Wechselbeziehungen
kartographischer Art und ihr Beitrag
zur Entwicklung einer selbständigen
Wissenschaftsdisziplin Kartographie
(nach ARNBERGER)

Der Durchmesser der Säulen sagt nichts aus
über den Umfang der einzelnen Wissenschaften

GD   Geodäsie

GG   Geographie

K   Kartographie

LA   Landesaufnahme

▬▬▬ Beitrag aus der Theorie der Kartographie

■ ■ ■ Beitrag aus der Theorie der Geodäsie

kenntnissen zweier oder mehrerer Wissenschaften an „Nahtstellen" (vgl. Abbildung 1), Abstraktion analoger Strukturen von Erkenntnissen verschiedenster Einzelwissenschaften und
Fusion von Erkenntnissen verschiedener Wissenschaften zum Zwecke der effektivsten praktischen Beherrschung eines technischen oder gesellschaftlichen Gegenstandes, wie z.B. bei der
Automatisierung der Kartenherstellung.

Bei allen vorgenannten Fragen spielt die *Auffassung von der Disziplin* eine wichtige Rolle.
Auszugehen ist von der Gegenstandsdefinition, die von grundlegender Bedeutung ist. Daher
ist sie in dem hier behandelten System der Kartographie (OGRISSEK 1981) als „Quasi-Resul-
tante" eingeführt. Ein anschauliches Beispiel für die Gegenstandserweiterung bildet in der
Gegenwart die Ausdehnung der kartographischen Abbildungen auf andere Himmelskörper
außer der Erde. Damit werden im übrigen auch die Erkenntnisziele umrissen.

Aus wissenschaftshistorischer Sicht muß für die *Definition der Disziplin* über die Charakterisierung ihres Untersuchungsgegenstandes hinaus auch die konkrete gesellschaftliche Be-

dingtheit ihres Entstehens, einschließlich ihrer potentiellen Institutionalisierung, berücksichtigt werden. Die Auffassungen über den Begriff der wissenschaftlichen Disziplin sind gegenwärtig durchaus nicht einheitlich. Für die Belange der Kartographie erscheint die nachstehende Definition (GUNTAU 1978) am besten praktikabel: *Eine Disziplin ist ein historisch gewachsenes System wissenschaftlicher Tätigkeiten, das unter konkreten gesellschaftlichen Erfordernissen entstanden ist, zu denen sich im Laufe der Geschichte ein spezifisches Wissenschaftsziel entwickelt hat.* Die Disziplin wird durch einen *eigenen Untersuchungsgegenstand* charakterisiert, zu dem sich *entsprechende Problemstellungen und Begriffe* herausgebildet haben, die ihrerseits die Grundlage für die *Struktur der gewonnenen Erkenntnisse* (Systematik des Wissenschaftsinhalts), für die Entwicklung einer *spezifischen Kombination von Methoden (Methodik),* für einen bestimmten *Kommunikationsraum* und für gewisse *bevorzugte Denkstile* dieses Bereiches sind. Die Disziplin bildet den Rahmen für die *kontinuierliche Reproduktion* der grundlegenden Elemente dieses wissenschaftlichen Tätigkeitsbereiches im Prozeß von *Forschung* und *Lehre,* der sich auf der Basis verschiedener *institutioneller Formen* realisiert, die gesellschaftlichen Bedürfnissen entsprechend begründet und entwickelt werden. Manche Auffassungen gehen von einer solchen Etablierung der Kartographie in den 20er und 30er Jahren aus (vgl. PÁPAY 1984).

Gegenwärtig erscheint es berechtigt, von der endgültigen Konsolidierungsphase der Kartographie als Wissenschaft zu sprechen, wenngleich nachweislich die Entwicklung regional unterschiedlich verläuft, wie ORMELING (1978) anschaulich gezeigt hat. Meinungen, nach denen die Kartographie z. B. noch immer als Teil der Geodäsie (VIDUEV u. POLIŠČUK 1977) betrachtet wird, kann man mit SALIŠČEV (1981a) nur als „ärgerlichen Anachronismus" ansprechen. Die Tatsache, daß im topographisch-kartographischen Bereich enge Bindungen zur Geodäsie und im thematisch-kartographischen zur Geographie, aber auch zu Geschichte, Geologie usw., bestehen, ändert am genannten Sachverhalt überhaupt nichts.

Diese nunmehr *eigenständige Entwicklung der Kartographie* verläuft auf der Basis stabiler gesellschaftlicher Erfordernisse und Interessen an ihrer Existenz. Für die nationalen Belange des staatlichen Vermessungs- und Kartenwesens der DDR wurde dies unlängst von SIEBER (1981), für die internationalen Belange von ORMELING (1981) überzeugend aufgezeigt. Die zahlreich neu erschlossenen Einsatzbereiche von Karten, insbesondere von thematischen, sind dafür Beweis der kartographischen Praxis genug, ebenso wie die rasch voranschreitende Entwicklung spezifischer kartographischer Institutionen. Auch weitere wissenschaftsgeschichtliche Merkmale für die Konsolidierung einer Einzelwissenschaft (GUNTAU 1978) lassen sich für die Kartographie nachweisen und somit zur Beweisführung für die Eigenständigkeit der Wissenschaftsdiziplin heranziehen: Durch die spezifische gegenstandsbezogene Forschung und Lehre realisiert sich die *Reproduktion der Disziplin* als relativ selbständiger Bereich wissenschaftlicher Tätigkeit. Die von SALIŠČEV (1980) gegebene Prognose der Entwicklung bis zum Ende unseres Jahrtausends läßt die Beständigkeit und die neuen Tendenzen erkennen und macht auch die Schlußfolgerungen für die Reproduktion der Wissenschaft Kartographie deutlich. Es vollzieht sich die systematische *Applikation ihrer Resultate* in den verschiedenen Bereichen der materiellen Produktion, z. B. bei der Projektierung von Kartenzeichensystemen (ŠIRJAEV 1980) oder bei der rechnergestützten Kartenherstellung, sie beeinflußt das philosophische Denken z. B. bei der Erkenntnisgewinnung (OGRISSEK 1982a, VASMUT 1976a) oder bei der Generalisierung (PÁPAY 1975a u. 1975b), gewinnt wachsende Bedeutung für andere einzelwissenschaftliche Tätigkeiten, z. B. bei der geographischen Prognose der Umweltentwicklung (KUGLER 1978) und dringt ein in verschiedene weitere Sphären des gesellschaftlichen Lebens, wie z. B. in das Bildungswesen (BREETZ 1982) oder in das Militärwesen (EWERT 1973a).

Diese Phase der Disziplinentwicklung wird auch in der Kartographie wesentlich durch die Wirksamkeit ihrer Eigengesetzlichkeit bestimmt. Es bilden sich spezifische theoretische Auffassungen heraus, die die gefundenen Phänomene nicht nur erklären, sondern gleichzeitig auch neue Problemstellungen hervorbringen, wie z. B. solche im Zusammenhang mit der Erforschung der Wahrnehmung von Karteninhalten (ARNBERGER 1982, BOLLMANN 1981, BERLJANT, GUSAROVA u. DERGAČEVA 1980, OGRISSEK 1982 b u. a.). Diese werden dann ihrerseits als Triebkraft der Erkenntnis wirksam. So entwickeln sich beständig Erfordernisse nach neuen Erkenntnissen sowohl aus den Resultaten der Erkenntnistätigkeit der betreffenden Disziplin selbst als auch aus den Anforderungen anderer gesellschaftlicher Tätigkeitsbereiche, deren Umfang im einzelnen für die Kartographie nur noch schwer voll überschaubar ist. Ausdruck dieser Entwicklung sind letztlich die zahlreich existierenden und weiter wachsenden „Kartographien", in nicht wenigen Fällen nach dem Darstellungsgegenstand bezeichnet (z. B. geographische Kartographie, topographische Kartographie, geologische Kartographie, Umwelt-Kartographie, Planungs-Kartographie, Bevölkerungs-Kartographie, See-Kartographie und Luftfahrt-Kartographie u. a.). Außer den bereits genannten Momenten der Disziplinbildung sind bedeutsam (GUNTAU 1978): das Entstehen einer bestimmten Qualität der wissenschaftlichen Tätigkeit auf dem betreffenden Erkenntnisgebiet und der enge Zusammenhang mit der Entwicklung spezialisierter wissenschaftlicher Tätigkeiten der betreffenden Disziplin im Rahmen der gesellschaftlichen Arbeitsteilung. Die Feststellung, daß die Einheit von Theorie, Methodik und Instrumentarium die wesentliche Grundbedingung im Prozeß der Disziplinbildung darstellt, mit der die Emanzipation einer neuen Disziplin abgeschlossen wird (FABIAN u. a. 1978), kann auch für die Kartographie Gültigkeit erhalten.

Eine wichtige Rolle spielt im vorgenannten Zusammenhang der schon erwähnte *Reproduktionsprozeß*, dessen Einordnung, in der Form des Reproduktionszyklus, in den Komplex der Disziplinbildung (LAITKO 1978 a) auch für die Kartographie wie folgt zu sehen ist. Auszugehen ist davon, daß es für eine Wissenschaftsdisziplin einen spezifischen Reproduktionsprozeß gibt. Dieser verbindet erstens gegenstandsorientiert die von der Forschungsfront ausgehenden Kenntnisse mit ihrer Verarbeitung im Lehrsystem und der rückwirkenden Migration ausgebildeter Kader an die Forschungsfront und zweitens die von der Forschungsfront ausgehenden Kenntnisse mit ihrer Applikation an der Forschungsfront selbst, in anderen Disziplinen, in verschiedenen Bereichen der Praxis mit dem rückwirkenden Einströmen oder mittels dieser Anwendungen erzeugten neuen Erkenntnisbedürfnisse, Erkenntnismittel usw. an die Forschungsfront. Wesentlich ist dabei, daß wir es überall mit Prozeßfolgen zu tun haben, die ein spezifisches Zeitregime besitzen.

Abschließend sei in gewissem Sinne zusammenfassend darauf hingewiesen, daß es auch in der neuesten Literatur genügend Belege dafür gibt, wonach das Selbstverständnis eines Gebietes als Disziplin, als ein verläßlicher Beleg für den tatsächlichen disziplinären Status dieses Bereichs verstanden wird. LAITKO (1978 a) zitiert den sowjetischen Wissenschaftstheoretiker PELC, der das „empirisch-historische" Kriterium als entscheidendes hervorhebt, wie folgt: „Wenn eine Gruppe von Personen sich selbst als Vertreter einer bestimmten Wissenschaftsdisziplin bezeichnet, wenn darüber hinaus auch Vertreter anderer Wissenschaftsdisziplinen sie als solche betrachten, wenn Bücher, Lehrbücher und Zeitschriften erscheinen, in deren Titeln die Bezeichnung der gegebenen Wissenschaftsdisziplin steht und deren Inhalt dem Gegenstand der gegebenen Disziplin entspricht, wenn schließlich wissenschaftliche Einrichtungen bestehen, deren Namen gleichfalls der gegebenen Wissenschaftsdisziplin entsprechen, dann muß man annehmen, daß die gegebene Disziplin eine selbständige, besondere Wissenschaftsdisziplin ist." Nach dem Vorangegangenen ist aus der Sicht der Kartographie dem hier wohl nichts hinzuzufügen.

1. Begriff der theoretischen Kartographie und Theorienbildung in der Kartographie

1.1. Merkmale einer Wissenschaft und kartographisches Wissen als Elemente einer theoretischen Kartographie

Der Begriff der „theoretischen Kartographie" ist nur zu erfassen, wenn man die Merkmale einer *Wissenschaft* zum gegenwärtigen *kartographischen Wissen* in Beziehung setzt. Die Begründung liefert die *Definition der Wissenschaft* (LAITKO 1978b) als „gesellschaftliche Tätigkeit, die auf die Gewinnung, Verarbeitung, Vermittlung und Anwendung von Erkenntnissen über gesetzmäßige Zusammenhänge in der objektiven Realität, im gesellschaftlichen Bewußtsein und in den Wechselbeziehungen beider gerichtet ist. Spezifisches Primärprodukt dieser Tätigkeit ist *Wissen*, das heißt logisch geordnete, verifizierte, mitteil- und reproduzierbare gesellschaftlich gültige Erkenntnis."

Den Hauptbestandteil des Wissens bilden die *wahren Aussagen*[1]. Zum Wissen gehören ferner (SCHREITER 1978) Bewertungen[1] (in Form von Werturteilen[1]), Handlungsanweisungen[1] (in Form von Aufforderungen[1]) und Normen[1] (z. B. als Verfahrensregeln). Eine große Rolle für die theoretische und die praktische Kartographie spielen dabei die *Handlungsanweisungen*. Das sind Gedanken, die anweisen, wie bestimmte materielle oder geistige Tätigkeiten von Menschen ausgeführt werden sollen. Handlungsanweisungen sind zum Beispiel Pläne, methodische Vorschriften, Befehle, strategische oder taktische Konzeptionen usw. (WITTICH 1978). Diese Art von Anweisungen zum Handeln sind in der Kartographie als Zeichenvorschriften, Redaktionspläne, Redaktionsanweisungen, Instruktionen für die Schreibweise geographischer Namen, Kartenkonzeption, Atlasprojekte usw. gut bekannt. Weitaus geringer entwickelt sind gegenüber diesen Handlungsanweisungen für die Kartengestaltung diejenigen für die Kartennutzung. Hier fehlt teilweise sogar noch elementares kartographisches Wissen, beispielsweise darüber, in welcher Reihenfolge die kartographischen Informationen am günstigsten zu dekodieren sind. Aber auch die Erforschung der maßgeblichen *Kartennutzungsbedingungen* gehört dazu. Es ist seit langem bekannt, daß eine optimale Gestaltung einer Karte für einen konkreten Zweck nicht beliebig erfolgen kann. Genauso kann die Art der Nutzung dieser Karte nicht auf beliebige Weise (z. B. BERLJANT 1978a, MUEHRCKE 1978) erfolgen. Damit dürfte ausreichend bewiesen sein, daß sich die vorgenannten Merkmale auch in der Kartographie, zumindest auf dem Gebiet der Kartengestaltung, eindeutig nachweisen lassen.

Dabei hat insbesondere die Nutzbarmachung von Erkenntnissen der *Modelltheorie* und der *Semiotik* (OGRISSEK 1982a, BERTIN 1974, GABBLER 1969) zur wissenschaftlichen Begründung der theoretischen Kartographie auf dem Gebiet der Kartengestaltung beigetragen. Wissens-

---

1 Als philosophische Kategorien hier zu definieren.

zuwachs ist eine wichtige Voraussetzung für die Theorienbildung in der Kartographie. Dabei existiert *Wissen* stets als ein mehr oder weniger geordnetes System. Diese Ordnung des Wissens kann nicht durch eine andere Wissenschaft, sondern nur durch die Kartographie selbst erfolgen, konkret durch die theoretische Kartographie. Dieses Wissen kann man auch in der Kartographie *unterscheiden* durch (SCHREITER 1978):

– die Elemente in ihrer Spezifik,
– die Anzahl der Elemente und
– die Grade der Ordnung des jeweiligen Systems.

Für die Kartographie läßt sich heute unschwer konstatieren, daß alle drei Komponenten insbesondere in den 70er Jahren rapid an Bedeutung gewonnen haben. Überzeugende Beweise dafür sind beispielsweise die Schaffung einer eigenen Rubrik „Theorie der Kartographie" im „Referativnij žurnal" der sowjetischen Kartographie und die wachsende Anzahl dort nachgewiesener Veröffentlichungen. Aber auch die früheren, bereits richtungweisenden Monographien dürfen nicht übersehen werden; erinnert sei an ASLANIKAŠVILI (1969), BOČAROV (1966), BOČAROV u. NIKOLAEV (1957), BUNGE (1962), SALIŠČEV (1967), VOLKOV (1961), PREOBRAŽENSKI (1956), ARNBERGER (1966), WITT (1967), IMHOF (1951 u. 1965), RIMBERT (1962), ROBINSON u. SALE (1969), RAISZ (1962), RATAJSKI u. WINID (1960), CLAVAL u. WIEBER (1969) und andere.

Auch für das *kartographische Wissen* gilt uneingeschränkt die bedeutsame Feststellung von LAITKO (1978 b): Das Wissen ist Einheit von ideellem Abbild des Erkenntnisgegenstandes und materiellem Ausdruck dieses Abbildes in Zeichensystemen. Das in Zeichengestalt (hierzu zählt die Schrift) gespeicherte Wissen gehört zur gegenständlichen Kultur der Gesellschaft. Aus diesem Grund rechnen wir übrigens berechtigt die historischen Karten auch zu den gegenständlichen Kulturdenkmalen.

Wissen ist einerseits als Produkt der wissenschaftlichen Erkenntnistätigkeit und andererseits als deren Bestandteil aufzufassen. In diesem Sinne ist Wissen also Voraussetzung und Ergebnis wissenschaftlicher Tätigkeit.

In der Kartographie sind *zwei Arten von Wissen* bzw. *zwei Arten von Erkenntnissen* zu unterscheiden: zum einen diejenigen, die sich auf den in der Karte abgebildeten georäumlich determinierten Gegenstand beziehen und zum anderen diejenigen, die die Karte selbst (z. B als Erkenntnismittel oder als Kommunikationsmittel) betreffen (OGRISSEK 1982).

Wesentlicher Bestandteil der Wissenschaft ist das *theoretische Wissen*. Es entsteht durch Ordnen von bekannten Erscheinungen, Zusammenhängen und Erkenntnissen, durch Abstraktion und Systematisieren (HÖRNIG 1974). Auf diese Weise, die für die gegenwärtige Entwicklung der theoretischen Kartographie, aber auch für die des vergangenen Jahrzehnts insbesondere typisch ist, entsteht auch in der Kartographie theoretisches Wissen. Dieses ist geeignet, den Inhalt einer theoretischen Kartographie zu bilden.

Das *Entstehen einer Theorie* ist schließlich vor allem dadurch gekennzeichnet, daß sie ein *System von Kenntnissen über die objektiven Gesetzmäßigkeiten eines Gegenstandes* entwickelt. Daher ist eine einheitliche Gegenstandsbestimmung in der Kartographie so wichtig. In den Bereich theoretischen Wissens müssen auch *Hypothesen* und wissenschaftliche Voraussagen, *Prognosen*, einbezogen werden. *Alle Theorien werden durch die Praxis überprüft, korrigiert und gehen dann als bestätigte wissenschaftliche Erkenntnisse in das theoretische System der jeweiligen Wissenschaft* (HÖRNIG 1974) *ein.* Ausdruck dieses Sachverhalts ist in der Kartographie die Lage auf dem Gebiet der kartographischen Generalisierung (TÖPFER 1974). Infolge ungenügenden theoretischen Wissens um die Spezifik dieses zentralen Problems der Kartengestaltung sind beispielsweise eine Reihe von praktischen Aufgaben der rechnergestützten Generalisierung noch nicht befriedigend gelöst. Die theoretische Begründung muß auch erkenntnistheoretische Elemente einschließen, wie jüngst deutlich gemacht wurde (PÁPAY 1975 a).

Zu den gegenwärtigen Merkmalen einer Wissenschaft gehört auch die zunehmende *Herausbildung arbeitsteiliger Prozesse.* Sie verlangen eine wissenschaftliche Leitung und Planung sowie eine umfangreiche organisatorische Tätigkeit. Diese muß nach den objektiven Erfordernissen des wissenschaftlich-technischen Fortschritts gestaltet werden und trägt in zunehmendem Maße den *Charakter wissenschaftlicher Arbeit* (HÖRNIG 1974). Diese Aufgabe ist auch bedeutsam für die gesellschaftliche Wirksamkeit der Kartographie. Wir sprechen daher auch in der DDR von der wissenschaftlichen Arbeitsorganisation, abgekürzt WAO. Sie ist mit der Technologie der Kartenherstellung eng verbunden. Die grundsätzliche Bedeutung dieser Problematik für Theorie und Praxis von Geodäsie und Kartographie in der DDR wurde überzeugend von ALBERT (1976) dargelegt.

Die erfolgreiche *Anwendung der Erkenntnisse der Wissenschaft in der Praxis* ist in hohem Maße abhängig von einem richtigen Verständnis
– für die *Dialektik des wissenschaftlich-technischen Fortschritts,*
– für den *Platz und die Möglichkeiten einer speziellen Wissenschaft und der ihr eigenen Methoden* sowie
– der *Beziehungen zu anderen Wissenschaften* (HÖRNIG 1974).
Auf die Kartographie übertragen heißt das: Anerkennung der Bedeutung des wissenschaftlich-technischen Fortschritts als quantitative und qualitative Veränderungen in Wissenschaft und Technik, die die vorhandenen Produktionsfonds, Maschinen, Anlagen und Gebäude vervollkommnen und eine höhere Arbeitsproduktivität ermöglichen. Daraus sind dann entsprechende Schlüsse für die Theorie und Praxis der Kartenherstellung zu ziehen (SIEBER 1976). Einerseits geht es dabei um die *Vervollkommnung der kartographischen Produktionsprozesse* durch die Einführung bereits bekannter technischer Lösungen. Das Ziel besteht in solchen Lösungsvarianten, die
– eine höhere Arbeitsproduktivität,
– eine Verbesserung der Gebrauchswerteigenschaften der kartographischen Erzeugnisse und
– Materialeinsparungen mit sich bringen.
Andererseits geht es auch um *grundsätzlich neuartige Lösungen* für Technologien und Arbeitsinstrumente. Diese führen – neben einer höheren Arbeitsproduktivität und anderen quantitativ meßbaren Kennziffern – zugleich zu qualitativen Veränderungen im kartographischen Produktionsprozeß und seinen kartographischen Produkten. Ein anschauliches Beispiel stellt wohl die kombinierte Zusammenstellungsoriginal-/Herausgabeoriginalbearbeitung dar. Im übrigen liegt hier das große Einsatzfeld der Mechanisierung und Automatisierung der Kartenherstellung, die aber im Hinblick auf die Zukunft im Zusammenhang mit der Automatisierung der Kartennutzung gesehen werden muß.

Die wissenschaftliche Erkenntnis ist eingebettet in den gesamtgesellschaftlichen Arbeitsprozeß, weil die Wissenschaft nur in diesem Zusammenhang zur Produktivkraft werden kann. „*Der Prozeß der Vergesellschaftung der Wissenschaft hat aus ihr eine bedeutende Institution werden lassen, die gewaltige materielle Mittel zu ihrem Unterhalt benötigt*" (HÖRNIG 1974), aber auch immer stärker als Produktivkraft wirksam wird. Dieser Prozeß läßt sich auch in der Kartographie beobachten. So sind Ausbildungsstätten für Kartographie an Hochschulen ohne entsprechende materiell-technische Basis auf dem Gebiet der Automatisierung kartographischer Prozesse heute undenkbar. Selbstverständlich werden diese nicht gerade billigen Anlagen auch für die Forschung und nicht selten für die Lösung praktischer Aufgaben genutzt. Ein bekanntes Beispiel zeigt das Kartographische Institut der ETH Zürich (BRANDENBERGER 1980) mit der ständigen Laufendhaltung der Flugsicherungsangaben der ICAO-Karte der Schweiz auf rechnergestützter Grundlage. Eigene, das heißt spezielle kartographische Forschungsinstitute oder zumindest kartographische Forschungsabteilungen an geodätischen oder geographischen Forschungsinstituten existieren in jedem kartographisch entwickelten Land, also auch in der DDR. Zudem verfügen nicht wenige kartographische Betriebe sozialistischer Länder über eigene Forschungseinrichtungen (für die DDR vgl. KLUGE 1982), die sich speziell mit der Anwendungsforschung befassen. Die vorgenannten Lehreinrichtungen hingegen betreiben vorwiegend Grundlagenforschung.

Der schnelle Fortschritt des menschlichen Wissens hat zu einer sehr weitgehenden *Differenzierung der Wissensgebiete* und zum *Entstehen zahlreicher neuer Spezialdisziplinen* geführt. In der Kartographie spiegelt sich dieser Prozeß im Entstehen immer neuer „Kartographien" wider. Zunächst einmal zeugt diese Entwicklung von dem enormen Bedeutungszuwachs der Kartographie, insbesondere der thematischen Kartographie, für die verschiedenen Zweige der Volkswirtschaft. Aus terminologischer Sicht muß man diese Entwicklung jedoch kritisieren oder zumindest bedauern. Aber Begriffe wie „Umweltkartographie" oder „Planungskartographie" haben sich bereits einen festen Platz in der Terminologie erobert, wie dies bei „Atlaskartographie" oder „Schulkartographie" seit längerem der Fall ist. Dennoch sind Begriffsbildungen wie „Computerkartographie" oder „Overhead-Kartographie" wohl wenig glückliche Schöpfungen. Das dürfte nicht zu bestreiten sein.

Eine besondere Bedeutung hat die *Wissenschaft als Bildungsfaktor*. In diesem Zusammenhang nimmt sie im gesellschaftlichen Reproduktionsprozeß einen relativ selbständigen Platz ein, in dem sie für alle Bildungsformen die notwendigen Wissensgrundlagen und die Methoden des Erwerbs von Wissen ausarbeitet und vermittelt (HÖRNIG 1974). Auf dieser Tatsache beruht letztlich die große Bedeutung der wissenschaftlichen Durchdringung der *Schulkartographie*. Geographisches und z. T. auch geschichtliches Wissen sind ohne den Einsatz von Karten weder effektiv zu vermitteln noch zu erwerben. Dazu gehört aber auch entsprechendes kartographisches Grundwissen für Lehrende und Lernende.

Die Ergebnisse der Wissenschaft beeinflussen in zunehmendem Maße das technische Niveau der Produktion. Dem dienen die Anwendungsforschung und in bestimmtem Umfange die Grundlagenforschung unmittelbar. Anschaulichstes Beispiel in der Kartographie ist sicher der rechnergestützte Vollzug kartographischer Prozesse. Andererseits vergrößert die auf dem Niveau des wissenschaftlich-technischen Fortschritts stehende kartographische Produktion die Möglichkeiten der Wissenschaft. Die elektronische Datenverarbeitung bzw. die Mikroelektronik haben das hinreichend bewiesen.

Die zunehmende *Vergesellschaftung der Wissenschaft* und die *Beschleunigung des wissenschaftlich-technischen Fortschritts* erfordern eine neue Qualität der wissenschaftlichen Information und Dokumentation. Diese erhält zu einem gewissen Teil den Charakter wissenschaftlicher Erkenntnistätigkeit (HÖRNIG) 1974). In der kartographischen Praxis aller sozialistischen Länder existieren derartige staatliche Informations- und Dokumentationsinstitutionen. Diese dokumentieren sowohl vorwiegend für die wissenschaftlich-theoretische (z. B. Referativnyj žurnal, VINITI Moskau) als auch für die wissenschaftlich-praktische Tätigkeit (z. B. Cartactual, Cartographia Budapest).

Bezüglich des Zusammenhangs von *Merkmalen einer Wissenschaft* und *kartographischem Wissen* sind noch zwei Aspekte des Wissens zu nennen, ohne näher darauf einzugehen:

1. der *genetische Aspekt des Wissens*, der einen Überblick über die Entstehung der Wissenschaft aus den ursprünglichen Wissensformen gibt. Lange bevor die Kartographie als Wissenschaft existierte, gab es kartographisches Wissen. Das hat vor allem BOČAROV (1966) eindeutig nachgewiesen.
2. der *strukturelle Aspekt des Wissens*, der die vorhandenen Erkenntnisse und Erkenntnisformen einer bestimmten historischen Epoche umfaßt. Die Analyse der genetischen und strukturellen Aspekte des Wissens kann Entwicklungsgesetze erkennen lassen, die zu

neuem Wissen führen. Die Entwicklung spezieller wissenschaftlicher Disziplinen verläuft ungleichmäßig. Daher kann die eine oder die andere Wissenschaft zeitweilig in dem Disziplinenkomplex führend sein, dem sie zugeordnet ist. Dabei verwandeln sich die theoretischen Erkenntnisse dieser führenden Wissenschaft in eine allgemeine Methode zur Lösung spezieller Probleme anderer Disziplinen (ROCHHAUSEN 1971). Diesen Fall kann man gegenwärtig im Verhältnis Kartographie – Geographie beobachten, wo bestimmte Aufgaben der Geographie allein mittels der kartographischen Modellierung lösbar sind.

Verbleibt abschließend, die Frage zu stellen, welche Merkmale (Eigenschaften) der Wissenschaft *wesentlich* sind und welche nicht. Das ist keine Ermessensfrage. Objektiv ist an der Wissenschaft alles das wesentlich, was ihre Stellung im Entwicklungsprozeß der menschlichen Gesellschaft betrifft. Der Anspruch der verschiedenen Konzeptionen, *Wissenschaftstheorie* zu sein, ist daran zu prüfen, wie sie dieses zentrale Problem bewältigen (LAITKO 1978a). In diesem Sinne ist auch die Polemik SALIŠČEVS (1975) gegen die „Etablierung" einer Theorie der kartographischen Kommunikation als Grundlage der theoretischen Kartographie zu begreifen. Er setzt dieser wohlbegründet eine Theorie der kartographischen Erkenntnisgewinnung entgegen, weil erst die *Zielstellung der Erkenntnisgewinnung die Kartographie in den Stand einer wahren Wissenschaft* erhebt.

1.2. Theoriebegriff und Grundlagen der Theorienbildung in der Kartographie

1.2.1. *Begriff der Theorie und Begriff der Methode*

Nach KLAUS (1974b) ist *Theorie* zu definieren als eine systematisch geordnete Menge von Aussagen bzw. Aussagesätzen über einen Bereich der objektiven Realität oder des Bewußtseins, und die wichtigsten Bestandteile einer Theorie sind die in ihr formulierten Gesetzesaussagen über den Bereich, auf den sie sich bezieht. Daneben enthält jede Theorie auch Aussagen (vgl. Kapitel 1.1.), die sich auf einzelne empirische Sachverhalte beziehen. Der Begriff der Theorie darf jedoch nicht mit dem der Wissenschaft identifiziert werden, und zwar aus folgenden Gründen: die Mehrzahl der Wissenschaften besteht nicht nur aus systematischen Bestandteilen, die den Namen einer Theorie zu Recht tragen, sondern auch aus prätheoretischem Wissen. Darüber hinaus gehören dazu Bestandteile der Methodologie, Anleitungen zur praktischen Tätigkeit, Algorithmen über die Durchführung von Experimenten und Beobachtungen usw.

Eine wissenschaftliche Theorie muß in der Lage sein, die Sachverhalte ihres Objektbereiches zu erklären. Hier spricht man von der explikativen Funktion. Sie muß aber auch neue, bis dahin unbekannte Sachverhalte voraussagen können. Von der Erfüllung dieser beiden Funktionen, die trotz ihrer verschiedenen Rolle im Erkenntnisprozeß und in der praktischen Tätigkeit eine untrennbare Einheit bilden, hängt die Leistungsfähigkeit einer Theorie in hohem Maße ab.

Das letztendlich entscheidende *Kriterium für die Richtigkeit bzw. Brauchbarkeit einer Theorie ist die Praxis*, wobei der Zusammenhang zwischen Theorie und Praxis nicht immer direkt und unmittelbar zu sein braucht.

Ein ebenfalls wie die Praxis komplementärer Begriff zur Theorie ist der Begriff der Methode, worauf noch im Zusammenhang mit der Behandlung von Methodik und Methodologie in der Kartographie (vgl. Kapitel 1.3.) gesondert einzugehen ist. Im gegebenen Zusammenhang seien die nachstehenden Feststellungen für ausreichend erachtet: während die *Theorie ein System von Gesetzesaussagen* ist, ist die *Methode ein System von Regeln*. Der Unterschied sei an einem einfachen Beispiel erläutert. Aus der elementaren Algebra kennen wir die Formel: $(a - b)^2 = a^2 - 2ab + b^2$. Die Formel stellt ein sehr einfaches algebraisches Gesetz dar. Aber sie sagt uns nicht, was wir tun sollen oder tun dürfen usw. Die zugehörige Regel lautet: Wenn man die Differenz zweier beliebiger Zahlen quadriert, so darf man dieses Quadrat einem Ausdruck gleichsetzen, der sich ergibt, wenn man das Quadrat der ersten Zahl bildet, davon das doppelte Produkt aus beiden Zahlen abzieht und dazu das Quadrat der zweiten Zahl addiert.

Die Theorie ist gegenüber der Methode primär. Die *Methode als System von Regeln baut auf der Theorie als System von Gesetzesaussagen* auf. Infolge des bisher großen Anteils von empirischem Wissen in der Kartographie, worauf zufolge des Zusammenhanges von Empirischem und Theoretischem noch gesondert einzugehen ist, sind auch die bekannten Regeln noch ungenügend im Sinne eines Systems formuliert. Dies gilt insbesondere für die Kartengestaltung, wohl noch stärker für die Kartennutzung. Im Zuge der wissenschaftlichen Durchdringung der Kartographie ist den *Gesetzen* als objektivem, notwendigem, allgemeinem und damit wesentlichem Zusammenhang zwischen Dingen, Sachverhalten, Prozessen usw., die sich durch relative Beständigkeit auszeichnen und sich unter gleichen Bedingungen wiederholen, eine hohe Aufmerksamkeit zu schenken. Kapitel 9 befaßt sich daher abrißartig mit der Problematik von Gesetzen in der Kartographie.

1.2.2. *Begriff der Hypothese*

Der Begriff „Theorie" wird auch noch in dem Sinne gebraucht, daß man ihn dem Begriff der Hypothese gegenüberstellt. *Hypothese* wird hier als *noch nicht völlig bestätigte Theorie* aufgefaßt, und der Gang der Wissenschaft führt dann *von der Hypothese zur Theorie.* (KLAUS 1974b).

In der gegenwärtigen Entwicklungsphase der theoretischen Kartographie ist durch die Aufstellung von Hypothesen bzw. die Arbeit mit ihnen ein entsprechender Wissenszuwachs zu erwarten, sowohl für eine erforderliche Optimierung der Kartengestaltung als auch der Kartennutzung. Denn eine Hypothese wird im allgemeinen dann aufgestellt, nachdem dem Menschen in seiner theoretischen und praktischen Tätigkeit bewußt geworden ist, daß sein Wissen über einen Objektbereich und dessen planvolle Veränderung gewisse Lücken aufweist, die durch ein System von Fragen und Antworten mit einer gewissen Wahrscheinlichkeit geschlossen werden sollen (KANNEGIESSER, ROCHHAUSEN u. THOM 1971). Das bisher in der theoretischen Kartographie kaum praktizierte Arbeiten im Hypothesen macht es erforderlich, auf deren Grundprinzip abrißartig einzugehen. Unter einer Hypothese verstehen wir nach KANNEGIESSER, ROCHHAUSEN u. THOM (1971) eine zusammengesetzte Aussage über einen Objektbereich, die mindestens aus zwei Aussagen (S_{Th} und S_h) besteht. Sie werden durch eine wahrscheinlichkeitstheoretische – im einfachsten Falle durch eine deduktive – Ableitebeziehung so zusammengehalten, daß aus der verifizierten Aussage S_{Th} die noch nicht verifizierbare S_h folgt. Ist eine Menge Hypothesen $H \in h_{ij}$ ($i = 1,2..., nij = 1,2..., m$) derart gegeben, daß die Hypothese h_{im} aus h_{im} ($n = i,m = $ konst.) wahrscheinlichkeitstheoretisch – oder im einfachen Fall deduktiv – geschlossen werden kann, liegt eine aus n Spalten (= Schichten) bestehende Hypothesenhierarchie H vor. Bezüglich des theoretischen Gehaltes der Hypothesen gilt: $h_{m1} > h_{m2}... > h_{nm}$. Das heißt, mit zunehmendem n nimmt der theoretische Gehalt der Hypothesen ein und derselben Spalte ab und ihr empirischer Gehalt zu. Verschmelzen – mindestens zwei – Hypothesen h_{nm} (n = konst.) ein und derselben Schicht zu einer komplexeren Hypothese h'_{nm}, so kann diese nach ihrer Verifikation den Anfang der Entwicklung einer Theorie bilden. Dabei gilt: $h'_n > \sum h_{nm}$, d.h. der theoretische Gehalt der komplexeren Hypothese h'_n ist größer als der der einzelnen Hypothesen h_{nm} zusammengenommen. Schematisch läßt sich der Übergang durch eine Matrix verdeutlichen:

$$\rightarrow H = \{h_{ij}\} = \begin{pmatrix} h_{11} & h_{21} & \dots & h_{m1} \\ h_{12} & h_{22} & \dots & h_{m2} \\ \vdots & \vdots & & \vdots \\ h_{1n} & h_{2n} & \dots & h_{mn} \end{pmatrix} \rightarrow h'_n \rightarrow \text{Theorie}$$

1.2.3. *Notwendigkeit der Theorienbildung*

Die Darstellung der Möglichkeiten und der Prinzipien der Theorienbildung muß von den Elementen einer Theorie der Theorienbildung ausgehen. Zuerst ist jedoch die Frage nach der objektiven Notwendigkeit zur Entwicklung einer wissenschaftlichen Theorie zu beantworten. Diese objektive Notwendigkeit ist dann gegeben, wenn der Mensch im Prozeß der theoretischen und praktischen Tätigkeit hinsichtlich der zu erreichenden Ziele ein *Nicht-Wissen* registriert, das durch ein zu suchendes Wissen, welches die Theorie zu besorgen hat, aufgehoben wird. Die wissenschaftliche Theorie gilt als gefunden, wenn dieses *Nichtwissen* durch ein System von verifizierten und hypothetischen Aussagen aufgehoben ist. Diese müssen dieses *Nicht-Wissen* als Problem klären und Verhaltensmuster und Verhaltensstrategien zur Lösung dieses Problems angeben. Die Anwendung der verschiedenen Kartennetzabbildungen stellen hier ein anschauliches Beispiel dar. Daher liegen zwischen dem Registrieren eines *Nicht-Wissens* und der Formulierung einer Theorie verschiedene Stufen der Theoriebildung (KANNE-GIESSER 1971). In dem Maße wie, insbesondere in den 60er Jahren, die Anforderungen an die Kartographie nach praxiswirksameren Karten für die verschiedensten Zweige der Volkswirtschaft, für die Landesverteidigung, für die Volksbildung, für den Tourismus und für andere Zwecke stiegen, wurde deutlich, daß diese Forderungen bei dem derzeitigen Wissensstand kaum zu realisieren waren.

Das Entstehen von monographischen Darstellungen zu Einzelproblemen wie zur Projektierung von Kartenzeichensystemen (BOČAROV 1966), zur Ökonomischen Kartographie (PREO-BRAŽENSKY 1956), zur Kartometrie (VOLKOV 1950) zu mathematisch-statistischen Methoden (BOČAROV u. NIKOLAEV 1957) u. a. demonstrierten den hohen Stand der Kartographie in der Sowjetunion auf den genannten Gebieten augenfällig und war somit Ausdruck wissenschaftlicher Aufhebung von Nichtwissen. ASLANIKAŠVILI formulierte und veröffentlichte 1969 erstmalig „Fragen einer allgemeinen Theorie der Kartographie" (Aus sprachlichen Gründen, die Originalfassung erschien in georgisch, war das Werk zunächst schwer zugänglich). Mit dem Erscheinen der wertvollen Handbücher zur thematischen Kartographie von ARNBERGER (1966), WITT (1967) und IMHOF (1972) wurden bedeutsame Wissenslücken auf diesem Teilgebiet der Kartographie geschlossen. Pionierarbeit hatte IMHOF mit seiner „Kartographischen Geländedarstellung" (1965) und mit „Gelände und Karte" (1968) im Hinblick auf die diesbezügliche Theorienbildung geleistet. Auf die *Grundlagen der Theorienbildung* im Rahmen eines *theoretischen Systems* der Kartographie wurde jedoch nicht eingegangen.

Ein theoretisches System, das auch die Methoden der Theorienbildung ansprach, existierte bisher nicht.

1.2.4. Stufen der Theorienbildung

Wie bereits vorstehend angedeutet, erfolgt nach KANNEGIESSER (1971) die *Theorienbildung in verschiedenen Stufen.* Bei der Bestimmung und Charakterisierung der Stufen in der Bildung wissenschaftlicher Theorien geht KANNEGIESSER (1971), auf den sich die diesbezüglichen Ausführungen stützen, fast ausschließlich von den physikalischen Wissenschaften aus. Die Gründe dafür liegen zum einen darin, daß hier schon eine gewisse Vorarbeit geleistet wurde, und zum anderen, daß durch den hohen Grad der Mathematisierung übersichtliche Theorien und Theoriesysteme entstanden sind, deren Grundlage das Experiment ist und die sich der Mathematik zur physikalischen Beweisführung bedienen. Da die hier gewonnenen Erfahrungen im Prozeß der Theorienbildung verallgemeinert werden können und der immer bedeutsamere Ausmaße annehmende Grad der mathematischen Durchdringung der Kartengestaltung wie der Kartennutzung (Mathematisierung) eine Parallelentwicklung augenfällig macht, scheint eine Darlegung der herausgearbeiteten fünf Stufen und deren kartographischer Relevanz als Grundlagen der Theorienbildung in der Kartographie dringend geboten, weil höchst nützlich.

Es muß ein ernstliches Anliegen der Kartographie in den 80er Jahren sein, auf dem Gebiet der kartographischen Theorienbildung einen wesentlichen Schritt voranzukommen. Dabei spielt sicher die Nutzung des bereits von anderen Wissenschaften, insbesondere von der Philosophie, erarbeiteten Grundlagenwissens eine wichtige Rolle, auch im Sinne *einzelwissenschaftlicher Konkretisierung.*

Die erste Stufe in der Bildung einer wissenschaftlichen Theorie beginnt mit dem Vorhandensein eines gesellschaftlichen Bedürfnisses, das als Problem bzw. Problemfeld in Erscheinung tritt. Dieses ist seiner Natur nach ein Mangel an Information, ein Mangel an Wissen über die Wege und Methoden zum Erreichen bestimmter Ziele Z unter den Bedingungen B. Mit dem gesellschaftlichen Bedürfnis, das bestimmte Klasseninteressen zum Ausdruck bringt, deren Durchsetzung zwingt, das Problem P zu lösen, ist der Anlaß für die Bildung einer wissenschaftlichen Theorie Th gegeben. Die erste Stufe wird als *konzeptionelle Stufe* bezeichnet, weil deren Inhalt wie folgt charakterisiert wird: Bestimmung des Problems auf der Grundlage des gesellschaftlichen Bedürfnisses, seine Überprüfung an politischen, ökonomischen und wissenschaftlichen Bedingungen und Voraussetzungen, die Bestimmung der Methoden zum Erreichen des Zieles sowie die Vorstellungen und Erwartungen. Bereits der Inhalt der ersten Stufe zeigt, daß auf diesem Wege der Theorienbildung auch für die Kartographie die Gewinnung solcher Erkenntnisse vorbereitet wird, die eine wesentliche Voraussetzung für die Erhöhung der Effektivität der Kartengestaltung und der Kartennutzung bilden. Dabei besticht nicht zuletzt die Logik der Konzeption in ihrer Anwendbarkeit auch für unsere kartographische Aufgabenstellung, wie ohne weiteres einleuchtend. Unter einer Konzeption K ist eine Menge von Erfahrungen und Annahmen zu verstehen, die gemäß bestehender politischer, ökonomischer und wissenschaftlicher Bedingungen B das Lösen des Problems P zum Erreichen des Zieles Z begründen:

$$K \triangleq \{P, B, Z\}.$$

Die zweite Stufe der Bildung einer wissenschaftlichen Theorie beinhaltet die auf der Grundlage der Konzeption K zu realisierenden *zweckorientierten Beobachtungen* des durch das Problemfeld P charakterisierten Objektbereiches mit dem Ziel, das Problemfeld in eine Menge Teilprobleme T zu zerlegen. Besonders wichtig erscheint dabei für unsere kartographischen Aufgabenstellungen die Erkenntnis, daß die Teilprobleme durch logische Beziehungen so miteinander verknüpft sind, daß sie nacheinander, miteinander oder sich gegenseitig bedingend gelöst werden können. Eines der Hauptprobleme dürfte dabei sein, die *wahren Teilprobleme* zu erkennen. Bei beispielsweise derart komplizierten Objekten wie der kartographischen Generalisierung ist hier bestimmt eine schwierige Aufgabe zu lösen. Der noch immer diesbezüglich theoretisch wie praktisch unzureichende Kenntnisstand findet sicher – zumindest zu einem wesentlichen Teil – seine Erklärung darin, daß nicht konsequent genug auf die Schaffung einer wissenschaftlichen Theorie der Generalisierung im vorbeschriebenen Sinne hingearbeitet und demzufolge den Stufen der Theorienbildung keine Aufmerksamkeit gewidmet wurde. Daraus wiederum resultierte, daß dem Problem der Teilprobleme keine oder zu geringe Aufmerksamkeit geschenkt und so wichtige methodische Möglichkeiten vergeben wurden, die wie folgt aussehen: Zur Lösung der Teilprobleme werden an dem Objektbereich, z. B. die Ableitung einer Karte im Folgemaßstab, Fragen gestellt und auf der Grundlage gesellschaftlicher, kollektiver und individueller Erfahrungen Antworten gefunden, die das Wissen und die Methoden zum Erreichen des Zieles liefern oder hypothetisch angeben. Es muß in diesem Zusammenhang auch darauf hingewiesen werden, daß mit dem Auf- und Ausbau experimenteller Methoden der Psychologie für die Erforschung der Gesetzmäßigkeiten der Kartennutzung die Beobachtung erheblich an Bedeutung gewinnt. Dies gilt auch für den Einsatz von Vorstellungskarten (OGRISSEK 1983 b). Das spezifizierte System von Fragen und Antworten macht bereits das Problem aus. Dabei ist der Kern des Problems (Kernproblem) durch das zu suchende Wissen W charakterisiert, das das Nicht-Wissen W' aufhebt. Unter diesem Gesichtspunkt läßt sich die zweite Stufe der Theorienbildung als *problemorientierte Beobachtungsstufe* kennzeichnen.

Dabei verstehen wir unter einer Problemorientierung D die Zerlegung des Problemfeldes P in eine Menge Teilprobleme T'_i, die jeweils als Menge von Fragen und Antworten N_i zu verstehen sind und bezüglich einer Konzeption K ein bestimmtes Nicht-Wissen W'_i durch das zu suchende Wissen W_i aufheben:

$$D \triangleq N'_i \, (K, \, W'_i \, W_i).$$

Die dritte Stufe der Bildung einer wissenschaftlichen Theorie ist die *zielorientierte Beobachtungsstufe*, die zur Aufstellung des Beobachtungsprotokolls führt. Die zielorientierte Analyse des Objektbereiches bezüglich seiner Eigenschaften (Zustände) dient der Problemlösung, also dem Aufheben des Nicht-Wissens durch das gefundene Wissen. Dabei werden die Eigenschaften in ihren Vermittlungen, Zusammenhängen, Beziehungen und Relationen, in ihrer eigenen Geschichte, Bewegung und Entwicklung untersucht. Es liegt auf der Hand, daß kartographisches Wissen hierbei vor allem im Prozeß einer zweckentsprechend nutzer- und nutzungsdifferenzierten Kartenanalyse gefunden wird. Dabei werden sowohl die Methoden der Kartennutzung als auch deren Ergebnisse zu untersuchen sein. Das Beobachtungsprotokoll bildet dann die Grundlage für die zur nutzer- und nutzungsdifferenzierten Kartengestaltung zu ziehenden Schlußfolgerungen. Da aus ökonomischen Gründen nicht für jeden speziellen Nutzerkreis und jede spezifische Form der Kartennutzung eine eigene Variante der Kartengestaltung zur Anwendung gelangen kann, ist hier oftmals ein schwieriges Optimierungsproblem zu lösen. Für Atlanten gilt diese Feststellung konkret dann bezüglich der inhaltlichen Konzeption. Ein anschauliches Beispiel stellt die Herausgabe von unterschiedlich gestalteten Schüler- und Lehreratlanten für den Geographieunterricht dar, wie in der Sowjetunion mit Erfolg praktiziert. (Die Beachtung solcher didaktischer Prinzipien, wie die Vergleichbarkeit im Interesse der Stoffvermittlung, wird vorausgesetzt). *Die dritte Stufe der Theorienbildung* ist dadurch gekennzeichnet, daß hierbei zunehmend Invarianten der wissenschaftlichen Beobachtung, präzisierte umgangssprachliche Begriffe und verstärkt quantitative Begriffe auftreten. Kartographische Beispiele hierfür wären Kontrast, Muster oder Kartenbelastung.

Unter einer *Beobachtung* verstehen wir eine Aussage A_i, die bezüglich des Problems T_i über die Existenz oder Nicht-Existenz einer Eigenschaft E unter den raum-zeitlichen Bedingungen r Auskunft gibt:

$$R_i = A_i \{E, r\}.$$

Die ständig größer werdende Anzahl von ingenieurpsychologischen Untersuchungen mit experimentellem Charakter, vor allem auf die Erforschung von kartographischen Wahrnehmungsgesetzmäßigkeiten gerichtet (OGRISSEK 1979a), gilt diesem wissenschaftlichen Anliegen. Unter einem Beobachtungsprotokoll $\Re$ ist dann in unserem Sinne (KANNEGIESSER 1971) der Theorienbildung eine Menge von Aussagen $\mathfrak{A}$ zu verstehen, die die extensive Verteilung der Eigenschaften E_n unter den raum-zeitlichen Bedingungen r klärt und ein Wissen W darstellt, welches das Nicht-Wissen W' zum Teil oder vollkommen aufhebt:

$$\Re \triangleq \mathfrak{A} \{E_n, r\}.$$

Die Bedeutung dieser dritten Stufe der wissenschaftlichen Theorienbildung wie auch der beiden folgenden für die kartographische Theorienbildung konnte im vollen Umfange erst erkannt werden, nachdem die Rolle der Kartennutzung als *Pendant* der Kartengestaltung deutlich geworden war und damit auch das Experiment in nennenswertem Umfange in die kartographische Forschung Eingang fand (ARNBERGER 1982). Die *Analyse des Beobachtungsprotokolls* $\Re$ hinsichtlich des Auffindens empirischer Abhängigkeiten und funktioneller Zusammenhänge stellt die *vierte Stufe in der wissenschaftlichen Theorienbildung* dar. Die Inhalte dieser Stufe bilden hypothetische Annahmen und gedankliche Entwürfe über gewisse Regelmäßigkeiten, die mit gewisser Wahrscheinlichkeit Gesetzescharakter haben. Hierzu gehört auch das Finden und Erfassen gewisser partieller Ordnungszüge und die Selektierung des Gesamtgeschehens auf wesentliche Eigenschaften, die als Bestimmungsstücke präzisiert und spezifiziert werden. Im Ergebnis entsteht ein Partialmodell, das bestimmte Seiten des Gesamtgeschehens als einen relativ beständigen Zusammenhang abbildet. Dieser Zusammenhang ist durch die zwischen den Eigenschaften existierenden Beziehungen konstituiert. In dieser Stufe werden insbesondere das Experiment und die quantitative Messung wirksam. Auch für diese Stufe der Theorienbildung gilt im kartographischen Bereich das bei der Erläuterung der dritten Stufe das bezüglich der Kartennutzung bzw. der Versuchsbedeutung Gesagte. Hinsichtlich der quantitativen Messung sind besonders Versuche bedeutsam, die Aufschluß über die Dauer der Identifizierung und die Sicherheit derselben bei unterschiedlich gestalteten Kartenzeichen geben. Theorienbildungen über die Grundzüge der Gestaltung optimaler Systeme von Kartenzeichen stellen nach wie vor ein dringendes Erfordernis der praktischen Kartographie dar. Empirische Erkenntnisse der Kartographie, wie z. B. die seit langem bekannte Tatsache, daß Farbe vor Form erkannt wird, müssen in derartige Partialmodelle einbezogen werden.

Unter einem *Partialmodell F* ist dann eine Menge verifizierter und hypothetischer Aussagen U zu verstehen, die auf der Grundlage des Beobachtungsprotokolls $\Re$ eine partielle Ordnungsstruktur S abbilden:

$$F \triangleq U \{\Re, S\}.$$

Das bereits mehrfach zitierte komplizierte Problem der kartographischen Generalisierung dürfte auf der Grundlage derartiger Partialmodelle ebenfalls der Lösung näher zu bringen sein.

Die fünfte Stufe in der Entwicklung einer wissenschaftlichen Theorie beinhaltet die Vereinigung einer Menge Partialmodelle $\mathfrak{F}$ zu einem Erklärungsmodell H. Von zentraler Bedeutung sind dabei Hypothesen über die Vereinigung partieller Ordnungszüge zu einem allgemeineren Ordnungszusammenhang sowie induktive und deduktive Schlußweisen, das Beschreiben funktioneller Zusammenhänge und Folgen von Zuständen mittels mathematischer Formalisierung, die künftige Zustände mit Gewißheit oder mit einer gewissen Wahrscheinlichkeit vorauszusagen erlaubt. Diese aus dem Bereich der Physik gewonnenen Erkenntnisse sind auch für die kartographischen Belange als Nutzerverhalten beim Lesen und Interpretieren von Karten – einschließlich kartenverwandter Darstellungsformen – ohne Schwierigkeiten nutzbar zu machen. Gerade die erst in letzten Jahren erkannte Bedeutung der mathematischen Formalisierung für die wissenschaftlich-theoretische Durchdringung von Kartengestaltung und Kartennutzung (vgl. Kapitel 4.1.), bzw. die kartographische Modellierung ist eine entscheidende Voraussetzung für die Automatisierung kartographischer Prozesse.

Unter einem *Erklärungsmodell* ist eine Menge Partialmodelle $\mathfrak{F}$ zu verstehen, die einen allgemeinen Ordnungszusammenhang $\mathfrak{S}$ im Sinne eines relativ beständigen Zusammenhanges abbilden, der eine gewisse Voraussagbarkeit V ermöglicht:

$$H \triangleq \mathfrak{F} \{\mathfrak{S}, V\}.$$

Ein anschauliches Beispiel für eine Menge derartiger Partialmodelle stellen die verschiedenen Generalisierungsmaßnahmen dar, die z. B. unter den Begriffen Auswahl, Formvereinfachung, Qualitätsumschlag und Verdrängung bekannt sind (TÖPFER 1974). Deren Untersuchung unter dem Gesichtspunkt der Theorienbildung steht jedoch noch aus.

Die Vereinigung mehrerer Partialmodelle zu einem allgemeineren Zusammenhang, der durch das Erklärungsmodell repräsentiert wird, erhebt dann Anspruch, Theorie *Th* zu sein, wenn die Menge Partialmodelle $\mathfrak{F}$ aus dem Erklärungsmodell H ableitbar ist und eine Menge Verhaltensmuster und Verhaltensstrategien zur theoretischen und praktischen Beherrschung des durch die Theorie abgebildeten Objektbereiches liefert. Die theoretische und praktische Beherrschung des durch die Theorie abgebildeten Objektbereiches zeigt sich im Falle der kartographischen Generalisierung in einer den praktischen Anforderungen des Kartennutzers genügenden Wiedergabe der geographischen Realität zur Herausbildung des kartographischen Abbildes (BERLJANT 1979).

Sicher nicht zufällig ist auch der Begriff „Generalisierungsmuster" in diesem Bereich der Kartengestaltung weithin üblich.

Die Theorie muß auch den Grund enthalten, für den sie überhaupt gebildet wird, nämlich *Instrument* und *Methode* zur praktischen Veränderung der gesellschaftlichen Praxis zu sein. In unserer *Theorie der Kartennutzung* (OGRISSEK 1981a) z. B. läßt das Modell die Realisierung dieser Prämisse wie folgt erkennen. Ausgangspunkt ist die *Methodik der kartographischen Dekodierung* und der darauf fußenden *Modellnutzung*, wobei im kartographischen Methodensystem die kartographische Erkenntnismethode eine dominierende Rolle spielt (SALIŠČEV 1975). Der *konkrete Zweck* der Kartennutzung ist mit *Erkenntnisgewinnung sowie kartographische Kommunikation und anderen Zwecken* hinreichend differenziert angegeben. Die Methode steht in unserem Falle in engem Zusammenhang mit den allgemeinen Dekodierungsbedingungen, deren Kernstück die *ergonomischen Grundlagen* der Kartennutzung darstellen, und den *speziellen Dekodierungsbedingungen*. Letztere werden von den Bedingungen *automatisierter Kartennutzung* und der auf taktiler Basis erfolgenden *Dekodierung von Blindenkarten* geprägt. Einen wesentlichen Bestandteil einer Theorie der Kartennutzung bildet deren *Effektivitätsnachweis* (OGRISSEK 1981a), der insbesondere durch die Gebrauchswertbestimmung (GAEBLER 1979) sinnvoll erfolgt.

Die weitere Theorieentwicklung umfaßt ein ganzes Programm. Dieses schließt die Verallgemeinerung, Erweiterung und die Vereinigung von Theorien zu Theoriensystemen, ihre

Formalisierung, Mathematisierung, Kalkülisierung und Axiomatisierung, ihre syntaktische, semantische und pragmatische Vereinfachung und andere Gesichtspunkte der Theorienbildung ein. In unserem als Beispiel angeführten Fall, der Generalisierung, sind z. B. unter den Bedingungen des Einsatzes von Verfahren der Fernerkundung sowohl durch entsprechende Bildbearbeitung (MAREK 1981) als auch durch visuellen Vergleich die Verallgemeinerung, die Erweiterung und die Vereinigung von Theorien zu Theoriensystemen, ihre Formalisierung, Mathematisierung, Kalkülisierung und Axiomatisierung kartographisch relevant.

Die vorstehend behandelten Stufen der Theorienbildung sind also auch für die theoretische Kartographie höchst belangvoll, auch wenn sie nicht immer scharf voneinander zu trennen sind. Es läßt sich aber konstatieren, daß die Bildung einer wissenschaftlichen Theorie auch in der Kartographie durch die fünf genannten geistig-schöpferischen Bearbeitungsprozesse hinreichend charakterisiert werden kann.

Zusammenfassend kann formuliert werden (KANNEGIESSER 1971): Von der gesellschaftlichen Praxis ausgehend, die die wissenschaftliche Theorie fordert, wird konzeptionell (K) das gesellschaftliche Anliegen im Sinne gesellschaftlicher Erfordernisse, die als Problemfelder eine der möglichen Erscheinungsformen besitzen, wiedergegeben und die auf der Grundlage objektiver und subjektiver Bedingungen gewonnenen Erwartungen werden subjektiv vorweggenommen. Die Analyse des Problemfeldes P und die durch die empirischen Untersuchungen gewonnenen Lösungen ($\Re$) führen schließlich zu partiellen Modellen (F), die zu einem allgemeinen Ordnungszusammenhang (H) vereinigt, dann Anspruch haben, als wissenschaftliche Theorie Th zu gelten, wenn sie den Bogen zur Praxis – Kartengestaltung wie Kartennutzung betreffend – schließen. Sie müssen sich auf qualitativ höherer Stufe der gesellschaftlichen Erkenntnis der Praxis wieder nähern und die in der Konzeption vorweggenommenen Erwartungen erfüllen, indem sie Denk- und Handlungsvorschriften (D) zur Realisierung der gesellschaftlichen Erfordernisse liefern. Da in der Kartographie diese gesellschaftlichen Erfordernisse sowohl die Kartengestaltung als auch die Kartennutzung betreffen (OGRISSEK 1981a), bilden eine „Allgemeine Theorie der Kartengestaltung" und eine „Allgemeine Theorie der Kartennutzung" die Hauptkomponenten unseres Systems der Theoretischen Kartographie. Die Verbindung zur Praxis der zumeist institutionell verankerten Zweige der Kartographie (vgl. Kapitel 8.1. und 8.2.) erfolgt durch eine jeweils „Spezielle Theorie der Kartengestaltung" für Schulkartographie, Planungskartographie usw. und eine jeweils „Spezielle Theorie der Kartennutzung" dafür. In diesem Sinne kann man auch von einem Theoriensystem sprechen.

1.2.5. *Beobachtung und Theorienbildung in der Kartennutzung*

Für die *Theorienbildung in der Kartennutzung* ist der Beobachtung eine besondere Bedeutung zuzumessen, vor allem, weil die Prozesse der Kartennutzung der Beobachtung gut zugänglich sind. Die im naturwissenschaftlichen Bereich diesbezüglich gewonnenen methodischen Erkenntnisse (KANNEGIESSER, ROCHHAUSEN u. THOM 1971) lassen sich aus eben diesen Gründen auch für die Theorienbildung in der Kartennutzung anwenden. Ausgangspunkt für die Entstehung und Entwicklung einer wissenschaftlichen Theorie der Kartennutzung ist in der Regel auch in der Kartennutzung ein *bestimmtes gesellschaftliches Erfordernis*, das sich auf das Erreichen eines bestimmten historisch-sozial determinierten Zieles bezieht. Im Prozeß des bewußten und planvollen Erreichens dieses Zieles wird ein Mangel an Informationen sichtbar, der das Erreichen des Zieles verzögert oder unmöglich macht. Dieses Ziel bildet bei der Kartennutzung zunächst die rasche und sichere sowie umfassende Informationsaufnahme im

Sinne der Dekodierung der kodierten Informationen und der indirekten Informationen. Das bewußte Erkennen und die Beseitigung des Informationsmangels bilden auch bei der Kartennutzung eine wesentliche Triebkraft zur Entwicklung einer wissenschaftlichen Theorie. Deren Entstehung und Entwicklung verläuft über mehrere Stufen.

Die erste Stufe in der Entstehung und Entwicklung der Theorie beginnt auch bei der Kartennutzung mit dem Vorhandensein einer fruchtbaren Problemstellung, deren Grundlage oben angeführt wurde. Diese Problemstellung muß hier so beschaffen sein, daß sie auf der Basis einer *zweckorientierten und systematischen Beobachtung des Objektbereiches* sowie konzeptioneller Vorstellungen und Erwartungen die Ziele und Bedingungen zu dessen Erreichung, der Problemlösung, erkennen läßt. Die hierzu notwendigen Schritte zur Theorienbildung in der Kartennutzung sind in Anlehnung an die Bildung naturwissenschaftlicher Theorien (KANNEGIESSER, ROCHHAUSEN u. THOM 1971) wie folgt zu vollziehen. Demzufolge beginnt die Lösung des Problems mit der systematischen Beobachtung des Objektbereiches O, in dem zum Zeitpunkt t, unter den Bedingungen b, bezüglich eines bestimmten Systems wissenschaftlicher Annahmen T, die Eigenschaft E des Objektes O vom Beobachter X_{Beob} beobachtet wird. Unter einer Beobachtungsaussage ist allgemein der Ausdruck

$$X_{Beob} \ (t, b, T) \ E \ (O)$$

zu verstehen. X beobachtet zur Zeit t, unter Beachtung von b, bezüglich T an O die Eigenschaft E.

Die Beobachtungsergebnisse der Kartennutzung können sowohl unmittelbar als auch mittelbar gewonnen werden. Bei der unmittelbaren Beobachtung wird der Beobachtungsgegenstand unmittelbar durch die Sinnesorgane wahrgenommen, bei der mittelbaren Beobachtung werden Beobachtungsgeräte zu Hilfe genommen (BÖNISCH 1978). Letzteres Verfahren spielt wohl bei der Kartennutzung die größere Rolle. In der Kartennutzung lassen sich heute mittels Beobachtung durch Geräte beispielsweise auch solche bedeutenden Informationen wie die Parameter von Augenbewegungen (DOBSON 1977) gewinnen.

Die Beobachtungsaussagen werden in einer bestimmten Beobachtungssprache formuliert, also in einer solchen Sprache, die nur Sätze mit Termini der Beobachtung enthält und keine Variablen sowie folglich zumeist auch keine quantifizierten Aussagesätze. (Im übrigen ist die Beobachtungssprache die einfachste Form der Wissenschaftssprache). Das Ergebnis der Beobachtung ist das Beobachtungsprotokoll.

Die nächste Stufe in der Entwicklung einer Theorie der Kartennutzung bildet die Analyse des Beobachtungsprotokolls hinsichtlich des Auffindens empirischer Abhängigkeiten. Beispiele solcher Art sind in der Kartennutzung der Zusammenhang zwischen Größe des Kartenzeichens und Identifizierungsdauer oder zwischen Größe des Kartenzeichens und Identifizierungseindeutigkeit. Ohne Schwierigkeit lassen sich zahlreiche weitere Beispiele finden (GROHMANN 1975).

Die Ausgangsinformation wird in Sätzen über singuläre Sachverhalte, in der Beobachtungssprache, ausgedrückt, die in erster Näherung präzisiert werden, um eine exaktere verbale Beschreibung der Beobachtungsergebnisse zu erreichen. Der Zugang zur Messung und die Überführung der Beobachtungsaussagen in Meßaussagen wird durch die Einführung quantitativer Begriffe ermöglicht.

Unter einer Meßaussage ist allgemein der Ausdruck

$$M_{Beob} \ (t, b, T) \ I \ (E, O)$$

zu verstehen. An einem Objekt O wird bezüglich eines bestimmten Systems wissenschaftlicher Annahmen T, unter den Bedingungen b, am Zeitpunkt t, die Intensität der Eigenschaft

E gemessen. Mit Hilfe von Meßmethoden wird es möglich, empirische Abhängigkeiten festzustellen und für verhältnismäßig einfach erkennbare strukturelle und funktionale Regelmäßigkeiten mit mathematischen Methoden zu formulieren.

Von der Ingenieurpsychologie bzw. allgemeinen Psychologie (vgl. SYDOW u. PETZOLD 1981) ist bisher ein relativ umfangreiches Wissen über Meßmethoden auch im Hinblick auf die optische Wahrnehmung ausgearbeitet worden, das infolge der Ähnlichkeit der Aufgabenstellung in nicht wenigen Fällen für die Kartennutzung in der vorliegenden Form oder nach Modifizierung anwendbar ist. Damit sei jedoch die Notwendigkeit der Entwicklung spezifisch kartographischer Meßmethoden nicht in Abrede gestellt. Das Resultat der Analyse der Beobachtungsprotokolle sind Aussagen, die empirische Abhängigkeiten zum Ausdruck bringen. Diese drücken, in Sätzen formuliert, die Variable und ihre quantitative Bestimmung aus.

Die Kenntnis der *empirischen Abhängigkeiten* bildet die Grundlage für das Auffinden theoretischer Aussagen und Objekte, die der Erklärung des betreffenden Objektbereiches dienen. Hier wird der Übergang von empirischen Abhängigkeiten zu Gesetzmäßigkeiten vollzogen, die in theoretischen Aussagen und Gesetzen, denen sie folgen, widergespiegelt werden (KANNEGIESSER, ROCHHAUSEN u. THOM 1971).

Der weitere Weg ist durch die Herausarbeitung von Regelmäßigkeiten und deren zunehmende Präzisierung sowie Spezifizierung gekennzeichnet. Durch die Anwendung der Methoden der Idealisierung, Abstraktion und Hypothesenbildung erfolgt die Entwicklung eines theoretischen Systems, das partielle Ordnungszüge des betreffenden Objektbereiches widerspiegelt und die Formulierung einer mehr oder weniger strengen Theorie ermöglicht.

Schließlich ist noch die Frage zu beantworten, wann eine wissenschaftliche Theorie als *ausgearbeitet* angesehen werden kann. Dies ist dann der Fall, wenn sie einen *bestimmten Objektbereich in seiner gesetzmäßigen Entwicklung und Veränderung in einer gewissen Näherung widerspiegelt, die Bedingungen enthält, unter denen die Theorie gültig ist und bestimmte Verhaltensstrukturen und Methoden anzugeben erlaubt, die der theoretischen und praktischen Veränderung sowie zweckmäßigen Gestaltung des Objektbereiches dienen.*

Von Belang ist ferner für unser Anliegen einer Darstellung der Grundlagen der Theorienbildung in der Kartographie die Frage der Klassifikation einer wissenschaftlichen Theorie bzw. des relevanten Merkmals. Dabei findet der „Ordnungsgrad" des Objektbereiches – Kartengestaltung wie Kartennutzung – unser besonderes Interesse, weil sich daran der Entwicklungsstand der Theoriebildung erkennen läßt. Der durch die Theorie widergespiegelte Objektbereich Kartengestaltung oder Kartennutzung kann geordnet, halbgeordnet (auch als partiell geordnet bezeichnet) oder quasigeordnet sein. Unsere vorliegenden Modelle können als partiell geordnet bewertet werden, da die Verknüpfung der Elemente noch nicht in allen Fällen als durch die Praxis vollständig bewiesen einzuschätzen ist. In einigen Punkten, wie beispielsweise der kartographischen Generalisierung, wird man auch noch von quasigeordnet sprechen müssen.

1.2.6. *Eigenschaften und Funktionen einer Theorie*

Die Kenntnis von Eigenschaften und Funktionen einer Theorie stellt eine wesentliche *Bedingung für die Theorienbildung* auch in der Kartographie dar. Aus didaktischen Gründen werden diese Eigenschaften und Funktionen in zehn Punkte gegliedert (SPRUNG u. SPRUNG 1984), die selbstverständlich nicht disjunkt und erschöpfend sein können. Zudem ist zu bedenken, daß nicht alle Kriterien für alle Theorien gelten müssen, und vor allem, daß der Erfüllungsgrad und die Art der Realisierung der Kriterien innerhalb einer Theorie sehr unterschiedlich sein können. Aus diesem Grunde werden die Gruppe der notwendigen und der zusätzlich wünschenswerten Eigenschaften und Funktionen unterschieden. Zur ersten Gruppe gehören die Aspekte, die das Wesen einer Theorie bestimmen sollen, während die der zweiten Gruppe der Präzisierung, Spezifizierung dienen bzw. als heuristische Regeln für die Theorienbildung zu verstehen sind. Hinsichtlich der notwendigen Kriterien ist zu beachten, daß der Begriff „notwendig" nicht im Sinne von „immer unbedingt notwendig" verstanden werden darf. Als Minimum muß eine Theorie die Deskriptionsfunktion erfüllen, womit allerdings eine sehr „schwache" Theorie gegeben wäre.

Im einzelnen handelt es sich um folgende Eigenschaften und Funktionen (SPRUNG und SPRUNG 1984):

1. *Deskriptionsfunktion:* Mittels einer Theorie muß es möglich sein, Erkenntnisse, z.B. Häufigkeitsverteilungen oder theoretische Annahmen, zu systematisieren, d.h. diese in ein angemessenes, konsistentes Bezugssystem einzuordnen. Durch diese Funktion wird weiterhin eine Bewertung und damit eine Gewichtung der systematisierten Inhalte erreicht (z.B. hebt der arithmetische Mittelwert den Erwartungswert einer Verteilung hervor.).

2. *Prädiktionsfunktion:* Mit Hilfe einer Theorie muß es möglich sein, gezielte *Vorhersagen* über bisher noch nicht Beobachtetes zu machen, und sie muß zu neuen Forschungen in gezielter Weise anregen, indem sie neue Fragestellungen aufwirft und entsprechende Erwartungen in Form von Hypothesen zu bilden gestattet. Selbst in einer vagen Form kann eine Theorie diese Funktion erfüllen, wenn sie die Forschungsrichtung angibt und dadurch die Bevorzugung einer Arbeitsrichtung unter vielen anderen begründet erlaubt. Als Beispiel in der Kartographie sei die Einführung des modelltheoretischen Ansatzes in den sechziger Jahren angeführt.

Streng genommen ist die Prädiktionsfunktion nur ein Spezialfall der im nächsten Punkt zu behandelnden Explikationsfunktion. Auf Grund des speziellen heuristischen Wertes, ihrer hypothesenbildenden Bedeutung, erscheint es jedoch ratsam, die Prädiktionsfunktion gesondert darzustellen.

3. *Explikationsfunktion:* Der Wert einer Theorie (z.B. in bezug auf die vorstehend behandelten Funktionen der Deskription und Prädiktion) hängt davon ab, inwieweit es mit ihr möglich ist, die in ihr enthaltenen Annahmen, Bedingungen, Hypothesen usw. ausführlich, also explizite, anzugeben.

4. *Verifikationsfunktion:* Diese Funktion beinhaltet, daß eine Theorie zu überprüfbaren Folgerungen führen muß. Es muß zumindest im Prinzip der Verifikationsweg, die empirische Überprüfbarkeit angegeben werden, z.B. indem der Objektbereich bzw. Suchbereich angegeben wird, innerhalb dessen die Überprüfung einer Hypothese zu erfolgen hätte. Noch besser ist es natürlich, wenn auch noch die Allgemeine oder sogar die Spezielle Methodik angegeben werden kann, mit deren Hilfe die Prüfung im einzelnen möglich ist. Letztlich ist die empirische Verifikation oder Falsifikation das wahrheitsbestimmende Kriterium.

5. *Kausale Erklärungsfunktion:* Diese Funktion besagt, daß eine Theorie die in ihr enthaltenen Aussagen auch dahingehend charakterisieren muß, daß sie aus ihren verursachenden, konstituierenden Bedingungen heraus erzeugbar sind. Sie muß bei einem Phänomen (z.B. Größenkonstanz[2]) angeben, durch welche Bedingungen – einschließlich deren Zusammen-

---

2 Die Größenkonstanz gehört zu den Konstanzphänomenen. Dabei handelt es sich um Erscheinungen der relativen Unveränderlichkeit bzw. Konstanz oder Invarianz des Wahrnehmungsabbildes einer in ihrer Ausprägung festen Umgebungsgröße trotz Veränderung der Reize an den Rezeptoren, die die Wahrnehmung auslösen.

spiel – dieses Phänomen entsteht (bei der Größenkonstanz aus den Wirkungsweisen der Mechanismen: Akkomodation, Konvergenz, relative Tiefenwahrnehmung und deren Wechselwirkungen).

Eine kausale Erklärungsfunktion liegt vor, wenn die Erzeugungsregel angegeben ist, nach der ein Phänomen entsteht.

6. *Teleonome Erklärungsfunktion* (Relevanz): Die teleonome Erklärungsfunktion besteht in der Angabe der Bedeutung einer Aussage, einer Bedingung, eines Mechanismus für etwas. Theorien müssen den in ihnen enthaltenen Hypothesen, Bedingungen oder Fakten einen Stellenwert in bezug aufeinander zuweisen. Für die kausale und die teleonome Erklärungsform ist bedeutsam, ob und inwieweit die Aussagen, Bedingungen, Daten usw. tatsächlich und notwendigerweise aus der Theorie stammen, die diese Leistungen für sich beansprucht. In Abhängigkeit vom Grad der Ausprägung einer Theorie – oder anders formuliert, je vager eine Theorie formuliert ist, um so stärker – werden zwei Problemkreise sichtbar, die es zu untersuchen gilt: Das ist zum einen die Frage nach dem Wesen der speziell vorliegenden Theorie, nach den Grundannahmen, nach den Erzeugungsregeln und nach dem spezifischen Objektbereich, für den sie Gültigkeit beansprucht. Zum anderen handelt es sich um die Erklärung der Ableitung der Folgerungen, Bedingungen oder Hypothesen aus der Theorie, aber auch die zugehörigen Belege und der Geltungsbereich der Folgerungen sind hier zu nennen.

In den genannten Zusammenhang gehören auch Betrachtungen zu zusätzlich wünschenswerten Eigenschaften einer Theorie (SPRUNG u. SPRUNG 1984):

1. *Interne Konsistenz:* Dieses Kriterium besagt, daß eine Theorie in sich keine logischen Widersprüche enthalten darf, daß sie in diesem Sinne in sich geschlossen sein muß. Diese innere Geschlossenheit verbessert die Anwendung formaler, mathematischer Mittel, mindert das Vage einer Theorie und ermöglicht damit die Präzisierung der letztgenannten notwendigen Eigenschaften einer guten Theorie, wie vorstehend behandelt.

2. *Formalisierungsniveau:* Dieses Kriterium besagt, daß sich eine Theorie zur Formulierung ihrer Aussagen einer formalen Sprache, insbesondere der der Mathematik und damit der Formalisierung ihrer Bestandteile bedienen soll. Diese Eigenschaft erschließt die Modellmethodik der Mathematik und ermöglicht einen hohen Präzisionsgrad.

3. *Einfachheit:* Dieses Kriterium, das mehr als heuristische Forderung ausgesprochen werden müßte, besagt, daß eine Theorie so einfach wie möglich aufgebaut sein soll, d. h., daß sie mit den einfachsten Annahmen, Postulaten sowie Deskriptions- und Explikationsmitteln auskommen muß.

4. *Entwicklungsprognose:* Diese zusätzlich wünschenswerte Eigenschaft einer Theorie läßt sich besonders prägnant charakterisieren. Sie enthält die Forderung nach der historischen Perspektive einer Theorie. Damit ist gesagt, daß eine Theorie auch eine Aussage über die zeitlichen, historischen Bedingungen enthalten soll, unter denen ihre Aussagen gelten, und welche weitere Entwicklung zu erwarten ist. Es gehören hinzu die Bedingungsangaben, unter denen diese Veränderungen stattfinden. Es handelt sich also um die Weiterentwicklung der Theorie.

Außer den zuvor behandelten Aspekten der Theorienbildung sind wohl gerade die erläuterten Eigenschaften und Funktionen einer Theorie gut geeignet, die kartographische Problematik anzusprechen.

Eines der zentralen Probleme der Kartographie, die kartographische Generalisierung (SALIŠČEV 1972), wird – nicht zuletzt im Hinblick auf die Notwendigkeit rechnergestützter Lösungen – nur auf dem Wege einer soliden Theorienbildung effektiv zu lösen sein. Entsprechende Grundkenntnisse über den Theoriebegriff und die Grundlagen der Theorienbildung sind dazu unerläßlich.

1.3. Methodik und Methodologie in der Kartographie

Methode ist (SEGETH 1974a) zu definieren als *System von (methodischen) Regeln oder auch Prinzipien bzw. auch Forderungen, Vorschriften* (BUHR u. KOSING 1982), *das Klassen möglicher Operationssysteme bestimmt, die von gewissen Ausgangsbedingungen zu einem bestimmten Ziel führen.*

Allgemeines Ziel, auf das alle Methoden gerichtet sind, ist die Veränderung oder (und) die Erkenntnis der Wirklichkeit. Es ist notwendig, in der Definition der Methode von den Ausgangsbedingungen zu sprechen, weil nicht jede Methode in jedem beliebigen Falle angewandt werden kann. Die angewendeten Methoden sind – auch in der Kartographie – vom Entwicklungsstand der Produktionsverhältnisse, der Produktivkräfte und der innerhalb des jeweiligen Bereiches gesammelten Erfahrungen abhängig (RÖSEBERG 1978).

Ein wesentliches Merkmal der Methoden ist ihre Zielgerichtetheit. Zwischen Methode und Theorie besteht ein innerer und notwendiger Zusammenhang, in dem der Theorie das Primat zukommt. Die Methode hat trotz der bestimmenden Bedeutung der Theorie eine relative Eigengesetzlichkeit, die sich aus der Spezifik der menschlichen erkennenden und praktischen Tätigkeit ergibt. Das bedingt, daß alle Wissenschaften ihre speziellen Methoden haben. Methoden sind ein Mittel des Menschen, die Ziele, die er sich seinen Bedürfnissen gemäß gesetzt hat, zu realisieren. Diese Ziele können auch in der Kartographie sehr verschiedenartig sein. Sie können die Kartengestaltung, aber auch die Kartennutzung betreffen, sie können die Gewinnung neuer Erkenntnisse in der Kartennutzung oder die Konstruktion neuer Methoden in der Kartengestaltung angehen. Die Ziele, die sich der Mensch gesetzt hat, werden immer mittels irgendwelcher Operationen, und sei es die bloße Beobachtung, erreicht. Die Ausführung solcher Operationen wiederum setzt immer Überlegungen über ihre Art und die Reihenfolge ihrer Ausführung voraus. Dabei geht man, wenn möglich, von *einer* Methode aus. Das gesetzte Ziel ist in der Kartengestaltung wie in der Kartennutzung in der Regel nicht schon durch eine einzige Operation erreichbar, sondern erst durch eine Folge oder durch ein noch komplizierteres System von Operationen. In der Kartenherstellung werden die genannten Aufgaben im Rahmen der Technologie, die wissenschaftliche Arbeitsorganisation inbegriffen, gelöst. In der Kartennutzung kennen wir verschiedene Arten und Methoden derselben, worauf ebenfalls gesondert einzugehen ist. Die Existenz einer Methode erlaubt die Aufstellung eines Planes, der aus Regeln der Methode besteht und der das System der auszuführenden Operationen festlegt.

In der Definition der Methode ist von Klassen möglicher Operationssysteme die Rede, weil die Methode im allgemeinen – in Abhängigkeit von den gegebenen Ausgangsbedingungen, den gesetzten Zielen und den beabsichtigten Operationen – einmal die Aufstellung einer Vielzahl solcher Pläne erlaubt und weil zum anderen diese Pläne in gleichartigen Situationen immer wieder angewandt werden können. Das setzt entsprechende Kenntnisse über die Merkmale solcher Situationen voraus. Damit ist das Problem der Funktionen kartographischer Darstellungsformen angesprochen, und die Ausarbeitung einer diesbezüglichen Funktionslehre (PÁPAY 1973) als Element der theoretischen Kartographie ist also auch aus der Sicht der Methodik einleuchtend zu begründen.

Die obenstehend erläuterte Eigenschaft einer Methode ergibt sich daraus, daß sie auf einer Theorie oder auf Bestandteilen verschiedener Theorien und damit letzten Endes auf objektiven Gesetzmäßigkeiten beruht. Voraussetzung für die Adäquatheit einer Methode, d. h. dafür, daß die durch sie bestimmten Systeme von Operationen von den entsprechenden Ausgangssituationen immer auch zu den angestrebten Resultaten führen, ist die Existenz eines objektiven gesetzmäßigen Zusammenhangs zwischen diesen Sachverhalten und seine Erkenntnis in Gestalt einer Theorie. Dieser Zusammenhang gilt ebenso für das Verhältnis zwischen Methode und Theorie wie für das Verhältnis zwischen Regel und Gesetzesaussage als deren Bestandteilen. Insofern ist also die Theorie bzw. die Gesetzesaussage der Methode bzw. der Regel gegenüber primär.

Wesentlich für unser Anliegen der Erklärung der Bedeutung der Methode für die Kartographie ist auch der Unterschied zwischen Theorie und Methode in funktionaler Hinsicht. Während Theorie und Gesetzesaussage Aussagecharakter tragen und ihre Funktion primär darin besteht, die Wirklichkeit abzubilden, haben Methode und Regel Aufforderungscharakter und primär die Funktion, das zielgerichtete Handeln des Menschen zu leiten. Dies gilt für die Kartengestaltung bzw. die Kartenherstellung und die Kartennutzung gleichermaßen. Hier liegt auch einer der wesentlichen theoretischen Gründe dafür, Kartengestaltung und Kartennutzung als Hauptkomponenten eines Systems der Theoretischen Kartographie zu betrachten, wie jüngste Beispiele von OGRISSEK (1981a) oder PRAVDA (1982) zeigen. Mit der Definition der Methode als System von Regeln etc. sind zwar die Elemente dieses Systems bestimmt, nicht aber die Beziehungen zwischen ihnen. Beim heutigen Entwicklungsstand der allgemeinen Methodologie ist es noch nicht möglich, die Art dieser Beziehungen allgemein zu charakterisieren oder allgemeine Kriterien für die Zugehörigkeit einer Regel zu einer Methode anzugeben. In der Kartographie kennt man auch nur Beschreibungen von derartigen Vorgängen, zumeist auf kommunikationstheoretischer Basis, wie beispielsweise bei MORRISON (1976 u. 1977).

Die Anwendung einer Methode setzt die Aufstellung eines Plans voraus. Im Gegensatz zur Struktur der Methode selbst kann die Struktur eines solchen Plans bereits relativ gut bestimmt werden. Er muß folgende strukturelle Bedingungen erfüllen (SEGETH 1974a):

1. die zuerst anzuwendenden Regeln müssen der gegebenen Ausgangssituation entsprechen;
2. die zuletzt anzuwendenden Regeln müssen zu dem gesetzten Gesamtziel führen;
3. die jeweils voraufgehenden Regeln müssen zur Schaffung der notwendigen Voraussetzungen für die nach ihnen anzuwendenden Regeln führen. Dabei kann ein und dieselbe Regel innerhalb eines derartigen Planes mehrmals auftreten.

Wenn eine dieser Bedingungen nicht erfüllbar ist, kann die Methode nicht angewandt werden. Untersuchungen der Methoden der Kartengestaltung wie der Kartennutzung, die von diesen Aspekten bestimmt sind, stehen noch aus.

Von PRAVDA (1982) wurde darauf hingewiesen, daß es viele Prozesse in der Kartographie gibt, welche vom *Prinzip her Methoden* darstellen, die sich nach Charakter, Form, Aufgabe, Grad der Mathematisierung, graphischer Symbolisierung usw. unterscheiden. Es werden folgende *Grundmethoden* angeführt: Methoden der Kartennetzabbildung, Methoden der Kartenkonstruktion und Kartenzusammenstellung, Methoden der Generalisierung, Methoden der Kartengestaltung, Methoden der Kartenreproduktion, Methoden der Informationsgewinnung mittels Karten, (wie z. B. Methoden der Kartenanalyse, kartometrische Methoden), Methoden der Bildumgestaltung u. a.

Der teilweise übliche Begriff einer *„kartographischen Methode"* in der Geographie, der Territorialplanung usw., aber auch in der Kartographie selbst bedauerlicherweise z. T. verwendet (z. B. ASLANIKAŠVILI 1969) ist demzufolge nicht korrekt und sollte daher nicht gepflegt werden, weil er den Eindruck erweckt, als habe die Kartographie eine einzige Methode. Das entspricht bekanntlich nicht den Tatsachen, sondern es handelt sich um einen Komplex von Methoden, die man, wie oben dargelegt, richtig als *Methodik der Kartographie* bezeichnet (s. Abbildung 2). Letztlich werden künftig auch hier systemtheoretische Gesichtspunkte als bedeutsam einzuschätzen sein. So z. B. liegt für die Kartengestaltung in der Thematischen Kartographie bereits eine Reihe von ausgearbeiteten Subsystemen vor (z. B. ARNBERGER

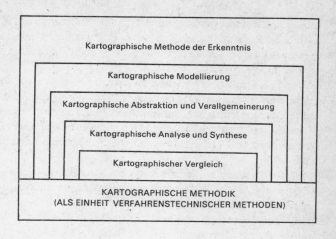

Abbildung 2
Kartographische Methodik
(nach ASLANIKAŠVILI)

Kartographische Methode der Erkenntnis

Kartographische Modellierung

Kartographische Abstraktion und Verallgemeinerung

Kartographische Analyse und Synthese

Kartographischer Vergleich

KARTOGRAPHISCHE METHODIK
(ALS EINHEIT VERFAHRENSTECHNISCHER METHODEN)

1977a, IMHOF 1972, OGRISSEK 1968, PILLEWIZER 1964, SALIŠČEV 1967, STAMS 1983b), wenn auch unter Verwendung verschiedener Bezeichnungen.

Eine für die Kartographie bedeutsame Gliederung der Methoden ist die auf die Ausgangssituation, also auf das, worauf die Methoden angewandt werden sollen, gerichtete. Sie erfolgt nach semiotischen Gesichtspunkten, denen zufolge man drei Arten von Methoden unterscheiden kann (SEGETH 1974a u. b):

1. Methoden, die auf objektiv reale,
2. Methoden, die auf gedankliche,
3. Methoden, die auf sprachliche Objekte – im nachstehenden Sinne – angewandt werden.

Zum ersten Komplex gehören z. B. die Methoden der Prognose, Planung und Leitung der Volkswirtschaft, in deren Rahmen insbesondere thematische Karten eine wichtige Rolle spielen. Die an zweiter Stelle angeführten sog. Denkmethoden umfassen die deduktive Methode, einschließlich der axiomatischen Methode, und die reduktive Methode, die Methoden der Definition und der Begriffsbildung, darunter die Methoden der Abstraktion, der logischen Analyse und Synthese von Theorien und ihren Bestandteilen. Bei der dritten Gruppe handelt es sich vor allem um die Analyse und Synthese von *Wissenschaftssprachen*, worunter die Gesamtheit der sprachlichen Mittel einer Wissenschaft mit den Regeln für deren Gebrauch zu verstehen ist. Grundlage einer Wissenschaftssprache ist jeweils eine natürliche Sprache. Da Wörter natürlicher Sprachen im Laufe der Zeit allmählich und fast unmerklich ihre Bedeutung wechseln (Beispiele: Herr, Spießbürger), viele Wörter natürlicher Sprachen mehrdeutig sind (Beispiele: Karte, Kugel, Legende), natürliche Sprachen Homonyme und Synonyme enthalten (Beispiele: Bank, Leiter und Buch, Band, Werk) und die Bedeutung von Wörtern natürlicher Sprachen oft unscharf ist (Beispiele: Raum, Titel, Kunde) können sich die Wissenschaften nicht auf die ausschließliche Verwendung natürlicher Sprachen beschränken. Die einzelnen Wissenschaften sind bestrebt, diese für die Verwendung in den Wissenschaften nachteiligen Eigenschaften natürlicher Sprachen zu beseitigen, indem sie sich ihre speziellen *Terminologien* schaffen. Dadurch wird auch in der Kartographie eine Eindeutigkeit der Ausdrücke und eine kürzere und übersichtlichere Ausdrucksweise erreicht. Ergebnis der Bemühungen um die Lösung dieses Problems in der Kartographie auf internationaler Basis ist das bekannte *Multilingual Dictionary of Technical Terms in Cartography*, (Hrsg.) International

Cartographic Association, Commission II. Wiesbaden 1973; ein hervorragendes Beispiel auf nationaler Basis stellt dar: B. Borčić; I. Kreiziger; Povrić und N. Frančula: *Višejezični kartografski Rječnik*. Geodetski Fakultet Sveučilišta u Zagrebu. Zbornik radova-Publikacija br. 15. Zagreb 1977.

Der Bedeutung der Wissenschaftssprache in der Kartographie wird im System der theoretischen Kartographie von Ogrissek (1981a) durch die Ausgliederung einer eigenen Komponente „Kartographische Terminologie" entsprochen. Im Gesamtsystem der Methoden spielt die dialektisch-materialistische Methode eine besondere Rolle. Ihr Charakter und ihre Funktion ergeben sich aus der Theorie, die ihr zugrunde liegt, aus dem dialektischen Materialismus.

Methodik ist zu definieren als System von Methoden, und als Methodik einer Wissenschaft ist demzufolge das System der Methoden zu definieren, das diese Wissenschaft anwendet. Da eine Wissenschaft im Verlauf ihrer Entwicklung häufig auch neue Methoden in ihre Methodik aufnimmt, ein Vorgang, der sich in der Kartographie z. B. bezüglich der Mathematik und der Psychologie gut beobachten läßt, muß streng genommen von der *Methodik einer Wissenschaft während einer bestimmten Entwicklungsetappe* gesprochen werden.

Mit der kartographischen Methodik hat sich im Rahmen seiner (vor allem hinsichtlich des postulierten Gegenstandes der Kartographie, konkreter Raum der Erscheinungen) nicht unproblematischen „Metakartographie" Aslanikašvili (1974) befaßt, auf der Grundlage bereits 1969 veröffentlichter Erkenntnisse in der Monographie „Kartographie. Fragen der allgemeinen Theorie". Er kreiert eine „kartographische Methodik als Einheit verfahrenstechnischer Methoden", die in einer aufsteigenden Hierarchie logischer Operationen als kartographischer Vergleich, kartographische Analyse und Synthesen, kartographische Abstraktion und Verallgemeinerung, kartographische Modellierung und kartographische Methode der Erkenntnis strukturiert ist (s. Abbildung 2). Das große Verdienst dieser Untersuchung besteht wohl darin, die Bedeutung der Erkenntnisgewinnung für die theoretische Kartographie bzw. die Kartographie überhaupt, erstmalig aufgezeigt zu haben.

Eine relativ umfassende Methodik der Darstellung dynamischer Phänomene in thematischen Karten, einem äußerst wichtigen Problem der Kartengestaltung, legt Bär (1976) vor, allerdings ohne die diesbezüglichen, wertvollen Erkenntnisse von Stams (1973) zu verarbeiten.

Innerhalb der Methodik[3] einer Wissenschaft ist noch eine wesentliche Unterscheidung vorzunehmen, die auch für die Kartographie belangvoll ist. Diese Unterscheidung wird durch die Termini „Objektmethodik" und „Metamethodik" gekennzeichnet (Segeth 1974a).

Unter *Objektmethodik* einer Wissenschaft ist das System von Methoden zu verstehen, das diese Wissenschaft auf ihren Gegenstand anwendet. Zwischen den Objektmethodiken verschiedener Wissenschaften können – wenn man von Methoden absieht, die wie die dialektisch-materialistische Methode, auf jeden beliebigen Gegenstand anwendbar sind – relativ große Unterschiede bestehen, da die Anwendbarkeit einer Methode wesentlich durch deren spezifische Weise der Erforschung dieses Gegenstandes mitbestimmt wird. Daran läßt sich auch unschwer die Bedeutung der Gegenstandsbestimmung in der Kartographie ermessen.

Die *Metamethodik* einer Wissenschaft ist das System von Methoden, das diese Wissenschaft auf ihre Theorie und ihre Sprache anwendet. Jede Metamethodik einer Wissenschaft enthält Methoden der Abstraktion, des Schließens, des Beweises, der Definition usw. Ausführliche Beispiele für die Entwicklung der Metamethodik in der Kartographie die noch

---

3 In der Pädagogik wird der Terminus „Methodik" im Unterschied zu seiner Verwendung in der Methodologie auch zur Bezeichnung der Lehre vom Unterrichten (in einem bestimmten Fach) gebraucht.

ziemlich selten sind, finden wir bei der erkenntnistheoretischen Durchdringung der kartographischen Generalisierung unter Anwendung des Abstrahierens, wie von PÁPAY (1975 a) vorgelegt.

Bausteine für die Entwicklung einer solchen Metamethodik historisch-kartographischer Untersuchungen lieferte KOEMAN (1975).

Einen Ansatz zur Klassifizierung der Methoden in der Kartographie im Sinne von deren Erfassung zeigt PRAVDA (1982), ohne allerdings Vollständigkeit oder ein System anzustreben. Dennoch sollten hier Grundlagen einer *kartographischen Methodik* zu finden sein, zumal ebenda ausdrücklich vermerkt wird, daß es in der Kartographie viele Prozesse gibt, die vom Prinzip her Methoden darstellen. Diese seien jedoch sehr unterschiedlich gestaltet hinsichtlich ihres Charakters, ihrer Form, ihrer Aufgaben, ihrer mathematischen Durchdringung, ihrer graphischen Symbolisierung und in vieler anderer Hinsicht. Daher bereitet ihrer Klassifikation derart große Probleme, wenn man vom philosophischen Standpunkt, dem letztlich einzig wissenschaftlichen, an die Lösung herangeht. Mit dem zunehmenden Ausbau einer Kartensprache zeichnen sich offenbar neue Möglichkeiten unter Berücksichtigung systemtheoretischer Überlegungen ab. Gegenwärtig lassen sich folgende kartographische Methoden bzw. Methodengruppen anführen (PRAVDA 1982), ohne daß deren logische Beziehungen untereinander voll geklärt und die Inhalte in jedem Falle definiert wären:

– *Methoden der Kartennetzabbildung.* Hier ist der theoretische Stand bekanntlich weit fortgeschritten, wie die zahlreichen, seit längerem (TISSOT 1887) existierenden Lehrbücher unter z. T. nach heutigen Erkenntnissen irreführenden – weil zu viel versprechenden – Buchtitel „Mathematische Kartographie" (z. B. FIALA 1957) und solche speziellen monographischen Veröffentlichungen wie z. B. von FRANČULA (1971) über die vorteilhaftesten Abbildungen in der Atlaskartographie zeigen. Daß ein hoher theoretischer Stand keine Gewähr gegen unwissenschaftliche „Rückfälle" bietet, zeigt die umfangreiche Diskussion um die sog. Peters-Projektion, die die Grenzen der BRD inzwischen überschritten hat

– *Methoden der Kartenkonstruktion und -zusammenstellung.* Hier sind als Beispiele die monographischen Veröffentlichungen von SALIŠČEV (1978 a) u. a. zu nennen; aber auch spezielle, wie z. B. zur ökonomischen Kartographie (PREOBRAŽENSKIJ 1956), lassen sich anführen.

– *Methoden der Generalisierung.* Das Problem der Generalisierung wird wegen seiner überragenden Bedeutung gesondert behandelt (vgl. Kapitel 5.1.1.5.). Hier sei diesbezüglich nur auf den Methodenbegriff eingegangen. Deutlicher als bei PRAVDA (1982) und anderwärts wird der Methodenbegriff in der Generalisierung bei TÖPFER (1974) gefaßt, wo Methoden der Auswahl, differenziert nach Mindestmaßen und nach der Objektanzahl, sowie Methoden der Formvereinfachung, differenziert nach Mindestmaßen, nach Einzelmaßnahmen der Formvereinfachung usw. unterschieden werden.

– *Methoden der kartographischen Darstellung und Interpretation* (Punktkarten, Isarithmenkarten usw.). Hier liegt inzwischen ein beachtliches Spektrum systemhafter Lösungen in monographischer Form vor, und es kann hier auf den instruktiven Überblick zu neuen Lehrbüchern und Monographien der Kartographie von STAMS (1977) verwiesen werden. Für die DDR ist hierbei noch die Ergänzung von SCHOLZ, TANNER u. JÄNCKEL (1980) und OGRISSEK (1983 c) vorzunehmen.

– *Methoden der Kartenreproduktion.* Es liegt auf der Hand, daß es hierbei um den Komplex der Technologie der Kartenherstellung handelt, auf den gesondert eingegangen wird.

– *Methoden der Informationsgewinnung mittels Karten.* Dieser Problemkomplex wird in einem seiner Bedeutung angemessenem Umfange unter verschiedensten Gesichtspunkten behandelt, (vgl. Kapitel 6.2.1. u. 6.2.2.) zumal es sich heute um ein relativ weit gefächertes Spektrum kartennutzerischer Aktivitäten handelt.

– *Methoden der Wertbestimmung herkömmlicher Art und der Methoden der Kartenanalyse auf der Grundlage formalisierter Prozesse.* Hier liegt noch ein großes neues Gebiet der Kartennutzung vor uns, das in die rechnergestützte Kartennutzung einmündet.

– *Kartometrische Methoden.* Die davon geprägte Teildisziplin der Kartographie, die Kartometrie, trägt wohl schon klassischen Charakter, wenn sie auch ursprünglich ein Teilgebiet der mathematischen Geographie war. (VOLKOVS Monographie erschien 1950). Wohl begründet wurde vor rund einem Jahrzehnt nunmehr auf die Bedeutung einer thematischen Kartometrie hingewiesen (WITT 1975).

– *Methoden der Kartenumgestaltung und Ableitung aus bildmäßigen Darstellungen.* Auch hier sind in der Zukunft noch wesentliche neue Erkenntnisse zu erwarten, die das Arsenal der kartographischen Methoden erweitern werden. Die rechnergestützte Bildverarbeitung dürfte eine herausragende Rolle dabei spielen.

Unter *Methodologie* versteht man die Theorie der Methoden zur Erkenntnis und Veränderung der Wirklichkeit, also des praktischen Handelns (SEGETH 1974a u. b). Man kann die Methodologie auch als eine Metatheorie der Methoden ansehen.

In der Kartographie existiert in bedeutendem Umfange empirisches Material über die Methoden der Kartengestaltung, einschließlich der technischen Kartenherstellung, aber auch die Methoden der Kartennutzung. Eine *Methodologie der Kartographie* muß sich in die beiden Komplexe Kartengestaltung und Kartennutzung untergliedern. Die *Aufgaben einer kartographischen Methodologie* bestehen in der Analyse der einzelnen Methoden auf ihre notwendigen Elemente, in dem Vergleich der einzelnen Methoden, in der Aufdeckung von Zusammenhängen zwischen den einzelnen Methoden und der daraus abzuleitenden Einordnung in umfassendere Methodensysteme, deren zwei Hauptteile vorstehend angeführt sind. Zudem untersucht die Methodologie die logische Struktur der Methoden, um deren Wesen tiefer zu erfassen und die gemeinsamen Züge verschiedener Methoden zu verallgemeinern und um die Methoden zu klassifizieren. Ferner gehört die Ermittlung der Aussagekraft von Methoden und der Zuverlässigkeit von Ergebnissen, die durch ihre Anwendung gewonnen wurden, zu dem Aufgabenbereich der Methodologie. Sie muß sich auch damit beschäftigen, mit welchen sprachlichen Mitteln Methoden am besten formuliert werden können, abhängig z. B. davon, ob sie von Menschen oder von Maschinen angewandt werden sollen. Besonders bedeutsam ist, daß die methodologischen Forschungen dazu führen, den Zusammenhang und die wechselseitige Durchdringung der dialektischen Methode mit den einzelwissenschaftlichen Methoden immer mehr bewußt zu machen (BUHR u. KOSING 1982). Allen diesen Problemen wurde unter den genannten Aspekten in der Kartographie bisher kaum nachgegangen; dabei handelt es sich aber um *höchst aktuelle Aufgaben der Grundlagenforschung,* deren Lösungen unmittelbar der Anwendung in der kartographischen Praxis dienen können bzw. in engem Zusammenhang mit der Anwendungsforschung stehen.

Die kartographische Methodologie steht wie jede andere Methodologie in untrennbarem Zusammenhang mit dem dialektischen und historischen Materialismus, der die allgemeine Methodologie jeder methodisch geleiteten erkennenden und praktischen Tätigkeit bildet. Er übt die Funktion einer allgemeinen Methodologie aus. Dabei hat er die Aufgabe, die objektiven Grundlagen der verschiedenen Methoden zu untersuchen, zu prüfen, auf welchen theoretischen Erkenntnissen sie beruhen und in welcher Weise sie mit den Erkenntnisobjekten verbunden sind, um den Erkenntniswert, die Anwendungsmöglichkeit und die Grenzen der Methoden kritisch zu beurteilen (BUHR u. KOSING 1982).

Die Methodologien und Methodiken der einzelnen Wissenschaften sind wiederum eine der Quellen für die allgemeine Methodologie, aus denen sie ihr Material schöpfen kann. Sie nimmt die Erfahrungen der einzelnen Wissenschaften auf, verarbeitet und verallgemeinert

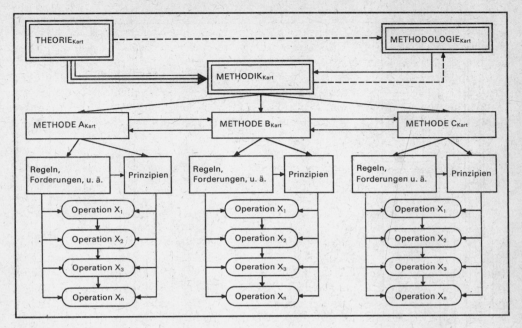

Abbildung 3
Das System Methode, Methodik, Methodologie in der Kartographie
(nach OGRISSEK)

diese nach Möglichkeit, klärt Grundsatzfragen und bereichert wiederum die Methodiken der einzelnen Wissenschaften (SEGETH 1974a u. b). Den Zusammenhang von Methode, Methodik und Methodologie in der Kartographie zeigt graphisch die Abbildung 3. Jüngste Arbeiten enthalten auch andere Auffassungen hierzu (z. B. SPRUNG u. SPRUNG 1984).

1.4. Theorie der Kartengestaltung und Theorie der Kartennutzung als Hauptkomponenten eines Systems der Theoretischen Kartographie

Von OGRISSEK (1980d u. 1981a) wurde ein *System der theoretischen Kartographie* ausgearbeitet. Die Darstellung erfolgte in der Form eines Strukturmodells (s. Abbbildung 4), dem zwei Teilmodelle (s. Abbildung 5 u. Abbildung 6) für die Hauptkomponenten Kartengestaltung und Kartennutzung zugehörig sind. Das zitierte System der Kartographie basiert auf folgender Begriffshierarchie: 1. Hauptkomponenten, 2. Subkomponenten, 3. Elementkomplexe, 4. Einzelelemente. Dem entwickelten Strukturmodell liegt folgende Definition der *Struktur* zugrunde (KOSING 1978): Begriff, der die wesentliche Eigenschaft aller Gegenstände, Systeme, Prozesse der objektiven Realität wie auch aller Formen der Widerspiegelung bedeutet, aus Elementen oder Teilen aufgebaut zu sein, die in relativ beständigen Relationen zueinander stehen und auf diese Weise eine innere Ordnung bilden. Dabei ist zu vermerken, daß der

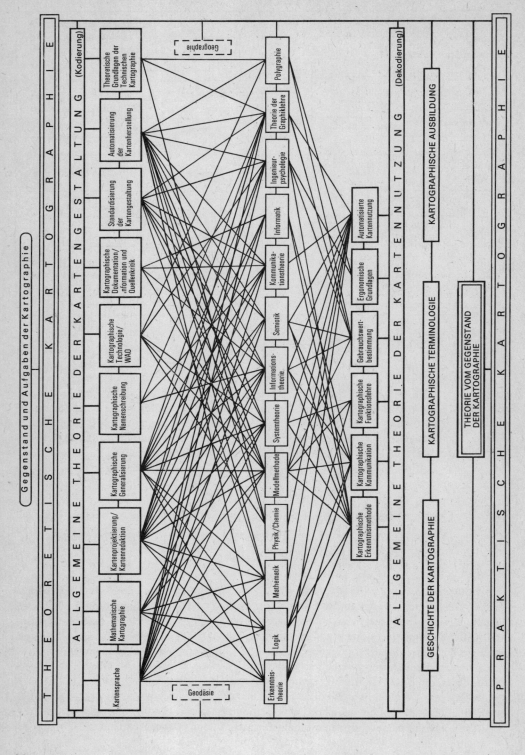

Abbildung 4
Strukturmodell der Theoretischen Kartographie
(nach OGRISSEK)

Begriff der *Relation* umfassender ist als der des Zusammenhangs, nicht alle Relationen sind Zusammenhänge. Ein *Zusammenhang* ist eine spezielle Relation zwischen Objekten, bei der die Veränderung des einen von den Veränderungen des anderen Objekts begleitet ist (HEITSCH 1978).

Zwischen Struktur und Funktion auch des vorgelegten Systems besteht eine dialektische Wechselwirkung: Einerseits bestimmt die Struktur eines Systems seine Funktion, andererseits ist die Struktur selbst „geronnene Funktion", d. h. hat sich entwicklungsgeschichtlich unter dem Einfluß der Funktion herausgebildet. In diesem Sinne ist es unschwer erklärlich, daß ein Strukturmodell auch bei strenger bzw. eindeutiger Determinierung, wie im vorliegenden Falle, keinen immerwährenden Bestand haben kann und selbst einen Gegenstand wissenschaftlicher Untersuchungen bildet.

Auf eine Besonderheit vorliegender Strukturmodelle, die zufolge des Entwicklungsstandes auch anderen Modellen der theoretischen Kartographie eigen ist, muß noch hingewiesen werden. Sie basieren modelltheoretisch, manchmal auch unbewußt, auf einer sog. „Als-ob-Theorie". In solchen Fällen führen Modelle zur Theorie über den Untersuchungsgegenstand. Sie enthalten dann bereits Momente der analysierten Seite des Wesens des Untersuchungsgegenstands, stellen in der Regel jedoch noch nicht die Theorie dar, d. h. eine Zusammenfassung wesentlicher Beziehungen und Gesetze in einem Gesetzessystem mit den entsprechenden Existenzbedingungen (FRANZ u. HAGER 1978). Das vorgelegte Strukturmodell (OGRISSEK 1980d u. 1981a) erfaßt die nach dem gegenwärtigen Stand der Erkenntnis bekannten bzw. ermittelten wesentlichen Elemente und deren Beziehungen. Exakte Formulierungen von Gesetzen in der Kartographie befinden sich jedoch erst in den Anfängen (z. B. PRAVDA 1982). Daher erscheint die Annahme einer „Als-ob-Theorie" im oben angeführten Sinne geboten bzw. denkbar. Theorie im vorgenannten Sinne muß in der Kartographie wohl als Theoriensystem aufgefaßt werden, wenn man z. B. bedenkt, daß von GOKHMAN u. MEKLER bereits 1976b von einer allgemeinen Theorie der Kartensprache für die thematische Kartographie gesprochen wurde und LJUTYJ (1982) ein solches System monographisch dargestellt hat, auch wenn in einigen Punkten Einwände dagegen vorgebracht wurden (SALIŠČEV 1982d).

Insbesondere das letzte Jahrzehnt hat gezeigt, daß die überwiegende Orientierung der Kartographen auf die Belange der Kartengestaltung[4] bzw. Kartenherstellung den Belangen der Praxis zu wenig Rechnung trug, denn kartographische Praxis heißt bekanntlich auch Kartennutzung. Schließlich handelt es sich hierbei um den Prozeß, zu dessen Vollzug Karten überhaupt hergestellt werden, eine triviale Feststellung, die dennoch zeitweilig aus dem Blickfeld geriet. Dies ist um so verwunderlicher als bereits ECKERT (1921 u. 1925) auf dieses Problem einer bedeutungsanalogen theoretischen Behandlung der Kartennutzung durch die Kartographen eindringlich hingewiesen hat. Die Struktur der *allgemeinen Theorie der Kartengestaltung* ist durch folgende Strukturelementkomplexe und Strukturelemente bestimmt (OGRISSEK 1981a): An erster Stelle steht die *Methodik der kartographischen Modellierung*, insbesondere Kodierung, in der Bedeutung als *Modellbildung*. Strukturelemente sind die *mathematische Mo-*

---

4 Kartengestaltung wurde – im Unterschied zu Kartenherstellung – angewendet, um den Schwerpunkt auf die Konfiguration der Karte bzw. deren theoretische Durchdringung zu lenken und nicht nahezu zwangsläufig die technische Seite der Kartenentwicklung in den Vordergrund zu rücken. Dabei werden die bestehenden Zusammenhänge aber nicht ignoriert, wie das Modell zeigt.

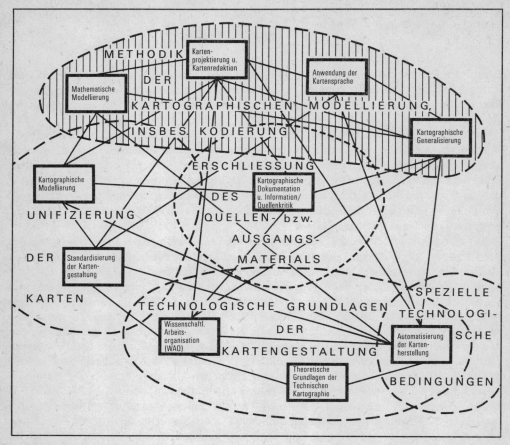

Abbildung 5
Struktur der allgemeinen Theorie der Kartengestaltung
(nach OGRISSEK)

dellierung, die Kartennetzentwurfslehre eingeschlossen, *Kartenprojektierung und Kartenredaktion* im Sinne der Kartengestaltung, die Anwendung der *Kartensprache* als graphisch-semiotische Modellierung, und da die herausragende Bedeutung der *kartographischen Generalisierung* unbestritten ist, erscheint eine Ausgliederung derselben gerechtfertigt.

Voraussetzung einer effektiven, insbesonders ökonomischen Anwendung der Methodik der kartographischen Modellierung ist eine analoge *Erschließung des Quellen- bzw. Ausgangsmaterials* auf der Grundlage einer heute großenteils institutionalisierten *kartographischen Dokumentation und Information* unter Beachtung der Erfordernisse einer *Quellenkritik*. Eine wesentliche Bedingung effektiver Kartennutzung stellt die Ausschöpfung der *Unifizierungsmöglichkeiten* im kartengestalterischen Bereich dar. Dabei kann man *Namenschreibung in Karten* und *Standardisierung der Kartengestaltung* unterscheiden. Die Standardisierung kartographischer Technologien tritt nicht sichtbar im Produkt in Erscheinung. Die *technologischen Grundlagen* der Kartengestaltung im Sinne eines Strukturelements umfassen vor allem die *Wissenschaftliche Arbeitsorganisation (WAO)* und die *theoretischen Grundlagen* der Technischen Karto-

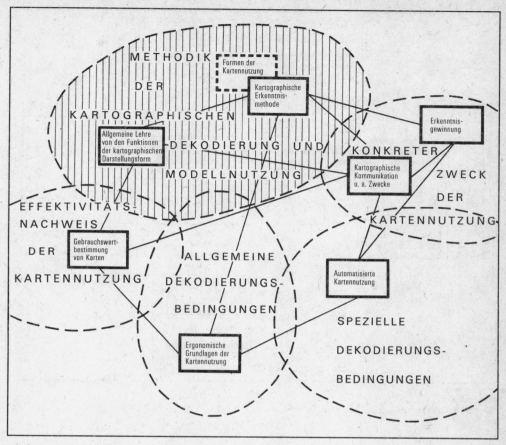

Abbildung 6
Struktur einer allgemeinen Theorie der Kartennutzung
(nach OGRISSEK)

graphie, wobei die Einbindung in die technischen Wissenschaften bzw. in ihre jeweilige Spezifik nicht zu übersehen ist. Besondere Beachtung auch im Rahmen der kartographischen Theoriebildung erfordern die modernen *speziellen technologischen Bedingungen*, wie sie mit der automatisierten Kartenherstellung, z. B. von der rechnergestützten Entwurfsarbeit mittels interaktiven Datensichtgeräten bis zur automatisierten Herstellung der Druckkopiervorlagen oder der automatisierten Laufendhaltung von verschiedenen Kartenklassen, z. B. ICA-Luftfahrtkarten, (BRANDENBERGER 1980) gegeben sind.

Aber auch die neuen Möglichkeiten der Nutzung von Fernerkundungsdaten, ihre Grenzen eingeschlossen (GUSKE 1982), müssen hier eingeordnet werden. Die Verbindung zum methodischen Bereich konkret ist z. B. mit der Ausarbeitung von Erkennungskonzepten für die Ableitung thematischer Informationen aus Fernerkundungsdaten (SÖLLNER, SCHMIDT u. WEICHELT 1982) gegeben.

Hinsichtlich der Struktur der *allgemeinen Theorie der Kartennutzung* wird vom gleichen Hierarchiesystem wie bei der allgemeinen Theorie der Kartengestaltung ausgegangen (OGRIS-

41

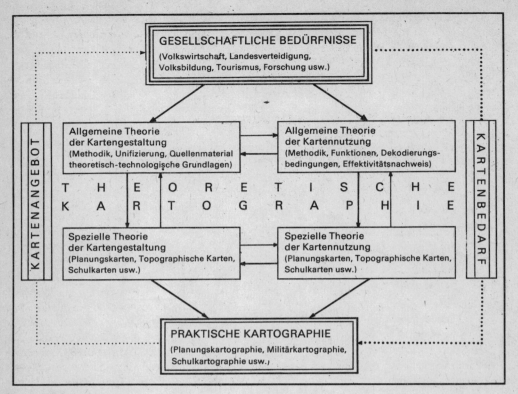

Abbildung 7
Prinzip der kartographischen Theoriensystembildung
(nach OGRISSEK)

SEK 1981a). An der Spitze steht hier die *Methodik der kartographischen Dekodierung und Modellnutzung.* Als Elemente der Elementkomplexe weist das genannte Strukturmodell aus eine *allgemeine Lehre von den Funktionen der kartographischen Darstellungsformen* und im Rahmen des *kartographischen Methodensystems* als bedeutendste Form der Kartennutzung (Modellnutzung) die Anwendung der *kartographischen Erkenntnismethode* (SALIŠČEV 1975), weil von der *Erkenntnisgewinnung* als wichtigster Funktion im Komplex der konkreten Zwecke der Kartennutzung ausgegangen wird. Im übrigen weist schon die Ausführlichkeit der diesbezüglichen Darlegungen im Rahmen dieser Veröffentlichung nachdrücklich auf deren Bedeutung hin.

Unter den nachfolgenden Zweckbestimmungen von Karten kommt sicher der *kartographischen Kommunikation* eine besondere Rolle zu, aber auch andere Zwecke, wie z.B. die *Orientierung* sind nicht zu übersehen. Bei der Kommunikationsfunktion von Karten sollte nicht übersehen werden, daß sie in nicht wenigen Fällen die *Voraussetzung zur Erfüllung anderer Funktionen* bilden kann und muß. Das gilt z.B. hinsichtlich der Erkenntnisgewinnung. Der Komplex *allgemeine Dekodierungsbedingungen* läßt sich beim gegenwärtigen Stand der Kenntnis auf das Element *ergonomische Grundlagen der Kartennutzung* konzentrieren. (Die Problematik wird hinsichtlich der Kartengestaltung zweckmäßig im Rahmen der wissenschaftlichen Arbeitsorganisation behandelt). Große Bedeutung kommt in diesem Zusammenhang der theoretischen Durchdringung der *speziellen Dekodierungsbedingungen* zu, die sich aus der *rechnergestützten (künftig automatisierten) Kartennutzung*, der *Nutzung von Blindenkarten* und der *Kartennutzung durch Schüler bzw. Kinder* ergeben. Hier handelt es sich um zwei Nutzergruppen, bei denen von speziellen Bedingungen der Dekodierung und damit der Kartennutzung auszugehen ist. Zunehmend größere Bedeutung für Theorie und Praxis der Kartenherstellung und Kartennutzung erlangt der *Effektivitätsnachweis der Kartennutzung*, der beim gegenwärtigen Stand der Erkenntnisse durch eine *Gebrauchswertbestimmung* realisierbar ist. Es darf nicht unerwähnt bleiben, daß die vorliegenden Ansätze Versuche darstellen, die es weiter zu entwickeln gilt.

1.5.   Theoriensystembildung in der Kartographie

Die Theorienbildung in der Kartographie erfolgt zweckmäßig nach dem Prinzip eines Systems, wie es vorstehend mit den Hauptkomponenten Kartengestaltung und Kartennutzung dargelegt wurde. Ausgangspunkt sind die *gesellschaftlichen Bedürfnisse* für Karten, die in Volkswirtschaft, Landesverteidigung, Volksbildung, Tourismus, Forschung usw. erwachsen. Der damit entstehende *Kartenbedarf* wird von der praktischen Kartographie bzw. ihren Teilen Planungskartographie, Militärkartographie, Schulkartographie, Touristenkartographie usw. gedeckt. Die *praktische Kartographie* benötigt zur optimalen Lösung ihrer Aufgaben eine *allgemeine Theorie der Kartengestaltung*, die die für *alle* Kartenklassen gültigen Systemelemente enthält. Diese sind als Strukturelementkomplexe im vorstehenden Kapitel ausgewiesen. Darauf fußt die *spezielle Theorie der Kartengestaltung*, die nur die für die *jeweilige* Kartenklasse gültigen diesbezüglichen Erkenntnisse beinhaltet, also z. B. für Planungskarten, Topographische Karten, Schulkarten usw. Damit eng verbunden ist analog die *allgemeine Theorie der Kartennutzung*, die die für *alle* Kartenklassen gültigen Erkenntnisse der Kartennutzung erfaßt. Darauf fußt wiederum die *spezielle Theorie* der Kartennutzung, die nur die für die *jeweilige* Kartenklasse gültigen diesbezüglichen Erkenntnisse umfaßt. Beispiele sind vorstehend angeführt. Der dialektische Zusammenhang von Kartennutzung und Kartengestaltung ist dadurch gegeben, daß für die optimale Kartengestaltung bedeutsame theoretische Erkenntnisse wesentlich im Prozeß und in den Bedingungen der Kartennutzung zu gewinnen sind.

Bei entsprechend entwickelter praktischer und theoretischer Kartographie wird der Kartenbedarf optimal nicht allein aufgrund der jeweils aktuellen Anforderungen der Bedarfsträger gedeckt, sondern auch durch ein entsprechendes ständiges *Kartenangebot*. Ein Beispiel in der DDR sind die als Grundlagenkarten für thematische Karten nutzbaren Topographischen Karten – Ausgabe Volkswirtschaft – in verschiedenen Maßstäben (SCHIRM 1984).

2. Grundlagendisziplinen und -gebiete der Theoretischen Kartographie

2.1. Aufgaben und Probleme

Eine Aufführung aller wissenschaftlichen Grundlagen der theoretischen Kartographie in systematischer Gliederung würde die Existenz eines Systems der Wissenschaften voraussetzen, das für derartige Zwecke anwendbar wäre. Das aber gibt es bekanntlich noch nicht. Diese Problematik wurde im übrigen in Kapitel 1.1. bereits entsprechend erörtert. Das gegebene Anliegen des nachstehenden Kapitels besteht darin, die wissenschaftlichen Inhalte von Wissensbereichen in ihrer Bedeutung als Grundlage für die theoretische Kartographie der genannten Struktur (OGRISSEK 1981a) darzulegen. Daher erscheint es auch vertretbar, unabhängig von einem System der Wissenschaften im detaillierten und strengen Sinne die wissensmäßigen Inhalte darzulegen, die der obengenannten Aufgabe gerecht werden. Aus diesem Grunde werden die Begriffe Grundlagendisziplinen und Grundlagengebiete verwendet. Die ausgegliederten Wissensbereiche wurden in der Bezeichnung so gewählt, daß sie dem Inhalt in seiner *Bedeutung* für die theoretische Kartographie maximal gerecht werden. Demzufolge wurden Disziplinen, wie z.B. die Mathematik, die als Ganzes, auch im Hinblick auf die Zukunft gesehen, relevant sind, – wenn auch im Einzelfall natürlich spezifiziert – so angeführt. Im Gegensatz hierzu wurde infolge einer bekanntlich anderen Situation beispielsweise nicht die Kybernetik, sondern ihre Teilgebiete, wie Systemtheorie oder Informationstheorie, behandelt. Hinzu kommt noch, daß solche Disziplinen wie die Kybernetik bei weitem noch nicht einheitlich untergliedert sind. Außerdem darf nicht übersehen werden, daß derartige Wissenschaftsgebiete oftmals unter verschiedenen Aspekten betrieben werden. Die Palette der Grundlagendisziplinen und -gebiete wurde gegenüber dem ursprünglichen Modell (OGRISSEK 1981a) noch um die Informatik und die Logik erweitert, weil sich dies als notwendig erwies. Im Falle der Polygraphie wird im gegebenen Zusammenhang natürlich nur auf die theoretischen Bestandteile eingegangen; da hierfür keine gesonderte Bezeichnung eingeführt ist, mußte „Polygraphie" beibehalten werden. Die zitierte Bedeutung dieser Grundlagendisziplinen und -gebiete gilt zwar in erster Linie für die theoretische Kartographie, betrifft aber im gleichen Maße natürlich die Kartographie als Ganzes wie die theoretische Kartographie deren immanenter Bestandteil ist. Zufolge der vorstehenden Gesamtdiktion der theoretischen Kartographie wird die Erkenntnistheorie entsprechend ausführlich behandelt.

2.2. Erkenntnistheorie und zugehörige Kategorien

Das Vorhandensein bzw. die Erarbeitung philosophischer und methodologischer Grundlagen bilden die wichtigsten Voraussetzungen für die erfolgreiche *Weiterentwicklung einer Wissenschaft.* Ständiges Überdenken, Analyse und Verallgemeinerung des Wesens und des Zieles einer konkreten Wissenschaftsdisziplin auf der Basis der dialektisch-materialistischen Erkenntnistheorie sind dabei unerläßlich (SALIŠČEV 1975). Diese sind für eine Gegenstandsbestimmung von nicht minder großer Bedeutung. Denn schließlich hängt die gezielte Weiterentwicklung einer Wissenschaft bezüglich Richtung wie Dimension *untrennbar mit der Gegenstandsbestimmung* zusammen. Ungeachtet seiner nicht ohne weiteres zu akzeptierenden Auffassungen über den Gegenstand der Kartographie gebührt dem sowjetischen Kartographen ASLANIKAŠVILI (1969) das Verdienst, schon sehr früh im Rahmen einer Monographie auf die Bedeutung der Erkenntnistheorie für die Entwicklung der Kartographie hingewiesen zu haben. Nach seiner Einschätzung war bereits zu dieser Zeit ein hinreichend theoretisch ausgearbeiteter Stand in der Kartographie erreicht, der jedoch sich auf die technisch-ausführende Seite beschränkte, während die erkenntnis-theoretische Durchleuchtung noch fehlte. Dabei gilt: Die verschiedenen Fachwissenschaften befassen sich mit *einzelnen Aspekten* der menschlichen Erkenntnistätigkeit und ihren Resultaten.

Erkenntnis als Widerspiegelung der materiellen Wirklichkeit im Bewußtsein des Menschen entsteht bekanntlich in Form ideeller Abbilder einzelner Seiten der Realität, ihrer Gesamtheit, aber auch ihrer Wechselbeziehungen. Kartographische Darstellungen, in dieser Hinsicht bildanaloge Konfigurationen, demonstrieren ihre Erkenntnisfunktion, indem mit ihrer Hilfe im menschlichen Bewußtsein ideelle Abbilder der realen Umwelt abgeleitet werden. Karten als Erkenntnismittel, aber auch als Erkenntnisgegenstand, bilden einen wichtigen Untersuchungsgegenstand der theoretischen Kartographie (OGRISSEK 1982 a), weil unter den konkreten Zwecken bzw. Funktionen der Kartennutzung die Erkenntnisgewinnung der Bedeutung nach an die erste Stelle zu setzen ist (SALIŠČEV 1975).

Zum Verständnis der vorgenannten Aspekte der Erkenntnistheorie als Grundlagendisziplin der theoretischen Kartographie ist es geboten, auf einige Kategorien einzugehen, die im Erkenntnisprozeß der Menschen besondere Bedeutung haben. Das sind zunächst die *Objekte*, die außerhalb unseres Bewußtseins und unabhängig von ihm existieren. Sie sind Gegenstand unserer Erkenntnis. Objekte können einzelne Dinge, aber auch Prozesse oder Gesetzmäßigkeiten sein. In der Kartographie sind diese z. B. unter der Bezeichnung Kartengegenstand bekannt.

Nicht minder bedeutsam sind die *ideellen Abbilder* dieser Objekte, die als Ergebnis des Widerspiegelungsprozesses im Bewußtsein der Menschen entstehen. Dabei ist zwischen den sinnlichen Abbildern, beispielsweise Wahrnehmung oder Vorstellung, und rationalen Abbildern, das sind Begriffe und Aussagen, zu unterscheiden. *Sinnliche Abbilder* geben eine anschauliche Reproduktion vorwiegend der äußeren Erscheinung der Objekte, *rationale Abbilder* erfassen demgegenüber das Wesen der Objekte, sind also Abstraktionsprodukte. Beide Abbildformen bilden stets eine untrennbare Einheit.

Die Abbildung als Prozeß und ideelles Resultat der Widerspiegelung bei der menschlichen Erkenntnis ist in *kartographischer Hinsicht* nach EWERT (1983a) durch nachfolgende Charakteristika zu kennzeichnen: In der gesellschaftlichen Praxis wird – ausgehend von der Form und vom Ergebnis der Abbildung – zwischen *analoger* und *sprachlicher Abbildung* unterschieden. Der ersteren kann entweder eine strukturelle oder eine funktionelle Analogie zwischen Erkenntnisobjekt und Abbildung zugrunde liegen. Auch bei ideellen Abbildungen des Geländes im Bewußtsein und bei photographischen Aufnahmen der Erdoberfläche handelt es sich um analoge Abbildungen, da die Beziehungen zwischen abgebildetem Objekt und Abbild auf (geometrischer) Ähnlichkeit beruhen. Die analogen Abbildungen des Geländes basieren fast ausschließlich auf struktureller Übereinstimmung, weil die analoge Modellierung funktioneller Aspekte der Erde bzw. des Geländes sehr schwierig zu realisieren ist. Von größerer Bedeutung für die gesellschaftliche Praxis ist die sprachliche Abbildung, da sie eine

Grundvoraussetzung für die gedanklich-schöpferische Tätigkeit der Menschen darstellt. Das gilt folglich auch für die Abbildung der Erde bzw. des Geländes. Diese *sprachliche Abbildung* kann in drei verschiedenen Formen erfolgen: in *verbaler Form (durch Worte)*, in *graphischer Form (durch Zeichnung)* oder in *digitaler Form (durch Ziffern)*.

Die verbale Form, einfachste, gebräuchlichste und älteste, kann in gedanklicher, mündlicher oder schriftlicher Form realisiert werden. Für viele praktische Bedürfnisse reicht die verbale Form nicht aus, und die graphische oder digitale Form ist besser geeignet. Der Sachverhalt, daß alle Erkenntnisobjekte an Raum und Zeit gebunden sind, wird zweckmäßigerweise durch mathematische Funktionen der allgemeinen Form $f(x,y,z,t)$ erfaßt, womit gleichzeitig eine notwendige Grundlage für die digitale und für die graphische Abbildung weiterer Parameter derselben gegeben ist. Beispiele für die digitale Form der Abbildung des Geländes sind die Lagekoordinaten und Höhenangaben von Geländeobjekten oder -punkten und ähnliches.

Nicht zuletzt sind auch *Homomorphie- und Isomorphiebeziehungen* für die kartographische Abbildungsproblematik bedeutsam. Bei allen graphischen und digitalen Formen der hier zur Diskussion stehenden Abbildungen, also bei Plänen, Karten, Koordinaten, Höhenangaben usw., handelt es sich um homomorphe Abbildungen, da zwar für jedes Geländeobjekt (Urbild) mindestens ein Kartenzeichen oder digitales Zeichen vorhanden ist, umgekehrt aber diese Zeichen für alle gleichartigen Geländeobjekte stehen können. Das genügt jedoch für die gegebene Zweckbestimmung, beim Betrachter der Abbilder die gleichen Dispositionen hervorzurufen, wie er sie beim unmittelbaren Betrachten der Objekte treffen würde. Sollen dagegen innerhalb von graphischen oder digitalen Abbildungen oder zwischen diesen Transformationen der betreffenden Abbilder vorgenommen werden, ohne daß ein Informationsverlust eintritt, so kann das nur über eine (erneute) isomorphe Abbildung erfolgen. Beide Sachverhalte, nämlich die Homomorphie zwischen den Geländeobjekten und ihren graphischen bzw. digitalen Abbildern und die Isomorphie innerhalb und zwischen diesen Abbildern sind eine unerläßliche Voraussetzung für die Kommunikation und Verarbeitung beispielsweise von Geländeinformationen in gesellschaftlichen Informationssystemen.

Sinnlich wahrnehmbare Existenzformen der gedanklichen Abbilder, als deren Bezeichnung oder Name, sind die *Zeichen*. Sie dienen der Kommunikation zwischen den Menschen und können in verschiedener Form gespeichert werden. Man unterscheidet bei den Zeichen zwischen Anzeichen und Repräsentationszeichen. *Anzeichen* werden von dem Gegenstand, dem Prozeß usw., den sie anzeigen, kausal verursacht. (Ein Anzeichen ist z. B. die Fußspur eines Menschen im Sand.) *Repräsentationszeichen* werden von dem Gegenstand, Prozeß usw., den sie anzeigen, nicht kausal verursacht, sondern besitzen in ihm nur die Quelle ihrer Bedeutung. So sind die Wörter einer Sprache Repräsentationszeichen, indem sie auf wirklich existierende Dinge, Prozesse usw. verweisen. Demzufolge sind auch die *Kartenzeichen* Repräsentationszeichen, die sich von den Wörtern durch ihren Symbolcharakter unterscheiden.

Eine zentrale Stellung im Erkenntnisprozeß der Menschen nehmen die *Begriffe* ein, da sie die vielen Einzelerscheinungen verallgemeinern, in diesem Sinne abstrakt sind und dadurch ein tieferes Erfassen der objektiven Realität ermöglichen. Ohne Begriffe ist keine Wissenschaft und keine Kommunikation denkbar. Der Begriff läßt sich definieren als das *gedankliche Abbild einer Klasse von Objekten auf der Grundlage ihrer invarianten (wesentlichen) Merkmale*. Als ein gedankliches Abbild ist der Begriff ein Abstraktionsprodukt, existiert nur in unserem Denken und ist sinnlich nicht wahrnehmbar. Der Begriff geht nicht vom Einzelobjekt aus, sondern von einer Klasse von Objekten. Darunter versteht man eine Gesamtheit von Individuen, die gemeinsame Merkmale haben. Einzelne Objekte können die Klasse repräsentieren.

Die Begriffsbildung bzw. -anwendung spielt bei der Kartengestaltung, vor allem bei der Begriffsgeneralisierung eine große Rolle. Daher wird die diesbezügliche Problematik vollständig zweckmäßigerweise im Zusammenhang mit der Behandlung der kartographischen Generalisierung (Kapitel 5.1.5) dargelegt.

Im Sinne einer eindeutigen Verständigung ist es unerläßlich, genau festzulegen, was unter einem bestimmten Begriff verstanden werden soll. Das erfolgt durch die *Definition*. Darunter versteht man ein *logisches Verfahren, durch welches das Wesen von Gegenständen, Eigenschaften, Beziehungen, Prozessen usw. und der Inhalt von Begriffen, Wörtern und Zeichen bestimmt oder deren Bedeutung festgelegt wird.* Jede Definition besteht aus zwei Elementen, dem zu Definierenden, *Definiendum* genannt, und dem Definierenden, *Definiens* genannt. Beide stehen im Verhältnis einer logischen Gleichung zueinander (BUHR u. KOSING 1982). Exakte Definitionen bilden die wesentlichste inhaltliche Voraussetzung für den logischen Aufbau von kartographischen Zeichensystemen (BOČAROV 1966), welcher wiederum eine unerläßliche Bedingung für die Optimierung der Kartennutzung darstellt.

Eine Definition hat also folgende allgemeine Struktur:

$$\text{Definiendum} =_{\text{def}} \text{Definiens}$$

Die moderne Logik unterscheidet verschiedene Arten der Definitionen; auf die für die Kartographie wichtigsten ist nachstehend abrißartig einzugehen (BUHR u. KOSING 1982):

1. *die Realdefinition*, auch als Sachdefinition bezeichnet, in welcher das Wesen eines Gegenstandes, einer Eigenschaft, Beziehung usw. in der Weise bestimmt wird, daß der dem Gegenstand usw. entsprechende Gattungsbegriff[5] mit dem artbildenden Unterschied vereinigt wird. Ein Beispiel kartographischer Natur wäre: Ein Plan ist eine Karte großen Maßstabs;

2. *die Nominaldefinition*, in welcher die Bedeutung von Begriffen, Wörtern und Zeichen bestimmt wird. Der eindeutig nachweisbare Abbildcharakter von Karten (BERLJANT 1979) liefert die ausreichende Begründung für die Bedeutung dieser Definitionsart für Kartengestaltung wie für Kartennutzung;

3. *die genetische Definition*, in welcher die Bedeutung von Begriffen, Wörtern und Zeichen unter dem Aspekt der Entstehung bestimmt wird. Diese Art der Definition kann man auch als Teilklasse der Nominaldefinition auffassen. Ein Beispiel kartographischer Natur wäre: Eine Höhenliniendarstellung entsteht, wenn man die Punkte gleicher Höhenlage verbindet, entsprechende Dichte vorausgesetzt;

4. *die Zuordnungsdefinition*, in welcher bestimmte Beziehungen durch Zuordnung festgesetzt werden. Zuordnungsdefinitionen spielen in der Kartographie eine entscheidende Rolle bei der Kartenklassifikation. Ein Beispiel kartographischer Natur wäre: Das Klassifikationsmerkmal der Kartenkategorie ist die Zweckbestimmung (OGRISSEK 1980b), und demzufolge zählen zu dieser Kartenklasse Planungskarten, Prognosekarten, Seenavigationskarten, Orientierungslaufkarten u.ä. Bedeutsam für die Ausarbeitung von Theorien der theoretischen Kartographie ist der Unterschied zwischen feststellender und festsetzender Definition. Durch die *feststellende Definition* werden Wörter mit ihrer gebräuchlichen Bedeutung eingeführt, d. h. also festgestellt, mit welchen Merkmalen ein Begriff in einem bestimmten Zusammenhang gebildet worden ist und gebraucht wird. Mit der *festsetzenden Definition* werden neue Begriffsbildungen abgeschlossen. Es wird also festgelegt, mit welcher Bedeutung ein Zeichen (Wort oder Wortgruppe) im gegebenen Zusammenhang gebraucht werden soll. Ausschlaggebend ist immer die Absicht, im Objekt bestimmte Seiten zu unterscheiden und andere außer acht zu lassen. Eine wesentliche Rolle spielen festsetzende Definitionen beim Aufbau von Theorien, also auch in der theoretischen Kartographie.

---

5 Art- und Gattungsbegriff sind hier eindeutig von den Verwendungen zur Kartenklassifikation nach OGRISSEK (1980b) zu unterscheiden.

Von hervorragender Bedeutung für erkenntnistheoretische Aufgaben sind die *Aussagen*. Diese werden *definiert* (BUHR u. KOSING 1982) *als grundlegende Form der rationalen Erkenntnis, die logisch-abstrakt den Sachverhalt so widerspiegelt, daß bestimmten Gegenständen bestimmte Eigenschaften zukommen und daß zwischen Gegenständen bestimmte Beziehungen* existieren. Innerhalb des gesamten Erkenntnisprozesses ist die Aussage diejenige Elementarform der Erkenntnis, der die Eigenschaft der Wahrheit oder Falschheit zukommt. Aussagen sind wahr und falsch, abhängig davon, ob diese Erscheinungen tatsächlich die zugeordneten Eigenschaften besitzen oder nicht. Formulierungen, die nicht eindeutig als wahr oder falsch bezeichnet werden können, sind keine Aussagen. Die große Bedeutsamkeit der Aussage auch für die Kartographie liegt vor allem darin, daß solche komplizierten theoretischen Abbildungen der Realität, wie Theorien und Hypothesen darauf aufgebaut sind. Infolge der untrennbaren Einheit von Denken und Sprache kann die Aussage als logisches Gebilde stets nur in der „materiellen Hülle" eines grammatikalischen Satzes vorkommen. Exakt formuliert muß man sagen: Der Satz ist die Existenzform der Aussage. Die Aussage ist vom *Urteil* zu unterscheiden, da dieses die Behauptung oder die Verneinung einer Aussage darstellt. Neben der schon zitierten Bedeutung der Aussagen für die Theorienbildung in der Kartographie, und damit für die Konstituierung der theoretischen Kartographie, spielt diese grundlegende Form der rationalen Erkenntnis auch eine bestimmte, wenn auch wesentlich geringere Rolle bei konzeptionellen Arbeiten im Rahmen der Kartenprojektierung. Nicht zuletzt trägt ein beträchtlicher Teil der verbalen Informationen, die in kartographische Informationen umzusetzen sind, Aussagencharakter.

Das *Wesen des Erkennens* läßt sich wie folgt erklären: Das Bewußtsein, insbesondere das Denken, versetzt den Menschen in die Lage, die materielle Welt, sowohl die Natur als auch die Gesellschaft, in verschiedenen Formen widerzuspiegeln und geistig zu verarbeiten. So ist es möglich, die Beziehungen der Menschen zur natürlichen Umwelt und auch zueinander bewußt zu gestalten und zu regulieren. In den letzten Jahren haben auch hierbei Karten ihre große Bedeutung nachgewiesen, und Umweltkarten z. B. nehmen heute einen festen Platz in Umweltschutz, Umweltgestaltung und Umweltplanung (z. B. LEHMANN 1975 u. 1980, FRIEDLEIN 1976, KUGLER 1978) ein.

Im Gegensatz zu den Tieren, die sich ihrer Umwelt anpassen, verändern die Menschen die Umwelt entsprechend ihren Bedürfnissen. Das wird nur in dem Maße möglich, wie die Menschen zuverlässige Erkenntnisse über die Eigenschaften und Gesetzmäßigkeiten der Naturgegenstände und Naturkräfte gewinnen. Die zunehmende Herrschaft der Menschen über die Natur wird also in erster Linie durch das Erkennen ermöglicht.

Dieses Erkennen, eine mittels des Bewußtseins vollzogene besondere Tätigkeit des Menschen, ist seinem Wesen nach Widerspiegelung der objektiven Welt im menschlichen Bewußtsein.

Die Widerspiegelung ist eine allgemeine Eigenschaft der Materie, die in verschiedenen Entwicklungsstufen existiert. Widerspiegelung und Erkennen dürfen jedoch nicht gleichgesetzt werden. Zwar ist alles Erkennen Widerspiegelung, aber nicht jede Widerspiegelung ist Erkennen.

Unter den verschiedenen Formen der Widerspiegelung der Welt im menschlichen Bewußtsein ist für die theoretische Kartographie die Form der Wissenschaft am bedeutsamsten.

Das Erkennen zeichnet sich durch charakteristische Merkmale aus, die es von anderen Widerspiegelungsformen unterscheiden: *Erkennen ist theoretische Aneignung der objektiven Welt (Realität)*, das heißt, eine Widerspiegelung, die sich auf die wesentlichen Eigenschaften, die allgemeinen Strukturen und die Gesetzmäßigkeiten der objektiven Realität richtet.

Das Ziel besteht darin, möglichst exakte gedankliche Abbilder dieser Eigenschaften, Strukturen und Gesetzmäßigkeiten zu gewinnen und diese in Form von Begriffen, Gesetzesaussagen, Formeln, Hypothesen, Theorien usw. zu einem gedanklichen Modell von Bereichen der Natur und Gesellschaft zu verarbeiten. *Die adäquaten Abbilder von wesentlichen Eigenschaften, Strukturen und Gesetzmäßigkeiten der objektiven Realität sind die Erkenntnisse.* Sie dienen den Menschen als theoretische Grundlage ihrer zweckmäßigen Tätigkeit und ermöglichen es ihnen, diese Eigenschaften, Strukturen und Gesetzmäßigkeiten zum Zweck der planmäßigen Veränderung und Beherrschung von Naturprozessen und Gesellschaftsprozessen praktisch auszunutzen und anzuwenden.

Unter dem Gesichtspunkt der Bedeutungsdominanz der Erkenntnistheorie für die theoretische Kartographie erscheint es auch angebracht, *Erkennen als Informationsverarbeitung* zu betrachten.

Erkennen ist nach materialistischer Auffassung ein Prozeß der Wechselwirkung des erkennenden Subjekts mit den Objekten der materiellen Realität. Die Widerspiegelung setzt dabei voraus, daß das Subjekt mit dem Objekt in eine aktive Wechselbeziehung tritt, indem es Informationen aus der objektiven Realität erhält und diese verarbeitet. Diese unmittelbare Verbindung des Bewußtseins mit der materiellen Welt erfolgt durch die Sinnesorgane des Menschen, die die primäre Information aus der Außenwelt aufnehmen, umwandeln und als Nervenerregung weiterleiten.

Für das Verständnis des *Widerspiegelungsprozesses* ist wichtig, auf welche Weise die Aufnahme und Verarbeitung der primären Information durch die Rezeptoren erfolgt. Zunächst ist festzustellen, daß jeder Rezeptor nur auf ganz bestimmte oder adäquate Reize anspricht. Für die kartographische Aufgabenstellung spielt das menschliche Auge die entscheidende Rolle, wenn man einmal von Blindenkarten absieht. Die Bedeutung der Gesichtsempfindungen bzw. -wahrnehmungen geht allein bereits aus der Tatsache hervor, daß rund 90 % der Informationen auf diesem Wege aufgenommen werden. Das menschliche Auge reagiert im vorgenannten Sinne nur auf elektromagnetische Wellen mit einer Wellenlänge von 380 bis 760 nm (Schober 1960 u. 1964). Das ist bekanntlich der Bereich des sichtbaren Lichts; alle anderen Wellenlängen aus dem Spektrum der elektromagnetischen Wellen rufen keine Gesichtsempfindungen bzw. -wahrnehmungen hervor. Sie sind inadäquate Reize. Dabei ist auch an den Einsatz für die Kartographie völlig neuer physikalischer Wirkprinzipien zu denken. Hier ist beispielsweise ein patentiertes Verfahren in der Sowjetunion zu nennen, das auf der Anwendung von Luminiszenzfarben basiert (Chalugin 1977, Širjaev 1974). Das Kartenbild besteht aus einem mit sichtbaren Farben und einem mit unsichtbaren Farben aufgetragenen Teil. Das entstehende, zunächst latente stereoskopische kartographische Modell wird durch UV-Bestrahlung und mittels einer Anaglyphenbrille wahrgenommen. Es werden die inadäquaten Reize in adäquate Reize überführt, um dem Rezeptor die Reizaufnahme zu ermöglichen.

Die Rezeptoren verwandeln die als systemfremde Signale aufgenommene Information in systemeigene Signale. Sie werden also umkodiert. Dabei verwenden alle Rezeptoren den gleichen Kodeschlüssel. Als Signale werden die elektrochemischen Nervenimpulse und als Kode die Frequenzmodulation verwendet.

Die Rezeptoren sind also Informationswandler, die alle aus der Außenwelt kommenden Informationen, unabhängig davon, ob diese in Form optischer, akustischer oder anderer Signale existieren, in die einheitliche Signalart der frequenzmodulierten elektrochemischen Nervenimpulse umkodieren. Diese Vereinheitlichung aller Informationen der verschiedenen Rezeptoren bildet die Voraussetzung für das Entstehen der einheitlichen ideellen Abbilder im Bewußtsein. Im Erkenntnisprozeß, der mittels Karten vollzogen wird, ist die Situation naturgemäß durch die überragende Dominanz der optischen Signale gekennzeichnet. Im Zusammenwirken der verschiedenen Ebenen des Zentralnervensystems gelangt die auf jeder Ebene weiterverarbeitete Information schließlich zur Großhirnrinde. Durch die Ausbildung komplizierter Reflexketten in den Projektionsfeldern der Analysatoren werden die bedingten Verbindungen hergestellt. Sie besitzen zugleich eine psychische, ideelle Seite, auf deren Grundlage die Wahrnehmungen entstehen und die Begriffe gebildet werden. Auf diese Weise sind Wahrnehmungen und Begriffe mit der objektiven Realität verbunden (HAHN u. KOSING 1978).

In das Betrachtungsspektrum der Erkenntnistheorie als Grundlagendisziplin der Theoretischen Kartographie muß nicht zuletzt auch der *Zusammenhang von Erkennen und gesellschaftlicher Praxis* einbezogen werden.

„Der Gesichtspunkt des Lebens, der Praxis muß der erste und grundlegende Gesichtspunkt der Erkenntnistheorie sein" (LENIN 1973). *Praxis* ist die gesellschaftliche, materiell-gegenständliche Tätigkeit der Menschen, die darauf gerichtet ist, die natürliche und gesellschaftliche Umwelt entsprechend den Zwecken der Menschen bewußt und zielgerichtet zu verändern. Die grundlegende Form der Praxis ist die Arbeit in der Produktion. Formen der Praxis sind die Seiten der wissenschaftlichen, technischen, sozialpolitischen, künstlerischen Tätigkeit, die unmittelbar auf die Veränderung der Wirklichkeit gerichtet sind. In der Kartographie ist die Situation insofern *eindeutig*, als wissenschaftliche Tätigkeit zunächst nahezu ausschließlich als Forschung im Interesse der kartographischen (d. h. gesellschaftlichen) Praxis, als unmittelbare Anwendungsforschung also, betrieben wurde und erst in jüngster Zeit Forschungsergebnisse veröffentlicht wurden, die zunächst den Charakter von Grundlagenforschungen tragen. Den Stand der kartographischen Forschungsmethoden als wichtige Basis der Kartennutzung vom Ende der siebziger Jahre gibt (in monographischer Form) BERLJANT (1978a) an.

Einen anschaulichen Einblick in anwendungsorientierte Forschungsanliegen in der thematischen Kartographie der Sowjetunion geben EVTEEV, KEL'NER u. NIKIŠOV (1972), wobei die Ausführungen im Sinne von aktuellen Forschungsaufgaben teilweise auch grundsätzlichen Charakter tragen.

Es bleibt festzuhalten, daß die bei den repräsentativ zitierten Grundlagenforschungen zur Kartennutzung gewonnenen Erkenntnisse und Kenntnisse erst bei ihrer Überführung in die kartographische Praxis ihre Funktion erfüllt haben. Kartographische Praxis heißt hier

– Anwendung zur Optimierung der *Kartennutzung* (OGRISSEK 1980c) und

– Anwendung zur Optimierung der *Kartengestaltung* im Interesse der Zweckbestimmung der Karte und im Interesse des Kartennutzers.

Das Verhältnis von Praxis und Erkennen läßt sich in folgenden Punkten zusammenfassen:

– Die gesellschaftliche Praxis ist die bestimmende Grundlage des Erkenntnisprozesses im Sinne seiner Triebkraft (BUHR u. KOSING 1979). Aus dem jeweiligen Entwicklungsstand der gesellschaftlichen Praxis, insbesondere der Produktion und der Technik ergeben sich Probleme und Aufgaben für das Erkennen, die gelöst werden müssen, damit die praktischen Aufgaben bewältigt werden können.

Für die Kartographie heißt das beispielsweise, daß eine der gegenwärtigen praktischen Hauptaufgaben der Kartographie – die Erhöhung der Effektivität der Kartennutzung im Sinne einer höheren gesellschaftlichen Wirksamkeit der Kartographie (KUTUZOV 1976) – nur durch entsprechend umfassende und tiefgründige Erkenntnisse über die Spezifik bzw. das Wesen des kartographischen Dekodierungsprozesses zu lösen ist. Diese Erkenntnisse sind eine unerläßliche Voraussetzung für die Automatisierung der Kartennutzung (BERLJANT 1979).

– Die gesellschaftliche Praxis bestimmt die Ziele des Erkennens in dem Sinne, daß vom Entwicklungsstand der Praxis weitgehend die Anwendungsmöglichkeiten der Erkenntnisse abhängen.

Das anschaulichste Beispiel in der Kartographie liefert gegenwärtig wohl die Automatisierung der Kartenherstellung. Die allgemein bekannte Erkenntnis lautet, daß eine durchgreifende Erhöhung der Arbeitsproduktivität bei der Herstellung und Laufendhaltung von Karten nur auf dem Wege der Automatisierung zu erreichen ist (SIEBER 1976). In der Praxis steht dem vielfach noch das Fehlen entsprechend ökonomisch arbeitender, spezialisierter technischer Kartenzusammenstellungs- und Kartenherausgabesysteme entgegen, ebenso das Fehlen systemgerechter Datenbanken.

– Die gesellschaftliche Praxis ist die wichtigste Triebkraft des Erkenntnisprozesses, weil sie in dem dialektischen Widerspruchsverhältnis von Praxis und Erkennen die letztlich bestimmende Seite ist.

Zwei notwendige Elemente des Erkenntnisprozesses, die in dialektischer Wechselwirkung miteinander stehen, sind *Sinneserfahrung und theoretisches Denken*. Sie bilden eine Einheit von Gegensätzen, die sich im Erkenntnisprozeß wechselseitig bedingen und durchdringen. Die Sinneserfahrung stellt den unmittelbaren Zugang des erkennenden Subjekts zur objektiven Realität dar. Ohne Sinneserfahrung kann es keine Erkenntnis geben. Diese Sinneserfahrung aber ist noch keine Erkenntnis. Erst wenn das *theoretische Denken sich mit der Sinneserfahrung vereinigt*, sie durchdringt, und verarbeitet, dann wird sie zu einem Element der Erkenntnis. Umgekehrt kann das theoretische Denken ohne das Material der Sinneserfahrung auch keine Erkenntnisse gewinnen. Nur indem sich das theoretische Denken auf die Sinneserfahrung stützt, erhält es die übrigen Informationen über die objektive Realität. Diese erst ermöglichen, Erkenntnisse über die Realität zu gewinnen. Welcher Art sind nun die Ergebnisse der Sinneserfahrung, die eine solche große Rolle bei der Erkenntnis spielen. Es sind die Empfindungen und Wahrnehmungen. Bei der Empfindung handelt es sich um ein Abbild einer einzelnen Eigenschaft oder Seite eines Gegenstandes, der unmittelbar auf die Rezeptoren einwirkt. Ihrer Entstehung nach ist die *Empfindung* die Verwandlung der Energie des äußeren Reizes in eine Bewußtseinstatsache. Die *Wahrnehmung* ist ein ganzheitliches Abbild von Gegenständen mit ihren Eigenschaften und Beziehungen, die unmittelbar auf die Rezeptoren einwirken. Dieses Abbild enthält auch die inneren, wesentlichen, allgemeinen und notwendigen Zusammenhänge, die in der Empfindung noch nicht unterschieden sind, so daß hier Erscheinung und Wesen eine undifferenzierte Einheit bilden. Die Wahrnehmungen enthalten also das notwendige Sinnesmaterial, aus dem das analysierende und synthetisierende, abstrahierende und verallgemeinernde Denken aus der Fülle der Zusammenhänge die wesentlichen, notwendigen, allgemeinen Zusammenhänge aussondern und in Begriffen festhalten kann. Dabei handelt es sich um den Übergang von der Erscheinung zum Wesen, der zugleich einen qualitativen Sprung innerhalb der Erkenntnistätigkeit, den Übergang zum theoretischen Denken, darstellt. Im Prozeß der Kartennutzung konzentriert sich die Wahrnehmung auf die kartographischen Zeichen, worauf im Kapitel über die ingenieurpsychologischen Grundlagen näher eingegangen wird.

Als *Resultat des theoretischen Denkens* entstehen rationale Abbilder, Begriffe, Aussagen, Theorien. Diese sind nicht mehr sinnlich-konkret, sondern gedanklich abstrakt. Mit der materiellen Welt sind sie nicht mehr direkt verbunden, sondern nur noch mittelbar über die Sinneserfahrung, die in ihnen verarbeitet ist. Die Bedeutung dieser Begriffe, Aussagen und Theorien liegt darin begründet, daß in ihnen die wesentlichen, notwendigen und allgemeinen Beziehungen in „reiner", idealisierter Form widergespiegelt werden und somit das Erkennen immer tiefer in das Wesen der Erscheinungen eindringen kann (HAHN u. KOSING 1978). Im Rahmen der Erkenntnisgewinnung mittels kartographischer Darstellungsformen spielen *Begriffe* und Aussagen beim gegenwärtigen Entwicklungsstand der theoretischen Kartographie die dominierende Rolle, während die *Theorienbildung* sich noch am Anfang der

Entwicklung befindet. Das Problem der Begriffe wird im Zusammenhang mit der Generalisierung behandelt (vgl. Kapitel 5.1.5.), da es dort für die theoretische Kartographie von spezieller Bedeutung ist. Bezüglich der *Aussagen* als Form der rationalen Erkenntnis spielen in der Kartographie die indirekten Informationen eine wichtige Rolle, weil Aussagen Beziehungen zwischen Gegenständen oder zwischen Gegenständen und ihren Eigenschaften widerspiegeln. Aber insbesondere die vorwiegend georäumlich determinierten Beziehungen der Karteninhaltselemente gehören zu den wesentlichen Merkmalen der indirekten kartographischen Information. Die erkenntnistheoretisch bedingte sprachliche Form von Aussagen als Aussagesätze stellt keinen Widerspruch dar, da sie den Charakter verbaler Informationen tragen. Diese aber können, wenn sie räumlich lokalisierbar sind, ohne Schwierigkeiten in kartographische Informationen überführt werden.

Mathematik

Im vorliegenden Modell erfolgte keine Eingrenzung auf eine Teildisziplin, da zum einen eine eindeutige Dominanz für die Kartographie kaum gegeben ist und zum anderen mit weiteren Fortschritten in der Mathematisierung der Kartographie zu rechnen ist. Diese Situation rechtfertigt wohl eine undifferenzierte Anführung.

Die Mathematik war schon früher die Sprache von Mechanik, Astronomie, Geodäsie und später Physik. Der Mathematisierungsprozeß (LIEBSCHER u. PAUL 1978) erfaßt heute immer mehr Wissenschaften, von der Geologie, Biologie über die Linguistik bis hin zu den sozialökonomischen Wissenschaften. Davon ist verständlicherweise auch die Kartographie nicht ausgenommen. Die enge Begrenzung auf die Kartennetzentwurfslehre ist überwunden, und Kartengestaltung wie Kartennutzung sind in qualitativ anspruchsvoller und damit notwendiger Form ohne die Anwendung der Mathematik nicht mehr zu betreiben. Die Mathematisierung ist in vielen Fällen schon mit der Ausbildung einer die Mathematik als konzeptuales Ausdrucksmittel benutzenden Theorie, sogenannter mathematischer Modelle, verbunden. Damit bekommt die Mathematik gleichzeitig eine heuristische Funktion. (MÜLLER u. PESTER 1981). Auch in der Kartographie kennen wir diesbezüglich inzwischen den Begriff der mathematisch-kartographischen Modellierung (z. B. BERLJANT 1978 a, BERLJANT, SERBENJUK u. TIKUNOV 1980), und über deren Bedeutung als Theoriebestandteil gibt es keinerlei Zweifel.

Andererseits gewinnen bestimmte mathematische Theorien und Herangehensweisen, wie z. B. die Informationstheorie bzw. ihre fundamentalen Kategorien, allgemeinwissenschaftliche Bedeutung, was sich auch für die Kartographie unschwer nachweisen läßt (z. B. SUCHOV bereits 1970, BALASUBRAMANYAN 1971, TAYLOR 1975, KNÖPFLI 1978 u. 1980). Das heißt, daß sie in den Kategorialapparat vieler bzw. fast aller Einzelwissenschaften eingehen bzw. daß sich im Falle der Information sogar Beziehungen zur philosophischen Kategorie Widerspiegelung[6] herausbilden, und daß der Inhalt solcher fundamentalen Kategorien sich nicht nur erweitert, sondern auch neu strukturiert hat und sie somit Ausdruck bestimmter Integrationstendenzen in der Wissenschaft sind. Somit tritt die Mathematik als bestimmtes Bindeglied bei der interdisziplinären Zusammenarbeit auf. In der Kartographie wird diese Entwicklung insbesondere in der rechnergestützten Kartengestaltung und Kartennutzung sichtbar.

6 Nach MÜLLER u. PESTER (1981) kann man den Widerspiegelungscharakter mathematischen Wissens mit mindestens vier Argumenten beweisen: 1. dem Charakter mathematischer Abstraktionen, 2. der Anwendbarkeit mathematischen Wissens unter Berücksichtigung des „Ganzheitscharakters der Mathematik", 3. der Verbindung der Entwicklung der Mathematik mit der produktiven und überhaupt sozialen Praxis, die Bestimmtheit mathematischer Tätigkeit einer bestimmten Epoche durch den sozio-kulturellen Hintergrund, 4. der Mathematik als Paradebeispiel für das aktive schöpferische Verhältnis von Bewußtsein und objektiver Realität.

Auch für den Kartographen ist es aus den Gründen der vorzitierten Zusammenarbeit mit dem Mathematiker wichtig, die Potenzen, aber auch die Grenzen der Mathematik und ihrer Methode bei der Erfassung bestimmter Seiten und Aspekte der objektiven Realität zu kennen. Wesentlich ist dabei die Existenz einer materialistisch-dialektischen Konzeption der Mathematik, die (MÜLLER u. PESTER 1981) von folgenden Grundthesen ausgeht:

1. Die Mathematik widerspiegelt in ihren Theorien in stark verallgemeinerter Form bestimmte Seiten der objektiven Realität, und zwar quantitativer Verhältnisse.
2. Die Mathematik ist eine Tätigkeit zur Schaffung, Entwicklung, Vervollkommnung und Anwendung konzeptualer bzw. Zeichensysteme, die sich mit Strukturen und deren quantitativen Eigenschaften beschäftigen.
3. Die Mathematik schafft sich dafür eine für ihre Problemspezifik notwendige formale Sprache, die auf einer bestimmten kategorialen Basis beruht und bedient sich einer relativ strengen logischen Methode, die zum großen Teil axiomatisch aufgebaut ist, zur Darlegung und zum Beweis ihrer Resultate und zur Umwandlung formaler Texte.

Neue Gebiete der numerischen Mathematik unterstreichen stetig die wachsende Bedeutung der Mathematik für die Kartographie. Ein überzeugendes Beispiel stellen die Methoden der Spline-Funktionen[7] dar, die bei der Approximation von Funktionen, Kurven und Flächen deutliche Vorteile aufweisen. Diese liegen in besserer Konvergenz und leichten Realisierung auf einer EDVA gegenüber der klassischen Polynomapproximation. Stärkere Bedeutung werden mit dem weiteren Ausbau der Experimentalkartographie auch noch Methoden zur Glättung experimenteller Daten erhalten.

Über die wachsende Bedeutung der *Mathematik* als Grundlagenwissenschaft für die Kartographie gibt es also keinerlei Zweifel. Die Zeiten, wo man unter mathematischer Kartographie lediglich die Kartennetzentwurfslehre verstand, sind wohl seit einigen Jahrzehnten zumeist vorbei.

Im vorliegenden Zusammenhang sei es als ausreichend erachtet, auf die nachfolgenden Aspekte zu verweisen. An erster Stelle steht wegen des übergreifenden Charakters die mathematisch-kartographische Modellierung (SUCHOV 1974) im System der Herstellung – Nutzung von Karten (BERLJANT, ŽUKOV u. TIKUNOV 1976, ŠUKOV, SERBENJUK u. TIKUNOV 1980). Hinsichtlich der Bedeutung solider mathematischer Kenntnisse für die Automatisierung kartographischer Prozesse (HOFFMANN 1973), insbesondere der Generalisierung z.B. (TÖPFER 1974, SRNKA 1974) besteht seit längerem Klarheit. In der sowjetischen Kartographie wird der Mathematik seit längerem auch außerhalb der schon klassischen Kartennetzentwurfslehre ein hoher Stellenwert eingeräumt, wie sich z.B. mit dem Erscheinen einer Monographie „Mathematisch-statistische Methoden in der Kartographie" (BOČAROV u. NIKOLAEV) bereits 1957 beweisen läßt. Notwendige Kenntnisschwerpunkte sind beim gegenwärtigen Stand der Erkenntnisse die Gebiete Lineare Algebra, Differential- und Integralrechnung, Vektoralgebra und -analysis sowie Wahrscheinlichkeitsrechnung. Neue Anforderungen entstanden z.B. mit der Notwendigkeit der Entwicklung mathematischer Methoden der Objekterkennung (STEINHAGEN u. FUCHS 1980), insbesondere der Formalisierung von Erkennungsprozessen in der Fernerkundung (SÖLLNER, MAREK, WEICHELT u. WIRTH 1982). Keinesfalls zu übersehen ist der Bedeutungszuwachs, den die Mathematik für die Kartographie durch Einbeziehung des Experiments in die kartographische Wahrnehmungsforschung (CLAUSZ u. EBNER 1974), die Modellierung von Wahrnehmungsprozessen (SYDOW u. PETZOLD 1981) eingeschlossen, erfährt.

7 spline, engl. = Kurvenlineal

Physik und Chemie bilden die naturwissenschaftlichen Grundlagenfächer der Kartographie. In der Physikausbildung geht es um die Befähigung des Kartographen zur Nutzung physikalischer Erkenntnisse für die Lösung technischer Probleme (OGRISSEK 1978 a). Dabei ist insbesondere an die Automatisierung kartographischer Prozesse zu denken, Kartengestaltung bzw. Kartenherstellung und Kartennutzung betreffend. Die stark gewachsene Bedeutung der Fernerkundung erfordert auch vertiefte Kenntnisse des Kartographen hinsichtlich deren naturwissenschaftlichen Grundlagen (BORMANN 1980). Bezüglich eines Überblicks des Zusammenhangs mit der Methodik sei auf KONECNY (1979) verwiesen.

In der *Chemie* liegt der Schwerpunkt von Grundlagenwissen für den Kartographen auf der *Photochemie* im Hinblick auf das Verständnis bzw. den optimalen Einsatz polygraphischer Verfahren, Thermographie und photophysikalische Verfahren eingeschlossen.

Modellmethode

Formallogisch gesehen ist der Modellbegriff eine dreiseitige Relation

$$R_M (M,S,O).$$

Dabei ist M das Modell, S ein kybernetisches System, für das M das Modell darstellt, und O ist das Objekt, von dem M ein Modell ist. Die Dreistelligkeit der Modellrelation bedeutet, daß man nicht von einem „Modell" schlechthin sprechen kann, sondern ein Modell stets erst durch seine Beziehungen zu dem bestimmt wird, wovon es Modell ist, und zu dem, wofür es Modell ist. O wird auch Modelloriginal und S auch Modellsubjekt genannt. Die Modellrelation drückt also aus, daß es zu jedem Modell ein oder mehrere Originale und ein Subjekt gibt. Die Beziehungen zwischen dem Modellsubjekt S und dem Modell M sind dem Wesen nach in jedem Falle informationelle Beziehungen, die jedoch hinsichtlich des dominierenden Aspekts unterschiedlicher Art sein können. Die Verhaltensweisen des Modellsubjekts S gegenüber dem Original O, die durch informationelle Beziehungen zwischen S und M beeinflußt werden können, sind ebenfalls in Abhängigkeit von der konkreten Situation sehr verschieden. In jedem Falle handelt es sich aber um die Beherrschung des Originals O durch das System S in irgendeinem Sinne (z. B. im Sinne einer Umgestaltung von O). Die Beziehung zwischen M und O ist stets irgendeine Art von Abbildrelation. Es ist schwierig, die Art und Weise des Vorgehens bei der Anwendung der Modellmethode allgemein zu beschreiben. Dies rührt vor allem daher, daß trotz ihrer erfolgreichen Anwendung in den verschiedensten Bereichen der Wissenschaft noch keine allgemeine Methodologie der Modellmethode existiert. In jedem Falle beruht die Anwendung der Modellmethode auf der Verwendung von Analogieschlüssen und auf der Durchführung einer spezifischen Art von Experimenten, den sog. Modellexperimenten. Obgleich die Verfahrensweise je nach dem Ziel, das man bei der Anwendung der Modellmethode verfolgt, unterschiedlich ist, können in jedem Falle zwei Phasen unterschieden werden: der Modellaufbau oder die Modellbildung und die Modellverwendung oder die Modellnutzung (KLAUS u. LIEBSCHER 1976 a). Hinsichtlich des notwendig engen Zusammenhanges von Methode und Theorie ist daran zu erinnern, daß die Methode als System von Regeln u. ähnliches auf der Theorie als System von Gesetzesaussagen aufbaut, insofern ist die Theorie gegenüber der Methode primär. Im Gegensatz zum eingeführten Begriff der Modellmethode findet sich in keinem der einschlägigen Nachschlagewerke der Begriff der Modelltheorie, auch nicht in solchen speziellen Darstellungen, wie dem Standardwerk von ŠTOFF: Modellierung und Philosophie, Berlin 1969.

Vorgenannter Quelle zufolge muß man die Karten zu den ideellen Modellen rechnen, auch wenn sie in eine materielle Form gekleidet sind (in Zeichnungen, Skizzen, Schemata oder einfach in Zeichensysteme). Der ideelle Charakter dieser Modelle beschränkt sich nicht nur darauf, daß sie als Modèllvorstellungen auftreten und gedanklich konstruiert werden, weil selbst dann, wenn ihre Elemente und Beziehungen mit Zeichen, Zeichnungen oder anderen materiellen Mitteln fixiert werden, weil alle Veränderungen in ihnen, alle Übergänge in einen anderen Zustand, alle Umgestaltungen der Elemente gedanklich, d. h. im Bewußtsein des Menschen vollzogen werden. Es ist eine Besonderheit ideeller Modelle, daß sie nicht immer und nicht notwendig in die Wirklichkeit umgesetzt werden, wenn dies auch nicht ausgeschlossen ist (ŠTOFF 1969)[8]. Eben diese Situation ist bekanntlich in den Planungskarten gegeben. Weitere Ausführungen zur Modellmethode siehe im Zusammenhang mit der kartographischen Modellierung im Kapitel 4.

Systemtheorie

Die Systemtheorie ist als Grundlagendisziplin der Kartographie vorrangig unter methodischem Aspekt bedeutsam, der im zunehmend erkennbaren *Systemcharakter* der modernen Kartographie (SALIŠČEV 1978 d u. 1981 b) in Theorie und Praxis begründet liegt.

Da die objektive Realität ein System von Systemen darstellt, hat es im Grunde genommen jede Wissenschaft mit der einen oder anderen Art von Systemen zu tun. Systemtheoretische Konstruktionen können aber erst auf einer bestimmten Entwicklungsstufe der jeweiligen Wissenschaft entstehen, wie z. B. von KRCHO (1981) im Rahmen mathematisierter Theorien gezeigt. Dem liegt folgender Systembegriff zugrunde: *Ein System von Begriffen ist eine nicht-leere Menge, eine Klasse oder ein Bereich − auch mehrere solcher − von Objekten zu verstehen, zwischen denen gewisse Relationen bestehen* (LIEBSCHER u. PAUL 1978). Beim gegenwärtigen Stand der Theorienbildung in der Theoretischen Kartographie erscheint die Verwendung von „systemhaft" anstatt „systemtheoretisch" oftmals günstiger, wie im übrigen in der sowjetischen Fachliteratur mit „sistemny podchod" auch praktiziert.

Die Palette der Varianten des systemhaften Herangehens in der Kartographie hat heute z. B. in der sowjetischen Kartographie ein überaus großes Spektrum von Untersuchungen bzw. Veröffentlichungen erreicht.

Die *Anwendungsbereiche der systemhaften Arbeitsweise* (vgl. Tabelle 1) in der Kartographie lassen sich wie folgt angeben (GOCHMAN, LJUTIJ u. PREOBRAŽENSKIJ 1981). An erster Stelle sind die Einflußsphären des Systemansatzes zu nennen. Diese erstrecken sich nächst der Kartographie als Ganzes (OGRISSEK 1982 a) auf 1. die *Kartographie als Wissenschaft* (methodologische Grundlagen, Theorie und Problemsituation, System der wissenschaftlichen Begriffe, Systeme der Teildisziplinen, Systeme der Untersuchungen usw.), 2. *Kartographie als Bereich der praktischen Tätigkeit* (Systeme der Arbeitsorganisation, technologisch-industrielle Systeme, automatisierte kartographische Systeme, Systeme von Rechenanlagen für Kartierung, Informationsrecherche sowie Planung und Leitung usw.), 3. *Karten als Mittel der wissenschaftlichen und der praktischen Tätigkeit* (Systeme der kartographischen Kommunikation, Systeme der Herstellung und Nutzung von Karten, darunter auch Landinformationssysteme, Systeme der mathematisch-kartographischen Modellierung, Systeme der graphisch-technischen Modellierung usw.), 4. *Kartographische Produkte* (Systeme von Karten, Karten als System), 5. *Kartensprache* (eigentliche und logische Grundlagen, kartographische Zeichensysteme, Zeichensysteme und Operationen mit diesen, Systemmodelle der Sprachen), 6. *Systemobjekt-Kartierung* (Geosysteme, „Soziogeosysteme", „Technogeosysteme", technologische und Industriesysteme usw.).

---

8 Bemerkenswert ist in diesem Zusammenhang die Feststellung, daß der Philosoph ŠTOFF bereits 1966 geographische Karten als Modelle ansprach!

Richtungen der Anwendung des systemhaften Herangehens	Version des systemhaften Herangehens	Formen der Einbeziehung systemhafter Konstruktionen in die Kartographie		
		verbale Beschreibung	graphische Konstruktion	mathematische Modellierung
1. Kartographie als Wissenschaft	mathematisch	+	−	−
	kybernetisch	+	+	−
	parametrisch	+	−	−
	linguistisch-semiotisch	+	+	−
2. Kartographie als Bereich der praktischen Tätigkeit	mathematisch	+	+	+
	kybernetisch	+	+	+
	parametrisch	+	−	−
	linguistisch-semiotisch	+	+	+
3. Karten als Mittel der wissenschaftlichen und praktischen Tätigkeit	mathematisch	+	+	+
	kybernetisch	+	+	+
	parametrisch	+	−	−
	linguistisch-semiotisch	+	+	+
4. Kartographische Produkte	mathematisch	+	+	−
	kybernetisch	+	−	−
	parametrisch	+	−	−
	linguistisch-semiotisch	+	+	−
5. Kartensprache	mathematisch	+	+	+
	kybernetisch	−	−	−
	parametrisch	+	+	−
	linguistisch-semiotisch	+	+	−
6. Systemobjektkartierung	mathematisch	+	+	+
	kybernetisch	+	+	−
	parametrisch	+	−	−
	linguistisch-semiotisch	+	+	−

Tabelle 1
Anwendungsbereiche einer systemhaften Arbeitsweise in der Kartographie
(nach Gochman, Ljutij u. Preobraženskij)

Als Formen der Einbeziehung *systemtheoretischer Konstruktionen* lassen sich 1. *verbale Beschreibung* (Strukturen, die die Qualität ausdrücken, mit direktem oder indirektem Hinweis auf die systembildenden Beziehungen usw.), 2. *graphische Konstruktionen* (oft mit Hinweis auf die Art und Weise der Beziehungen, wie direkte oder indirekte Beziehungen, positive oder negative Beziehungen, Rückkopplungen usw.) und 3. *mathematische Modellierung* (mathematische Beschreibung von Systemen). Dabei ist zu beachten, daß die Grenzen fließend sind und die genannten Formen lediglich Elemente der Erkenntnisgewinnung darstellen. Die Einteilung ist in methodischer Hinsicht wichtig und nützlich, weil sie eine genäherte Einschätzung der Häufigkeit der Systemkonstruktionen in der Kartographie ermöglicht.

In der Kartographie sind die vier folgenden verschiedenen *Versionen des Systemansatzes* am meisten verbreitet: An erster Stelle steht die *mengentheoretische Version*, wobei die Systemkonstruktion unter Anwendung der Begriffe Menge, Element, Elementbeziehung usw. erfolgt. Bei der *kybernetischen Version* werden die Begriffe Input und Output, Rückkopplung, Blackbox usw. zur Systemkonstruktion verwendet. Die *parametrische Version* ist vor allem durch die Systemkonstruktion mittels der unterschiedlichen Charakteristika der Systemelemente, der systembildenden Eigenschaften und Beziehungen sowie der Beziehungen zwischen den Komponenten unterschiedlichen Niveaus gekennzeichnet. Für die *linguistisch-semiotische Version* der Systemkonstruktion ist die Anwendung solcher Begriffe wie Sätze, Text, Grammatik, semantische Regeln und Regeln der Synthese wesenhaft.

Das wohl bekannteste System zur Abbildung in der Kartographie stellt das *Gelände* dar, ein materielles, natürliches, dynamisches, stochastisches, offenes und auch kybernetisches System. Seine Umgebung wird unter anderem durch die Lithosphäre, die Atmosphäre, die Ozeane und Meere sowie die menschliche Gesellschaft gebildet (EWERT 1973 a). Die Elemente des Systems Gelände sind die Geländeelemente (BEAUJEAN 1982) – auch in der Praxis so bezeichnet – Relief, Bodenart, Gewässernetz, Verkehrsnetz, Bodenbewachsung usw., die aber auch als Teil- oder Subsysteme des Geländes aufgefaßt werden können. Die einzelnen Geländeobjekte, z. B. Berg, Sumpf, Fluß, Autobahn, Baum, sind im Sinne der Systemtheorie die Systemelemente, d. h. die Geländeelemente. Als typische Beispiele für ideelle Systeme in der Kartographie, Geodäsie und Astronomie können die verschiedenen Koordinierungssysteme angesehen werden.

Noch ungenügende Aufmerksamkeit wurde seitens der Kartographie bisher dem systemtheoretischen Kalkül in der Geographie (AURADA 1982) gewidmet, das mit seiner Unterscheidung von physiogenem und anthropogenem System unter bestimmten Bedingungen alle Gegenstände geographischer Spezifik umfaßt.

Logik

Mit der *Logik* in der Kartographie, und zwar speziell mit der Logik der Karte, hat sich bereits ECKERT (1925) in seiner „Kartenwissenschaft" befaßt. Das diesbezügliche Kapitel enthält Ausführungen zu Wesen und Funktionen der Kartenlogik, zu einzelnen Kartenelementen im Lichte der Logik, zur Logik der durch die Natur und durch Farbengesetze und Farbensysteme gegebenen Farben sowie zu Alogischem verschiedener Kartenelemente. Ebenda wird ausgeführt, daß die Logik der Karte „eines der wichtigsten, wenn nicht das wichtigste Kapitel der wissenschaftlichen Kartographie" sei. Die Logik der Karte wird definiert als die Wissenschaft von den Gesetzen des kartographischen Schaffens und Erkennens. Ungeachtet dieser bedeutsamen Ansätze tragen die Darlegungen doch vorwiegend kontemplativen Charakter. Eine bemerkenswerte Ausnahme bildet die Behandlung des „Generalisierens als logisches Schaffen", wo das Problem der Begriffsgeneralisierung (OGRISSEK 1975), ohne diesen Begriff zu verwenden, explizite in seiner Bedeutung zum Ausdruck kommt.

Für die theoretische Kartographie ist die Logik als *formale Logik* wie folgt bedeutsam. Sie beschäftigt sich mit den allgemeinen Strukturen des richtigen Denkens und erforscht die Regeln über die Bildung von Begriffen – hier ist der Zusammenhang mit der kartographischen Generalisierung unübersehbar –, Aussagen und Schlüssen. Man unterteilt die formale Logik in Aussagenlogik und Prädikatenlogik. Die *Aussagenlogik* bildet die Grundlage, auf der sich die Prädikatenlogik erhebt. In der Aussagenlogik wird untersucht, wie die Wahrheit von Aussagenverbindungen von der Wahrheit der einzelnen verbundenen Aussagen abhängt. Dabei wird von der Struktur dieser einzelnen Aussagen vollständig abgesehen. Es geht hier lediglich um die Struktur von Aussagenverbindungen. Die Struktur einzelner Aussagen wird erst in der *Prädikatenlogik* betrachtet. Es wird hier untersucht, in welchen Beziehungen Begriffe innerhalb von Aussagen zueinander stehen können (SEGETH 1967). Die Bedeutung der *formalen Logik* für die theoretische Kartographie läßt sich auf wenige elementare Aspekte zurückführen: Das spontane logische Denken wird, wenn man die Wissenschaft der Logik kennt und seine Kenntnisse anwendet, zu einem bewußten logischen Denken. Das Studium der Logik fördert den Prozeß, das spontane logische Denken zu einem bewußten zu entwickeln, erstens dadurch, daß man Kenntnisse über die Strukturen des richtigen Denkens gewinnt, und zweitens dadurch, daß es – ähnlich wie das Studium der Mathematik – das Denken unmittelbar trainiert. Das zweite erklärt sich aus der Strenge und Exaktheit der Logik selbst. Die formale Logik liefert den Wissenschaften Mittel, Probleme zu lösen, die das spontane logische Denken auch des geschulten Wissenschaftlers nicht bewältigen kann. Auch für die Kartographie gilt uneingeschränkt die Feststellung: Die Wissenschaft der Logik verfügt über ein System und eine Sprache, die hinsichtlich ihres Grades an Exaktheit als Vorbild für jede Wissenschaft dienen können. Für das weitere Verständnis der Bedeutung der formalen Logik ist, neben anderem, die Definition der Begriffe Sachverhalt und Aussage sowie des Begriffs selbst notwendig, nach SEGETH (1967) wie folgt: Von einem Sachverhalt sprechen wir, wenn 1. bestimmten Individuen bestimmte Merkmale zukommen oder wenn 2. bestimmten Merkmalen bestimmte Merkmale zukommen.

Eine *Aussage* ist die gedankliche Widerspiegelung eines Sachverhalts. Sie ist wahr, wenn sie den Sachverhalt adäquat widerspiegelt, andernfalls ist sie falsch. Sie existiert (im allgemeinen) in Form eines Aussagegesetzes. In der Prädikatenlogik spielen Begriffe und Begriffsbeziehungen eine wesentliche Rolle.

Der *Begriff*, bekanntlich wesentliches Element einer jeden Karte, ist zu definieren als gedankliche Widerspiegelung einer Klasse von Individuen oder einer Klasse von Klassen auf der Grundlage ihrer invarianten Merkmale.

Die *Intension* eines Begriffes ist die gedankliche Widerspiegelung derjenigen Merkmale, die innerhalb der durch die Extension dieses Begriffs widergespiegelten Klasse von Individuen oder von Klassen invariant sind.

Die *Extension* eines Begriffs ist die gedankliche Widerspiegelung derjenigen Klasse von Individuen oder von Klassen, deren invariante Merkmale durch die Intension dieses Begriffs widergespiegelt werden. Für die Bedeutung der Definitionslehre hinsichtlich ihrer Anwendung in der Kartographie ist auf PÁPAY (1970) zu verweisen. Den Begriff der Logik hat SALIŠČEV (1982c) in seinem graphischen Modell der „Logischen Struktur der kartographischen Wissenschaft (Theorie, Methoden, Kenntnisse)" aufgegriffen. In der zugehörigen Textgliederung ist zwar lediglich bei der Behandlung der Kartensprache von deren *logischen Aspekten* die Rede, aber damit ist wohl der diesbezüglich gravierendste Teil der Kartographie erfaßt.

Informationstheorie

Mit SHANNONS Arbeit „The mathematical theory of communication" aus dem Jahre 1948/49 wird die Information zum wissenschaftlichen Begriff. Dies erscheint insofern etwas seltsam, da SHANNON dort den Begriff Kommunikation und nicht jenen der Information benutzt. Der Begriff Information geht in diesem Zusammenhang nach allgemeiner Auffassung auf WIENER (1948) zurück. In seiner die Kybernetik begründenden Arbeit heißt es: „Information is information not matter or energy." Nach VÖLZ (1982) sollte dieses Zitat dem Anliegen WIENERS gemäß übersetzt werden mit „Information stellt Information dar und ist nicht Stoff oder Energie." Damit wird der von manchen Philosophen konstruierte Widerspruch zur materiali-

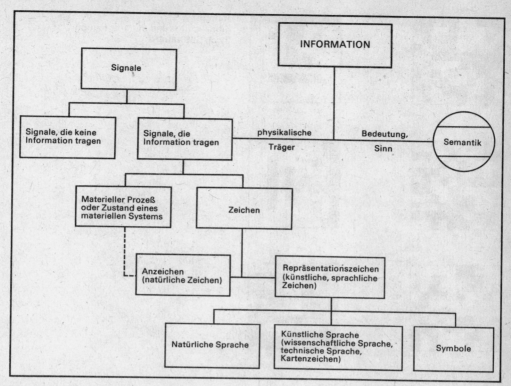

Abbildung 8
Die Information als Einheit von Signal und Semantik
(nach EWERT)

stischen Weltanschauung, die Information gleichbedeutend neben Materie und Bewußtsein einzuordnen, gegenstandslos. Der zentrale Begriff der Informationstheorie ist die Information, zu definieren als Mitteilung, Auskunft, Nachricht, Aussage oder das Wissen über vergangene, gegenwärtige und auch zukünftige Zustände, Eigenschaften, Beziehungen, Sachverhalte oder Tatbestände von Objekten, Prozessen (Ereignissen) oder Erscheinungen beliebiger Teilbereiche der objektiven Realität, die durch Menschen, aber auch durch die von ihnen geschaffenen Maschinen aufgenommen, gespeichert, übertragen und verarbeitet werden. Der Informationsbegriff ist eng mit dem Begriff der Widerspiegelung verbunden und ist auch gegenwärtig noch umstritten. Man kann deshalb nur allgemein festhalten, daß Information eine durch ihre Funktionen bestimmte spezifische Form der Widerspiegelung als allgemeine Eigenschaft der Materie ist. Zum Verständnis der Information trägt erst ihre differenzierte Betrachtung bei, wobei zunächst ein enger und ein weiter Informationsbegriff zu unterscheiden ist. *Information im weiteren Sinne* ist jede durch objektiv-reale Wechselwirkung entstandene Struktur, die als Struktur eines Systems Funktionen gegenüber den Systemelementen, der Verhaltensweise des Systems und umfassenderen Systemen erfüllt. *Information im engeren Sinne* ist die durch Sprache in der Kommunikation vermittelte spezifisch menschliche Form der Widerspiegelung von Sachverhalten. In diesem Sinne wird Information als Kommunikation zwischen Partnern zum Austausch von Erkenntnissen über Seinsstrukturen und Sinnfra-

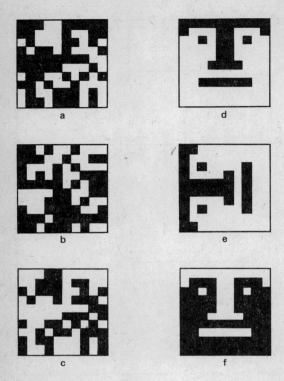

Abbildung 9
Signale ohne und mit Information
(nach STEINBUCH)

gen, von Meinungen über Verhaltensweisen und Handlungszielen als Grundlage für Entscheidungen mit einer bestimmten Wertorientierung verstanden (HÖRZ 1983). Information ist immer auch die Einheit von Signal und Semantik (EWERT 1973b), wie Abbildung 8 eindeutig zeigt. Einen anschaulichen Eindruck der elementaren Problematik von *Signalen ohne und mit Bedeutung* (STEINBUCH 1973) vermittelt Abbildung 9. Sämtliche 6 Teilbilder sind aus 10 × 10 Quadraten zusammengesetzt, von denen jedes entweder schwarz oder weiß ist. Die Verteilung im Teilbild *a* entstand durch Würfeln. Auch Teilbild *b* hat den gleichen Ursprung. Der Zusammenhang zwischen a und b ist nicht ohne weiteres zu erkennen; aber *b* wird mit *a* identisch, wenn man eine Drehung von 90° im Uhrzeigersinn vornimmt. Auch Teilbild *c* ist in obengenannter Weise entstanden und unterscheidet sich von *a*. Aber ohne Hinweis entdeckt man den Zusammenhang nur schwer: *c* stellt die Schwarz-Weiß-Vertauschung von *a* dar. Gänzlich anders verläuft der Erkennungsvorgang bei den drei Teilbildern *d, e* und *f*. In *d* sieht man ein schematisiertes Gesicht. Hier ist die Veränderung zu Teilbild *e* und Teilbild *f* ohne Erklärung leicht zu erkennen. Die Teilbilder *d, e* und *f* haben offensichtlich eine Eigenschaft, welche sie deutlich von den Bildern *a, b* und *c* unterscheidet: Alle drei vermitteln Information, nämlich die Information „Gesicht".

Die Beschreibung der Teilbilder veranschaulicht auch die Quantifizierbarkeit bildlicher Information. Zur eindeutigen Beschreibung der Teilbilder *a, b* und *c* benötigt man jeweils hundert binäre Feststellungen, ob das zugehörige Quadrat schwarz oder weiß ist. Zur Beschreibung der Teilbilder *d, e* und *f* kommt man möglicherweise mit weniger binären Aussagen aus.

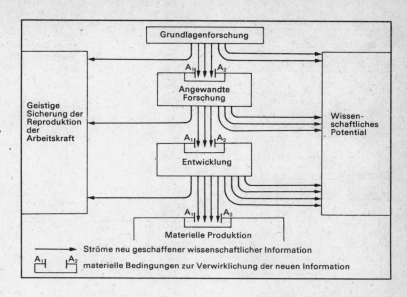

Abbildung 10
Die Verteilung der Ströme neuer wissenschaftlicher Information nach ihrer Zweckbestimmung im System der gesellschaftlichen Produktion (nach ZLOČEVSKIJ, KOZENKO, KOSOLAPOV und POLOVINČIK)

Kartographische Informationen sind die bei kartographischen Arbeiten, insbesondere bei der graphischen Abbildung der Erde und damit zusammenhängender natürlicher oder gesellschaftlicher Sachverhalte in Karten (oder kartenverwandter Darstellungsformen) vorkommenden graphischen Informationen, deren Träger die Kartenzeichen sind (EWERT 1983 b) (Zur Problematik vgl. auch STEINICH 1974).

Der *Informationsbegriff* ist auch *in der Kartographie* außerordentlich stark differenziert, wie sich nachstehend anschaulich zeigen läßt (EWERT 1983 b), wobei die Angabe der verschiedenen Bezeichnungen als ausreichend angesehen und für die Erklärung auf die o. a. Quelle verwiesen sei. Dabei wird selbstverständlich nur auf die für die Kartographie bedeutsamen Bezug genommen, denn es gibt bekanntlich verschiedene Differenzierungsaspekte der Information wie z. B. ihre Quelle, die Form ihrer Abbildung, ihre Bedeutung (ihr Inhalt), die Art und Weise der Gewinnung, ihre Zielstellung, ihre Bedeutung für den Erkenntniszuwachs und andere. Als Bezeichnungen sind zu nennen: *Primär-* und *Sekundärinformationen* (Art der Quelle, aus der die Information gewonnen wurde), *direkte* und *indirekte Informationen* (Art und Weise der Informationsgewinnung), *wissenschaftliche* und *technische Informationen* (Bedeutung für den Erkenntniszuwachs), *empfängerrelevante* und *empfängerirrelevante Informationen* (Bedeutung für den Empfänger), *diskursive Informationen* (Schaffung bzw. Vervollkommnung des inneren [internen] Modells der objektiven Realität im Bewußtsein bzw. in anderen kybernetischen Systemen), *aktionsrelevante* oder *pragmatische Informationen* (unmittelbare Beeinflussung des Informationsempfängers), *Zustandsinformationen* (Lageinformationen), *Führungs-* (Leitungs-, Befehl-, Kommando-) *Informationen* (Rolle in Führungsprozessen), *statische Informationen* (in der Operationsforschung in Ruhe befindliche Informationen), *dynamische Informationen* (in der Operationsforschung in dynamischem Zustand befindliche Informationen), *Eingangsinformationen* (systembezogener Input), *Ausgangsinformationen* (systembezogener Output), *ausgewählte* (selektierte) und *vollständige Informationen* (Grad der Beschreibung durch die Information), *synthetische Informationen* (Informationen mit einem hohen Verdichtungsgrad), *zuverlässige* und *zweifelhafte Informationen* (Grad der Richtigkeit für gesellschaftliche Produktions- und Führungsprozesse), *verbale Informationen* (Abbildung in die menschli-

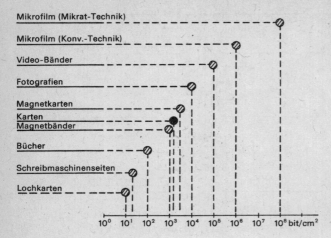

che Lautsprache, gleichgültig, ob gedanklich, mündlich oder schriftlich realisiert), *graphische Informationen* (Abbildung durch graphische Zeichensysteme), *digitale Informationen* (Abbildung durch Ziffern [Zahlen], *geometrische Informationen* (Abbildung von Parametern [Kennzeichen], die sich auf die Form, Figur oder Gestalt, auf die Größe [Ausmaße] sowie auf die Lage von Objekten und auf daraus abgeleitete korrelative Parameter beziehen), *statistische Informationen* (Beschreibung von stochastischen Massenerscheinungen mittels Wahrscheinlichkeitsaussagen), *charakterisierende* (erläuternde) *Informationen* (Erfassung von qualitativen Eigenschaften von Objekten, Prozessen oder Erscheinungen), die hierfür teilweise verwendete Bezeichnung semantische Information ist nicht zweckmäßig, weil alle Informationen eine Bedeutung haben und somit semantischer Natur sind, *geowissenschaftliche Informationen* (gegenstands- und wissenschaftsbezogener Informationsbegriff; als Analogfälle wären zu nennen: geologische Informationen, geomorphologische Informationen, topographische Informationen, kartographische Informationen usw.

Die Bedeutung der Informationstheorie für die Kartographie wird auch gegenwärtig noch unterschiedlich eingeschätzt. Dabei existieren eine Reihe von Ansätzen, die jedoch von unterschiedlichen Vorstellungen über das Wesen der Information ausgehen, und in unterschiedlichem Umfange philosophisch untersetzt sind.

Die bisher wohl umfassendste Einschätzung vorliegender Ansätze einer Wertung und Klassifikation der kartographischen Information legte BERLJANT (1978b) vor. Damit wird auch deutlich, daß vorgebrachte Polemiken gegen die Existenz einer *kartographischen Information* (PRAVDA 1982) gegenstandslos werden, wenn man davon ausgeht, daß die eindeutige und logische Merkmalsfestlegung das entscheidende Kriterium für die Ausscheidung und Daseinsberechtigung von derartigen Objekten bzw. Termini darstellt.

Selbstverständlich kann man gerade unter Beziehung auf das vorher Gesagte von kartographischen Informationen sprechen. Das sind solche Informationen, die *mittels der Karte gespeichert und/oder übertragen* werden. Begriffsbildendes Merkmal ist also die Form der Speicherung bzw. der Übertragung der Information. Selbstverständlich haben also kartographische Informationen auch einen Gegenstand; in diesem Sinne sind sie zunächst alle einmal Geoinformationen. Dabei hat sich eingebürgert, auch die Informationen über andere Planeten so zu bezeichnen. Im weiteren handelt es sich z. B. um geologische, geophysikalische, geographische Informationen usw. Hier geht es also nicht mehr um die vorgenannten „Formfragen", sondern um Fragen des Inhalts der Informationen.

Nach BERLJANT (1978 b) läßt sich folgendes Bild bis zum Ende der 70er Jahre zeichnen: Die intuitive Vorstellung über die kartographische Information hängt zusammen mit der Übertragung von Informationen auf der Karte hinsichtlich der räumlichen Anordnung, der Eigenschaften und der zeitlichen Veränderungen der Beziehungen und Verhältnisse der Objekte und Erscheinungen der realen Welt. Die Klärung des Wesens der kartographischen Information ist nicht nur zur Beseitigung der terminologischen Vielfalt erforderlich, sondern auch dazu, Kriterien der Einschätzung von Qualität und Quantität der kartographischen Information einzuführen, welche aus den Karten erhalten wird, um die Bedingungen ihrer Übertragung und Aufnahme zu untersuchen und um eine Methodik zur Analyse und Umwandlung der kartographischen Informationen zu Forschungszwecken zu erarbeiten. Seit den 60er Jahren haben sich Kartographen mit dem Problem der Anwendung der Informationstheorie bzw. der kartographischen Information befaßt. Die Entwicklung erfolgte vorwiegend in den 70er Jahren und ist durch die Arbeiten von BOČAROV (1966), ASLANIKAŠVILI (1974), IZMAILOWA (1976), GOKHMAN u. MEKLER (1971 u. 1976), SALIŠČEV (1976 b), SUCHOV 1967 u. 1970), KOLAČNY (1970), MARTINEK (1973), DUŠIN u. SOKOLOV (1976), BERLJANT (1978 b), HAKE (1970), KNÖPFLI (1975, 1978, 1980), PIPKIN (1977), TETERIN (1982), TAYLOR (1975), ŠKURKOV (1972), ZDENKOVIĆ (1982), STEINBUCH (1973), BALASUBRAMANYAN (1971), ŠIRJAEV (1977) gekennzeichnet.

Der Ermittlung der Informationsmenge von Karten und damit zusammenhängender Probleme wurde insbesondere in den sowjetischen Untersuchungen seit SUCHOV (1967) eine begründete Aufmerksamkeit gewidmet. Mit der von TETERIN (1982) jüngst aufgestellten Gleichung (metrisches Prinzip) werden – nicht zuletzt zufolge Umfang und Spezifik berücksichtigter Strukturelemente – konkrete praktische Bedürfnisse in Kartengestaltung und Kartennutzung zu befriedigen sein, weswegen sie vorgestellt werden soll (einen ähnlichen Ansatz hatten GOCHMAN u. MEKLER 1971 u. 1976 vorgestellt, der auch zeitliche Charakteristika beinhaltet, jedoch waren auch hier keine räumlichen Verbindungen berücksichtigt, wie BERLJANT (1978) berechtigt kritisierte).

$$I = I_m + I_k = \sum_i \sum_j \left[2^{i+1} n_{ij} + 2 \, In_{ij}^l + (1 + L_{ij}) \, n_{ij}' \right]$$

Dabei ist l_m und l_k der Umfang der metrischen und der qualitativen Information,

$i \ = 0,1,2$ – Kartenelemente (0 – punkthafte, 1 – linienhafte, 2 – flächenhafte Elemente)

$j \ = 1,2...$ – Verallgemeinerungsniveau(grad) der Elemente

$n_{ij} =$ Anzahl der punkthaften, linienhaften und flächenhaften Objekte

$l \ =$ (1 bei i = 1; 0 bei i ≠ 1)

$n_{ij}^l =$ Anzahl der Kreuzungen der Linearkonturen mit dem Trapezrahmen

$L_{ij} =$ Anzahl der Qualitätscharakteristiken des Elements i bei dem Verallgemeinerungsniveau j

$n_{ij} =$ Anzahl der Geländeelemente mit den Charakteristiken L

Als Informationseinheit für l_m wird eine beliebige metrische Einheit genommen (Koordinaten, Länge, Fläche, Volumen usw.) und für l_k eine Qualitätscharakteristik der Kartenelemente. Folglich ist

$$I = I_m + I_k$$

die Summe aller metrischen und qualitativen Einheiten der Information, die für entsprechende Objekte der Karte eindeutig bestimmt werden. Also enthält jedes Objekt der Karte (z. B. Industrieobjekt) metrische Information, wie Koordinaten der Lage, Abmessungen und

Form, und qualitative Information, wie Arten und Umfang der Industrieproduktion, Industriebeschäftigte und andere. (Dabei werden lineare Objekte, um metrische Information zu gewinnen, durch punkthafte Objekte approximiert, die in den charakteristischen Wendepunkten angenommen werden.) Für Einzelheiten und Anwendungsbeispiele wird auf die angegebene Quelle verwiesen.

Gleiches gilt für die vorstehend zitierten Arbeiten, die sich, insgesamt gesehen, mit zahlreichen Problemen der Informationstheorie aus kartographischer Sicht befassen. Festzuhalten ist indessen, daß nach BERLJANT (1978b) zwei Prinzipien formulierbar sind, auf denen die Definitionen der kartographischen Information zu gründen sind:

1. Die kartographische Information ist das Ergebnis der Wechselwirkung der kartographischen Darstellung und des Lesers der Karte (oder der automatischen Lesevorrichtung);

2. die Definition der kartographischen Information muß den Bild–Zeichen–Charakter des kartographischen Modells berücksichtigen.

Die *Information* zeigt ihre *Spezifik* erst durch die verschiedenen Funktionen verallgemeinert in folgender Weise (HÖRZ 1983): Als *Widerspiegelung* ist sie Strukturbildung durch das widerspiegelnde System mit der Adäquatheitsrelation zwischen Struktur und Widergespiegeltem. Als *gespeicherte Information* muß sie abrufbar und verwertbar sein. Sie ist dabei – in verschiedener Weise – an ihrer Nutzerfreundlichkeit zu messen. Als *Kommunikationsmittel* ist sie durch den Gehalt (die Bedeutung) der übertragenen Signale bestimmt, mit der Gleichgewichtsrelation der Information zwischen Sender und Empfänger. Als *Steuerung und Regelung* ist sie Verhaltensregulator mit der Erfüllbarkeitsrelation zwischen Programm und Realisierung. Als *Wertungsgrundlage* ist sie Sinnfeststellung über die Bedeutungsrelationen der Nützlichkeit, Sittlichkeit und Schönheit mit Adäquatheitsrelation zu den gesellschaftlichen Werten. Als *Entscheidungsgrundlage* umfaßt sie die Einheit von Erkenntnis und Wertung und die Prognose der praktischen Relevanz mit der Adäquatheitsrelation zwischen den objektiven Erfordernissen und den Normen als Wertmaßstab und Verhaltensregulator.

Informatik

Bei der *Informatik* handelt es sich um eine vergleichsweise junge Wissenschaft. Sie hat es insbesondere mit der Entwicklung theoretischer Grundlagen zur Darstellung, Umwandlung, Interpretation und Klassifikation der Struktur und Organisation von Informationen und Informationsverarbeitungsprozessen zu tun, um auf dieser Grundlage methodische und theoretische Prinzipien zur Analyse und Gestaltung von Informationssystemen verschiedenster Art zu gewinnen (FUCHS-KITTOWSKI u. a. 1976). Damit wird die Bedeutung für die theoretische und die praktische Kartographie gegenwärtig und künftig bereits hinreichend deutlich, die Automatisierung kartographischer Prozesse in Kartengestaltung und Kartennutzung inbegriffen. In diesem Sinne ist auch die in der o. g. Quelle angegebene, nachstehende *Definition* für die Kartographie als relevant zu verstehen: Die Informatik ist die *Wissenschaft von der Struktur und Organisation semantischer und syntaktischer Informationsverarbeitungsprozesse und -systeme unter besonderer Berücksichtigung der Möglichkeit zur Nutzung des Automaten in einer effektiven Mensch-Maschine-Kombination.*

Von dominierender Bedeutung ist die Integration der Informatik in das System der theoretischen Kartographie für die rechnergestützte Kartengestaltung und Kartennutzung; dabei ist die Entwicklung einer allgemeinen Theorie der Erzeugung, Verarbeitung und Speicherung von Informationen ein Grunderfordernis für die effektive EDV-Anwendung überhaupt. Daraus resultiert auch die Bedeutung für die praktische Kartographie. Nach FUCHS-KITTOWSKI u. a. (1976) ist von folgenden Aufgabenstellungen auszugehen: Ein Hauptanliegen der eben zitierten allgemeinen Theorie muß darin bestehen, die praktischen Probleme, die heute vor der Datenverarbeitung stehen, umfassend zu analysieren, sie in den gesamtgesellschaftlichen Zusammenhang einzuordnen und Wege zu Konzeptionen zu weisen, die eine rationelle Gestaltung effektiver EDV-Systeme garantieren. Eine solche theoretische Grundlage für die Praxis der EDV-Anwendung zu entwickeln, ist eine der entscheidenden Aufgaben der Informatik. Einen instruktiven Überblick über die in diesem Zusammenhang wesentlichen Entwicklungstendenzen der rechnergestützten Kartographie, reichend von allgemeinen Fragen der Automatisierung kartographischer Prozesse, über kartographische Datenerfassung (Digitalisierung), kartographische Datenverarbeitung, Speicherung und Recherche; interaktiven Kartenentwurf; rechnergestützte Bearbeitung von Kartenelementen; kartographische Datenausgabe und Ausgabetechnik sowie automatisierte Kartierungssysteme zur Plan- und Kartenherstellung gibt HOFFMANN, F. (1982). Die sogenannte theoretische Grundlage für die Praxis der EDV-Anwendung umfaßt nach FUCHS-KITTOWSKI (1976) vor allem:

1. *Allgemeine theoretische Grundlagen* zum Verständnis des Informationsbegriffs in seinen verschiedenen Zusammenhängen, Anwendungsbereichen, sowie in seinen Aspekten, wie Semantik, Syntax und Pragmatik; zur Typisierung von Informationsverarbeitungsprozessen im Zusammenhang mit der Untersuchung des Wesens geistiger Tätigkeiten des Menschen, speziell im Hinblick auf den rationellen Einsatz von Automaten; zur Ermittlung rationeller Strategien der Strukturierung sowie des Speicherns und Wiederauffindens von Informationen (insbesondere der Organisation und Struktur großer Informationsmengen).

2. *Technische, mathematische und programmierungstechnische Grundlagen der Arbeitsweise der EDVA*, wozu unter anderem gehören: Automatentheorie, Kodierungs- und Informationstheorie, formale und algorithmische Sprachen sowie die Entwicklung von maschinen- und problemorientierten Systemunterlagen.

3. *Organisationstheoretische Grundlagen der Gestaltung von Informationsverarbeitungssystemen.* Dazu gehören unter anderem unter informationellem Aspekt im Hinblick auf die Nutzung von Automaten: die Strukturierung von Informationsverarbeitungssystemen, die Analyse von Problem- und Entscheidungsprozessen, die Analyse von Informationsflüssen und Informationsspeichern, Integrationsprobleme von automatisierten Informationsverarbeitungsprozessen in die Komplexe menschliche Informationsverarbeitung, wissenschaftliche Analyse und Verallgemeinerung spezieller Erfahrungen des EDV-Einsatzes in den verschiedenen Anwendungsgebieten, die Methodik des EDV-Einsatzes. Dabei darf nicht unerwähnt bleiben, daß die Problematik auch im kartographischen Bereich bis in gesellschaftswissenschaftliche Disziplinen hineinreicht, wie z. B. in die Sprachtheorie (PRAVDA 1977).

Keinesfalls darf bei aller Vielfalt der Problemstellung übersehen werden, daß die *Formalisierbarkeit* aller Komponenten von Informationsverarbeitungsprozessen die Voraussetzung für deren Automatisierbarkeit darstellt. Bezogen auf die Information bedeutet dies, bestimmte Forderungen an den Charakter der Strukturelemente der Informationen zu stellen. Intensionalität bzw. Extensionalität zwischen den Gegenständen und Prozessen spielen dabei eine wichtige Rolle (KLAUS 1967). Die Komponenten des Informationsverarbeitungsprozesses aus der Sicht der Informatik veranschaulicht Tabelle 2.
(Zur Erklärung ist zu sagen, daß Informationen, deren Strukturelemente durchgehend auf Extensionalitätsbereiche abgebildet sind, als Daten bezeichnet werden und Informationen, bei denen dies nicht bezüglich aller Strukturelemente erfolgte bzw. möglich ist, als Deskriptionen). Im weiteren ist festzuhalten, daß Daten stets in einer logisch-systematischen Ordnung auftreten müssen, das heißt, daß Daten nie isoliert voneinander existieren, sondern nur als Elemente einer entsprechenden formal-logischen Ordnung existent sind. Die von FUCHS-KITTOWSKI u. a. (1976) gegebene Gliederung der Strukturelemente der Informationsklassen, bei der Aussagen über Sachverhalte, Aussagen über den Ort von Aussagen, Aussagen über

Art der Aussagen	Charakter der Struktur-elemente	Strukturelemente		
		Gegenstand	Inhalt	
1	2	3	4	5
Aussagen über Sachverhalte	formalisiert	Gegenstand	Eigenschaft	Zustand der Eigenschaft
		Objekt	Merkmal	Meßwertgröße
			Charakteristikum	Charakterisierungsklassen
			Spezifikum	Spezifikationsklassen
	nicht formalisiert	Objekt	Charakteristikum/ Spezifikum	internationale Beschreibung des Zustandes der Eigenschaft
			internationale Beschreibung der Eigenschaften	
		internationale Gegen-standsbeschreibung		
Aussagen über den Ort von Aussagen	formalisiert	Aussage-informationen	Angabe des Bezugssystems	Ort der Information
		Aussagedaten	logische/physische Speicherstruktur	Adresse
	nicht formalisiert	Aussagedeskriptionen	Speicherbeschreibung	Ortsbeschreibung
Aussagen über den Inhalt von Aussagen	formalisiert	Aussagenmengen	Inhaltsfestlegung	*)
			Inhaltscharakteristik	
	nicht formalisiert		Inhaltsbeschreibung	
Syntaktische Formen von Aussagen	formalisiert	strukturierte Menge von Zeichen	*)	*)
	nicht formalisiert	**)	**)	**)
Aussagen über Fragestruktur	formalisiert	**)	**)	**)
	nicht formalisiert	Frage	Fragegegenstand	Frageinhalt (= antizipiertes Ziel)
Aussagen über Operationen	formalisiert	Operanden	Art der Operation	*)
		Daten		
	nicht formalisiert	Deskriptionen		

*) nicht sinnvoll

Tabelle 2
Strukturelemente der Informationsklassen
(nach Fuchs-Kittowski, Kaiser,
Tschirschwitz u. Wenzlaff)

...eichnung der Informationsklassen		
...emein	weitere Differenzierung	
	7	
...hverhalts- ...ormation	Sachverhaltsdaten	Meßwerte
		Fakten
		Bewertungen
	Sachverhalts- deskriptionen	Einschätzungen
		Kennzeichnung
		Schilderung
...sinformation	Adreßdaten	
	Ortsdeskription	
...halts- ...ormationen	Inhaltsdaten	
	Inhaltsdeskription	
...male Daten	Zeichenkette	
	**)	
...age- ...ormationen	**)	
	Fragedeskriptionen	
...fehls- ...ormationen	Befehlsdaten/ Befehls- deskriptionen für	Transformationen
		Hilfsoperationen
		Steueroperationen

**) nicht definiert

5*

den Inhalt von Aussagen, syntaktische Formen von Aussagen, Aussagen über Fragestruktur und Aussagen über Operationen nach den Charakter der Strukturelemente (d. h. formalisiert oder nicht formalisiert), Gegenstand und Inhalt derselben sowie Bezeichnung der Informationsklassen klassifiziert werden, kann zur theoretischen Durchdringung bzw. Strukturierung kartographischer Informationen genutzt werden. Die Konzipierung von Informationsprozessen bedarf auch in der Kartographie einer theoretischen Grundlage. Dabei kommt der Frage einer besondere Funktion zu, wobei unter Frage hier die Formulierung eines Zielgegenstandes für einen Informationsverarbeitungsprozeß im Rahmen einer Zielklasse verstanden wird. (Bei dieser Definition wird die Existenz qualitativ verschiedener Zielklassen unterstellt.)

Der Zielinhalt wird durch folgende Zielklassen gekennzeichnet, auf die sich die Frageklassen beziehen (FUCHS-KITTOWSKI 1976): 1. Zielvorstellung, 2. Zielfindung, 3. Zielrealisierung.

Es gibt drei Hauptklassen von Fragen, die im Rahmen der strategischen Steuerung von Informationsverarbeitungsprozessen eine völlig unterschiedliche Bedeutung besitzen: 1. Zielfindungsfragen, 2. Zielumsetzungsfragen, 3. Zielrealisierungsfragen. Bei Fragen im Rahmen der Zielklasse Zielvorstellungen geht es um die Begründungen für eine Zielvorstellung. Bei der Klasse der Zielumsetzungsfragen handelt es sich um die Konzipierung eines realisierbaren Systems von Informationsverarbeitungsprozessen. Die Fragen der dritten Klasse dienen der Bereitstellung der Informationen und Operationen, die für die Durchführung der konzipierten Informationsverarbeitungsprozesse als notwendig erachtet werden.

Zur Veranschaulichung der Zielklassen und ihrer Funktion soll folgendes Beispiel dienen, das von der Anwendung einer thematischen Karte ausgeht. *Zielvorstellung*: Analyse der Wirtschaftsstruktur einer Region. *Fragen der 1. Klasse:* Ist die Analyse der Wirtschaftsstruktur notwendig? Könnte man die beabsichtigte Analyse der Wirtschaftsstruktur über die Lösung anderer Problemstellungen erreichen? *Zielfindung:* Eine Analyse soll durchgeführt werden. *Fragen der 2. Klasse:* Welche Informationen sind für eine derartige Analyse notwendig? Wie weit muß die zeitliche Entwicklung dieser Informationen verfolgt werden? Welchen Operationen müssen diese Informationen unterworfen werden, um zu einer aussagefähigen Analyse zu kommen? Wir kennen die Kartenumformung, d. h. -umgestaltung, als solche Operation (SALIŠČEV 1982 b). *Zielrealisierung:* Es werden Vorstellungen über den Umfang der Informationen und die Art der Operationen entwickelt. *Fragen der 3. Klasse:* Aus welchen Dateien können die notwendigen Informationen entnommen werden? Gibt es Verarbeitungsprogramme, die dem konzipierten Lösungsweg entsprechen? Welche Termine müssen für die Bereitstellung der Informationen und Operationen gesetzt werden? Wie ist der Bereitstellungsprozeß zu organisieren? Im Ergebnis der Fragenbeantwortung entsteht auch unter Berücksichtigung der kartographischen Spezifik ein fixiertes System von Informationsverarbeitungsprozessen, an deren Technologierelevanz (GÖHLER 1982) nicht zu zweifeln ist.

Semiotik

Die Semiotik wird definiert als allgemeine *Lehre von den sprachlichen Zeichen und Zeichenreihen bzw. Zeichensystemen.* Die Semiotik beschäftigt sich vor allem mit formalisierten Sprachen, wodurch sie mit der Erkenntnistheorie (vgl. KLAUS 1973 u. RESNIKOW 1968) und mit der Informationstheorie eng verbunden ist. Die genannte Lehre von den sprachlichen Zeichen befaßt sich mit diesen unter vier Aspekten (KLAUS u. LIEBSCHER 1976 a), denen vier Teildisziplinen entsprechen. Der *syntaktische* Aspekt betrifft die Beziehungen zwischen Zeichen und anderen Zeichen bzw. zwischen Zeichensystemen und anderen Zeichensystemen. Der *semantische* Aspekt behandelt die Beziehungen zwischen den Zeichen und ihren Bedeutungen. Der *pragmatische* Aspekt behandelt die Beziehungen zwischen den Zeichen und den Schöpfern, Sendern und Empfängern von Zeichen. Der *sigmatische* Aspekt beinhaltet die Beziehungen zwischen den Zeichen und den durch sie abzubildenden Objekten usw. Dem entsprechen die Teildisziplinen und Forschungsbereiche *Syntaktik, Semantik, Pragmatik* und *Sigmatik.*

Die Semiotik untersucht nicht konkrete Sprachen, sondern sie beschäftigt sich mit Sprachen schlechthin.

Die *Syntaktik* untersucht die Syntax von Sprachen. Dabei ist eine *Syntax* im Sinne der Semiotik jedes System von Regeln einer Sprache, das festlegt, wie aus einem gegebenen Ensemble von Grundelementen (sprachlichen Zeichen) die zulässigen bzw. gültigen Ausdrücke oder Sätze der Sprache zu bilden oder umzuformen sind. Für die theoretische Kartographie, insbesondere die Entwicklung der Kartensprache, ist noch ein weiterer Komplex von Gesichtspunkten belangvoll. Nach einer weitverbreiteten Auffassung der modernen Wissenschaftstheorie kann jede Syntax einer Sprache als formales System aufgebaut werden und umgekehrt jedes formale System als Syntax einer Sprache betrachtet werden. Eine so aufgefaßte logische Syntax muß vor allem zwei Teilmengen von Regeln enthalten: Formations- oder Bildungsregeln und Transformations- oder Schlußregeln. In formalisierten bzw. künstlichen Sprachen müssen die syntaktischen Regeln vollständig sein, da hier – im Unterschied zu natürlichen Sprachen – der Rückgriff auf semantische bzw. pragmatische Überlegungen nicht möglich ist. Die kartographische Syntaktik wird durch die Problematik der Gestaltung und Systematisierung der Kartenzeichen sowie ihre Formations- und Transformationsregeln bestimmt. Am bekanntesten ist hier das System der graphischen Variablen nach BERTIN (1974) und die Spezifizierung nach SPIESS (1970) geworden.

Ein Eindringen in die verschiedenartigen Probleme des Zusammenhangs von Semiotik und Kartographie ermöglichen beispielsweise die Arbeiten von FREITAG (1971), SALIŠČEV (1976b), OSTROWSKI (1979), MARTINEK (1974), SCHULZ (1977), EWERT (1973a) und anderen. Die Anwendung kartographisch-semiotischer Prinzipien auf geomorphologische Karten demonstriert umfassend KUGLER (1976), und die Einordnung der semiotischen Aspekte – im Rahmen der eingangs erläuterten Terminologie – in die Funktion und Struktur der graphischen Urbestandteile einer kartographischen Darstellung (Punkt, Linie und Fläche) sowie in die Aufgaben der Zusammenstellung von Zeichenschlüsseln und Legenden zeigt GAEBLER (1984) in für Lehrzwecke gut geeigneter Art und Weise. Die *Semantik* als Teilgebiet der allgemeinen Semiotik hat es mit den möglichen inhaltlichen Deutungen abstrakter Systeme von Zeichen zu tun. Die kartographische Semantik, nicht weniger bedeutsam als die kartographische Syntaktik, beschäftigt sich nach FREITAG (1971) mit den Beziehungen zwischen den kartographischen Zeichen, ihren Variationen und Kombinationen einerseits und den kartographischen Objekten, ihrer Klassifikation und Integration zu Sachverhalten andererseits. Dabei wird die Eindeutigkeit der Zuordnung von Objekten zu Begriffen und von Sachverhalten zu Aussagen vorausgesetzt. Der Lösung derartiger Probleme dienen die verschiedenen methodischen Systeme der Kartengestaltung, wie sie von ARNBERGER, IMHOF, PILLEWIZER, PREOBRAŽENSKI, SALIŠČEV, STAMS, WITT und anderen kreiert wurden. Die *Sigmatik*, die die Beziehungen zwischen den Zeichen und den Dingen, die sie bezeichnen, beinhaltet, rechnet man aus Gründen der Gegenstandsnähe oft zur Semantik. Die *Pragmatik* befaßt sich mit den Beziehungen zwischen Zeichen und Zeichenschöpfern, Zeichenempfängern (Menschen), also mit den Funktionen von Sprachen. Die kartographische Pragmatik beinhaltet analog die Beziehungen zwischen den kartographischen Darstellungsmitteln und -formen und den Menschen, den Kartengestaltern und Kartennutzern. Zwischen den hauptsächlichen Aspekten von sprachlichen Zeichen, dem syntaktischen, dem semantischen (unter Einschluß des sigmatischen) und dem pragmatischen Aspekt, bestehen neben den Besonderheiten, die eine Konstituierung der genannten drei Teilgebiete der Semiotik begründen, auch wesentliche

Zusammenhänge und dialektische Beziehungen. Dabei ist der pragmatische Aspekt der umfassende, der den semantischen und den syntaktischen Aspekt einschließt. Das bedeutet, daß pragmatische Probleme mindestens auf drei wesentlichen Ebenen auftreten: auf der Ebene der Syntaktik, der Ebene der Semantik und auf der Ebene der Systeme, zwischen denen die Zeichenbeziehungen bestehen. Dementsprechend kann man z. B. zwischen dem pragmatischen Aspekt der syntaktischen Zeichenfunktion, dem pragmatischen Aspekt der semantischen Zeichenfunktion und dem pragmatischen Aspekt der pragmatischen Zeichenfunktion unterscheiden. Ähnliche Beziehungen bestehen auch zwischen dem semantischen und dem syntaktischen Aspekt der Zeichen. Es ist wichtig, diese Dialektik in den Beziehungen zwischen den Zeichen und ihren Aspekten zu kennen, um das Wesen von Informationen und von informationellen Prozessen, besonders bei gesellschaftlichen Kommunikationsprozessen, richtig verstehen zu können.

Kommunikationstheorie

Im allgemeinen versteht man unter *Kommunikation* Verbindung, Zusammenhang, Verkehr. Nach KLAUS (1974a) versteht man unter Kommunikation den Austausch von Nachrichten zwischen Menschen. Voraussetzung eines solchen Austausches ist die Existenz bzw. Schaffung eines gemeinsamen Zeichenvorrates der betreffenden Kommunikationspartner. (Diesem wird daher die entsprechende Aufmerksamkeit in einem eigenen Kapitel 5.2.4. gewidmet.)

Der Austausch von Informationen, deren Träger im Falle der Kartographie optische Signale sind, hat sich für die Gattung Mensch aus den Notwendigkeiten der gemeinsamen Produktion ergeben. Dieser Austausch ist eine unerläßliche Voraussetzung für jede Produktion und jedes Zusammenleben der Menschen in den Gemeinschaften der verschiedensten Art. Für unsere kartographischen Belange ist insbesondere bedeutsam, daß Kybernetik und Informationstheorie den Begriff des Austausches von Informationen wesentlich erweitert haben. Im Sinne dieser nachfolgend weiter zu erläuternden Problematik erscheint es gerechtfertigt, von einer *Kommunikationstheorie* als Grundlagendisziplin der theoretischen Kartographie im Sinne eines Wissenschaftszweiges zu sprechen. Dieser neue Begriff des Austausches von Informationen ist nicht mehr auf Menschen und ihren Nachrichtenaustausch beschränkt, sondern in diesem allgemeineren Rahmen versteht man darunter vielmehr jeden Austausch von Informationen zwischen dynamischen Systemen bzw. zwischen den Teilsystemen solcher Systeme, die in der Lage sind, Informationen aufzunehmen, zu speichern, umzuformen usw. Das System, das die Informationen aussendet, es kann sich dabei um Menschen, andere Organismen, Maschinen usw. handeln, wird Sender genannt, das die Informationen aufnehmende System hingegen Empfänger. Wenn zwei dynamische Systeme sich im Imformationsaustausch befinden, dann spricht man auch davon, daß sie informationell gekoppelt sind. Diese informationellen Kopplungen zwischen Menschen, die auf (der natürlichen Sprache oder künstlichen) Sprachen beruhen, bilden den Gegenstand dieses neuen Zweiges der Wissenschaft, der als eine Synthese von allgemeiner Sprachwissenschaft und Informationstheorie bezeichnet werden kann. Die Bedeutung der Kommunikationstheorie leitet sich aus der Kommunikationsfunktion von Karten ab. Hinsichtlich der Rolle der kartographischen Kommunikation in Theorie und Praxis der Kartographie ist auf Kapitel 6.2.3. zu verweisen.

Arbeits- und Ingenieurpsychologie

Die *Arbeits- und Ingenieurpsychologie* ist zu definieren (HACKER 1980a u. 1980b) als Querschnittsdisziplin der Psychologie, die jene psychologischen Erkenntnisse und Methoden umfaßt, welche für die *Analyse und Bestgestaltung der Arbeitsprozesse* bedeutsam sind. Definitionen, die, allein vom Begriff Ingenieurpsychologie ausgehend, lediglich die Prozesse im Mensch-Maschine-System als relevant ansehen (TIMPE 1981), sind für die Belange der Kartographie ungeeignet. Die sowjetische Kartographie verfährt übrigens in eben dieser Weise.

Arbeitsprozesse im obengenannten Sinne sind sowohl die Herstellung der Karte im weitesten Sinne als auch die Nutzung der Karte. Damit ist die Bedeutung der Arbeits- und Ingenieurpsychologie, oft kurz als Ingenieurpsychologie bezeichnet, erwiesen. Sie kann unterteilt werden (HACKER 1980a) in allgemeine Arbeits- und Ingenieurpsychologie, spezielle Arbeits- und Ingenieurpsychologie und Methodik der psychologischen Arbeitsuntersuchung. Dabei befaßt sich die *allgemeine Arbeits- und Ingenieurpsychologie* mit den durchgängigen, grundlegenden Eigenschaften der psychischen Struktur und Regulation von Arbeitstätigkeiten, die beim Lösen aller Teilaufgaben in sämtlichen Klassen von Arbeitstätigkeiten auftreten. Die *spezielle Arbeits- und Ingenieurpsychologie* behandelt dagegen die zahlreichen Einzelaufgaben der Arbeits- und Ingenieurpsychologie unter gleichzeitiger Berücksichtigung der Besonderheiten verschiedener Klassen von Arbeitstätigkeiten.

In der *Kartographie* wäre die Untergliederung in Kartenherstellung und Kartennutzung an erster Stelle zu nennen; in der Kartenherstellung sind die Klassen von Arbeitstätigkeiten primär durch die angewendete Technologie bestimmt, die bis zum Einsatz im Mensch-Maschine-System reicht. Hinzu gehört aber auch die Verbesserung der Leistungsvoraussetzungen des arbeitenden Menschen, die Gestaltung von Umgebungsbedingungen, wie Raumfarbe, Geräuschpegel usw., eingeschlossen (HACKER 1980a). Im Bereich der Kartennutzung gehören z. B. die Ermittlung optimaler Sehwinkel (NEUMANN u. TIMPE 1976) bei der Wandkartennutzung zu den Aufgaben arbeits- und ingenieurpsychologischer Natur. Nicht zuletzt ist die Arbeits- und Ingenieurpsychologie auch als Disziplin der sozialistischen Arbeitswissenschaften neben Arbeitsökonomik, Arbeitsphysiologie, Arbeitshygiene, Arbeitsrecht, Arbeitsästhetik usw. zu sehen.

Theorie der Graphiklehre

Der französische Kartograph BERTIN (1967)[9] veröffentlichte unter der Bezeichnung „*Sémiologie graphique*" die monographische Darstellung einer allgemeinen Graphiklehre. Er geht von der theoretischen Annahme einer Eigenständigkeit der *graphischen Ausdrucksmittel* aus, die er mit der Schriftsprache, der Notenschrift und dem filmischen Ausdruck als vergleichbar ansieht. Es werden als graphische Ausdrucksformen unterschieden: Diagramme, Netze und Karten. Sicher können bei einer derartigen Einordnung der Karten neue Erkenntnisse hinsichtlich der systematischen Elemente der graphisch-semiotischen Modellierung gewonnen werden. Andererseits haben fast alle neueren Arbeiten zur theoretischen Kartographie gezeigt (SALIŠČEV 1982c), daß die Kartographie eine *selbständige Wissenschaft* darstellt, die nicht als Bestandteil einer wie auch immer gearteten Graphiklehre aufzufassen ist. Dessen unbeschadet können bestimmte theoretische Erkenntnisse derselben als Grundlagenwissen für die theoretische Kartographie genutzt werden. Das theoretische System von BERTIN (1967) geht von der Bezeichnung *visuelle graphische Variable* für sechs mögliche Formen zur Abwandlung eines an sich nur theoretisch „gestaltlosen" Fleckes (franz. tache) und dessen Einordnung nach den beiden Richtungen der Zeichenebene aus. Die *graphische Gestaltung* dieses Fleckes erfolgt nach den *Merkmalen Größe* (franz. taille); *Tonwert, Helligkeit* (franz. valeur); *Muster, Flächenstruktur* (franz. grain); *Farbe* (franz. couleur); *Richtung, Orientierung* (franz. orientation) und *Form* (franz. forme). *Problematisch* ist die Einführung einer graphischen Variablen Rich-

9 Deutsche Übersetzung als „Graphische Semiologie" Berlin [West] 1974.

tung, weil dies zu Unklarheiten gegenüber der graphischen Variablen Form führen kann, z.B. bei Rechtecken. Analoges ist im Verhältnis Tonwert und Muster zu konstatieren. Als gravierendes *Problem* der Anwendung der Theorie von den graphischen Variablen stellte sich deren notwendige und mögliche Kombination im Sinne der Bedeutungszuordnung heraus. SPIESS (1970) hat Regeln für die Lösung dieses Problems, das von grundsätzlicher Bedeutung für die Projektierung von Kartenzeichensystemen ist, erarbeitet; und diese werden in dem genannten Zusammenhang behandelt (vgl. Kapitel 5.1.3.).

Technologie

Die *Wissenschaft Technologie* ist noch verhältnismäßig jung, obwohl die technologische Tätigkeit des Menschen so alt ist wie die Menschheit selbst. Im Frühkapitalismus wurde das Wort Technologie (von griech. logos, techne) im Sinne von „Kunst oder Lehre von der Technik" gebraucht (WOLFFGRAMM 1978). Damals waren daher bei der Kartenherstellung, die zu allen Zeiten auf einer bestimmten Technologie basierte, solche Begriffe wie „Kartenkunst" oder „Feldmeßkunst" üblich (GÖHLER 1982). Der moderne Technologiebegriff wurde erstmals von BECKMANN mit seiner „Anleitung zur Technologie" 1777 verwendet. Darunter verstand er „... die Wissenschaft, welche die Verarbeitung der Naturalien ..." lehrt und „... in systematischer Ordnung, gründliche Anleitung gibt, wie man zu eben diesem Endzwecke (der Herstellung von Waren, WOLFFGRAMM 1978) aus wahren Grundsätzen und zuverlässigen Erfahrungen, die Mittel finden und die bei der Verarbeitung vorkommenden Erscheinungen erklären und nutzen soll" (BECKMANN 1780).

Die weitere Entwicklung ist durch die zunehmende Verwissenschaftlichung der Technologie (ALBERT, HERLITZIUS u. RICHTER 1982) gekennzeichnet. Die gegenwärtige Technologie ist *definiert* als Wissenschaft von den Gesetzmäßigkeiten der materiell-technischen Seite, den naturwissenschaftlich begründeten Regeln und Wirkprinzipien, ergonomischen und ökologischen Kriterien, informationstheoretischen Flüssen und ökonomischen Bedingungen der mittels technischer Systeme innerhalb des Produktionsprozesses durchgeführten Bearbeitungsvorgänge (HAGER 1974). Unter den Bedingungen der wissenschaftlich-technischen Revolution vollzieht sich eine weitere Entwicklungsetappe der Technologie als Wissenschaft. Der wissenschaftlich-technische Erkenntnisfortschritt und seine unmittelbare Nutzung in der Produktion schafft ständig neue Möglichkeiten zur wissenschaftlichen Gestaltung und Beherrschung komplexer Produktionsprozesse. Auffallendes Merkmal ist die eigenständig gewordene Klasse des Arbeitsgegenstandes *Information*. Informationsändernde Vorgänge sind damit in den Gegenstandsbereich der Wissenschaft Technologie gerückt (GÖHLER 1982).

Wir unterscheiden auch für kartographisch-technologische Belange die Klasse der *formändernden Informationsverfahren*, zu definieren als Bearbeitungsvorgänge, die zwar die Signalform verändern, aber die Information selbst nicht (WOLFFGRAMM 1976).

Exakt genommen wird bei der Lösung jeder kartengestalterischen Aufgabe durch das im kartographischen Kodierungsprozeß damit bewirkte Auftreten von indirekten Informationen eine Informationserweiterung vorgenommen, die man auch als Informationsveränderung ansprechen muß, die zudem kaum meßbar ist. Dessenungeachtet betrachtet die Allgemeine Technologie den Wechsel des Kodes als spezifisches Beispiel für die oben angeführte Klasse von Informationsverfahren. Strukturändernde Informationsprozesse bezeichnet man als *Informationswandlung*. Sie liegt dann vor, wenn eingegebene Informationen (Primärinformationen) in Informationen mit anderer Aussagefähigkeit (Sekundärinformationen) gewandelt werden (WOLFFGRAMM 1978). In der Kartographie ist dieses Verfahren unter dem Begriff der Kartenumgestaltung hinlänglich bekannt (SALIŠČEV 1982b). Das obenstehend über die Bedeutung der indirekten Informationen Gesagte gilt auch hier.

Zur Befriedigung eines bestimmten gesellschaftlichen Bedürfnisses sind die Sekundärinformationen in bereitstellbarer Form zu speichern, und die Funktion der Karte als Informationsspeicher dürfte mit der Weiterentwicklung der rechnergestützten Kartennutzung für bestimmte Aufgaben weiter anwachsen.

Im geodätischen Produktionsprozeß werden vorzugsweise digitale (z. B. Koordinaten- bzw. Höhenverzeichnisse) und im kartographischen Produktionsprozeß analog Festwertspeicher (z. B. Karte, Luftbildplan, topographische Lageskizze) verwendet. Während der Informationsumformung und -umwandlung, aber auch dazwischen sind oft ökonomisch aufwendige Transportoperationen mit Ortsänderungen erforderlich (GÖHLER 1982).

Ein wichtiges Mittel zur Lösung komplizierter technologischer Aufgaben, um wissenschaftliche Erkenntnisse und neue technische Entwicklungen schnell produktionswirksam werden zu lassen, stellen solche rationellen Methoden wie die Algorithmierung dar (HILLER 1980), dies gilt für die Kartographie in besonderem Maße, wenn es sich, wie vorliegend, um den polygraphischen Bereich handelt.

Polygraphie

Entgegen anders lautenden Auffassungen (z. B. SALIŠČEV 1982c) muß man auch die Polygraphie zu den Grundlagendisziplinen der Kartographie zählen, denn erst durch die Anwendung polygraphischer Verfahren werden bekanntlich Kartenkonzeptionen zur *Realität Karte bzw. kartographische Darstellung*, auch in entsprechender Stückzahl. Nicht zuletzt gilt das über die Disziplingenese Gesagte auch für die Polygraphie, d. h. die Eigenständigkeit der Polygraphie kann als gegeben angesehen werden. Im Mittelpunkt stehen dabei die theoretischen Grundlagen der Prozeßgestaltung, die sich auf Informationstheorie, Informatik, Systemtheorie und Theorie des Produktionsprozesses stützen.

Informationen treten im polygraphischen Produktionsprozeß mit zwei verschiedenen Funktionen auf: Zum einen handelt es sich um die Informationen, die der Leitung und Lenkung des polygraphischen Produktionsprozesses dienen und zum anderen um die Informationen, die zu vervielfältigen sind. Die wesentlichste theoretische Grundlage der polygraphischen Informationsübertragung ist die Informationstheorie. Es lassen sich in der Polygraphie folgende Arten der Informationsübertragung beim Übergang von einem Informationsträger auf einen anderen bzw. folgende Merkmale der Informationsübertragung unterscheiden (RAUSENDORFF 1978):

1. Keine Änderung des Zeichens oder seiner Dimension, z. B. Druck von einer Druckform auf einen Bedruckstoff,
2. Änderung des Zeichens ohne Veränderung der Dimension, z. B. Herstellen einer Kopie von einem Rasterfilm auf eine Kopierschicht,
3. Änderung des Zeichens und seiner Anordnungsdimension, z. B. Abtasten eines Bildes und Umwandlung in elektrische Signale. Informationsträger sind die konkrete stoffliche und energetische Form, in der das Zeichen realisiert wird. Ein beliebiges Kartenzeichen als zweidimensionaler Schwärzungsunterschied kann z. B. auf dem Informationsträger Farbe – Papier oder dem photographischen Film enthalten sein.

Im Übertragungsprozeß *Reproduktion* können sich die Anzahl der Tonwerte bzw. der Farbraumelemente eines Bildes (in diesem Sinne ist auch die Karte hinzuzurechnen) oder die Verteilung der Ereignisse (d. h. Auftreten eines Tonwertes oder eines Farbraumelementes in den Bildelementen) auf diese Möglichkeiten oder die Zuordnung der Tonwerte zu den Bildelementen ändern. Das bewirkt wiederum eine Änderung des Informationsgehaltes. Eine allgemeine Darstellung für die Veränderung des Informationsgehaltes bei einem Informations-

Abbildung 12
BERGERsches Diagramm

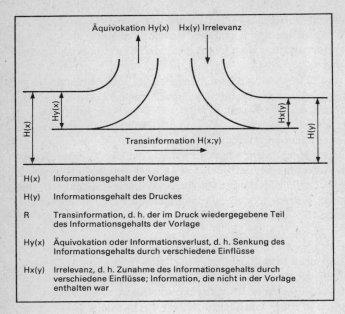

H(x)   Informationsgehalt der Vorlage

H(y)   Informationsgehalt des Druckes

R   Transinformation, d. h. der im Druck wiedergegebene Teil
des Informationsgehalts der Vorlage

Hy(x) Äquivokation oder Informationsverlust, d. h. Senkung des
Informationsgehalts durch verschiedene Einflüsse

Hx(y) Irrelevanz, d. h. Zunahme des Informationsgehalts durch
verschiedene Einflüsse; Information, die nicht in der Vorlage
enthalten war

übertragungsprozeß gibt das Bergersche Diagramm. Für die polygraphische Reproduktion können die Begriffe folgende Bedeutung haben:

H   (x) Informationsgehalt der Vorlage,

H   (y) Informationsgehalt des Druckes,

R   Transinformation, d. h. der im Druck wiedergegebene Teil des Informationsgehaltes der Vorlage,

Hy (x) Äquivokation oder Informationsverlust, d.h. Senkung des Informationsgehaltes durch die obengenannten Einflüsse,

Hx (y) Irrelevanz, d. h. Zunahme des Informationsgehaltes durch die obengenannten Einflüsse; Information, die nicht in der Vorlage enthalten war.

Die *Theorie des Produktionsprozesses* geht davon aus, daß dieser ein kompliziertes dynamisches System darstellt, in welchem Elemente mit stochastischem und deterministischem Verhalten zusammenwirken. Diese Prozeßelemente können sich aus der Funktion und Wirkungsweise der menschlichen Arbeit, der Arbeitsmittel, der Arbeitsgegenstände und der Arbeitsverfahren ergeben.

Eine notwendige Voraussetzung für die bewußte Änderung realer Systeme ist die Systemanalyse. Das gilt selbstverständlich auch für die Teile der Kartenherstellung, die durch die Polygraphie allein oder vorrangig bestimmt sind. Schwerpunkte der Systemanalyse sind die Strukturanalyse und die Funktionsanalyse.

Hinsichtlich der Perspektive nichtmechanischer Druckverfahren – auch im Hinblick auf einen möglichen Einsatz für kartographische Zwecke nicht nur im Herausgabeprozeß – ist auf Kirchhof u. Rauch (1982) zu verweisen.

Die Polygraphie bildet im vorbehandelten Sinne also die Grundlage sowohl für die kartographische Technik als auch für die Technologie, in theoretischer wie in praktischer Hinsicht.

3.   Mutterdisziplinen der Kartographie

Von den Grundlagendisziplinen der Kartographie im vorbeschriebenen Sinne werden nach dem Strukturmodell von OGRISSEK (1981) die Mutterdisziplinen, und zwar Geographie und Geodäsie, unterschieden. Der Terminus Mutterdisziplin wird im vorliegenden Sinne auch anderwärts verwendet; z.B. WITT (1977). Bei ARNBERGER (1975a) wird hingegen von Hilfswissenschaften gesprochen.

3.1.   Geographie und Geodäsie[10]

Mit dem Problem des Zusammenhangs der Kartographie mit den vorgenannten *Mutterdisziplinen* haben sich seit geraumer Zeit eine Reihe von Autoren mehr oder weniger unmittelbar befaßt (ARNBERGER 1975a; BECK 1958, BRENNECKE 1952, DEWALD 1973, HEUPEL 1968, KOMKOW 1955, LENGFELD 1971, SCHAMP 1979, SCHULTZE 1952, VIDUEV u. POLIŠČUK 1977). Es hat sich gezeigt, daß seitens der Geodäsie engere Beziehungen zur *topographischen Kartographie* und seitens der Geographie engere Beziehungen zur *thematischen Kartographie* bestehen. In diesen Beziehungen drückt sich also auch der jeweilige genetische Aspekt aus, der den Terminus Mutterwissenschaften rechtfertigt. Für die Beziehungen zwischen der Thematischen Kartographie und der Geographie ist bemerkenswert, daß das verstärkte Eindringen der Thematischen Kartographie in wohl alle Geowissenschaften und in die Geschichtswissenschaft die Bindung zur Mutterwissenschaft Geographie beinahe zwangsläufig gelockert hat. ARNBERGER (1975a) hat dem genannten Zusammenhang unter dem Aspekt eines historischen Beziehungsgeflechts zwischen Geodäsie, Geographie und Landesaufnahme graphischen Ausdruck verliehen (vgl. auch Abbildung 1) und dabei die selbständige Wissenschaftsdisziplin Kartographie, wie sie schon ECKERT wiederholt forderte, ausgewiesen. (Mit 1975 ist der damalige Entwicklungs- bzw. Kenntnisstand gemeint.)

Untersuchungen, in denen die selbständige Wissenschaftsdisziplin Kartographie noch immer einer der Mutterdisziplinen zugeordnet werden (VIDUEV u. POLIŠČUK 1977) kann man mit SALIŠČEV (1981b) nur als „ärgerlichen Anachronismus" bezeichnen. Für Einzelheiten der Auffassungen wie der Beweisführung muß auf die oben angegebene Literatur verwiesen werden. Daß dabei Fragen der Gegenstandsbestimmung bei der Geographie wie der Geodäsie eine wesentliche Rolle spielen, sei nicht unerwähnt gelassen. In neueren Auffassungen werden die Gemeinsamkeiten der Aufgaben von Geodäsie und Kartographie wieder stärker betont (DELONG 1981). Ihr Wesen wird in der Schaffung von Unterlagen für die Leitung und Planung sowie für Entscheidungen staatlicher und gesellschaftlicher Organe und Organisa-

10 Den Darlegungen liegen die Definitionen von Geographie und Geodäsie in OGRISSEK (Hrsg.): Brockhaus abc Kartenkunde. Leipzig 1983 zugrunde

tionen bei territorial lokalisierten Tätigkeiten und Erscheinungen gesehen, wobei die geodätischen und kartographischen Informationen in alphanumerischer oder graphischer Form geliefert werden. Damit ist die Tätigkeit der Geodäsie und Kartographie überwiegend Teil des Erkenntnisprozesses der objektiven Realität des Territoriums, während seine Veränderung zum Aufgabenbereich anderer Fachgebiete gehört.

Auf die Bedeutung der Erkenntnisgewinnung als Aufgabe der Kartographie und für die eigenständige Konstituierung hat insbesondere SALIŠČEV nachdrücklich und wiederholt hingewiesen (vgl. Kapitel 2.1.).

Im vorliegenden Zusammenhang mit der Erkenntnisgewinnung ist noch auf ein Problem einzugehen, das das Verhältnis von Kartographie und Geographie – als unterschiedliche Wissenschaftsdiziplinen – anbetrifft. Philosophische Forschungen (ROCHHAUSEN 1971) haben die Möglichkeit der Wechselwirkung zwischen zwei oder mehreren Wissenschaften nachgewiesen, die sich dabei sowohl methodisch als auch theoretisch durchdringen. Dabei tritt eine *Reversibilität von Theorie und Methode* ein, d. h. die Theorie der einen Wissenschaft kann zur Methode der anderen werden. Genau diese Situation läßt sich gegenwärtig beobachten, wenn in der Geographie von „kartographischer Methode" gesprochen wird (z. B. SAUSCHKIN 1978). Die Kartographie bzw. die Kartographen selbst sollten aus dem Grunde, daß es sich um ihre Theorie handelt, den Terminius nur in der Spezifik als „kartographische Methode der Erkenntnis" verwenden, wie dies von SALIŠČEV (1975 u. 1976a) auch praktiziert wird. Das entspricht auch den Gesetzen der formalen Logik, weil es ja noch andere Methoden der Erkenntnis gibt und die Kartographie nicht nur über eine Methode verfügt. Angesichts der Ungleichmäßigkeit in der Entwicklung spezieller wissenschaftlicher Disziplinen kann die eine oder die andere Wissenschaft zeitweilig führend in Erscheinung treten. Dabei verwandeln sich die theoretischen Erkenntnisse dieser führenden Wissenschaft in eine allgemeine Methode zur Lösung spezieller Probleme anderer Disziplinen (ROCHHAUSEN 1971). Auch diese Erscheinung können wir im Verhältnis Geographie – Kartographie beobachten. Es sei hier nur an die geographische Modellierung in ihrer Bedeutung für die kartographische Modellierung erinnert.

3.2. Zur Bedeutung der Technikwissenschaften

Geographie und Geodäsie gelten fast *unbestritten* als Mutterwissenschaften der Kartographie, die den Raum nach bestimmten, unterschiedlichen Merkmalen erfassen und abbilden, wobei die Gemeinsamkeiten im Raumbezug liegen (HAKE 1981).

Eine andere Situation ergibt sich bei den Technikwissenschaften hinsichtlich ihrer Beziehungen zur Kartographie.[11] Relativ eindeutig liegen die Verhältnisse noch bei der Technologie, die als Disziplin der Technikwissenschaften den technologischen Prozeß zum Gegenstand hat. Dies ist für die Kartographie belangvoll, unabhängig davon ob man die Kartenherstellung bereits als technologischen Prozeß ansah oder nicht. (Im übrigen kennt man den Begriff Technologie seit dem Erscheinen von BECKMANNS bekanntem Werk „Anleitung zur Technologie", 1780).

11 Schon die Ausgliederung einer Technikwissenschaft ist noch nicht allgemein üblich, wie beispielsweise das Fehlen eines Stichwortes „Technikwissenschaften" oder „technische Wissenschaften" im 18bändigen Meyers Neues Lexikon, Leipzig 1976, Bd. 13 und im Anhang mit den Nachträgen Bd. 17, 1977, zeigt.

Eine stetig zunehmende *Bedeutung* für die Kartographie erlangten die Technikwissenschaften mit dem 18. und besonders dem 19. Jahrhundert. Hier lagen die Schwerpunkte auf der
Schaffung topographischer Karten im Rahmen der Landesaufnahmen. Demgegenüber liegen
die Anfänge der Atlasentwicklung bekanntlich wesentlich früher, freilich mit anderen Ge-
nauigkeitsansprüchen. Die gegenwärtige Bedeutung der technischen Disziplinen für die Kartographie ist kaum zu überschätzen, insbesondere seit dem Vordringen der rechnergestützten
Kartenherstellung und Kartennutzung sowie der Fernerkundung der Erde und anderer Planeten. Die Zuordnung der Kartographie zu den technischen Wissenschaften ist selbstverständlich abhängig von den für die Klassifizierung verwendeten Merkmalen. Seit ihrer Entstehung
sind die Technikwissenschaften eng mit der Produktion verbunden; das gilt in vollem Umfange auch für die Kartographie. In diesem Zusammenhang sind auch die Hauptfunktionen
der Technikwissenschaften zu sehen. Sie bestehen darin, auf der Grundlage eines Systems
von Erkenntnissen technische Gebilde und Verfahren abzubilden, zu antizipieren, sowie zu
ermöglichen, signifikante Kriterien zur Bewertung ihrer technischen, ökonomischen und
auch sozialen Effizienz abzuleiten. Damit erstreckt sich technikwissenschaftliche Arbeit von
der Grundlagen- und Anwendungsforschung für die Entwicklung bis zur Überführung von
Erzeugnissen und technologischen Prozessen in den Produktionsprozeß (STRIEBING 1979 u.
STRIEBING u. SCHILD 1981). Hierin liegt letztlich die Zuordnung der Kartographie zu den
Technikwissenschaften begründet, wie in Kapitel 1.2. dargelegt. Auf einen wesentlichen Unterschied der Technikwissenschaften zu den Mutterwissenschaften Geographie und Geodäsie
hinsichtlich der Erkenntnisgewinnung muß noch hingewiesen werden, weil dieser in Bezug
auf seine Bedeutung für die Kartographie belangreich ist. Während es für eine Vielzahl von
Wissenschaften unmittelbares Ziel der Erkenntnistätigkeit ist, die Gesetzmäßigkeiten der
Wirklichkeit zu erkennen, geht es in der Klasse der Technikwissenschaften primär darum,
möglich zu machen, aus dem jeweiligen Aussagensystem solche Handlungsanweisungen abzuleiten, die unter Beachtung der bezweckten ökonomischen und sozialen Wirkungen eine
optimale Beherrschung der abgebildeten bzw. antizipierten technischen Prozesse sichern.
Damit rückt die praktische Anwendung der gewonnenen Erkenntnisse in den Vordergrund.
Aber gerade diese spielt für die Entwicklung der kartographischen Produktion eine herausragende Rolle (SALIŠČEV 1982b).

Ein objektives Kriterium des technikwissenschaftlichen Erkenntnisfortschritts ist, in wie-
weit die Technikwissenschaft dazu beiträgt, die Anzahl der Freiheitsgrade des Menschen in
der Gestaltung und Beherrschung technischer Prozesse potentiell und real zu erhöhen
(STRIEBING u. SCHILD 1981). Zweifelsohne stellt die Kartenherstellung heute einen solchen
technischen Prozeß dar.

4. Die Grundstruktur kartographischer Modellbildung

4.1. Zur Bedeutung der Abbildung einer Grundstruktur der kartographischen Modellbildung bzw. Modellgestaltung

Über die Ansprache von Karten, topographische wie thematische betreffend, als Modelle georäumlicher Realität – bzw. eines Teiles derselben – gibt es heute keine Zweifel mehr, wie nunmehr auch die modernen Veröffentlichungen monographischer Natur ebenso wie die kartographischen Nachschlagewerke zeigen (SALIŠČEV 1982a u. b, BERLJANT 1978a, OGRISSEK 1983c, HAKE 1982, WITT 1979 und andere). *Kartographische Modellierung* ist aufzufassen als ein sich auf zwei grundsätzliche Tätigkeiten erstreckender Prozeß, wie auch allgemein bei der Modellmethode üblich: *Modellbildung* (= *Modellgestaltung*) bzw. *Kartengestaltung* und *Modellnutzung* bzw. *Kartennutzung*. Dabei darf nicht übersehen werden, daß Erkenntnisse über das Original bereits im Prozeß der Modellbildung bzw. Kartengestaltung gewonnen werden.

Für die Strukturierung kartographischer Modellierung, resp. Modellbildung, läßt sich eine Grundstruktur abbilden, deren Ziel in der guten Sichtbarmachung der allgemeinen Züge besteht. Für deren Verständnis stellt eine Matrix des Vergleichs der *Eigenschaften unterschiedlicher Modelle* (BERLJANT 1978a) eine wesentliche Hilfe dar (s. Abbildung 13). Dabei kommen der Karte als der bedeutendsten kartographischen Darstellungsform alle aufgeführten Modelleigenschaften zu, den digitalen Modellen dagegen die geringste Anzahl. (Die Abbildung ist ansonsten so eindeutig, daß sich weitere Darlegungen hierzu erübrigen dürften.) Die genannte Grundstruktur ist durch die nachstehend beschriebenen Hauptelemente gekennzeichnet (s. Abbildung 14).

4.2. Ein Strukturmodell kartographischer Modellbildung

Die besagte *Grundstruktur* basiert auf den Elementen der Modellmethode, die mit der angeführten *Definition* (WÜSTNECK 1974), den elementaren *Modellfunktionen* und den vier *Modelloperationen* im Prinzip charakterisiert ist. Die *Struktur der kartographischen Modellbildung* ist zunächst durch die Modellfunktionen der Karte (PÁPAY 1973), unterschieden nach invarianten und nicht invarianten Funktionen, determiniert. Darauf fußt in ihrer spezifischen Ausprägung die *Methodik der kartographischen Modellbildung*, die sich zum Zwecke der theoretischen Durchdringung in *thematisch-georäumliche Modellierung*, *mathematisch-kartographische Modellierung* und *graphisch-semiotische Modellierung* gliedern läßt. Die thematisch-georäumliche Modellierung bedeutet die Lösung des sachlich-inhaltlichen bzw. konzeptionellen Problems der kartographischen Modellbildung, wobei der optimalen Bestimmung des *Strukturniveaus* eine besondere Bedeutung zukommt. Die mathematisch-kartographische Seite der Mo-

Modelleigenschaft \ Modellart	verbale Beschreibung	Tabelle, Matrix, Lochkarte	Karte	Luftbild	kosmische Aufnahme	Graphik	Profil, Querschnitt	mathematisches Modell	physikalisches Modell	Blockbild	Sandkastenmodell	Kartenrelief	digitales Modell	Globus
Abstraktheit	•		•			•		•		•		•	•	•
Selektivität	•	•	•	•	•	•	•	•	•	•	•	•	•	•
Synthetisiertheitsgrad	•	•	•			•	•	•	•	•			•	•
Maßstab und Metrik			•	•	•	•	•	•		•		•	•	•
Eindeutigkeit		•	•			•	•	•	•	•		•	•	•
Indiskretheit			•	•	•									
Anschaulichkeit			•	•	•	•			•	•		•		•
Übersichtlichkeit			•	•	•	•	•	•		•	•	•		•
geometrische Ähnlichkeit			•	•	•	•		•	•			•		
geographische Entsprechung	•	•	•	•	•	•	•	•	•	•	•	•		•
Logik der Legende	•	•	•			•	•			•			•	•
Mehrfachabbildbarkeit	•	•	•			•	•	•					•	

Abbildung 13
Vergleich der Eigenschaften von unterschiedlichen Modellen
(nach BERLJANT, ergänzt)

dellbildung ist als Anwendung bestimmter mathematischer Methoden aufzufassen. Dabei steht historisch die grundrißliche Verebnung an erster Stelle; die Formalisierung im Zusammenhang mit der Automatisierung der Kartenherstellung und -nutzung charakterisiert die diesbezüglich jüngste Entwicklung (BERLJANT, SERBENJUK u. TIKUNOV 1980). Nicht zuletzt wird die Spezifik kartographischer Modellierung durch solche Merkmale bestimmt, die die graphisch-semiotische Modellierung ausmachen. Im Mittelpunkt steht dabei die *Anwendung der Kartensprache* (PRAVDA 1984), wenn auch die graphisch-*geometrische* Seite der Generalisierung dabei keinesfalls zu unterschätzen ist. Gerade die Generalisierungsproblematik macht wohl hinreichend deutlich, wie eng – und dialektisch – alle drei Modellierungskomponenten miteinander *verbunden* sind, auch wenn zum gegenwärtigen Zeitpunkt deren Struktur noch nicht vollständig bekannt ist.

Die Methodik der kartographischen Modellbildung ist untrennbar mit den *Merkmalen kartographischer Modelle* verknüpft, wobei sich die nachstehenden Aussagen vorrangig auf die bedeutendste Klasse der kartographischen Darstellungsformen, die Karten, beziehen. Diese

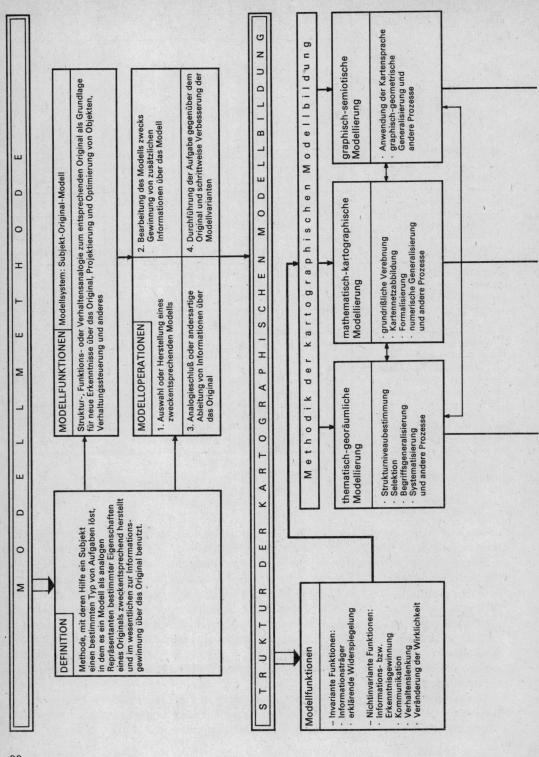

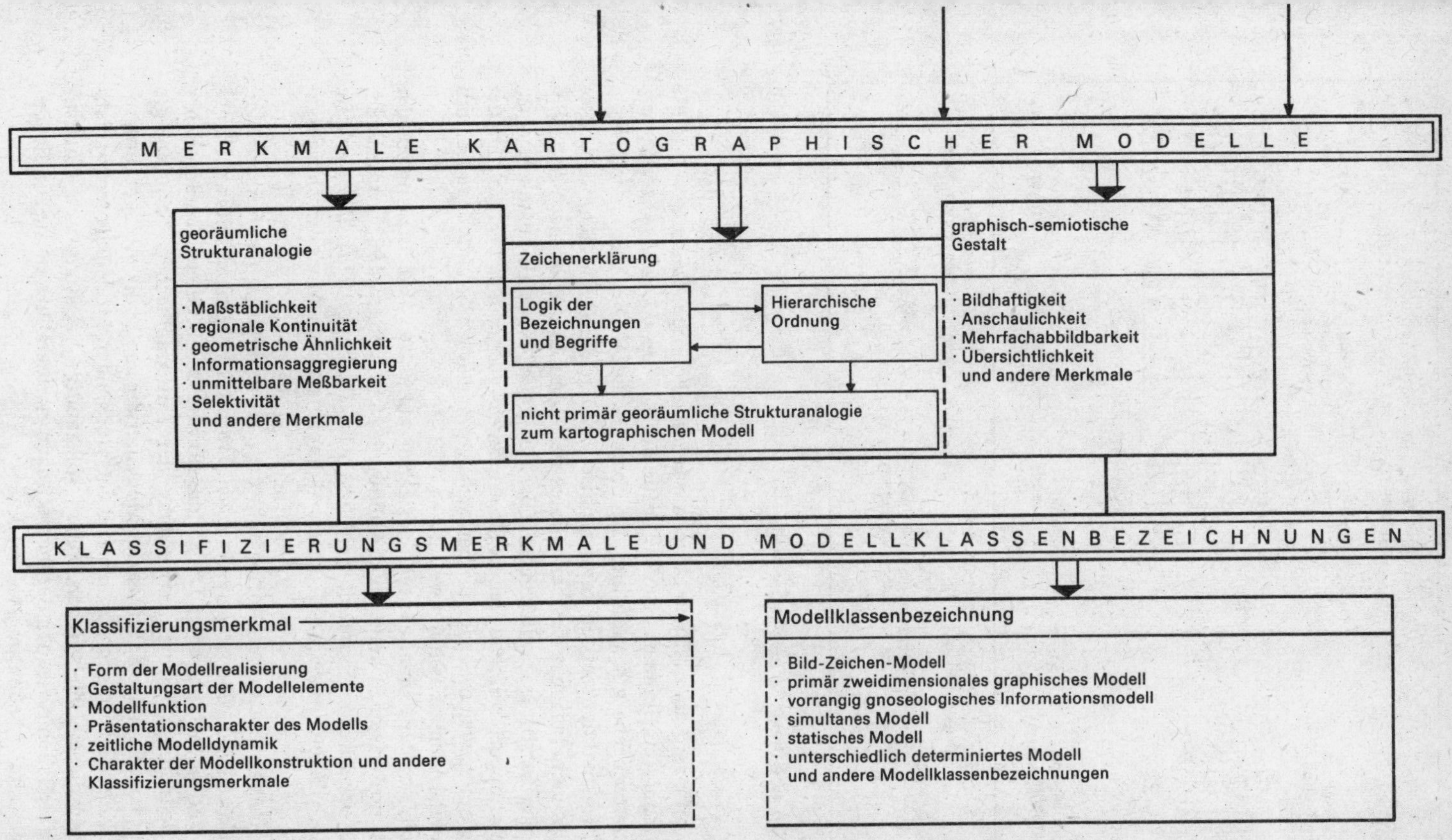
M E R K M A L E K A R T O G R A P H I S C H E R M O D E L L E
georäumliche Strukturanalogie
· Maßstäblichkeit
· regionale Kontinuität
· geometrische Ähnlichkeit
· Informationsaggregierung
· unmittelbare Meßbarkeit
· Selektivität
und andere Merkmale
Zeichenerklärung
Logik der Bezeichnungen und Begriffe
Hierarchische Ordnung
nicht primär georäumliche Strukturanalogie zum kartographischen Modell
graphisch-semiotische Gestalt
· Bildhaftigkeit
· Anschaulichkeit
· Mehrfachabbildbarkeit
· Übersichtlichkeit
und andere Merkmale
K L A S S I F I Z I E R U N G S M E R K M A L E U N D M O D E L L K L A S S E N B E Z E I C H N U N G E N
Klassifizierungsmerkmal
· Form der Modellrealisierung
· Gestaltungsart der Modellelemente
· Modellfunktion
· Präsentationscharakter des Modells
· zeitliche Modelldynamik
· Charakter der Modellkonstruktion und andere Klassifizierungsmerkmale
Modellklassenbezeichnung
· Bild-Zeichen-Modell
· primär zweidimensionales graphisches Modell
· vorrangig gnoseologisches Informationsmodell
· simultanes Modell
· statisches Modell
· unterschiedlich determiniertes Modell
und andere Modellklassenbezeichnungen

Anmerkung: Die Aussagen beziehen sich vorrangig auf die Karten als bedeutendste Klasse der kartographischen Darstellungsformen

Abbildung 14
Grundstruktur kartographischer Modellbildung bzw. Modellgestaltung
(nach OGRISSEK)

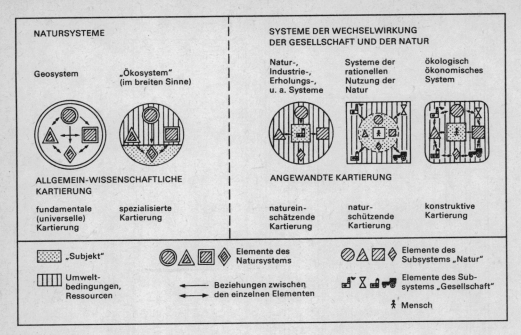

Abbildung 15
Territoriale Systeme als Objekte thematischer Kartierung
(nach SAL'NIKOV)

Aussagen lassen sich auf zwei Merkmalskomplexe, die *georäumliche Strukturanalogie* und die *graphisch-semiotische Gestalt* (im Sinne des Bildes), sowie die *Zeichenerklärung* konzentrieren. (Hinsichtlich der Strukturangabe gilt auch hier das oben Gesagte). Die Zeichenerklärung, allgemein bekanntes Merkmal der meisten kartographischen Darstellungsformen, wird unter dem Gesichtspunkt des gemeinsamen Zeichenvorrates der Kommunikationspartner gesondert behandelt (s. Kapitel 6.2.4.). Im vorliegenden Zusammenhang ist es als ausreichend zu erachten, auf die Beziehungen zwischen der *Logik der Bezeichnungen und Begriffe* und der *hierarchischen Ordnung* einerseits sowie der primär *nicht georäumlichen Strukturanalogie* zum kartographischen Modell andererseits hinzuweisen.

Ein abstraktes *Beispiel* von der Kompliziertheit der kartographischen Modellierung aus der Sicht der Komplexität territorialer Systeme zeigt Abbildung 15 (SAL'NIKOV 1982), wobei dem Systemaspekt generell hohe Aufmerksamkeit zu widmen ist (PESCHEL 1978). Die explizite Systemkartierung gehört daher unzweifelhaft zu den kompliziertesten Modellierungsaufgaben (SALIŠČEV 1978d).

Bereits am Rande einer Grundstruktur kartographischer Modellbildung anzuordnen sind *Klassifizierungsmerkmale* und *Modellklassenbezeichnungen.* Trotz des Fehlens allseits anerkannter Klassifizierungen der kartographischen Darstellungsformen als Modelle georäumlicher Realität sind deren Bedeutung für die Entwicklung der kartographischen Terminologie (OGRISSEK 1980a), aber vor allem der Spezifika der Modellierungsmethodik, nicht zu übersehen. Die dargestellten Klassifizierungsmerkmale und entsprechenden Modellklassenbezeichnungen sollen vorrangig diesem Ziel dienen. Deren vollständige Erfassung und Untersuchung gehört zu den dringlichen Aufgaben der theoretischen Kartographie, da sie für die Optimierung der Kartengestaltung bedeutungsvoll sind.

5. Allgemeine Theorie der Kartengestaltung

5.1. Theorie und Methodik der Kartengestaltung

5.1.1. *Kartenprojektierung und Kartenredaktion als Modellierungsaufgabe*

Das Verständnis der *Spezifik der obengenannten Modellierungsaufgabe* wird sicher erleichtert, wenn zunächst zwei Strukturmodelle, das der allgemein-geographischen Karte und das der thematischen Karte, betrachtet werden. Da die allgemein-geographischen Karten großmaßstäbige Karten, topographische Karten und geographische Übersichtskarten, (auch als chorographische Karten bezeichnet) umfassen, sind damit Strukturmodelle der beiden großen Bereiche *topographische Karten* (Maßstäbe 1:10000 bis 1:1000000) und *thematische Karten* vorgestellt, zumal die topographischen Karten auch als typische Vertreter der allgemein-geographischen Karten angesehen werden können (BRUNNER, GÖTZ u. BÖHLIG 1978). Einen neuen Klassifizierungsansatz mit interessanten Aspekten des Verhältnisses topographische Karte – thematische Karte zeigte im übrigen jüngst MERKEL 1982 a.

Das *Modell der allgemein-geographischen Karte* besitzt nach SALIŠČEV (1982b) die in Abbildung 16 gezeigte Struktur. Aus der Struktur geht die Komplexität der Modellierungsaufgabe, insbesondere im Prozeß der Kartenprojektierung und Kartenredaktion, auch bei allgemeingeographischen Karten eindeutig hervor. Kartenprojektierung wird teilweise auch als Kartenkonzeption bzw. konzeptionelle Phase der kartographischen Modellierung bezeichnet, z. B. bei STAMS (1971).

Das Strukturmodell der thematischen Karte nach OGRISSEK ist gemäß Abbildung 17 aufgebaut. An erster Stelle ist der *Kartentitel* zu nennen, der mit dem Fortschreiten des Modellierungsprozesses aus dem *Kartenthema* im Sinne der Präzisierung entwickelt wird. Es sollte den *Kartengegenstand*, die *räumliche Begrenzung* und die *zeitliche Begrenzung*, möglichst auch in dieser Reihenfolge (wichtig insbesondere bei Kartenserien und Atlanten) zum Ausdruck bringen. Ein einfaches Beispiel wäre *„Industrie der DDR 1980"*. Der *Kartengegenstand* wird von den in einer Karte dargestellten Erscheinungen als Oberbegriff der Wirklichkeitselemente gebildet, wobei der Erscheinungsbegriff nicht auf die Klasse der dringlichen, sinnlich wahrnehmbaren, d. h. sichtbaren Gegenstände begrenzt werden darf. Unter dem thematischen Inhalt sei die Vielfalt der den Kartengegenstand bildenden thematischen Elemente x_1, x_2...x_n verstanden.

Grundelement und Merkmal des Strukturmodells der thematischen Karte ist die *Zeichenerklärung*, auch als Legende bezeichnet, die sich aus den zu erklärenden Zeichen und den analogen Begriffen zusammensetzt. Die zum Verständnis einer jeden Karte, also auch der thematischen, unerläßlichen *Maßstabsangaben* bestehen aus der Maßstabszahl und der Maßstabsleiste. Gerade bei thematischen Karten sollte im Falle eines runden Verkleinerungsverhältnisses beide Angaben enthalten sein, nicht nur weil die Kartennutzung unmittelbar er-

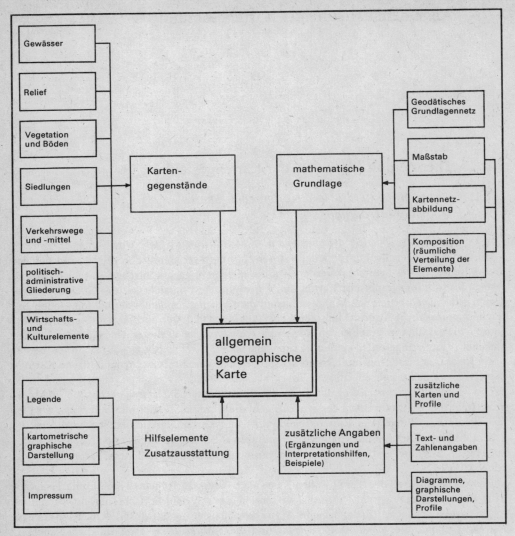

Abbildung 16
Strukturmodell der allgemein-geographischen Karte
(nach SALIŠČEV)

leichtert wird, sondern weil sie auch die Vorstellung des Kartennutzers für die Größen in der Karte, also von Entfernungen und Flächen in Abhängigkeit vom Maßstab fördern. Basis jeder georäumlichen Orientierung sind die geographischen Grundlagen, auch als *Grundlagenkarte* bezeichnet, die zufolge ihrer Bedeutung für die thematische Karte seit einiger Zeit den Gegenstand wissenschaftlicher Untersuchungen bildet (z. B. HAACK 1975).

Eine neue Qualität von Grundlagenkarten wurde neuerdings mit deren thematischer Orientierung (GROSZER 1982) – sog. *thematische Grundlagenkarten* – erreicht, die die ausschließliche Funktion der Orientierungsgrundlage überwindet und die rationelle Herstellung

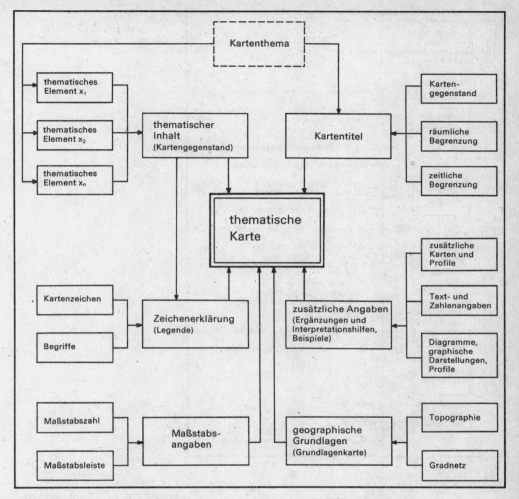

Abbildung 17
Strukturmodell der thematischen Karte
(nach OGRISSEK)

thematischer Karten fördert. Die Grundlagenkarten im erstgenannten Sinne beinhalten eine auf den thematischen Inhalt abgestimmte Topographie und zumeist das Gradnetz. Wachsende Bedeutung im Interesse der Komplexität der Kartenaussage erhalten in thematischen Karten zusätzliche Angaben, wie zusätzliche Karten (Nebenkarten) und Profile, Text- und Zahlenangaben, sowie Diagramme, graphische Darstellungen und zugehörige Profile.

Kartenprojektierung – im Ergebnis auch Kartenkonzeption bezeichnet – und Kartenredaktion sind am Anfang einer *Technologie* der Kartenherstellung stehende Phasen. Die Einordnung in den Gesamtzusammenhang zeigt das Schema von GRIESZ (1983 b) in Abbildung 18.

Die Modellierung im oben angegebenen Sinne setzt die Kenntnis von Prinzipien voraus, denen zufolge – insbesondere in der thematischen Kartographie – eine analog nutzerorientierte, den thematisch-georäumlichen und graphisch-semiotischen Merkmalen entspre-

gesellschaftliches Bedürfnis einer kartographischen Darstellung	
Karten-konzeption	Bestimmung der Darstellungsform Bestimmung der kartographischen Ausdrucksform Ableitung der darzustellenden Inhaltsgefüge – verbale Legende
Karten-redaktion	Dimensionierung der Darstellung Festlegung der kartographischen Ausdrucksmittel – Zeichenschlüssel Erarbeitung des Redaktionsplanes Festlegung zur Kartenkomposition
Karten-entwurf	Kartierung der Inhaltsgefüge Ableitung und Entwurf der Folgekarten
Karten-herausgabe	Herausgabearbeiten durch kartographische Techniken, kombiniert mit reproduktions-technischen Leistungen Korrekturmaßnahmen in mehreren Phasen Herstellen der Druckkopiervorlagen
Karten-druck	Druckformherstellung Druck der Auflage
End-bearbeitung	Beschnitt Falzen buchbinderische Weiterverarbeitung

chende Kartengestaltung vorgenommen werden kann. IMHOF (1969) hat dazu unter dem Begriff des *Aufbaus einer Lehre der thematischen Kartographie* grundlegende Ausführungen gemacht, auf die wegen ihrer Bedeutung hinzuweisen ist, zumal hier nur zwei Jahre nach der grundlegenden Veröffentlichung von BOARD (1967) auch modelltheoretische Überlegungen einbezogen sind.

Zugehörige Aspekte, die auch anderen kartographischen Modellierungsspektren zugeordnet sein können, sind beispielsweise die spezifische Eignung der Kartennetzentwürfe, wie sie für Atlaskarten von FRANČULA (1971) untersucht wurden.

Inzwischen wurden in der Sowjetunion Kartenprojektierung und Kartenredaktion sowie Kartenzusammenstellung zu einem vollkommenen System (SALIŠČEV 1978a) entwickelt, das den heute gestellten hohen Anforderungen vollauf genügen kann.

Auch die Kartenprojektierung als Modellierungsphase muß – wie gesagt – von der Zielstellung der Kartennutzung ausgehen. Einen anschaulichen Eindruck vom breiten Spektrum der Modellierungsaufgaben beim unerläßlichen Einsatz von sozial-ökonomischen Karten zur rationellen Landnutzung vermittelt ein polnisches Beispiel (PODLACHA 1982) in Abbildung 19, wobei den verschiedenen ökonomischen Aufgabenstellungen die entsprechenden

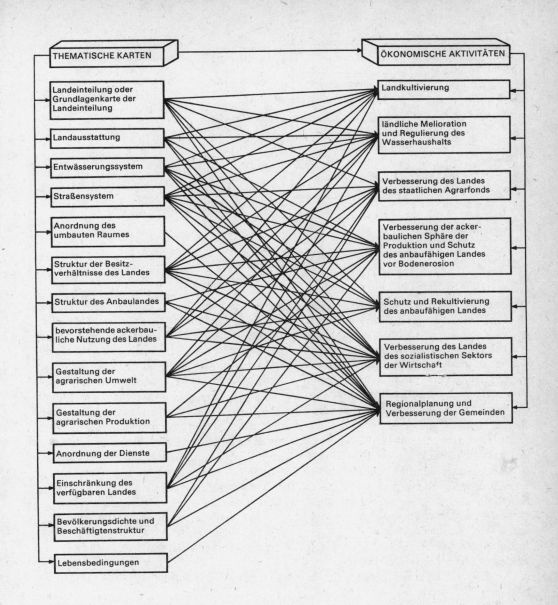

THEMATISCHE KARTEN

- Landeinteilung oder Grundlagenkarte der Landeinteilung
- Landausstattung
- Entwässerungssystem
- Straßensystem
- Anordnung des umbauten Raumes
- Struktur der Besitzverhältnisse des Landes
- Struktur des Anbaulandes
- bevorstehende ackerbauliche Nutzung des Landes
- Gestaltung der agrarischen Umwelt
- Gestaltung der agrarischen Produktion
- Anordnung der Dienste
- Einschränkung des verfügbaren Landes
- Bevölkerungsdichte und Beschäftigtenstruktur
- Lebensbedingungen

ÖKONOMISCHE AKTIVITÄTEN

- Landkultivierung
- ländliche Melioration und Regulierung des Wasserhaushalts
- Verbesserung des Landes des staatlichen Agrarfonds
- Verbesserung der ackerbaulichen Sphäre der Produktion und Schutz des anbaufähigen Landes vor Bodenerosion
- Schutz und Rekultivierung des anbaufähigen Landes
- Verbesserung des Landes des sozialistischen Sektors der Wirtschaft
- Regionalplanung und Verbesserung der Gemeinden

Abbildung 19
Verwendbarkeit sozial-ökonomischer Karten in unmittelbaren Aktivitäten bei der rationellen Landnutzung nichtstädtischer Gebiete in der VR Polen (nach PODLACHA)

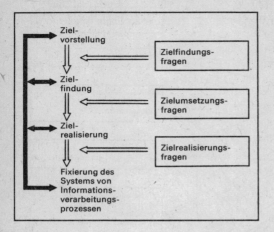

Abbildung 20
Zusammenhang zwischen Zielklassen und
den Klassen von Fragen
(nach FUCHS-KITTOWSKI, KAISER, TSCHIRSCHWITZ
u. WENZLAFF 1976)

thematischen Karten zugeordnet werden. Derartigen Schemata kommt eine besondere Bedeutung bei der Projektierung von *Kartenserien* oder *Atlanten* zu, da sie eine erste Phase thematisch-georäumlicher Modellierung bilden können. Das gilt insbesondere für diese Art der
Verknüpfungsdiagramme. Hinsichtlich der Spezifik der Verknüpfungen sei auf Abb. 18 verwiesen. Kartenprojektierung und Kartenredaktion lassen sich auch aufgabenspezifisch als
Konzipierung von Informationsprozessen auffassen. Dabei kommt dann der *Funktion der
Frage* als mathematisches Hilfsmittel eine zentrale Bedeutung zu. Frage ist hier zu definieren
als Formulierung eines Zielgegenstandes für einen Informationsverarbeitungsprozeß im Rahmen einer Zielklasse (FUCHS-KITTOWSKI u. a. 1976). Diese Definition unterstellt die Existenz
qualitativ verschiedenartiger Zielklassen. Eine solche Differenzierung erscheint notwendig,
weil sonst die Funktion der Frage für die Konzipierung *hierarchischer Informationsverarbeitungsprozesse* nicht hinreichend genau herausgearbeitet werden kann. Die Spezifik dieser Informationsverarbeitungsprozesse erscheint aber als wesentliches Merkmal der kartographischen Modellierung, die Kartengestaltung *und* Kartennutzung umfaßt (OGRISSEK 1981a). Die
Optimierung dieser Prozesse entscheidet bekanntlich über die Bedeutung des Karteneinsat-
zes in den verschiedensten Bereichen der gesellschaftlichen Praxis.

Die *Struktur der Frage* beinhaltet eine spezifische Beziehung zwischen dem Zielgegenstand
und dem Zielinhalt (vgl. Abbildung 20).

Der *Zielinhalt* ist durch folgende *Zielklassen* gekennzeichnet, auf die sich die Frageklassen
beziehen:
  a) Zielvorstellung,
  b) Zielfindung,
  c) Zielrealisierung.

Nach FUCHS-KITTOWSKI u. a. (1976) gibt es drei *Hauptklassen von Fragen*, die im Rahmen
der strategischen Steuerung von Informationsverarbeitungsprozessen eine völlige unterschiedliche Bedeutung besitzen:
  a) Zielfindungsfragen,
  b) Zielumsetzungsfragen,
  c) Zielrealisierungsfragen.
Bei Fragen im Rahmen der Zielklasse *Zielvorstellungen* geht es darum, Begründungen für eine
Zielvorstellung zu ermitteln. Fragen zu dieser Zielklasse berücksichtigen noch nicht die kon-

kreten Wege für eine Problemlösung, sondern unterstellen in globaler Form die Möglichkeit, solche Wege zu finden. Es geht hierbei vor allem um die möglichst präzise Fixierung des Zielgegenstandes als geistig vorweggenommene Problemlösung im Sinne der Zweckbestimmung der Karte. Da das Vorwissen der Kartennutzer zumeist eine schwierig zu bewertende Komponente darstellt und oftmals die multivalente Nutzung des zu schaffenden Modells Karte opportun ist, ergeben sich in nicht wenigen Fällen bemerkenswerte Schwierigkeiten bei der Lösung dieser Aufgabe.

Nachdem die Fragen der ersten Klasse zur Zielfindung beigetragen haben, wird in der zweiten Klasse hingegen die Frage nach dem „Wie" der Erreichung des gesteckten Zieles gestellt. Es handelt sich also um die *Klassifizierung eines realisierbaren Systems von Informationsverarbeitungsprozessen*, von deren Realisierung man annimmt, daß sie ins Zielgebiet führen. Daraus resultiert, daß die Antworten auf die Fragen der zweiten Klasse konstituierende Bestandteile für die Systembildung darstellen, deren Elemente von Informationsverarbeitungsprozessen gebildet werden. Für die Kartographie muß aus modelltheoretischer Sicht, wie nicht anders zu erwarten, der Akzent auf *System* von Informationsverarbeitungsprozessen liegen, weil eben Informationsverarbeitungsprozesse sowohl im Bereich der Kartengestaltung als auch der Kartennutzung erfolgen.

Die Beantwortung der Fragen der dritten Klasse, der *Zielrealisierung*, dient der Bereitstellung all jener Informationen und Operationen, die für die Durchführung der konzipierten Informationsverarbeitungsprozesse als notwendig erachtet werden. Als typische Fragen dieser Klasse sind beispielsweise anzusehen: Ist diese oder jene Information bzw. Operation vorhanden? Hier ist der Zusammenhang mit dem Glied „Informationsgewinnung" der kartographischen Kommunikationskette im Rahmen der kartenredaktionellen Vorbereitung (OGRISSEK 1974b) nicht zu übersehen. In den Bereich der kartenredaktionellen Vorbereitung gehören weiterhin solche Fragen: Wie sollte man diese Elemente des Informationsverarbeitungsprozesses erfassen und bereitstellen? oder: Welche Termine sind für diese Bereitstellungsoperationen realistisch? Damit wird für die Kartographie der Komplex der WAO angesprochen. Den Zusammenhang zwischen den drei Zielklassen und den drei Klassen von Fragen veranschaulicht Abbildung 20.

Die Zielrealisierungsfragen unterstellen die Existenz eines Lösungsweges und ermöglichen die konkrete Fixierung jenes Systems von Informationsverarbeitungsprozessen, von deren Realisierung man die Problemlösung erwartet. In der Kartographie sind nicht zuletzt bei den in diesem Zusammenhang zu treffenden Entscheidungen auch die Möglichkeiten der Schaffung und Anwendung kartenverwandter Darstellungsformen in Erwägung zu ziehen.

Nach FUCHS-KITTOWSKI u. a. (1976) verkörpern die Zielklassen somit ein hierarchisches System von strategischen Steuerungen zur Fixierung eines Systems von Informationsverarbeitungsprozessen. Die Abarbeitung der Fragen dieser drei Klassen in der angegebenen hierarchischen Rangfolge kennzeichnet den Problembearbeitungsprozeß. Dieser stellt eine wesentliche Komponente und ein bedeutsames Anliegen thematisch-georäumlicher Modellierung dar, worauf dann die graphisch-semiotische und die mathematisch-kartographische Modellierung aufbauen können.

Zur Veranschaulichung der Zielklassen und ihrer Funktion sei im folgenden ein Beispiel angeführt, wobei die Entscheidung über den Einsatz der thematischen Karte als gegeben notwendig angesehen wird:

Zielvorstellung: Analyse der Wirtschaftsstruktur einer territorialen Einheit.

Fragen der ersten Klasse: Ist die Analyse der Wirtschaftsstruktur notwendig? Könnte man die beabsichtigte Analyse über die Lösung anderer Problemstellungen erreichen?

Zielfindung: Eine Analyse soll durchgeführt werden (Auftrag an die Institution).

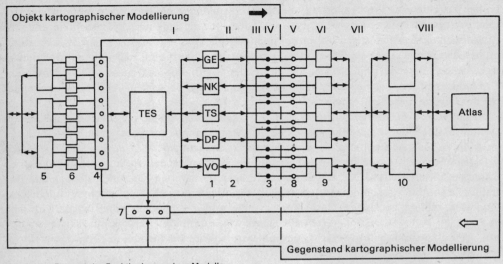

Abbildung 21
Inhalt und Struktur eines Erholungsatlasses
(nach TVERDOCHLEBOV u. JAKOVENKO)

I, II, III, ... – Etappen des Funktionierens eines Modells
1 – Subsysteme des Erholungssystems
2 – Beziehungen innerhalb der Subsysteme
3 – Eigenschaften des Erholungssystems und der Subsysteme
4 – Beziehungen des Erholungssystems mit einrangigen Systemen
5 – einrangige Systeme
6 – Systemelemente
7 – Beziehungen des Erholungssystems mit dem Gesamtsystem

8 – kartographische Aktivitäten für Erholungstätigkeit
9 – Erholungskarten
10 – Abschnitte eines Erholungsatlasses
GE – Gruppen der Erholenden
NK – Natur- und Kulturkomplexe
TS – Technische Systeme
DP – Dienstleistungspersonal
VO – Verwaltungsorgane
TES – territoriales Erholungssystem

Fragen der zweiten Klasse: Welche Informationen sind für eine derartige Analyse notwendig? Wie weit muß die zeitliche Entwicklung dieser Informationen verfolgt werden? Welchen Operationen müssen diese Informationen unterworfen werden, um zu einer aussagefähigen Analyse zu kommen? Bei der kartographischen Modellierung handelt es sich hier um die Umformung der kartographischen Darstellungen (BERLJANT 1978a), manchmal weniger günstig als Umarbeitung bezeichnet (TÖPFER 1972).

Zielrealisierung: Es werden Vorstellungen über den Umfang der Informationen und die Art der Operationen entwickelt. Letzteres wird im Kartennutzungsbereich vor allem durch die kartographische Untersuchungsmethode als System nach BERLJANT (1978a) ermöglicht.

Fragen der dritten Klasse: Aus welchen Dateien bzw. Datenbanken können die notwendigen Informationen entnommen werden? Gibt es Verarbeitungsprogramme, die dem konzipierten Lösungsweg entsprechen? Welche Termine müssen für die Bereitstellung der Informationen und Operationen gesetzt werden? Wie ist der Bereitstellungsprozeß zu organisieren?

Wiederum entsteht im Ergebnis der Beantwortung der Fragen in der genannten hierarchischen Reihenfolge ein fixiertes System von Informationsverarbeitungsprozessen. Dabei liegen die Unterschiede von konventioneller und rechnergestützter Informationsverarbeitung bei Kartenherstellung und Kartennutzung auf der Hand.

Die Informationsverarbeitung besitzt eine starke psychologische Komponente. Daher werden die diesbezüglich interessierenden Probleme – vor allem im Zusammenhang mit der Entscheidungsfindung – bei der Kartennutzung behandelt (vgl. Kapitel 6.1.6.).

Für die Erörterung spezieller Probleme der Kartenredaktion sei bezüglich der Schulkartographie auf AURADA (1968) und bezüglich Fachatlanten auf KRETSCHMER (1972) verwiesen.

Die Anwendung der Erkenntnisse der kartographischen Modellbildung erstreckt sich zweckmäßigerweise nicht nur auf die Gestaltung von Karten, sondern auch auf Inhalt bzw. Struktur von *Atlanten*, wie TVERDOCHLEBOV u. JAKOVENKO (1982) am Beispiel von Erholungsatlanten, einer neuen Atlanten- bzw. Kartenklasse, überzeugend nachgewiesen haben (vgl. Abbildung 21). Ausgegangen wird im Modellbildungsprozeß von der Notwendigkeit und Möglichkeit der Ausgliederung von Etappen des Funktionierens des Modells, wobei die Eigenschaften des territorialen Erholungssystems mit Zusammensetzung (Komponenten und Subsysteme), Struktur (System der inneren und äußeren Beziehungen), Dynamik (Selbstregulierung und Entwicklung) und Funktionieren gegeben sind. Die erste Stufe der Atlasherstellung besteht in der Systematisierung der Kenntnisse über die Erholungserscheinungen und -prozesse in der Form von theoretischen und Begriffsmodellen, die am adäquatesten die wissenschaftliche Konzeption des Kartengegenstandes darstellen. Zudem werden von den Autoren sog. Hilfsmodelle bez. der Formalisierung unterschieden, graphische, mathematische und andere Modelle. Von den Etappen des Funktionierens eines solchen Modells seien als Beispiel angegeben: I. Gliederung des Systems in Komponenten (Gruppen der Erholungssuchenden, Natur- und Kulturkomplexe, technische Systeme, Dienstleistungspersonal, Verwaltungsorgane), II. Ermittlung der möglichen Varianten der Beziehungen unter den Komponenten, III. Ermittlung der wichtigsten Eigenschaften des territorialen Erholungssystems und der Subsysteme (Charakter der Beziehungen und ähnliches). Generell ist festzustellen, daß jeder Eigenschaft des Erholungssystems eine kartographische Aktivität entspricht. Der komplexe Charakter des Objektes der kartographischen Modellierung, die objektive Realität, wird im komplexen Charakter des Erholungsatlasses sichtbar.

5.1.2. Entwicklung und Anwendung der Kartensprache

Der Begriff der Kartensprache findet im direkten oder indirekten Zusammenhang zunehmend Interesse in der kartographischen Forschung. Das hängt sicher zum einen mit den modelltheoretischen Ansätzen zusammen, zum anderen mit den unübersehbaren Analogien zur (Umgangs)Sprache. Von beiden Faktoren sind offenbar neue Erkenntnisse für Kartengestaltung und Kartennutzung zu erwarten.

Auf die Grundpositionen bzw. -elemente der kartographischen Modellierung wurde bereits eingegangen. Für die (Umgangs-)Sprache ist dies zunächst definitionsmäßig wie folgt zu tun (EWERT 1983c): System von Zeichen und Regeln bzw. Vorschriften zur Bildung sinnvoller Zeichenkombinationen, durch das Informationen in informationellen Prozessen zwischen Menschen und/oder geeigneten kybernetischen Maschinen ausgetauscht und bearbeitet werden. Die wichtigsten Sprachen sind die *natürlichen Sprachen* oder *Lautsprachen*, die sich aus allgemein-gesellschaftlichen Bedürfnissen im Zusammenhang mit der Aneignung der Umwelt durch den Menschen, insbesondere im Produktionsprozeß, entwickelt haben und noch ständig weiter entwickeln. Die Zeichensysteme der natürlichen Sprachen bestehen folglich aus verbalen Zeichen.

Im Verlaufe der Entwicklung sind aus praktischen Bedürfnissen auf der Grundlage der natürlichen Sprachen neben diesen durch entsprechende Vereinbarungen noch weitere Sprachen entstanden. Diese in der Regel graphischen oder digitalen Zeichensysteme bezeichnet man als *künstliche Sprachen*. Da die Kartenzeichen (und die taktischen Zeichen) solche graphischen Zeichensysteme sind, gehören sie auch zu den künstlichen Sprachen. Man kann demzufolge zu Recht von einer *Kartensprache* reden.

Die Gesamtheit der in einer Sprache (in einem Zeichensystem) möglichen, strukturell geordneten Zeichen bezeichnet man als *Zeichenvorrat* oder auch als Alphabet, das Regelwerk (die Vorschriften) zur Verbindung von Zeichen zu Zeichenkombinationen (zu Worten) als *Syntax* einer Sprache. Mit diesen und weiteren Aspekten von Sprachen (Zeichen, Signalen) beschäftigt sich die Semiotik.

Letztendlich steht fest, daß die Sprache der Karte so alt ist wie Kartographie selbst, und die Entwicklung der Kartenzeichen war zu allen Zeiten Bestandteil der Tätigkeit eines Kartographen. Die Beschäftigung mit den theoretischen Problemen der Kartensprache ist in der letzten Zeit besonders aktuell, und zwar als Folge des wissenschaftlich-technischen Fortschritts und des Vordringens der rechnergestützten Kartenherstellung. Von SALIŠČEV (1982 d) wurde aber auch andererseits wiederholt kritisiert, daß die formal-kommunikative Konzeption der Kartographie von der Lehre der Kartensprache als dem wichtigsten theoretischen Problem der Kartographie ausgeht. Demgegenüber behandelt die Erkenntniskonzeption die Kartensprachlehre gleichberechtigt mit anderen speziellen Theorien.

Ein allen Ansprüchen der kartographischen Praxis genügendes System der Kartensprache liegt bisher nicht vor, obwohl nunmehr auch eine Monographie zu dem Gegenstand erschienen ist (LJUTYJ 1982), die jedoch von prinzipiellen Gesichtspunkten aus kritisiert wurde (SALIŠČEV 1982 d). Nachstehend werden einige bemerkenswerte theoretische Ansätze für den Aufbau und die Nutzung einer Kartensprache vorgeführt, wobei der graphisch-semiotische Modellierungsaspekt im Vordergrund steht.

In der sowjetischen Kartographie hat sich zuerst ASLANIKAŠVILI (1967 u. 1974) tiefgründig und umfassend mit der Kartensprache auseinandergesetzt, wobei er von erkenntnistheoretischen Grundpositionen ausgeht und zur Analyse die Erkenntnisse der Semiotik nutzte. Als Aufgabe wird formuliert: *Aufdecken des Wesens* der Kartensprache, *Ausarbeitung von deren theoretischer Begründung* und *Definition der erkenntnistheoretischen Rolle*.

Wichtig erscheint im Interesse terminologischer Klarheit die ausdrückliche Feststellung, daß man die Karte nicht mit der Kartensprache gleichsetzen darf, sondern als *spezifisches Zeichensystem* (Ordnung der kartographischen Ausdrucksmittel) auffassen muß, dessen Anwendung die graphisch-semiotische Seite der kartographischen Modellierung darstellt. In diesem Sinne ist analog zur Lautsprache die Kartensprache aufzufassen als System, welches aus einer großen Anzahl von Zeichen (Kartenzeichen) mit bestimmten bereits zugeordneten oder jeweils zuzuordnenden Bedeutungen (d.h. die Gegenstände der Wirklichkeit benennenden) und Grundsätze und Methoden des Operierens mit diesen Zeichen entsprechend den räumlich-zeitlichen Besonderheiten der abgebildeten Wirklichkeit einschließt.

Äußerlich gesehen sind die Kartenzeichen graphische Gebilde, wie Punkte, Linien, Flächen, geometrische Figuren, Buchstaben und ähnliches. Diese graphischen Gebilde werden erst durch zwei *Bedingungen* zum Kartenzeichen: die Zuordnung einer Bedeutung und die Herstellung des georäumlichen Bezuges. Die Bedeutung des Kartenzeichens ist in gleicher Weise wie jedes Wort der Umgangssprache das Ergebnis einer Verallgemeinerung bzw. Abstraktion, die entsprechend der Logik derjenigen Wissenschaft erfolgt, deren Forschungsgegenstand die durch die Bedeutung des Zeichens dargestellte Wirklichkeit bildet. Den Grad der Verallgemeinerung des Inhalts bezeichnet ASLANIKAŠVILI (1974) als Maßstab des Inhalts, der vom Zweck der Karte und dem Niveau der Erforschung des kartierten Gegenstandes bestimmt wird. (Der Zusammenhang mit der Begriffsgeneralisierung [OGRISSEK 1975] ist hier unübersehbar). Im übrigen knüpfte ASLANIKAŠVILI (1974) an fundamentale systemtheoretische Betrachtungen von BOČAROV (1966) an, worauf im Zusammenhang mit der Projektierung von Kartenzeichensystemen (vgl. Kapitel 5.1.3.) entsprechend ausführlich eingegangen wird. Die „Dimensionierung" der Kartensprache nach ASLANIKAŠVILI (1974) zeigt insgesamt 78 Klassen von kartographischen Ausdrucksmitteln, die aus der Interaktion von 10 Gruppen von Kartenzeichen mit 13 räumlich und inhaltlich determinierten Charakteristika (russ. определённости) entstehen. PRAVDA (1984) ist unbedingt zuzustimmen, wenn er die graphische Semiologie von BERTIN (1974) in den gleichen Zusammenhang einer Kartensprache stellt, denn die sprachtheoretischen Ansätze sind wohl unübersehbar. RATAJSKI (1976a), der den sprachwissenschaftlichen Begriff *Grammatik* zur Kartensprache in Beziehung setzte, ging von 3 Bedingungen einer beliebigen Sprache aus, nach denen 1. die Zeichen für Sender und Empfänger gleichermaßen verständlich sein sollen, 2. die Anordnung der Zeichen sich der Grammatik der Sprache unterordnen soll und 3. die Grammatik des Senders dem Empfänger bekannt sein soll. Zudem nennt RATAJSKI (1976a) Prinzipien der Schaffung der Grammatik der Kartensprache und Regeln ihrer Anwendung, wobei er in wesentlichen Punkten ASLANIKAŠVILI (1974) folgt. Die Kartensprache umfaßt demzufolge 15 Klassen von Ausdrucksmitteln des kartographischen ABC. Sie resultieren aus der Interaktion von 5 Klassen von Ausdrucksmitteln auf der Karte (Form, Orientierung, Farbe, Muster, Tonwert – vgl. die graphischen Variablen von BERTIN [1974] damit) mit 3 Klassen von Kartenzeichen, punkt-, linien- und flächenförmige, die zweckmäßig auch als graphische Urbestandteile bezeichnet werden (OGRISSEK 1968). Aufschlußreich ist ferner der Hinweis RATAJSKIS (1976a), daß infolge der Spezifik der Kartensprache jede kartographische Darstellung unmittelbare (direkte) und *potentielle* (nach SALIŠČEV besser indirekte) *Informationen*, die in der Anordnung und Bedeutung der Kartenzeichen verborgen liegen, enthalten sind. Die – allerdings nur in Ansätzen bekannten – Regeln der *Kartenzeichenumformung* erlauben – in gewissem Maße –, diese indirekten Informationen herauszulesen. MORRISON (1976) geht bei seiner Erörterung kartensprachlicher Probleme von der Generalisierung aus, mit der Hinführung zur Karteninterpretation. Ausgeprägt systematischen Charakter tragen die Untersuchungsergebnisse von GOKHMAN u. MEKLER (1976b), die sich zwar auf die Entwicklung einer *allgemeinen Theorie der Kartensprache* für die thematische Kartographie konzentrieren, aber wohl auch für die topographische Kartographie anwendbar sind. Die vorgetragenen Ergebnisse basieren auf einer gründlichen Analyse insbesondere der Arbeiten von ASLANIKAŠVILI, BERTIN, BOARD, BOČAROV, MEINE, NIKIŠOV, PREOBRAŽENSKY und anderen.

Als wichtigster Prämisse wird davon ausgegangen, daß die *Theorienbildung der Kartensprache* auf der Grundlage allgemeiner Theorienbildung erfolgen sollte. Im weiteren wird bei der georäumlichen Modellierung die Anwendung der Kartensprache (im Sinne optimaler Lösungen) als unerläßlich angesehen. GOKHMAN u. MEKLER (1976b) gehen von folgenden Theorieansätzen als unerläßlich aus: Die bisherigen Arbeiten zur Schaffung und Entwicklung der Kartensprache litten an einer Hauptschwäche, an der Begrenzung der Kartensprache auf Einzelzwecke. Die Überwindung dieses Mangels wird dann auch im vorgenannten System deutlich. Wesentlich ist dabei die Prämisse des notwendigen Zusammenhangs mit der kartographischen Modellierung, wie dies in den nachfolgenden Arbeiten ebenfalls deutlich wurde. Die Forschungsorientierung geht davon aus, daß die Forschungen zur Kartensprache nicht losgelöst von der allgemeinen Sprachentwicklung und der anderer Wissensgebiete durchzuführen sind. Das generelle Anliegen ist wie folgt formuliert: *durch hohe Informationskapazität in den Einzelteilen zu einer hohen Informationsdichte des Zeichensystems.*

Die *Schaffung und Entwicklung der Kartensprache* geht von der Analyse fünf verschiedener, mit einander zusammenhängender Komponenten aus: Entwicklung der graphischen Eigenheiten der Kartensprache, die Abhängigkeiten vom Maßstab eingeschlossen; semantische, syntaktische und informative Eigenheiten sowie thematische, regionale und nationale Eigenheiten der Kartensprache.

Methodik und Techniken der Analyse der Kartensprache sind wie folgt *strukturiert*: Realisierung der grundlegenden allgemeinen Konzeptionen als Schaffung eines konventionellen Zeichensystems und von Einzelzeichen, quantitative (informative) Methoden, linguistische (semantische) Methoden und räumliche (komplexe) Methoden der Kartensprachforschung sowie psycho-physiologische Eigenheiten der Kartenzeichensysteme und der Einzelzeichen. Strukturelement der allgemeinen Theorie ist ferner der *Platz der Kartensprache* bzw. deren Klassifikation im allgemeinen System der Sprachen. Das methodische Herangehen besteht in der vergleichenden Analyse. Hier sind auf dem Wege deduktiven Schließens sicher weitere Erkenntnisse für den Ausbau der Kartensprache, nicht nur für deren Grammatik als morphologisch-syntaktisches System (RATAJSKI 1976a) zu finden.

Als *Hauptprinzipien der Konstruktion* (Aufbau) verschiedener Kartensprachen werden angegeben (günstiger erscheint es, von *einer* Kartensprache zu sprechen und notwendige Differenzierungen als Teile zu integrieren): Definition der allgemeinen Prinzipien der Kartensprachenkonstruktion; Definition der speziellen – verbindenden und trennenden – Eigenheiten der Kartensprache, die für die verschiedenen Kartenklassen benötigt werden; Definition der grundlegenden Prinzipien von Parametern, auf denen die Kartenkonstruktion beruht, die aus substantiellen, informativen, ästhetischen, psychologischen, technologischen und anderen Elementen besteht. Als grundlegendes Prinzip der Kartensprache wird die Idee der *Universalität* angesehen (GOKHMAN u. MEKLER 1976b), die bedeutet, die grundlegende Einheit von Kartensprache und Karte zu beachten, aber auch die Voraussetzungen für die Entwicklung der Beziehungen zwischen Kartennutzung und Analysetätigkeit unterschiedlicher Art. Universalität im vorstehenden Sinne wird verstanden als semantische Einheit der Konzepte verschiedener Wissenszweige, deren Wissen auf verschiedenen Kartenklassen wiedergegeben wird, als notwendige Übersetzung der semantischen Einheit in die graphische Einheit der Zeichensysteme und nicht zuletzt als Aufbau der Einzelzeichen im System in Übereinstimmung mit den allgemeinen Anforderungen an moderne Schaffung *offener Systeme*, worauf von OGRISSEK (1981a) bezüglich seines Systems der theoretischen Kartographie explizite hingewiesen wurde.

Zu den tiefgründigsten Arbeiten und damit tragfähigen Ansätzen auf dem Gebiet der Kartensprache zählen sicher auch die von PRAVDA (1977 u. 1984). Die gegenüber den bereits erläuterten Ansätzen neuartigen konzentrieren sich auf folgende Erkenntnisse, die für die Schaffung oder für die Nutzung der Kartensprache, theoretisch oder praktisch bedeutsam sind: Zunächst einmal überzeugt die Ausgangsfeststellung, daß das System der Kartensprache aktiv am Denkprozeß beteiligt ist, wobei die kartographische Form der Begriffswiderspiegelung in den Denkprozeß einbezogen wird. Die Gesetzmäßigkeiten derartiger Transformationen sind noch weitgehend unbekannt und bedürfen eingehender Untersuchung. Neu an den Auffassungen PRAVDAS (1977 u. 1984) ist die derart konsequente Orientierung der Kartensprache, auch hinsichtlich der Terminologie, an der Struktur bzw. dem System der natürlichen Sprache. Daraus resultiert der Entwurf einer *graphematisch-morphematischen Konzeption der Kartensprache*, die auf drei Grundbegriffen fußt, dem *Kartosyntagma*, dem *Kartomorphem* und dem *Kartographem*.

Als *Kartosyntagma* wird jedes Kartenzeichen definiert, das verstanden wird als konkrete graphische Bezeichnung (Signifikat) eines beliebigen, auch abstrakten, Begriffes (Designat) in der Karte, der in der natürlichen Sprache mittels Wörtern oder Wortverbindungen ausgedrückt werden kann. Das Kartosyntagma wird also ähnlich wie das Syntagma oder Lexem in der natürlichen Sprache und im graphischen System als eine geschlossene Zeicheneinheit betrachtet, die sich von den anderen Zeicheneinheiten in einem gegebenen System unterscheidet.

Unter dem *Kartomorphem* versteht man den kleineren, bedeutungtragenden graphischen Teil des Kartosyntagmas, der sich durch folgende Eigenschaften auszeichnet: *Bedeutungsgehalt* (Träger der morphologisch-syntaktischen Bedeutung sowohl in graphischer als auch in begrifflicher Hinsicht), *Wiederholbarkeit* in anderen Kartosyntagmen (in gleicher oder ähnlicher bedeutungtragender und graphischer Funktion) und *Unteilbarkeit* (nicht in kleinere Teile mit denselben bedeutungtragenden Eigenschaften gliederbar). Im deutschen Sprachgebrauch könnte man hier auch von Elementarisierung sprechen.

Unter dem *Kartographem* versteht man die elementare, visuell unterscheidbare graphische Gestalt, die die Eigenschaft der Individualität und die Fähigkeit hat, sich in das Kartomorphem einzuordnen. Das Kartographem muß nicht immer Träger einer eigenen Bedeutung sein, hat aber stets eine graphische Funktion.

Diese Grundansätze sind weiter ausgebaut und in Beziehung zur Kartenwahrnehmung gesetzt worden (PRAVDA 1980) und zwar am Beispiel strukturierter Flächen. Dabei spielt die Frage der Assoziationsfähigkeit eine große Rolle.

Prinzipielle Positionen zum Zusammenhang von kartographischen Ausdrucksformen und Sprachtheorie bezieht PRAVDA (1984). Dabei wird das Problem einer Umorientierung der Vertreter der Kommunikationstheorie in der Kartographie auf die Erkenntnistheorie als Grundlage der theoretischen Kartographie angesprochen. Die ebenda geführte Polemik gegen die Verwendung eines Begriffes „kartographische Information" wird gegenstandslos, wenn man sich darauf besinnt, daß der Begriff in Form eines abstrakt-logischen Abbildes eine (logische) Klasse von Individuen oder eine Klasse von Klassen in ihren allgemeinen, invarianten Merkmalen widerspiegelt. Für vorliegende Zwecke ist festzuhalten, daß seine Auffassung von der kartographischen Ausdrucksform als System der kartographischen Sprache aus der Erforschung der Prozesse des logischen Denkens und der Verständigung im System der natürlichen Sprache hervorgegangen ist. In diesem Zusammenhang ist PRAVDA (1984) auf Grund bestimmter Parallelen zwischen der natürlichen und der kartographischen Ausdrucksform zur Unterscheidung von drei Ebenen in der Kartensprache gelangt: 1. die *Ebene des Zeichenvorrats – Kartosignik*, 2. die *Ebene der Zeichengestaltung – Kartomorphologie* und 3. die *Ebene der Zeichenverknüpfung – Kartosyntaktik*.

Für die Einzelheiten von Extension und Intension der genannten Begriffe, die Zusammenhänge zwischen den Ebenen und die Bedeutung der theoretischen Ansätze für die Praxis von Kartengestaltung und Kartennutzung muß auf die o. a. Veröffentlichung verwiesen werden. Monographische Darstellungen zu einem Gegenstand, auch wenn sie von geringem Umfang sind, erlangen vor allem im Bereich der Wissenschaft immer besonderes Interesse. Das gilt auch für die „Kartensprache" von LJUTYJ (1981). Hier wird der Versuch unternommen, den Aufbau und die wichtigsten Funktionen der Kartensprache von einem neuen Ansatz aus zu durchdenken und darzulegen. Diese Problematik ist umso bedeutsamer als inzwischen eine prinzipielle Kritik an den von LJUTYJ (1981) gewählten Ausgangspositionen und den vorgeführten Ergebnissen von SALIŠČEV (1982 e) geübt wurde.

Nachstehend werden die Hauptinhalte des Systems von LJUTYJ (1981) und die Ansatzpunkte der Kritik in der gebotenen Straffung angeführt. SALIŠČEV (1982 d) betrachtet die Ausarbeitung einer Reihe spezieller zusammenhängender Theorien – mit dem Ziel der Erkenntnisgewinnung – als wichtige Aufgabe der Kartographie, und als die zitierten speziellen Theorien werden mathematische Kartographie, Theorie der Generalisierung, Theorie der Kartenzeichen und der Darstellungsmittel (Kartensprache) sowie Theorie der Systemkartierung angesprochen. Die formal-kommunikative Konzeption der Kartographie erhebt die Lehre über die Kartensprache zu dem wichtigsten theoretischen Anliegen der Kartographie, während die Erkenntniskonzeption die Kartensprachlehre begründet gleichberechtigt mit den anderen speziellen Theorien einordnet. Von der Grundposition der Kartensprachlehre als wichtigster Frage der theoretischen Kartographie eben geht LJUTYJ (1981) aus. Prinzipielle Kritik fand auch seine Auffassung von der Existenz zweier Subsprachen, deren eine das System der Kartenzeichen beinhaltet und deren andere die Kennzeichnung von deren Lage in den Karten. Vom Kritiker wird demgegenüber berechtigt eingewendet, daß die für die Karte wesentliche Anordnung der Objekte nach Koordinaten eines gegebenen Systems in erster Linie von mathematischen Gesetzen abhängig ist, die die geometrische Genauigkeit sichern. Unter den Einflüssen auf dieses geometrisch-räumliche Modellieren spielt vor allem die Generalisierung eine wesentliche Rolle, die Lösung des Widerspruchs zwischen der geometrischen Genauigkeit des Karteninhalts und den Lagebeziehungen der Objekte der Wirklichkeit. Noch in einer Reihe von Punkten unklar erscheint ferner die Einordnung und Bewertung der angeführten kartenverwandten Darstellungsformen. Nachhaltig begründet werden schließlich prinzipielle Einwände gegen die Deutung der Karte als Text vorgebracht, deren Ursachen im Verkennen des Wesens der Karte zu sehen sind, wie es von SALIŠČEV (1982 e) formuliert wird.

Die Entwicklung und Anwendung der Kartensprache als graphisch-semiotische Modellierung darf weder von der thematisch-georäumlichen noch von der mathematisch-kartographischen Seite der Modellierung verabsolutierend getrennt werden. Alle drei Komponenten kartographischer Modellgestaltung bzw. deren Merkmale stehen in einem dialektischen Zusammenhang, ihre gesonderte Betrachtung dient vor allem deren Analyse mit dem Ziel einer Erhöhung der Effektivität der Modellgestaltung (Modellbildung) und Modellnutzung. Für die Darlegung ausgewählter Grundprobleme des Zusammenhangs von Kartensprache und rechnergestützter Kartenherstellung sei auf SVENTEK u. SERBENJUK (1978) verwiesen. Nicht zuletzt kann die Anwendung der Kartensprache auch unter dem Kodierungsaspekt gesehen werden.

Einen diesbezüglich neuartigen Ansatz, der auf der Klassifizierung der Kodes basiert, stellte SCHLICHTMANN (1979) vor. Untersuchungen zum Zusammenhang von Kartensprache und nichteuklidischem geographischem Raum (MULLER 1982) sind bisher nicht bekannt geworden.

5.1.3. *Grundzüge der Projektierungsmethodik für Kartenzeichensysteme*

Die konsequent zweck- und zielgerichtete Projektierung der Kartenzeichensysteme bzw. Kartenzeichen bildet einen Bestandteil und eine wesentliche Grundlage für eine optimale Kartengestaltung als System von Prozessen in der Technologie der Kartenherstellung. Eine solche Projektierung dient vor allem dem Ziel, dem Kartennutzer derartige Karten zur Verfügung zu stellen, die es ihm ermöglichen, seine Aufgabe zuverlässig, umfassend, rasch und minimal aufwendig zu lösen. Das gilt für alle Bereiche der Kartennutzung. Dazu aber sind entsprechende theoretische Kenntnisse unerläßlich. Aus diesem Grunde stellen Ausarbeitung und Darlegung der Projektierungsmethodik für Kartenzeichensysteme ein zentrales Anliegen der theoretischen Kartographie dar.

5.1.3.1. Allgemeine Grundlagen der Gestaltung und Bewertung von Kartenzeichen und Kartenzeichensystemen

Die überragende wissenschaftliche und praktische Bedeutung der Ausarbeitung logischer Regeln und theoretischer Grundsätze für die Methodik der Projektierung von Kartenzeichen*systemen* kann spätestens als unbestreitbar gelten, seit sich die rechnergestützte Kartengestaltung und Kartennutzung zu einem Mittelpunkt kartographischer Aktivitäten entwickelt hat. Die leider zu wenig bekannt gewordene Pionierleistung BoČarovs (1966) auf diesem Gebiet ist sicherlich heute weniger denn je zu bestreiten. Nachstehend erfolgt eine knappe Darlegung der in monographischer Form ebenda erstmalig veröffentlichten *Grundzüge einer Projektierungsmethodik*, die noch immer nichts von ihrer Aktualität eingebüßt hat. Die gegenwärtige Bedeutung der Arbeit beruht letztlich vor allem auf folgenden drei Aspekten:

1. Aufdeckung der notwendigen logischen Grundlagen für die Projektierung von Kartenzeichensystemen; dies kommt in Abbildung 22 mittels Buchstaben und Zahlen überzeugend und leicht verständlich zum Ausdruck.
2. Anwendung des damit im Zusammenhang stehenden systemtheoretischen Aspekts und
3. erkannte Bedeutung der Projektierung von Kartenzeichensystemen für die Automatisierung kartographischer Prozesse, Kartengestaltung wie Kartennutzung gleichermaßen betreffend.

Ausgegangen wird dabei von der Überlegung, daß es sich um die Projektierung eines maximal geeigneten *Kartenzeichensystems* handelt. Darunter wird eine Gruppe von Kartenzeichen verstanden, die eine logische Wechselbeziehung in Gestalt und Farbe unter allen Kartenzeichen und eine völlige Abstimmung mit einer logisch geordneten Klassifizierung des Kartengegenstandes besitzen. Für die Einschätzung der Qualität der Kartenzeichenklassen wird ein entsprechendes Maß benötigt. Als solches ist die *Anzahl der logischen Zusammenhänge* zwischen den Kartenzeichen in der jeweiligen Klasse anzunehmen. Wenn die Anzahl der Kartenzeichen im System z ist, so ist die Anzahl logischer Zusammenhänge darin $s = z$, und die Anzahl logischer Zusammenhänge in der einzelnen Klasse, in der Gesamtheit oder im Konglomerat der Kartenzeichen kann sich von $s = 1$ bis $s = z$ verändern. Demzufolge können sich einzelne Signaturenklassen, die kein zusammenhängendes System bilden, der Qualität nach erheblich voneinander in Abhängigkeit von der Anzahl logischer Zusammenhänge zwischen den Kartenzeichen innerhalb der Klasse unterscheiden. Die Qualität verschiedener Kartenzeichensysteme wird vom Grad der Konzentration oder von der Anzahl logischer Zusammenhänge, die für den Aufbau des jeweiligen Kartenzeichensystems angewandt wurden, und von einer Reihe anderer Kennziffern abhängig sein. Wenn zwischen den Kartenzeichen der jeweiligen Klasse der logische Zusammenhang fehlt, so wurde eine solche Klasse ungünstig projektiert.

BoČarov (1966) hat als Methode für die Projektierung von Kartenzeichen ein Buchstaben-Zahlensystem logischer Zusammenhänge ausgearbeitet (s. Abbildung 22). Demzufolge kann die Anwendung des genannten Systems logischer Zusammenhänge für die Projektierung von Kartenzeichen folgendermaßen praktiziert werden. Wenn eine Karte geschaffen werden soll, muß zunächst der Karteninhalt, der Kartengegenstand, auch seine einzelnen Elemente, festgelegt werden. Dieser ist vorrangig durch die *Zweckbestimmung* der Karte, den Charakter der darzustellenden Erscheinungen, den Maßstab, der seinerseits im bestimmten Umfange auch von der Zweckbestimmung abhängig ist, sowie durch weitere Faktoren, wie technische bzw. technologische Bedingungen usw., determiniert. Der nächste Schritt besteht in der Klassifizierung der darzustellenden Objekte und Erscheinungen, wobei die Merkmalsauswahl, die

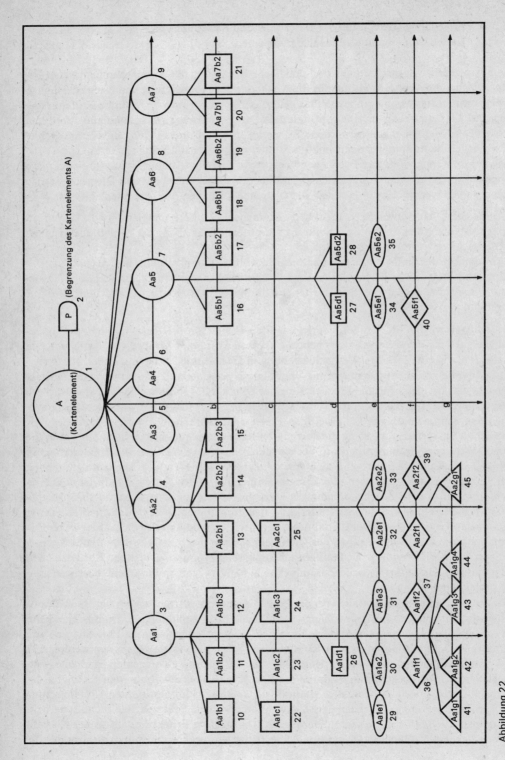

98

Abbildung 22
Vereinfachtes alpha-numerisches System logischer Beziehungen (nach BOČAROV)

Detailliertheit der Klassifikation unmittelbar von der Zweckbestimmung und dem Maßstab der Karte abhängig ist. Die erste Bedingung des Systems ist das Vorhandensein eines gemeinsamen Merkmals des Elementes A in allen Kartenzeichen für seine Darstellung. Zudem ist die Beibehaltung einmal festgelegter Merkmalselemente in der graphischen Konfiguration wesentlich für den eindeutigen und raschen Dekodierungsprozeß des Karteninhalts. Bedeutsam für die Projektierung bzw. Zeichengestaltung ist die Betrachtung der Informationseffektivität der Zeichen. Diese *Informationseffektivität eines Zeichens* (IEZ) wird ebenda definiert als das Verhältnis der Informationsmenge σ zum Kompliziertheitsgrad λ des Zeichens:

$$H = \frac{\sigma}{\lambda} \qquad (1)$$

Aus Gleichung (1) ist ersichtlich, daß die IEZ um so größer ist, je einfacher das Kartenzeichen in seiner graphischen Gestalt ist und je mehr es dabei an Information trägt. Für eine klare Vorstellung von der IEZ ist eine *Definition des Kompliziertheitsgrades des Zeichens* und der *Informationsmenge* erforderlich, die von Širjaev (1980) wie folgt gegeben und angewendet werden. Zunächst muß festgestellt werden, daß die IEZ den Wert 1 nicht übersteigen kann, weil die *Anzahl der durch das betreffende Zeichen wiedergegebenen Merkmale bzw. sachlichen Kennwerte nicht größer sein kann als die Anzahl der in ihm enthaltenen graphischen Merkmale.*

Die *wichtigsten graphischen Merkmale* maßstabunabhängiger diskreter Zeichen, mit deren Hilfe eine Information kodiert werden kann, sind folgende:

– äußere Form f
– innere Form v
– Fläche s.

(Hier sei daran erinnert, daß Bertin [1967] von den sechs visuellen Variablen Größe, Helligkeitswert, Muster, Farbe, Richtung und Form ausgeht.)

Hinsichtlich des *Kompliziertheitsgrades* eines Zeichens werden eine Definition bezüglich seiner *äußeren Form* (Außenform) und eine Definition bezüglich seiner inneren Form im Sinne der Differenzierung unterschieden: Die erstere kann man durch das *Verhältnis des Umfangsquadrates zur Fläche* definieren. Ein Zeichen ist offensichtlich um so komplizierter, je größer sein Umfang p ist. (Der Feststellung ist zuzustimmen, wenn man in bestimmtem Umfange auch Ausnahmen zuläßt). Es bleibt jedenfalls festzuhalten, daß die einfachste geometrische Figur für die das angegebene Verhältnis den Minimalwert annimmt, der *Kreis* ist. Für ihn gilt $p^2/s = 4\pi$. Daraus wird geschlußfolgert, daß der Kreis sich gegenüber allen geometrischen Figuren durch die höchste „Kommunikabilität“, gleich visuelle Rezipierbarkeit, und durch die Einfachheit seiner Gestalt auszeichnet, weshalb die *Kompliziertheit des Kreises = 1* gesetzt wird.

Dieser theoretischen Erkenntnis über die visuelle Rezipierbarkeit des Kreises stehen gewichtige empirisch gewonnene Feststellungen gegenüber, die dem *Quadrat* dieses Prädikat zuordnen. Zunächst einmal ist allgemein bekannt, daß die Größen von Quadraten im Sinne von Flächengrößen wesentlich leichter anzugeben sind als die von Kreisen ($A = a^2$; $A = \pi r^2$). Die gleiche Feststellung läßt sich auch hinsichtlich der Bewertung von Anteilen bzw. Untergliederungen treffen, die Teilmengen bestimmter Erscheinungen repräsentieren. Nicht zuletzt darf nicht übersehen werden, daß Kreise für geometrisch-optische Täuschungen – vor allem in der Konzentration – besonders anfällig sind (vgl. auch Koch 1984). Hier werden erst weitere intensive Forschungen zur Spezifik kartographischer Wahrnehmungsprozesse letztgültige Aussagen ermöglichen.

Dennoch sind die darzulegenden Erkenntnisse bedeutsam, weil sie *Grundaspekte* der Formalisierung von Projektierungsprozessen für Kartenzeichensysteme aufzeigen.

Geographisches Institut der Universität Kiel

Die *Kompliziertheit anderer geometrischer Figuren* hinsichtlich ihrer äußeren Form ergibt sich nach ŠIRJAEV (1980) nach der Formel

$$\lambda = \frac{p^2}{4\pi s}$$

Für das *Viereck* wird $\lambda = 1{,}3$ und für das *Dreieck* $\lambda = 1{,}6$ errechnet. Der *Kompliziertheitsgrad* des Kartenzeichens hinsichtlich seiner *inneren Form* ist zu definieren als die *Vielfalt der inneren graphischen Merkmale* $n(v)$, die vor allem zur Wiedergabe qualitativer Kennwerte der Information dienen. Dieser Sachverhalt sei an folgenden *Beispielen* demonstriert: Abbildung 23 zeigt Kartenzeichen mit gleicher äußerer Form, hier Kreise, jedoch mit unterschiedlichen inneren graphischen Merkmalen. So zeigen die Kartenzeichen *a* und *b* die gleiche Textur, weisen aber innere konstruktive Unterschiede auf, wobei für das erste Kartenzeichen $n(v) = 1$ und für das zweite $n(v) = 2$ ist. Auf Abbildung 24 sind Kartenzeichen dargestellt, die innere Differenzierungen hinsichtlich Farbe, Textur und Konstruktion aufweisen. Für sie gilt $n(v) = 3$. Unter Berücksichtigung der Größe $n(v)$ erhält die Formel zur Bestimmung des Kompliziertheitsgrades eines einzelnen Zeichens die Form

$$\lambda = \frac{p^2}{4\pi s} + n(v)$$

Unzweifelhaft spielt bei der vollständigen Bewertung des Kompliziertheitsgrades die Fläche des Kartenzeichens eine wichtige Rolle. Dennoch ist die von ŠIRJAEV (1980) postulierte Annahme, daß das Kartenzeichen auf der Karte ein „fremdes" Territorium einnehme und damit die Informationsmöglichkeiten des Modells Karte reduziere, nicht uneingeschränkt als gültig anzusehen. Wie theoretische und praktische Arbeiten (z. B. von OGRISSEK 1985 c) gezeigt haben, ist dies eine Frage des angewendeten Signaturensystems und der benutzten Maßstäbe. Bei dem Signaturensystem ist vor allem die von der sachlichen Differenzierung abhängige Kartenzeichenanzahl als Determinante anzusetzen. Diese und der verwendete Maßstab entscheiden darüber, ob die Kartenzeichen, speziell die Signaturen, mit dem maßstabsmäßig bedingt zur Verfügung stehenden Raum „auskommen" oder nicht.

Die Fläche des Kartenzeichens wird anhand seiner äußeren Begrenzung bestimmt. Der Kompliziertheitsgrad wird in diesem Falle durch die Anzahl der möglichen Flächeninhaltsdifferenzierungen des Kartenzeichens bis zur Minimalfläche bestimmt, wobei als Differenzierungsmaß die visuelle Unterschiedsschwelle dient. Ausgehend von den Gesetzen der visuellen Wahrnehmung (vgl. RÜDIGER 1982) und unter Verwendung des Unterscheidbarkeitsfaktors ϱ der Kartenzeichen, kann man die Anzahl der möglichen Flächenabstufungen m nach folgender Gleichung bestimmen:

$$m = (\log s - \log s_o) \,/\, \log \varrho$$

Dabei bezeichnet s_o die Minimalfläche des Kartenzeichens, die auf Grund der optimalen Unterschiedsschwelle berechnet wurde.

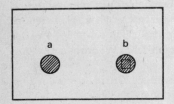

Abbildung 23
Kartenzeichen mit gleicher äußerer Form, aber unterschiedlichen inneren graphischen Merkmalen
(nach ŠIRJAEV)

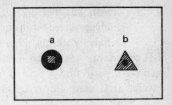

Der Faktor ϱ hat für Kartenzeichen mit kreisförmiger Gestalt den Wert 1,55, der für andere Kartenzeichen geringfügig differieren kann.

Die Größe s_o ergibt sich nach der Gleichung

$$s_o = 0{,}25\ \pi L^2 \tan \alpha$$

wobei L den Kartenleseabstand ausdrückt, der für eine Atlaskarte, Handkarte u. ä. mit 25 cm anzusetzen ist, α ist der Sehschärfenwinkel, der in Abhängigkeit von der äußeren Form und dem Zeichenkontrast unterschiedliche Werte annehmen kann. Grundlage bilden dabei die Besonderheiten der Rezeption von Kartenzeichen, die auf weißem Hintergrund schwarz gefärbt sind, d. h., der innere Aufbau des Zeichens bleibt unberücksichtigt. Unter Berücksichtigung der graphischen Merkmale erhält die Gleichung zur Berechnung des Kompliziertheitsgrades folgendes Aussehen:
– für ein einzelnes diskretes Kartenzeichen:

$$\lambda = \frac{p^2}{4\pi s} + n(v) + m - 1 \tag{2a}$$

– für ein Kartenzeichensystem, das keine Skala der Flächenabstufungen enthält:

$$\lambda = \sum_{i=1}^{n(f)} \frac{p^2}{4\pi s_i} + n(v) + m - 1 \tag{2b}$$

Es bedeuten:
$n(f)$ = Anzahl der Kartenzeichen, die sich hinsichtlich ihrer äußeren Form unterscheiden,
$\ \ i$ = laufende Nummer dieser Zeichenformen, $i = 1,2...n(f)$.
Gleichung (2 b) gilt für ein System flächengleicher Kartenzeichen, bei Kartenzeichen mit unterschiedlichem Flächeninhalt folgende Gleichung:

$$\lambda = \sum_{i=1}^{n(f)} \frac{p^2}{4\pi s_i} + n(v) + \sum_{i=1}^{n(f)} \frac{m-1}{n(f)} \tag{2c}$$

Die Menge der Information wird anhand der Anzahl der beteiligten (informationstragenden) graphischen Merkmale der inneren und der äußeren Form der Zeichen berechnet. Dabei ist zu berücksichtigen, inwieweit die logischen Verknüpfungen und der Nützlichkeitsgrad (Wert) der Information den graphischen Merkmalen der einzelnen Kartenzeichen und auch des Systems insgesamt entsprechen. Dann ergibt sich die Menge der Informationen für einzelne Kartenzeichen und für *Kartenzeichensysteme ohne Flächenabstufungsskala* nach folgender Gleichung:

$$\sigma = [n'(f) + n'(v)]\ \xi \tag{3}$$

Dabei bedeuten:
$n'(f)$ – Anzahl der Kartenzeichen, die sich hinsichtlich ihrer äußeren Form unterscheiden
$\quad\quad$ und Informationen tragen,
$n'(v)$ – Anzahl der inneren Kartenzeichenmerkmale, die Informationen tragen,

ξ – Koeffizient, der die logische Abgestimmtheit der graphischen Merkmale des Kartenzeichensystems mit der Information hinsichtlich deren Wertekategorien und wechselseitigen Verknüpfungen berücksichtigt.

Bei optimal projektierten Kartenzeichen oder Kartenzeichensystemen müssen die Bedingungen $n'(f) = n(f)$ und $n'(v) = n(v)$ realisiert sein. Der Koeffizient ξ in Gleichung (3) kann nicht größer als 1 sein. Bei maximal rationeller Projektierung der Kartenzeichen kann er gerade $= 1$ sein.

Abweichungen von diesem Wert treten in den Fällen auf, wenn die graphischen Ausdrucksmittel hinsichtlich ihres *Lesbarkeitsgrades* – als Grad der graphischen Auffälligkeit und Dominanz der Merkmale zu definieren – nicht dem *Nützlichkeitsgrad* (Wert) der Information entsprechen und die logischen Verknüpfungen der Information nicht mit den graphischen Merkmalen der Kartenzeichen abgestimmt sind. Das führt dazu, daß die Hierarchie des Systems nicht gewährleistet ist.

Verbleibt noch, die Frage nach der *Bestimmung des Wertes für den Koeffizienten* ξ zu beantworten. Diesen kann man als das Verhältnis der Anzahl der Zeichenmerkmale, die sich in Übereinstimmung mit der Information befinden, zur Gesamtanzahl der graphischen Merkmale bestimmen. Die Bedeutung dieses Koeffizienten ξ zeigt sich am klarsten bei komplizierten Kartenzeichensystemen.

ŠIRJAEV (1980) gibt auch einige Beispiele zur Bestimmung der Informationseffektivität des Kartenzeichens, die nachstehend angeführt seien.

Für ein kreisförmiges Kartenzeichen mit dem Minimalflächeninhalt s_o ist $H = 1$, da λ und δ die gleichen Werte haben.

Für das Kartenzeichen auf Abbildung 23 ist im Falle von $n'(f) = n(f)$, $n'(v) = n(v)$ und $\xi = 1$ bei $m = 5$ $H = 0,33$ und bei $m = 1$ $H = 1$.

Für das Zeichen auf Abbildung 24 erhalten wir unter den gleichen Bedingungen $H = 0,5$ ($m = 5$) und $H = 1$ ($m = 1$), und für das Zeichen auf Abbildung 24 ergeben sich $H = 0,46$ ($m = 5$) und $H = 0,88$ ($m = 1$).

Jedes der beiden Kartenzeichen in Abbildung 24 enthält vier Unterscheidungsmerkmale, weshalb δ nicht größer als 4 sein kann. Diese Zeichen unterscheiden sich in ihrer äußeren Form und weisen innere Unterschiede hinsichtlich Farbe, Textur und Konstruktion auf, und für sie gilt $n(f) = 1$ und $n(v) = 3$.

Bei der Bestimmung der Informationseffektivität eines komplizierten Zeichensystems wird der Wert des Koeffizienten ξ unter Berücksichtigung der graphischen Differenzierung, der Dominanz und der Verbindung zwischen den Zeichen insgesamt berechnet.

Für ein Kartenzeichensystem mit treppenförmiger Flächenabstufungsskala, wie z. B. bei der Abbildung 28 dargestellt, dient folgendes Gleichungssystem zur Berechnung der Informationseffektivität des Kartenzeichens:

$$\left.\begin{array}{l} \lambda = \displaystyle\sum_{i=1}^{n(f)} \frac{p^2}{4\pi s_i} + n(v) + \sum_{j=1}^{n(s)} (m_j - 1) \\[2ex] \sigma = [n'(f) + n'(v) + n(s)]\,\xi \end{array}\right\} \tag{4}$$

Hierbei bedeuten:

j – laufende Nummer der Stufen der verwendeten Flächenabstufungsskala $j = 1, 2,\dots n(s)$

$n(s)$ – Anzahl der die Flächenabstufungsskala bildenden Stufen.

$$m_j = (\log s_j - \log s_o) / \log \varrho$$

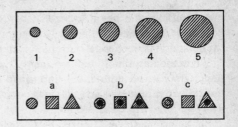

Abbildung 25
Einfaches Kartenzeichensystem lediglich mit Variierung
des quantitativen Merkmals der Information durch die
Zeichenfläche (Zeichengröße) sowie
drei einfache Signatursysteme a, b und c
(nach E. E. ŠIRJAEV)

Für ein *Kartenzeichensystem mit kontinuierlicher Flächenabstufungsskala* ergeben sich $n(s)$ und m_j nach folgenden Gleichungen:

$$n(s) = (\log s_{max} - \log s_o) \,/\, \log \varrho$$
$$m_j = (\log s_k - \log s_o) \,/\, \log \varrho$$

Hierbei bedeuten:

s_{max} – maximale Zeichenfläche, entspricht dem größten Wert der kontinuierlichen Skala,

k – laufende Nummer der Flächenabstufung des Zeichens von s_1 bis s_{max}

Betrachten wir nun einige zugehörige Beispiele für die Bestimmung der Informationseffektivität des Kartenzeichens bei einfachen und bei komplizierten Zeichensystemen.

Wir nehmen an, daß folgende Stufenfolge vorliegt:

$$m_1 = 2, \; m_2 = 4, \; m_3 = 6, \; m_4 = 8, \; m_5 = 10.$$

Durch Einsetzen der Werte $n(v) = 1$, $n(f) = n'(f) = 1$, $n(s) = 5$ und $\xi = 1$ in Gleichung (4) erhalten wir $H = 0,26$.

Im vorstehenden Falle ist $n(f) = 1$ und $N(v) = 5$. Wenn man nun $m = 2$, $n(f) = n'(f)$, $n(v) = n'(v)$ und $\xi = 1$ setzt, so ergibt sich bei Verwendung der Gleichungen (2 b) und (3) $H = 0,86$.

Ein Vergleich der beiden in Abbildung 25 und Abbildung 26 dargestellten Systeme, die die gleichen quantitativen Informationen wiedergeben, macht nach ŠIRJAEV (1980) den zweifelsfreien Vorzug des letzteren offensichtlich. Seine Informationseffektivität ist mehr als drei mal so groß. Hier gilt, was eingangs bereits dargelegt wurde. Die *theoretische Aussage muß in der Praxis der Kartenzeichenwahrnehmung bzw. experimentell bestätigt werden;* konkrete derartige Untersuchungen sind bisher noch nicht bekannt geworden.

Für das System *a* gilt $n(f) = n'(f) = 3$ und $n(v) = n'(v) = 1$. Bei $m = 2$ und $\xi = 1$ ergibt sich nach den Gleichungen (4), (2 b) und (3) für die Informationseffektivität des Kartenzeichens der Wert $H = 0,68$. Das System *b* hat $n(f) = n'(f) = 3$ und $n(v) = n'(v) = 2$. Für den oben angegebenen Fall ($m = 2$, $\xi = 1$) ergibt sich hier $H = 0,73$. Beim System *c* schließlich ist $n(f) = n'(f) = 3$ und $n(v) = n'(v) = 4$. Für den betrachteten Fall ($m = 2$, $\xi = 1$) erhalten wir nun $H = 0,80$. Die Systeme *b* und *c* sind etwa gleich stark graphisch belastet, doch die Infor-

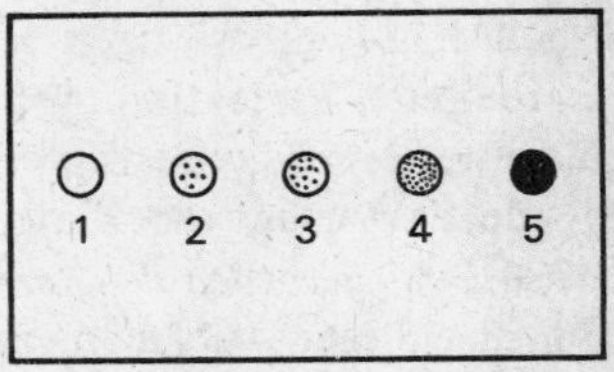

Abbildung 26
Einfaches Kartenzeichensystem mit Variierung des quantitativen
Merkmals der Information durch die Farbe bzw. den Tonwert

mationseffektivität des Kartenzeichens des letzteren ist höher infolge der größeren Vielfalt der inneren Zeichenmerkmale. Dies gilt natürlich unter der Bedingung, daß alle graphischen Merkmale entsprechende Information tragen.

Wenn man annimmt, daß in einem Zeichensystem $n'(v) = 0$, aber $n(v) = 2$ ist, d.h. die inneren graphischen Merkmale sind nicht Träger von Informationen, dann wird die Informationseffektivität des Kartenzeichens wesentlich geringer sein als bei einem System mit $n(v) = n'(v)$, nämlich $H = 0{,}43$.

Bei komplizierten Kartenzeichensystemen läßt sich die Situation wie folgt demonstrieren: Abbildung 28 zeigt ein solches System, das man auch als gerichteten Graph auffassen kann. Das System wird nun am Beispiel der Projektierung vereinbarter Zeichen für Bodenschätze behandelt. Dabei wird vom Bestehen zweier Subsysteme ausgegangen: I. industriell erschlossene Bodenschätze und II. Bodenschätze, deren Erschließung perspektivreich ist. Folgende Bedeutungen seien vereinbart:

1. Brennstoffe, 2. Erze, 3. Nichterze
1.1. Erdöl, 1.2. Erdgas, 1.3. Steinkohle
2.1. Platin, 2.2. Gold, 2.3. Zinn, 2.4. Kupfer, 2.5. Eisen,
3.1. Diamanten, 3.2. Fluorit, 3.3. Natriumsulfat, 3.4. Kochsalz

Die Ergiebigkeit der Lagerstätten ist durch eine treppenförmige, flächenmäßig gestufte Skala der Zeichen zum Ausdruck gebracht. Aus Abbildung 28 ist zu ersehen, daß $n(f) = n'(f) = 3$, $n(v) = n'(v) = 10$ und $n(s) = 5$ ist Außerdem gilt $\zeta = 1$, da sich das System hinsichtlich seiner graphischen Wechselbeziehungen und seiner Dominanz in Übereinstimmung mit dem Nützlichkeitsgrad (Wert) der Information befindet. So bilden beispielsweise die Erze bzw. die Metalle hinsichtlich ihres Wertes, über den Weltmarktpreis ausgedrückt, folgende Reihenfolge (PÁPAY 1970): Gold, Zinn, Kupfer, Eisen. Diese Unterschiede der Information sind durch abnehmende graphische Dominanz der Kartenzeichen zufolge der Akzentuierung ihrer inneren Merkmale ausgedrückt. Der allgemeine logische Zusammenhang der Kartenzeichen des Systems ist unter Beachtung des Prinzips des Fortschreitens vom Allgemeinen zum Speziellen in folgender Weise (merkmalsbestimmt) hergestellt (ŠIRJAEV 1980):

– durch die *Textur*, die dem gesamten ersten Subsystem gemeinsam ist,
– durch die *Unterschiede in der äußeren Form* der Kartenzeichen, die die allgemeine Einteilung der Bodenschätze wiedergibt,
– durch die *Unterschiede der inneren graphischen Merkmale*, die die konkreten Arten der Bodenschätze zum Ausdruck bringen,
– durch die *Flächenabstufung* der Kartenzeichen, die die Ergiebigkeit der Lagerstätten angeben.

Wenn man die Stufen der Flächenskala mit $m_1 = 2$, $m_2 = 3$, $m_3 = 4$, $m_4 = 5$ und $m_5 = 6$ ansetzt, erhält man nach den Gleichungen (1) und (4) für die Informationseffektivität des Kartenzeichens den Wert $H = 0{,}62$.

5.1.3.2. Projektierung von Kartenzeichensystemen für die traditionelle Kartenherstellung

Nach dem gegenwärtigen Stand der Kenntnisse bieten die von ŠIRJAEV (1980) systematisch erarbeiteten Projektierungsprinzipien eine Reihe von praktisch anwendbaren Erkenntnissen für eine traditionelle Kartenherstellung. Ausgegangen wird dabei davon, daß der entscheidende Faktor bei der Kartenzeichenprojektierung die *Berücksichtigung der psycho-physiologischen Besonderheiten der Rezeption* durch den Menschen als Kartennutzer ist. Bei der Durchführung dieser Aufgaben für eine Karte *maschineller Zusammenstellung* und ein *maschinelles*

Kartenlesen müssen außerdem *Auflösungsvermögen* und *logische Möglichkeiten* der Automatisierungsmittel beachtet werden. Aber auch für die Zwecke konventioneller Kartennutzung spielt die Logik des Aufbaues eines Kartenzeichensystems – wie bereits genannt – eine höchst bedeutsame Rolle, weil dies die Dekodierung und Interpretation erheblich erleichtert.

Der genannte *Ansatz* geht von der Berücksichtigung der wichtigsten formallogischen und psycho-physiologischen Aspekte aus, wobei das Hauptaugenmerk auf abstrakte diskrete Zeichen, sprich punkthafte Signaturen, für thematische Karten zur Verwendung in Forschung und Volkswirtschaft gerichtet ist. In diesem Zusammenhang muß darauf hingewiesen werden, daß die vorgeschlagene Methodik zur Projektierung bildhafter Kartenzeichen wegen der bei ihrer Rezeption auftretenden psycho-physiologischen Besonderheiten wenig geeignet ist. (Die Frage einer maschinellen Rezeption der Kartenzeichen wird nicht speziell behandelt.)

Es wird dabei von der Annahme ausgegangen, daß vereinbarte Zeichen um so besser sowohl vom Menschen als auch von der Maschine aufgenommen werden, je einfacher und logischer sie aufgebaut sind. (In diesem Zusammenhang darf nicht unerwähnt bleiben, daß hierbei auch Fragen des Figur-Hintergrund-Verhältnisses, der Reizschwelle, der kartographischen Disposition der Kartennutzer und andere, eine, wenn auch im einzelnen noch nicht erforschte Rolle spielen.)

Bei der Projektierung eines optimalen Systems von Kartenzeichen müssen nachstehende *Grundbedingungen* beachtet werden (ŠIRJAEV 1980):
– Sicherstellung der bei vorgegebener Zweckbestimmung der Karte bestmöglichen *Rezipierbarkeit* der Kartenzeichen auf der Grundlage der für den visuellen Analysator des Menschen als Kartennutzer geltenden psycho-physiologischen Gesetzmäßigkeiten, unter Einschluß logischer Anforderungen; und bei normalisierten Karten ist das Auflösungsvermögen der Maschinen zu berücksichtigen.
– Gewährleistung des bei vorgegebener Zweckbestimmung der Karte größtmöglichen *Informationsgehaltes* der Kartenzeichen.

Beide Bedingungen, die in *Wechselbeziehung* zueinander stehen, üben in gewissem Maße einen negativen Einfluß aufeinander aus. So verbessert sich z. B. mit wachsenden Zeichenabmessungen seine Rezipierbarkeit, aber gleichzeitig reduziert sich sein Informationsgehalt in bezug auf das Zeichenfeld. Umgekehrt bringt eine Häufung graphischer Elemente in der Zeichengestalt, d. h. eine Vermehrung der graphischen Untersuchungsmerkmale zum Zwecke der Erweiterung der durch das Kartenzeichen ausgedrückten qualitativen und quantitativen Kennwerte zu einer Verringerung, bzw. Erschwerung der Rezipierbarkeit. Diese wird sich nicht zuletzt in einer längeren Dekodierungszeit zeigen.

In Anbetracht dieser Situation ist es notwendig, formale Kriterien zu erarbeiten, Wege zur *Bewertung* und Schaffung eines optimalen Zeichensystems festzulegen. Zu diesem Zweck wird der Begriff der Informationseffektivität des Zeichens genutzt, wie er von ŠIRJAEV (1977) eingeführt wurde.

Die *Methodik* wird am besten verständlich, wenn man auch die Abbildung 22 betrachtet. Dort wird deutlich, daß der Buchstabe *A* in allen Buchstaben-Zahlenzeichen als das gemeinsame Merkmal auftritt. Um die Eigenschaft aller kartographischen Darstellungsformen zu verdeutlichen, die gegenseitige Anordnung, d. h. georäumliche Verteilung der Inhaltselemente graphisch abzubilden, ist unter der Ziffer 2 das Zeichen dargestellt. Die Abbildung 22 zeigt ein verkürztes System, das für die Projektierung von insgesamt 45 Kartenzeichen ausgelegt ist, die folgende Struktur angibt: Nehmen wir an, daß das Element *A* nach den Merkmalen *a, b, c, d, e, f, g* klassifiziert ist. Nach dem Merkmal a ist das Element *A* in die Gruppen 1, 2, 3, 4, 5, 6, 7 unterteilt, auf der Abbildung mit den Zahlen 3 bis 9 bezeichnet. Es ist ersichtlich, daß in den Kartenzeichen jeder Gruppe das gemeinsame Merkmal A und das Merkmal a vorhanden sein muß, nach welchem das Element *A* differenziert ist. Demzufolge erhalten die Kartenzeichen von 7 Klassen folgende Ausdrücke: *Aa1, Aa2, Aa3, Aa4, Aa5, Aa6, Aa7*. Wenn es mehr als 7 Klassen sind, so kann man die Bezeichnungen nach dem gleichen Prinzip bis Aan fortsetzen.

Nehmen wir weiter an, daß das Element *A* in jeder Klasse a seinerseits nach dem Merkmal *b* die Bezeichnung der gesamten Klasse *a* – bei den Kartenzeichen der Zahlen 10 bis 21 auf der Abbildung praktiziert – sowie die Bezeichnung des Merkmals *b* und der Unterscheidungsmerkmale der Teilklasse beibehalten wird. Beispielsweise werden die Kartenzeichen hinter den Nummern 10 und 21 folgende Buchstaben-Zahlenbezeichnung haben: Aa1b1 und Aa7b2. Analog werden auch die logischen Zusammenhänge gewahrt und ihre Buchstaben-Zahlenausdrücke bei der Unterteilung der Klassen *a* nach den Merkmalen *c, d, e, f, g* gebildet. So wird z. B. die Klasse Aa2, Nummer 4 in der Abbildung 22, nach dem Merkmal *e* in Teilklassen unter den Nummern 38 und 39 unterteilt. Für diese beiden Teilklassen lassen sich die Bezeichnungen der Kartenzeichen unter Wahrung logischer Zusammenhänge in Form von Aa2f1 und Aa2f2 leicht bestimmen, in denen das gemeinsame Merkmal *A*, die Klasse 2 des Merkmals *a* und die Teilklassen 1 und 2 des Merkmals *e* vorhanden sind.

Das Buchstaben-Zahlensystem der Bezeichnung logischer Zusammenhänge auf Abbildung 22 ist, wie bereits angeführt, für 45 Kartenzeichen ausgelegt. Es kann aber in der Vertikalen und in der Horizontalen für eine beliebige Anzahl von Kartenzeichen erweitert werden, die einen *strengen logischen Zusammenhang* haben. Jedes Kartenzeichen eines solchen Systems besitzt einen einzigen Platz darin. In dem jeweiligen Kartenzeichensystem kann man beliebige Erweiterungen vornehmen, aber jedes neue Kartenzeichen kann nur die Stellung einnehmen, die die Logik des Systems angibt. Das bedeutet, daß die hinzukommenden Kartenzeichen nicht willkürlich gestaltet sein können. Die praktische Verwirklichung des Systems in der Anwendung auf konkrete Erscheinungen aus Natur und Gesellschaft bedingt eine ernste *Forschungsarbeit*. Es muß unterstrichen werden, daß die Ausarbeitung einer wissenschaftlich exakt begründeten Klassifizierung der Informationen die wesentliche Voraussetzung für die Entwicklung ein optimales Kartenzeichensystem bildet. Die Klassifizierung ist bekannterweise eine logische Handlung, die in der Unterteilung der gesamten zu untersuchenden Vielfalt in einzelne Gruppen nach festgestellten Ähnlichkeiten (Merkmalen) oder Unterschieden besteht.

Das von BOČAROV (1966) entwickelte Buchstaben-Zahlensystem logischer Zusammenhänge stellt ein abstraktes Schema zur Kennzeichnung der Untergliederungen des Gegenstandes (Inhalt) der zu projektierenden Karte dar. Im Zusammenhang damit wird dann sinnvoll auch das System der Kartenzeichen für die Darstellung der georäumlichen Informationen ausgearbeitet. Dabei müssen die logischen Zusammenhänge unter den Kartenzeichen des Systems, die in der *Gestalt* des Kartenzeichens und ihrer Farbe zum Ausdruck kommen, eine *Widerspiegelung der logischen Zusammenhänge zwischen den Darstellungsgegenständen* bilden. Das bedeutet, der Gestaltung auch des einzelnen Kartenzeichens größte Aufmerksamkeit zu widmen. Eine gute Klassifizierung des Kartengegenstandes garantiert noch kein effektives Kartenzeichensystem, bildet aber eine wesentliche Voraussetzung dafür. Derartige Kartenzeichensysteme, die unter Wahrung logischer Zusammenhänge projektiert wurden, erhöhen wesentlich die Kartenlesbarkeit, da man in diesem Falle nur das System für den Aufbau der Kartenzeichen lernen muß, was leichter einzuprägen und einfacher zu behalten ist als jedes Kartenzeichen im einzelnen. Nicht zuletzt bietet das gesamte System auch einen ausgezeichneten Ansatzpunkt für einen *logischen Aufbau* der Zeichenerklärung. Für konzeptionelle bzw. redaktionelle Vorbereitungsarbeiten kann das Buchstaben-Zahlensystem unmittelbar bei der Entwicklung von Musterausschnitten und ähnlichem auf der Karte wie ge-

Abbildung 27
Darstellung der Kombination von Begriffen zweier Begriffsebenen unter Berücksichtigung der jeweiligen Bedeutung der Begriffe durch
Kombination von hierfür geeigneten geometrischen Signaturen
(nach ARNBERGER)

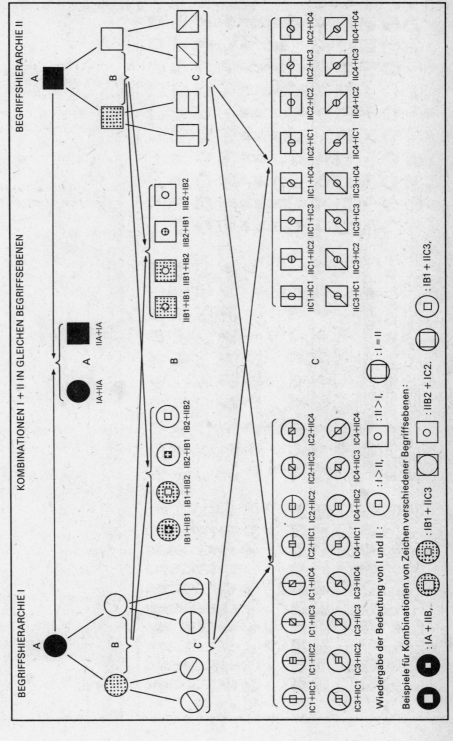

107

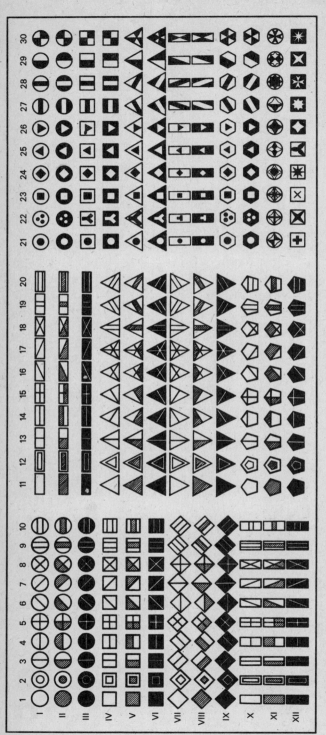

Aus den Grundformen Kreis, Quadrat, Rechteck, Dreieck und Fünfeck wurden durch Unterteilungen, Schraffierungen und die Verwendung von Hohl- und Vollform Sekundärsignaturen entwickelt. In den Kolonnen 21 bis 30 sind Kombinationsformen enthalten.

Abbildung 28
Beispiele für die mögliche innere Differenzierung geometrischer Signaturen (nach ARNBERGER)

108

wöhnliche Kartenzeichen angewendet werden. Eine weitere selbständige Bedeutung dieses Systems besteht nicht zuletzt darin, daß die Information, die darin wiedergegeben wurde, leicht in ein *duales Kodierungssystem* umgeformt werden kann.

Wesentlich für die Methodik der Projektierung von Kartenzeichensystemen ist das von ARNBERGER (1978) einer logischen Lösung zugeführte, in der praktischen Kartographie höchst bedeutsame Problem der graphischen Widerspiegelung der *Kombination von Begriffen zweier Begriffshierarchien bei geometrischen Signaturen.* Dabei ist bemerkenswert, daß hier – offensichtlich unabhängig von BOČAROV (1966) – die logischen Zusammenhänge ebenfalls mittels eines Buchstaben-Zahlensystems demonstriert bzw. begründet werden. Das vorgeführte einfache Beispiel (Abbildung 27) ist so anschaulich, daß es keiner ausführlichen Erklärung bedarf. Es handelt sich um die Kombinationen einer mittels Kreissignatur wiedergegebenen und einer mittels Quadratsignatur wiedergegebenen Begriffshierarchie, sowohl bei gleichen als auch bei unterschiedlichen Begriffsebenen. Dabei werden auch die Tonwertunterschiede bei der Flächenfüllung in die Gestaltung der Signaturen einbezogen. Die Kombination der Begriffe wird logisch durch die Kombination der Signaturformen zum Ausdruck gebracht, aber auch die innere Differenzierung ist anwendbar (s. Abbildung 28). In der Praxis der Kartengestaltung ist die *Prinziplösung* der Kombination von geometrischen Signaturen in der Regel nur durch Ineinanderstellen zu realisieren. Das aber bringt es mit sich, daß auch bei analoger, d. h. gleicher Bedeutung die umschreibende Figur zufolge ihrer größeren Fläche eine größere Bedeutung assoziiert. Davon kann man sich leicht in Abbildung 27 überzeugen, und noch ein praktisches Problem muß erwähnt werden. Bei dunklen, stark gesättigten Farbtönen ist die Wahrnehmung bzw. Unterscheidung der beiden Figuren in dem vorgegebenen Falle erschwert. Demzufolge ist bei der *Farbwahl* dem rechtzeitig Rechnung zu tragen. Das ist besonders in den Fällen bedeutsam, wenn Tonwertunterschiede zur Merkmalswiedergabe eingesetzt werden.

Nach ARNBERGER (1978) sind folgende Eigenschaften der streng begriffsgebundenen graphischen Elemente ausschlaggebend und daher auch wesentliche *Beurteilungskriterien* für die Brauchbarkeit von Kartenzeichen:
– einfache Formgebung und visuell eindeutige und rasche Auffaßbarkeit,
– Variabilitätsfähigkeit,
– Kombinationsfähigkeit,
– Eignung, die Zugehörigkeit von Begriffen in einer Begriffshierarchie unmißverständlich zu kennzeichnen, als Gruppenfähigkeit bezeichnet.

Da die Gruppenfähigkeit und Kombinationsfähigkeit unter allen Figurenkartenzeichen bei den geometrischen Formen am größten ist, kommt diesen für die Aufstellung von Kartenzeichensystemen die größte Bedeutung zu. Nicht zuletzt sind manche dieser Figuren geeignet, auch mehrstufige Hierarchien eindeutig wiederzugeben.

Dabei darf aber nicht übersehen werden, daß auch bei geometrischen Formen eine Kombinationsfähigkeit nicht unbegrenzt gegeben ist, sondern diese hat ihre Grenze in der visuellen Auffaßbarkeit. Die praktischen Erfahrungen besagen, daß kombinierte Formen bei Größen von 1,5 bis 2 mm „Durchmesser" kaum noch eindeutig zu erkennen sind. Eine streng logische Ableitung und Kombination der Signaturen bringt bei Systemen mit mehr als drei Begriffsebenen in der Regel erhebliche Probleme mit sich.

ARNBERGERS (1978) Untersuchungsergebnisse sind auch für die Methodik der Projektierung von Kartenzeichensystemen für flächenhaft verbreitete Erscheinungen wesentlich, wenn auch exakte Systemlösungen noch fehlen. Dies gilt um so mehr, seitdem insbesondere von der sowjetischen Kartographie (SALIŠČEV 1978) auf die zunehmende Bedeutung der Systemkartierung für die Volkswirtschaft nachdrücklich hingewiesen wurde. Dabei steht bekannt-

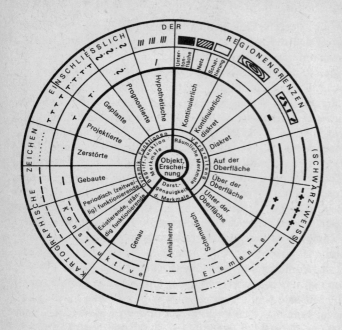

Abbildung 29
System der Bauelemente für
die Projektierung
der linearen Kartenzeichen
(nach VASMUT)

lich die optimale Gestaltung mehrschichtiger Darstellungen im Mittelpunkt, um korrelative und funktionale Zusammenhänge deutlich zu machen. Adäquate Darstellungsmittel für flächenhafte Verbreitungen sind Flächenfarben und -tonwerte, Flächenraster, deren Rasterelemente visuell erkennbar sind, geometrische und bildhafte (sprechende) Flächenmuster und Strukturraster. Sie lassen sich verschiedenartig miteinander kombinieren bzw. überlagern. Als variable graphische Flächenelemente sind besonders wichtig (ARNBERGER 1978):

Variable von Farbflächen: Farbrichtung,
                            Farbgewicht (Aufhellungsstufen)[12]
                            Farbleuchtkraft (Grautonwert)
Variable von Farbstreifen: Farbrichtung der Streifen
                            Farbgewicht der Streifen
                            Farbleuchtkraft der Streifen
                            Streifenbreite
                            Zwischenraumbreite
                            Streifenlage
Variable visueller Raster: Rasterfarbe
                            Rasterart
                            Rasterelementstärke
                            Rasterelementabstand
                            Rasterlage
Variable von Flächenmustern Musterfarbe
bzw. Strukturrastern: Musterart
                            Musterstärke (Größe der Musterelemente)
                            Musterelementabstände
                            Musterlage

12   Hier kann man noch die Verschwärzlichung ergänzen.

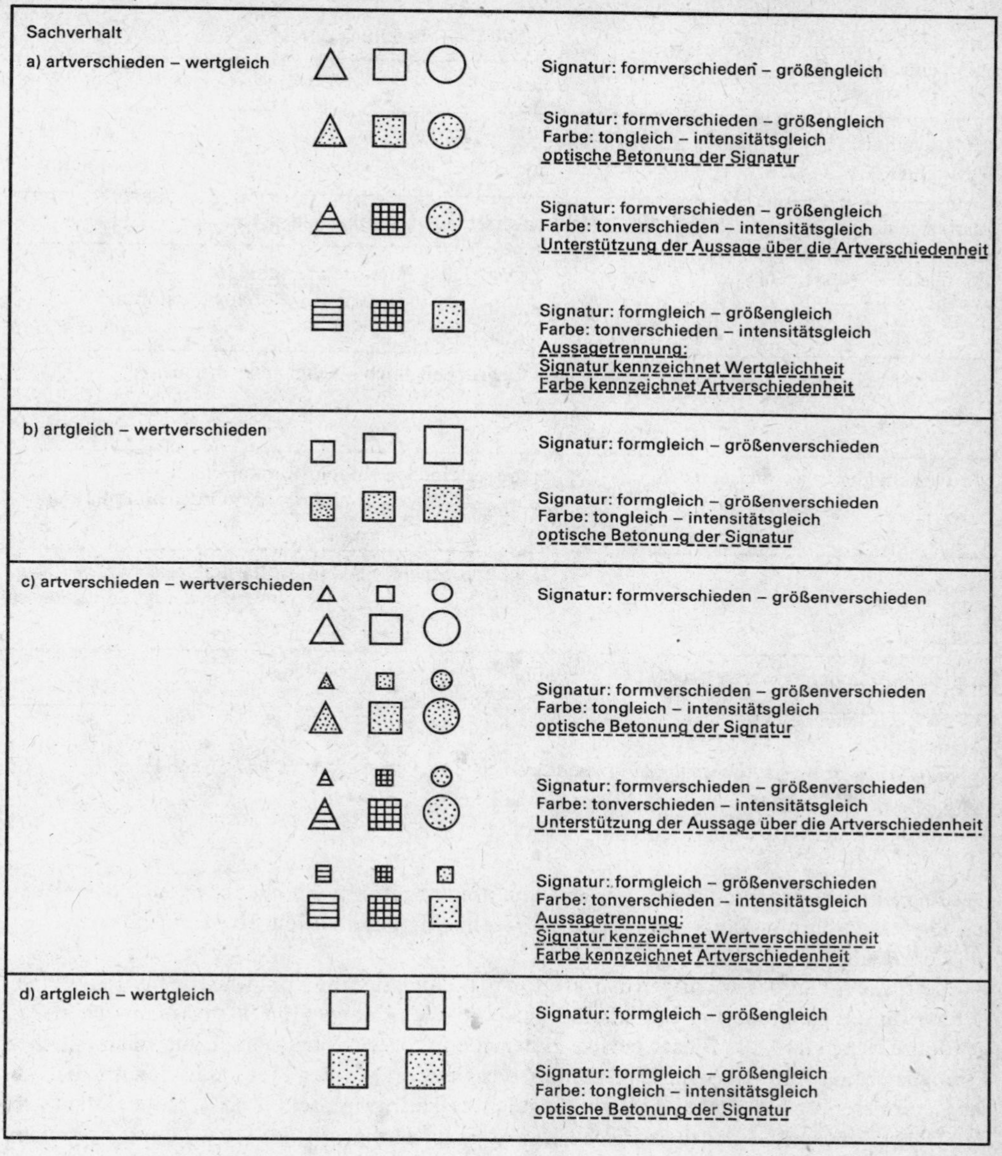

Sachverhalt

a) artverschieden – wertgleich — Signatur: formverschieden – größengleich

Signatur: formverschieden – größengleich
Farbe: tongleich – intensitätsgleich
optische Betonung der Signatur

Signatur: formverschieden – größengleich
Farbe: tonverschieden – intensitätsgleich
Unterstützung der Aussage über die Artverschiedenheit

Signatur: formgleich – größengleich
Farbe: tonverschieden – intensitätsgleich
Aussagetrennung:
Signatur kennzeichnet Wertgleichheit
Farbe kennzeichnet Artverschiedenheit

b) artgleich – wertverschieden — Signatur: formgleich – größenverschieden

Signatur: formgleich – größenverschieden
Farbe: tongleich – intensitätsgleich
optische Betonung der Signatur

c) artverschieden – wertverschieden — Signatur: formverschieden – größenverschieden

Signatur: formverschieden – größenverschieden
Farbe: tongleich – intensitätsgleich
optische Betonung der Signatur

Signatur: formverschieden – größenverschieden
Farbe: tonverschieden – intensitätsgleich
Unterstützung der Aussage über die Artverschiedenheit

Signatur: formgleich – größenverschieden
Farbe: tonverschieden – intensitätsgleich
Aussagetrennung:
Signatur kenzeichnet Wertverschiedenheit
Farbe kennzeichnet Artverschiedenheit

d) artgleich – wertgleich — Signatur: formgleich – größengleich

Signatur: formgleich – größengleich
Farbe: tongleich – intensitätsgleich
optische Betonung der Signatur

Abbildung 30
Kombination von Farbe mit Signatur und davon abhängige Aussagespezifik
(nach JENSCH)

Aussage über Erscheinungen und Sachverhalte	graphische Darstellung durch
	Farben
Art (Qualität) Wert (Qualität)	Ton Intensität
a) artverschieden – wertgleich (wertbelanglos)	tonverschieden – intensitätsgleich
b) artgleich – wertverschieden (wertbetont)	1) tongleich – intensitätsverschieden (einfarbtonige Intensitätsstufung)
	2) tongruppengleich – intensitätsverschieden
c) artverschieden – wertverschieden (wertbetont)	1) tonverschieden – intensitätsverschieden (einfarbtonige Intensitätsstufung)
	2) tongruppenverschieden –intensitätsverschieden (mehrfarbtonige Intensitätsstufung)
artgleich – wertgleich (wertbelanglos)	tongleich – intensitätsgleich

Tabelle 3
Zuordnungsübersicht von Erscheinungen bzw. Sachverhalten zu Farben, Rastern und Signaturen
(nach Jensch)

Darüber hinaus werden noch sog. Zusatzsignaturen angeführt, die man aber auch den visuellen Rastern zuordnen kann, auch wenn sie regelmäßig punkthaften Charakter und keine Linienform haben.

Einen nicht minder wichtigen Ansatz für die Projektierung von Kartenzeichensystemen lieferte für die Kombination von graphischen Variablen BERTIN (1967), zu Anfang der siebziger Jahre SPIESS (1970). Dieser besitzt zudem den großen Vorzug einer gut verständlichen Formalisierung. Zum besseren Verständnis der Detailfragen der Methode seien an den Anfang Prämissen und Aufgaben gestellt. So zeigt die kartographische Praxis, daß bei der Wahl der Darstellungsmittel für thematische Karten man häufig mit der Anwendung der reinen graphischen Variablen Größe, Helligkeit, Korn, Farbe, Orientierung, Form nicht auskommt oder dies nicht sinnvoll ist, sondern man auf Kombinationen derselben angewiesen ist. Aufschlußreich ist dabei die Feststellung, daß die Beurteilung der Bildwirkung solcher Kombinationen zeigt, daß nur diejenigen Eigenschaften verstärkt werden oder zumindest erhalten bleiben, die allen beteiligten graphischen Variablen eigen sind. Alle anderen werden mehr oder weniger stark ihre ursprünglichen Eigenschaften verlieren. Das hat zur Folge (SPIESS 1970), daß Kombinationen in der Regel eine bessere Differenzierung ergeben, als die reinen Variablen.

Dieser Aspekt gewinnt besonders bei einfarbigen Karten an Bedeutung, wo die Trennwirkung unterschiedlicher Farben entfällt. Für die drei wichtigsten Bildaussagen, die Quantität,

	Signaturen
aster (mit Einschränkungen)	
uster, Struktur	Form,
ichte	Größe oder Menge
usterverschieden – dichtegleich	formverschieden – größen- oder mengengleich
mustergleich – dichteverschieden (Dichteabstufung innerhalb eines Musters)	formgleich – größen- oder mengenverschieden
mustergruppengleich – dichteverschieden (Dichteabstufung innerhalb einer Gruppe von Mustern)	
musterverschieden – dichteverschieden (Dichteabstufung innerhalb eines Musters)	formverschieden – größen- oder mengenverschieden
mustergruppenverschieden – dichteverschieden (Dichteabstufung innerhalb einer Gruppe von Mustern)	
ıstergleich – dichtegleich	formgleich – größen- oder mengengleich

die Ordnung und die Trennwirkung, werden nachstehend mögliche Kombinationen nach dem Grad ihrer Wirksamkeit und Beispiele von Zeichenerklärungen vorgeführt.

Ausgangspunkt der Überlegungen ist auch im vorliegenden Falle die Erkenntnis, daß völlige Übereinstimmung der inhaltlichen und graphischen Aspekte von Sachverhalten und ihrer graphischen Darstellung in der Karte die beste Voraussetzung für ein spontanes und richtiges Erkennen von Beziehungen und Zusammenhängen schafft. Die nachstehenden theoretischen Prinzipien der Zuordnung, wesentliches Merkmal eines logischen Kartenzeichensystems, können noch so trivial anmuten, Tatsache ist, daß sie immer wieder mißachtet werden. Die Folge sind mühsam zu lesende und schwierig zu interpretierende Karten voller Täuschungen und Mißverständnisse. Derartige Mißerfolge in der Kartennutzung können größtenteils vermieden werden, wenn die folgenden theoretischen Grundsätze beachtet werden (SPIESS 1970):

Gleiches	– gleich darstellen
Verschiedenes	– verschieden darstellen
Geordnetes	– graphisch nach gleicher Ordnung darstellen
Quantitatives	– quantitativ schätzbar, zählbar oder meßbar darstellen
Gemeinsames	– zusammenfassend darstellen
Zusammengehörendes	– auch in seiner Gesamtheit als zusammengehörend gestalten
Gegensätzliches	– kontrastierend darstellen.

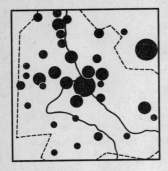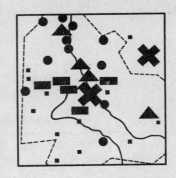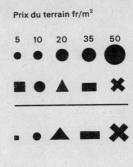

Prix du terrain fr/m²

Abbildung 31
Beeinträchtigung der Mengenaussage durch die Kombination der Größenpunkte mit
verschiedenen Signaturformen
(nach BERTIN)

Die vorstehenden theoretischen Grundsätze lassen sich im Hinblick auf die optimale *Zuordnung* der Aussagen über Erscheinungen bzw. Sachverhalte zu Farben, Rastern und Signaturen spezifizieren, wie Tabelle 3 zeigt.

Für weitere Einzelheiten, insbesondere hinsichtlich Farbton (Grün, Blau, Violett usw.), Farbgewicht (Helligkeitsunterschiede innerhalb der Farbtonreihe) und Farbintensität (Helligkeitsabstufung innerhalb eines jeden Farbtones) vgl. JENSCH (1969) u. SCHIEDE (1970).

Ausgangspunkt der Überlegungen sind vier verschiedene *Merkmalskombinationen*, die auf dem Kategorienpaar *Gleichheit* und *Verschiedenheit* basieren (JENSCH 1969). Demzufolge können die kartographisch darzustellenden Erscheinungen, Sachverhalte, Objekte usw. folgendermaßen klassifiziert werden:

a) artverschieden, aber wertgleich
b) artgleich, aber wertverschieden
c) artverschieden und wertverschieden
d) artgleich und wertgleich

Als graphische Ausdrucksmittel stehen zur Verfügung die Formen als Punkt, Linie und Fläche – auch als graphische Urbestandteile zu bezeichnen – und die Farben als bunte und unbunte Farben. Die möglichen Kombinationen von Farbe mit Signatur und die davon abhängige Aussagespezifik demonstriert (einfarbig) Abbildung 32a. Von Bedeutung für die Methodik der Projektierung von Kartenzeichensystemen ist die Eignung der 6 reinen visuellen Variablen oder ihre Organisationsstufe, aus denen sich insgesamt 63 Kombinationen aufbauen lassen. SPIESS (1970) vertritt begründet im Gegensatz zu BERTIN (1967) die Auffassung, daß die Kombination die Eigenschaften der beteiligten Variablen mit der höchsten Organisationsstufe *nicht* übernimmt, sondern betont, daß die Kombinationsmöglichkeiten, wie auch deren Eigenschaften, wesentlich *differenzierter* zu betrachten sind.

Entscheidend für die Projektierung eines optimalen Kartenzeichensystems ist offensichtlich die Spezifik der Fragen, deren Beantwortung durch die betreffende Karte erwartet wird. An Hand von zwei Beispielen läßt sich dies überzeugend zeigen.

Die Betrachtung der Abbildung 31 vermittelt uns folgende Einsichten im Hinblick auf die *Kombination* graphischer Variablen (SPIESS 1970) als Methodikbestandteil der Projektierung von Kartenzeichensystemen: Durch die Kombination der variablen Größenpunkte mit verschiedenen Signaturformen ($G \times F$) wird die quantitative Aussage stark beeinträchtigt, denn niemand wird ohne vorheriges gründliches Einprägen der Zeichenerklärung spontan erken-

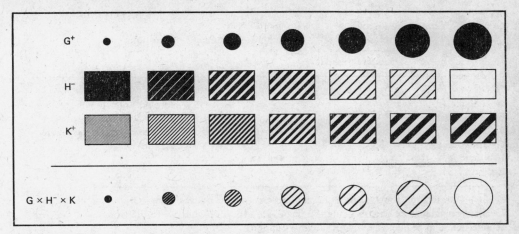

Abbildung 32
Gegenläufige Kombination der Variable Helligkeit mit den Variablen Größe und Korn
(nach SPIESS)

nen, daß die Kreuzsignatur einen zweieinhalbmal größeren Wert als die Dreiecksignatur repräsentiert. Damit soll nicht unterschätzt werden, daß auch die Wahrnehmung bzw. Identifizierung von Signaturengrößen in der gleichen Formreihe erhebliche Probleme mit sich bringen kann; Kreise bilden dafür ein anschauliches Beispiel. Der unvoreingenommene Kartenleser wird auch hinter den verschiedenen Formen der Signaturen verschiedene Sachverhalte, Erscheinungen oder ähnliches vermuten, nach dem anfangs dargelegten theoretischen Grundsatz „Verschiedenes wird verschieden dargestellt". Andererseits gibt die rechte Konfiguration viel rascher Auskunft auf die Frage: „In welchem Gebiet beträgt der Bodenpreis 35 Fr/m²?" Zudem kann diese Information auch viel zuverlässiger gegeben werden als an Hand der linken Konfiguration, wie unschwer sichtbar. Die räumliche Ordnung der Kartenzeichen, und damit der dargestellten Objekte, wird im zweiten Falle rascher und eindeutiger erkannt. Ähnliche Ergebnisse ließen sich auch bei flächenhaften Kartendarstellungen nachweisen, wo sie sicher auch nicht minder bedeutsam sind. Die Beispiele zeigen ebenfalls überzeugend, welche große Bedeutung der maximal exakten Ermittlung der *Zweckbestimmung* einer Karte für die Optimierung der Kartengestaltung zukommt.

In manchen Fällen werden gute Ergebnisse der Kartengestaltung mit der Anwendung *gegenläufiger Kombinationen* der graphischen Variablen erreicht, wie Abbildung 32 zeigt.

Zufolge der vorstehenden Auffassungen und mehrfacher Überprüfung konnte SPIESS (1970) vier *Hauptregeln für Kombinationen visueller graphischer Variablen* ableiten, die von prinzipieller Bedeutung für die Methodik der Projektierung von Kartenzeichensystemen sind:

1. Eigenschaften, die in jeder an der Kombination beteiligten reinen Variablen vorhanden sind, *verstärken* sich.
2. Eigenschaften, die nicht allen beteiligten Variablen eigen sind, werden abgeschwächt bzw. beeinträchtigt.
3. Die auflösende Eigenschaft einer einzigen beteiligten Variablen (Größe oder Helligkeit) *überträgt* sich auf die gesamte Kombination.
4. Die Variablen Größe, Helligkeit und Korn können unter sich in *wachsendem* oder *abnehmendem* Sinne kombiniert werden. Bei gleichläufiger Kombination wird die ordnende Wirkung *verstärkt*, bei gegenläufiger dagegen stark *reduziert* oder sogar in Frage gestellt.

Graphische Variable	auflösend ≠ verbindend ≡ ——— zusammenfassend ≠	trennend, aufteilend	o ordnend	Q quantitativ
G Größe	≠	≠	o	QQ
H Helligkeit	≠	≠	oo	nur bei Verzicht auf
K Korn, Muster[1]	≡	≠	o	spontanes Erkennen
C Farbe	≡	≠ ≠		regionaler Zusammenhänge
O Orientierung	≡			zu empfehlen[2]
Richtung		≠		
F Form	≡	(≠)		

[1] nach Übersetzung von JENSCH, SCHADE und SCHARFE von französischem Original BERTIN: Grain
[2] Die verwendeten Zeichen bedeuten (BERTIN 1967): ≠ auflösende, ≡ verbindende,
≠ aufteilende, o ordnende, Q quantitative Wirkung

Tabelle 4
Eignung der 6 reinen graphischen Variablen oder ihre Organisationsstufe
(nach Spiess)

Die zu erwartenden Eigenschaften einer Kombination können mittels der nachstehenden Tabelle und der vorgenannten Regeln durch die nachfolgende Formalisierung gefunden werden.

Nicht als Kombination im obengenannten Sinne zu betrachten ist der Fall der Überlagerung zweier graphischer Aussageebenen, der hier der Vollständigkeit halber angeführt sei. Hier gilt (SPIESS 1970): Die übergeordnete Komponente muß sich visuell vom Untergrund genügend trennen lassen und „ein Eigenleben führen können". Es ist zu beachten, daß nur eine der beiden Komponenten geordnete Stufen enthalten darf. Sonst entsteht eine völlige Vermischung der beiden Aussageebenen, die eine eindeutige Lesbarkeit zumeist ausschließt.

Für Abbildung 33 gilt

G		QQ	o	≠	#
F			(≠)	≡	
GxF		Q		≠	≠	#

Für Abbildung 34 gilt

G		QQ	o	≠	#
H⁻			oo	≠	#
K			o ≠	≠	#
GxH⁻	xK	Q		≠ ≠	#

Man ist allerdings nur in der Lage, die allgemeine Tendenz aufzuzeigen. Im Detail spielen noch eine Reihe anderer Faktoren eine Rolle. In verallgemeinerter Form können wir für einen beliebigen Fall einer kombinierten Signaturenfolge wie folgt formulieren (SPIESS 1970):

$$M_r = G_i^{+-} \times H_j^{+-} \times K_k^{+-} \times C_1 \times O_m \times F_n \, (xO_o^a \times F_p^a)$$

Die *Indizes r, i, j, k, l, m, n, o, p* können ausgehend von 1 so viele ganzzahlige Werte annehmen, wie sich innerhalb jeder einzelnen Variablen deutlich unterscheidbare Rastermuster herstellen lassen. Die Berücksichtigung der gewünschten Eigenschaften schränkt die theoretisch mögliche fast unabsehbare Vielfalt drastisch ein. Das Kriterium der mit dem Thema korrespondierenden Organisationsstufe bildet die Grundlage einer ganz gezielten Auswahl daraus. Zahlreiche, gut ausgewählte Beispiele über die verschiedenen Kombinationen mit quantitativer und Kombinationen mit trennender sowie Kombinationen mit ordnender Wirkung zeigen ebenda die praktische Bedeutung der angeführten theoretischen Erkenntnisse für die Theoriebildung bei der Projektierung von Kartenzeichensystemen.

5.1.3.3. Projektierung von Kartenzeichensystemen für automatisierte kartographische Systeme (AKS)

Eine besondere *Bedeutung* kommt der Projektierung von Kartenzeichen für automatisierte kartographische Systeme zu, die auf der modernen Rechentechnik und der Nutzung von Datenbanken basieren. Dabei wird die Anwendung der normalisierten Karte[13] nach Širjaev (1977) eingeschlossen. Zugleich ist auch die Standardisierung der Kartenzeichen im Rahmen von Systemlösungen als immanenter Bestandteil der zu lösenden Aufgaben anzusehen.

Drič und Kirilenko (1980) haben eine Methodik zur Lösung des genannten Projektierungsproblems ausgearbeitet, die hohe Bedeutung für die Theorie der Schaffung von Kartenzeichensystemen besitzt.

Den rationellsten Weg bietet dabei die Anwendung der Systemtheorie. Die Projektierung eines Systems maschinenorientierter Kartenzeichen für allgemein-geographische Karten sieht dabei folgende *sieben Arbeitsetappen* vor (s. Abbildung 33), die auch für thematische Karten vom Grundsätzlichen her nützlich sind.

In der *1. Etappe* werden auf der Grundlage der Prinzipien der Systemanalyse die Merkmale der Geländeobjekte entsprechend der Zweckbestimmung der geplanten Karte ausgewählt und das allgemeine Ziel der Projektieruhg, die Entwicklung eines Kartenzeichensystems für nomalisierte allgemein-geographische Karten einer kompletten Maßstabreihe bestimmt. Als vorläufige *Kriterien* eines Systems diskreter Kartenzeichen sind anzusehen die traditionelle graphische Form der Kartenzeichen in bereits existierenden Karten und die Minimierung der Anzahl der graphischen Elemente, die für die Darstellung der Geländeobjekte benötigt werden. Die Analysearbeit in der 1. Etappe wird abgeschlossen mit der Ermittlung der qualitativen und quantitativen Merkmale für die Auswahl der *Klassifikationsstufen*.

Die *2. Etappe* ist gekennzeichnet durch die Ausarbeitung der *Klassifikationsmodelle* Begriff-Inhalt. Zu diesem Zweck werden für jedes Geländeobjekt formale und inhaltliche Merkmale sowie ihre Kategorien, die als Kriterien bei der Auswahl der Kartenobjekte dienen, ausgearbeitet. Die Menge der Merkmale wird zu Klassifikationsmodellen gruppiert, die die Grundmerkmale der Objekte systematisieren. Dies ermöglicht das organisierte Operieren mit diesen Merkmalen.

Die *3. Etappe* beinhaltet die *Ermittlung* der konstruktiven Typenfragmente und schließt mit der *Schaffung* der Zeichen-Symbol-Modelle (System von Kartenzeichen und Schriften) ab. Die Analysenresultate der Klassifikationsmodelle ermöglichen die Ausarbeitung der vorläufigen Empfehlungen zur Verbesserung der Kartenzeichen für allgemein-geographische Karten. Angestrebt werden dabei geometrisch eindeutige Kartenzeichen, die die Aufgabe der Inhaltssystematisierung haben.

---

13 Visuell und maschinenlesbare Karte nach Definition von Širjaev; über die Eignung dieser Bezeichnung kann man sicherlich unterschiedlicher Meinung sein.

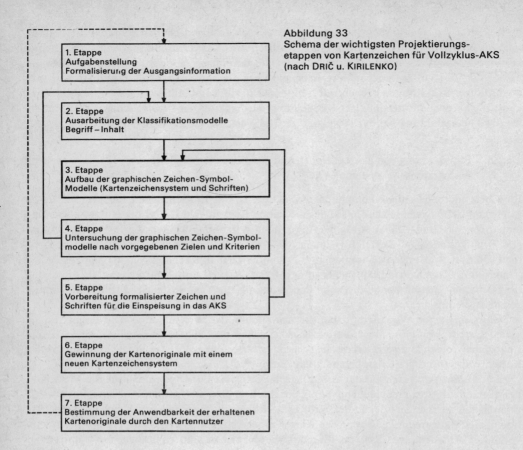

Abbildung 33
Schema der wichtigsten Projektierungsetappen von Kartenzeichen für Vollzyklus-AKS
(nach DRIČ u. KIRILENKO)

In der *4. Etappe* erfolgt die *Untersuchung* der graphischen Zeichen-Symbol-Modelle an Hand von detaillierten Zielen und Kriterien. Bestehende und neuentwickelte Systeme von Kartenzeichen werden nach folgenden vier Aspekten *bewertet:*

– formale,
– semantische,
– syntaktische und
– pragmatische Aspekte.

Aus der 5. Etappe resultiert die *Beschreibung* des Kartenzeichensystems mittels der Termini der Informationssprache, ihrer Einspeicherung in die Systemfelder, die Darstellung ebenda eingeschlossen.

Die folgenden Etappen tragen einführenden Charakter, deren Resultat in der Entstehung normalisierter Karten mit einem neuen Kartenzeichensystem besteht.

Aus Abbildung 33 ist ersichtlich, daß die Projektierung eines neuen Kartenzeichensystems eine Reihe von Rückkopplungen zwischen den wichtigsten Projektierungsetappen erfordert. Die *3. Etappe* der Kartenzeichenprojektierung kann als die arbeitsintensivste und auch als die wichtigste bezeichnet werden. Daher wird auf diese besonders eingegangen. Zu den Aufgaben der 3. Etappe gehört die Untersuchung der Anpassungsfähigkeit der bereits bestehenden Kartenzeichen an die Anwendung in den AKS, vorausgesetzt, daß sie die maschinengerechte Form der diskreten sowie der kontinuierlich-diskreten Zeichen erhalten.

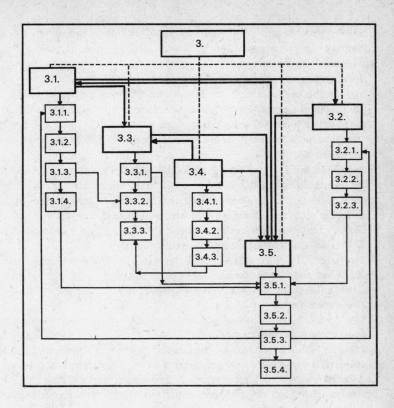

Abbildung 34
Funktionalschema der
Entwicklung eines
Kartenzeichensystems
(nach DRIČ u. KIRILENKO)

Die Anwendung der Zeichen in automatischen Systemen sieht ihre weitere Umformung unter Berücksichtigung der semantischen, der syntaktischen und pragmatischen Zeichenmerkmale vor (vgl. Abbildung 33).

Neben der Ausarbeitung der semiotischen Grundlagen eines maschinenorientierten Zeichensystems ist die Analyse der vorhandenen graphischen Modelle bedeutsam, um die Beibehaltung der traditionellen graphischen Zeichenformen optimal zu ermöglichen. Im Ergebnis entsteht ein Vorrat konstruktiver Typfragmente, der den Anforderungen der Strukturkomponenten 3.1, 3.2, 3.3 und 3.4 sowie den Kriterien der Systemprojektierung genügt. Eine besonders wichtige Aufgabe für die kartographische Modellierung stellen in diesem Zusammenhang die Bestimmung der grundlegenden Objektmerkmale, bezogen auf Begriff-Inhalt- und Raum-Struktur-Eigenschaften und deren semantische und syntaktische Klassifizierung dar.

Das Funktionalschema ermöglicht in methodischer Hinsicht die Auswahl der sprachlichen Lexik (Wortschatz) zur *Beschreibung* der konstruktiven Typfragmente, die für die Formierung eines Systems modifizierter Kartenzeichen erforderlich sind. Darüber hinaus ist das Funktionalschema für die *Technologie* zur Schaffung der Kartenzeichen, resp. deren graphischer Gestalt, für die verschiedenen Geländeobjekte, und zwar einer kompletten Maßstabsreihe, als Ablauforientierung günstig einzusetzen.

DRIČ und KIRILENKO (1980) haben ihre Projektierungsmethodik der Kartenzeichen am Beispiel eines maschinenorientierten Systems der Kartenzeichen für die Elemente Vegetation und Böden einer kompletten Maßstabsreihe *experimentell* erfolgreich erprobt.

Die vorgeschlagene Methodik zur Schaffung der graphischen Konstruktionen, auf deren Grundlage Informationsfelder der Kartenzeichen entstehen, besitzt nachstehende *Vorteile:*
- universale Anwendbarkeit
- Einfachheit
- Anwendbarkeit bei traditionellen *und* unifizierten Kartenzeichen
- Möglichkeit der Kartenzeichenstandardisierung im Rahmen einer Maßstabsreihe.

Unter Bezugnahme auf o. g. Darlegungen wird vorgeschlagen, bei der Projektierung der unifizierten, maschinenorientierten Kartenzeichen und Schriften die folgenden *Gesichtspunkte* als maßgeblich anzusehen:
- maximale Einfachheit und Anschaulichkeit der graphischen Abbildung, die die Erfassung des Karteninhalts durch den Menschen bzw. die Mittel des AKS erleichtern,
- Erhaltung des Zusammenhangs zwischen dem Objekt (Original) und dem Modell sowie zwischen dem traditionellen und dem neuen Zeichensystem,
- Berücksichtigung der technischen Möglichkeiten und der vorhandenen mathematischen Mittel der modernen automatisierten Systeme,
- Unifizierung der konstruktiven Typfragmente, der Zeichenstruktur und der Methode der Zeichenzusammenstellung,
- Standardisierung der Maß- und Farbenparameter für die gesamte Maßstabsreihe der betreffenden Karte,
- Erhöhung des Informationsgehalts der konstruktiven Typfragmente durch Anwendung aller visuellen graphischen Mittel,
- Harmonie und informative Übereinstimmung der Zeichen und der Schriften in einer Maßstabsreihe sowie mit dem bestehenden System der Kartenzeichen und der Schriften.

Die Projektierung von Kartenzeichen für automatisierte kartographische Systeme ist auch im Zusammenhang mit der maschinellen Konstruktion von Kartenzeichen zu sehen. Im vorliegenden Zusammenhang ist es als ausreichend zu erachten, die *Grundregeln für die Konstruktion* der Kartenzeichen, die ihre maschinelle Analyse, das Beschreiben, Lesen und die Konstruktion erleichtern (VASMUT 1977 u. 1983), darzulegen. Sie lauten wie folgt:

1. Verwendung einer optimalen Anzahl von Elementen
1.1. Anwendung der deduktiven Methode bei der Zeichenkonstruktion, wobei abstrakte geometrische Figuren die konstruktiven Elemente sind,
1.2. Maximale Verwendung von informativen Fragmenten mit klar ausgeprägten Extremwerten der Funktion des Informationsgehaltes
2. Wahl informativer Fragmente eines Zeichens mit Extremwerten der Funktion des Informationsgehaltes der gleichen Ordnung
2.1. Festlegung der optimalen Anzahl konstruktiver Elemente, die die Strukturbesonderheiten bilden
3. Festlegung der Zeichenkonstruktion mit minimaler Anzahl von Verbindungen seiner Komponenten
3.1. Verwendung von Zeichen, deren Konstruktion nicht auf Konturen, sondern auf Farbdeckungselementen beruht
4. Verwendung konstruktiver Elemente, die eine kontinuierliche Konstruktion bilden
4.1. Homogene Raumverteilung gleichartiger konstruktiver Elemente, die die Zeichenstruktur bilden
4.2. Formierung der Zeichenkonstruktion mit symmetrischer Anordnung seiner konstruktiven Elemente
4.3. Wahl des Hauptpunktes (fixierten Punktes) des Zeichens in einer klar ausgeprägten lokalen Änderung der Kontur oder in ihrem fixierten Mittelpunkt

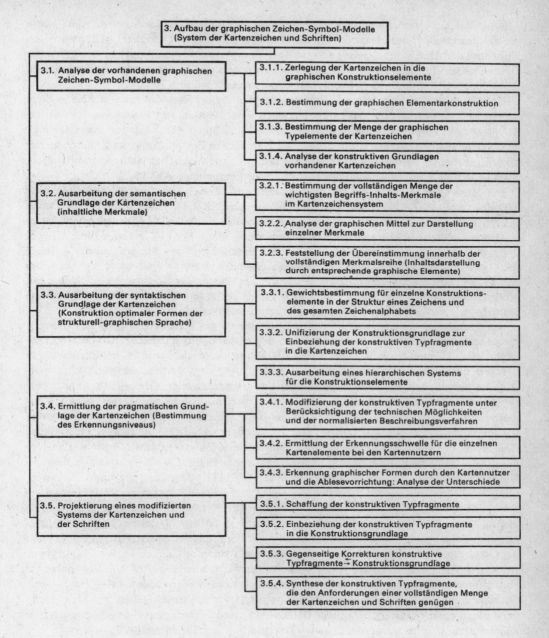

3. Aufbau der graphischen Zeichen-Symbol-Modelle
(System der Kartenzeichen und Schriften)

3.1. Analyse der vorhandenen graphischen Zeichen-Symbol-Modelle

- 3.1.1. Zerlegung der Kartenzeichen in die graphischen Konstruktionselemente
- 3.1.2. Bestimmung der graphischen Elementarkonstruktion
- 3.1.3. Bestimmung der Menge der graphischen Typelemente der Kartenzeichen
- 3.1.4. Analyse der konstruktiven Grundlagen vorhandener Kartenzeichen

3.2. Ausarbeitung der semantischen Grundlage der Kartenzeichen (inhaltliche Merkmale)

- 3.2.1. Bestimmung der vollständigen Menge der wichtigsten Begriffs-Inhalts-Merkmale im Kartenzeichensystem
- 3.2.2. Analyse der graphischen Mittel zur Darstellung einzelner Merkmale
- 3.2.3. Feststellung der Übereinstimmung innerhalb der vollständigen Merkmalsreihe (Inhaltsdarstellung durch entsprechende graphische Elemente)

3.3. Ausarbeitung der syntaktischen Grundlage der Kartenzeichen (Konstruktion optimaler Formen der strukturell-graphischen Sprache)

- 3.3.1. Gewichtsbestimmung für einzelne Konstruktionselemente in der Struktur eines Zeichens und des gesamten Zeichenalphabets
- 3.3.2. Unifizierung der Konstruktionsgrundlage zur Einbeziehung der konstruktiven Typfragmente in die Kartenzeichen
- 3.3.3. Ausarbeitung eines hierarchischen Systems für die Konstruktionselemente

3.4. Ermittlung der pragmatischen Grundlage der Kartenzeichen (Bestimmung des Erkennungsniveaus)

- 3.4.1. Modifizierung der konstruktiven Typfragmente unter Berücksichtigung der technischen Möglichkeiten und der normalisierten Beschreibungsverfahren
- 3.4.2. Ermittlung der Erkennungsschwelle für die einzelnen Kartenelemente bei den Kartennutzern
- 3.4.3. Erkennung graphischer Formen durch den Kartennutzer und die Ablesevorrichtung: Analyse der Unterschiede

3.5. Projektierung eines modifizierten Systems der Kartenzeichen und der Schriften

- 3.5.1. Schaffung der konstruktiven Typfragmente
- 3.5.2. Einbeziehung der konstruktiven Typfragmente in die Konstruktionsgrundlage
- 3.5.3. Gegenseitige Korrekturen konstruktive Typfragmente → Konstruktionsgrundlage
- 3.5.4. Synthese der konstruktiven Typfragmente, die den Anforderungen einer vollständigen Menge der Kartenzeichen und Schriften genügen

Abbildung 35
Strukturschema der Entwicklung eines Kartenzeichensystems
(nach DRIČ u. KIRILENKO)

Abschließend sei noch einmal die Begründung für die Notwendigkeit zitiert, eine *Sprache für die maschinelle Konstruktion von Kartenzeichen* zu entwickeln: Diese liegt in der ständigen Zunahme der Anzahl der Signaturen und dem Überwiegen der traditionellen Verfahren der Entnahme von Informationen aus den Karten einerseits und in den modernen Forderungen der Volkswirtschaft und der Wissenschaft andererseits begründet.

Unbedingt Aufmerksamkeit bei Konzeptionsaufgaben für Kartenzeichen in AKS – nicht weniger jedoch unter traditionellen Bedingungen – erfordert der von VANJUKOVA (1982a) vorgelegte Ansatz, dem theoretische Überlegungen hinsichtlich des *Zusammenhangs* der logischen Ordnung der Begriffe mit der Logik der graphischen Entsprechung, im Rahmen hierarchisch geordneter Systeme begriffslogischer und graphisch-logischer Natur zugrundeliegen. Man spricht hier vom *Vokabular* der konstruktiven Elemente (s. Abbildung 36).

Die Hierarchie reicht in der demonstrierten Prinziplösung von einer Klassifikationsheit 1. Ordnung als Basiseinheit über die Klassifikationseinheit 2. Ordnung, dieselbe 3. Ordnung bis zur i. Ordnung. Da es sich um linienhafte (lineare) Kartenzeichen handelt, steht in der 1. Hierarchieebene die graphische Transformierung eines Punktes in eine Linie. In der 2. Ebene erfolgt die Gestaltung der Zeichen mit unterschiedlicher Struktur, in der 3. Ebene die Gestaltung der Zeichen mit der gleichen Ausgangsstruktur als Festlegung der Abstufungen bei der Strichstärke und in der 4. Ebene die Einführung der Konstruktionselemente mit einem (noch) niedrigeren Rang. Dabei wird dies auch in der Art der graphischen Analogie deutlich, wie die graphischen „Beifügungen" am Linienverlauf zeigen.

Konstruktionsprinzipien und Konstruktionselemente am konkreten *Beispiel* der kartographischen Darstellung von Eisenbahnstrecken macht Abbildung 37 anschaulich deutlich. Zunächst einmal muß erwähnt werden, daß die Konstruktionselemente in Abhängigkeit von den jeweiligen begrifflich-inhaltlichen Merkmalen festgelegt werden. Das setzt immer bestimmte Kenntnisse des Kartographen über den darzustellenden Gegenstand voraus, eine Problematik, auf die von SALIŠČEV (1982b u. a.) wiederholt hingewiesen wurde. Als allgemeine Klasse setzt VANJUKOVA (1982b) [*Land-*]*Verbindungswege* an, die entsprechend sowjetischen Gepflogenheiten unterteilt werden in: Autobahnen, ausgebaute Chausseen, einfache Chausseen, befestigte Straßen; Feld- und Waldwege u. ä. Diese werden als Typen der Verbindungswege bezeichnet. Im Fortgang interessieren nur noch die *Eisenbahnstrecken* als Beispiel. Klassifizierungsmerkmal ist nunmehr die Spurbreite. Die Klassifizierung und die Anwendung des Vokabulars der Konstruktionselemente wird bei den breitspurigen Strecken fortgesetzt, wobei die zweigleisigen Strecken weiterklassifiziert werden. In der folgenden Klassifizierungsebene wird die Art des Zugbetriebes, elektrisch oder nicht elektrisch, als Klassifizierungsmerkmal verwendet. Die weitere Klassifizierung erfolgt nach dem (Betriebs)-Zustand der Gleise, in Betrieb, im Bau, in der Projektierung, demontiert, außer Betrieb (konserviert). An letzter Stelle folgt dann die Wiedergabe der Streckenbedeutung. Auf dem Vokabular der konstruktiven Elemente basierende Kartengestaltungen stellen zudem eine wesentliche Grundlage für die Lösung zweier bedeutsamer kartographischer Aufgaben dar: Mitwirkung am Aufbau hocheffektiver territorialer Datenbanken und Vorbereitung der rechnergestützten Kartennutzung im Sinne automatisierter Dekodierung des Karteninhalts.

Bezüglich der *Terminologie* ist anzumerken, daß die Kartenzeichen günstig in Signaturen (Gattungssignaturen) und Flächenkartenzeichen gegliedert werden (STAMS 1983b). Von Bedeutung im gegebenen Zusammenhang der Projektierung von Kartenzeichensystemen ist auch die Weiterentwicklung solcher von *topographischen Karten*. Für die meisten topographischen Karten gilt, daß die Inhalte der Karten in den verschiedenen Maßstäben seit längerer oder kürzerer Zeit aufeinander abgestimmt sind. Da die topographischen Karten eine vergleichsweise lange Tradition besitzen, erfolgte die Entwicklung der Kartenzeichen, also der

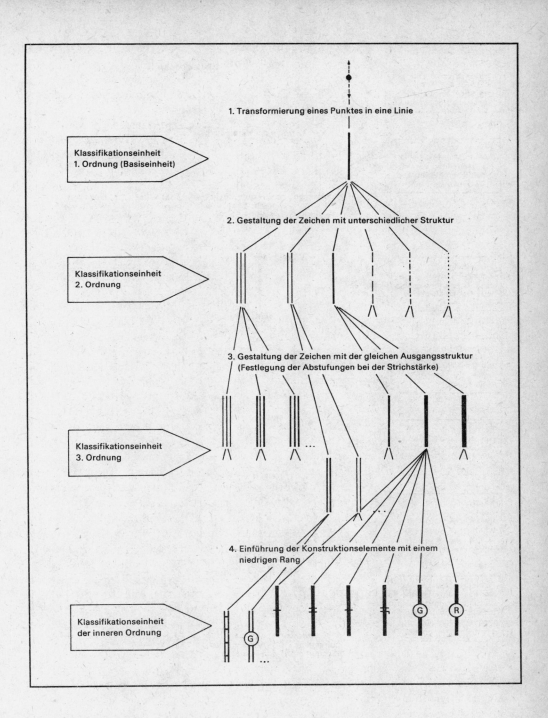

Abbildung 36
Gestaltung des Vokabulars der konstruktiven Elemente
(nach VANJUKOVA)

123

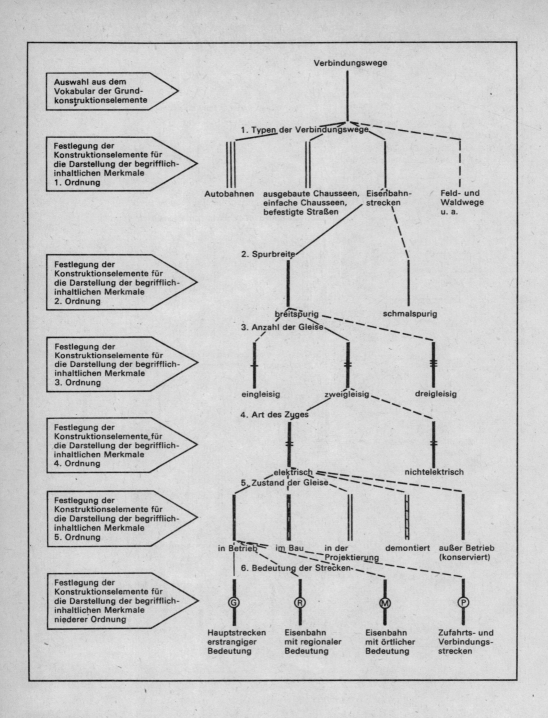

Abbildung 37
Beispiel zur Gestaltung der Kartenzeichen unter Anwendung des Vokabulars der
Konstruktionselemente
(nach VANJUKOVA)

124

Hauptregeln des Konstruierens der Kartenzeichen	Kartenzeichen, in denen die Regeln nicht berücksichtigt wurden	Charakter der Veränderungen in der Konstruktion unter Berücksichtigung dieser Regeln
1 Anwendung der formalen Merkmale, die als Kriterien für die automatische Auswahl der Zeichen aus einer Menge gleichartiger Zeichen des gegebenen Systems beim Konstruieren der Kartenzeichen dienen können		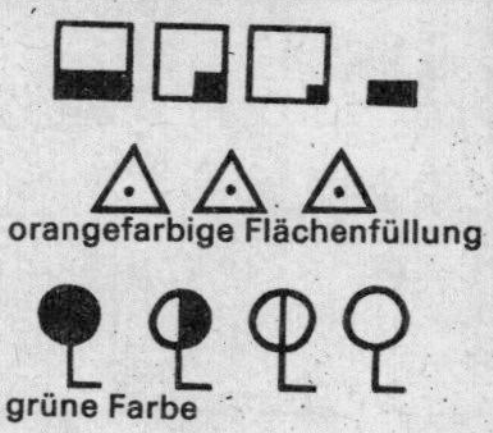 orangefarbige Flächenfüllung grüne Farbe
2 Anwendung des deduktiven Ansatzes beim Konstruieren der Zeichen, in denen als Konstruktionselemente abstrakte geometrische Figuren auftreten		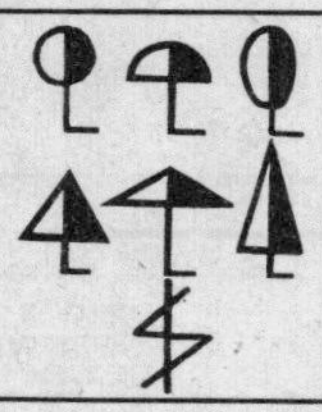
3 Anwendung der optimalen Anzahl der Konstruktionselemente (informative Fragmente)		
4 Anwendung der Kartenzeichen, deren Konstruktion nicht auf Umrißelementen, sondern auf Elementen mit Flächenfüllung basiert	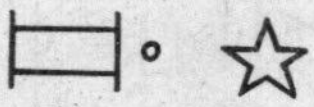	
5 Auswahl des Hauptpunktes des Zeichens in seinem Mittelpunkt oder in einer deutlich ausgeprägten lokalen Veränderung des Umrisses (im Winkel)	1. in Zeichen mit einem nicht fixierten Mittelpunkt 2. in der Mitte der Zeichengrundlinie	

Abbildung 38
Beispiele für die Anwendung der automationsgerechten Konstruktionsregeln
topographischer Kartenzeichen
(nach VASMUT)

graphischen Elemente, höchst selten im Rahmen eines Systems. Aber eine den Gesetzen der Logik entsprechende begriffliche und graphische Hierarchie stellt eine wesentliche Voraussetzung für die rechnergestützte Kartenherstellung und Kartennutzung ebenso wie für herkömmliche dar. Da eine völlige Neuherstellung der topographischen Kartenwerke als Neugestaltung aus ökonomischen Gründen zumeist nicht vertretbar sein dürfte, muß die Frage beantwortet werden, wie mit einem minimalen Aufwand die verwendeten topographischen Kartenzeichen im Sinne einer Systemlösung zu modifizieren sind. Die wichtigsten Regeln für die Konstruktion der Kartenzeichen, die logisch-mathematisch beschrieben, automatisch gelesen, in Displays generiert und mit Zeichenautomaten gezeichnet werden können (VASMUT 1976 b) sind in Abbildung 38 mit Beispielen zusammengefaßt. Vom Prinzip her konzentriert sich dieses Problem ferner auf die Berücksichtigung wahrnehmungspsychologischer Er-

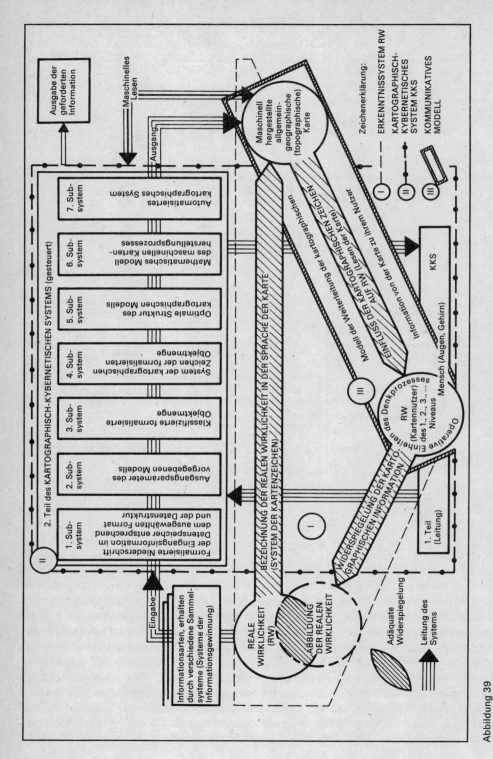

Abbildung 39
Graphische Interpretation der Kartenherstellung und -analyse mit Hilfe automatisierter Systeme
(nach VASMUT)

126

kenntnisse. SOLDATKINA u. MEL'NIKOV (1978) sehen dies als wesentliche Grundlage der Weiterentwicklung moderner Karten an, die auf dem Wege der verbesserten Anwendung der graphisch-semiotischen Modellierung erfolgt. Dabei ist nicht zu übersehen, daß vertraute, allgemein bekannte Kartenzeichen ein gewisses Primat des Beibehaltens bekommen sollten. Daß man sich mit dieser Problematik auch noch anderwärts intensiv – mehr oder weniger lange – befaßt, zeigen z. B. die Untersuchungen von BERTINCHAMP (1970), CLAUSZ (1974), GAEBLER (1968, 1969 u. 1975), LOVRIC (1978 u. 1980) und anderen. Die umfassende Einbindung – einschließlich der Abbildrelation – des Kartenzeichensystems unter den Bedingungen des Einsatzes von AKS, als „System der Kartenzeichen der formalisierten Objektmenge" bezeichnet, verdeutlicht hinreichend (d. h. ohne notwendige textliche Erläuterungen) eine „graphische Interpretation der Kartenherstellung und -analyse mit Hilfe der automatisierten Systeme" (s. Abbildung 39) von VASMUT (1983), wobei am Ende das maschinelle Lesen der Karte steht.

5.1.4. Mathematisch-kartographische Modellierung

Zu den effektivsten Methoden für den praktischen Einsatz mathematischer Mittel in Wissenschaft und Wirtschaft gehört die *mathematische Modellierung*. Ihre Entwicklung ist eng mit der maschinellen Rechentechnik verbunden. Bestimmte Formen der mathematischen Modellierung sind erst durch den Einsatz von Rechnern praktikabel geworden. Bei aller Vielfalt der Modellierungsformen und -methoden lassen sich Modellierungsphasen mehr oder weniger scharf voneinander abheben (LIEBSCHER u. PAUL 1978):

1. *Modellierungsphase: Abhebung der wesentlichen von den unwesentlichen Elementen und Beziehungen der zu modellierenden Sachverhalte.* Diese Phase setzt eine genaue Kenntnis der jeweiligen einzelwissenschaftlichen oder praktischen Problemstellung voraus. In der Regel wird sie daher nur in enger Gemeinschaftsarbeit von Mathematikern und jeweiligen Fachwissenschaftlern der betreffenden Disziplin bewältigt werden können. Für die Kartographie kompliziert sich das Problem noch dadurch, daß die Ausgangsdaten zufolge der Definition nach SALIŠČEV (1982c) durch die Entnahme aus Karten gewonnen werden.

2. *Modellierungsphase: Gedankliche Isolierung dieser wesentlichen Elemente und Beziehungen und ihre Darstellung in einem Abstraktionssystem.* Entscheidend ist hierbei, vor allem die allgemeinnotwendigen und wesentlichen, d. h. die gesetzmäßigen Zusammenhänge innerhalb der zu modellierenden Bereiche gedanklich zu erfassen. Dabei ist zugleich auch festzustellen, ob es sich bei diesen gesetzmäßigen Zusammenhängen um „dynamische" Gesetze bzw. Gesetze (Gesetzmäßigkeiten) „starrer" Determination handelt oder um statistische Gesetze. Letztlich müssen als Gesetz definierte Sachverhalte auch wirklich den philosophischen Kriterien genügen. Darauf wird im Kapitel 9 gesondert eingegangen. In der Modellierungsphase der gedanklichen Isolierung der wesentlichen Elemente und Beziehungen und ihrer Darstellung in einem Abstraktionssystem erfolgt die Beschreibung noch in einer natürlichen Sprache bzw. in einer Fachsprache der jeweiligen Wissenschaftsdisziplin. Aber die in diesem Prozeß getroffenen Feststellungen beeinflussen wesentlich die Auswahl der einzusetzenden oder zu entwickelnden mathematischen Methoden.

3. *Modellierungsphase: Mathematische Abbildung des in der 2. Modellierungsphase gewonnenen, nichtmathematischen Abbildes.* Erkenntnistheoretisch gesehen, ist mathematische Modellierung also gleichsam mit einem doppelten Abstektionsprozeß verbunden. Diese Modellierung ist zudem untrennbar mit der mathematischen Symbolisierung verknüpft. Zunächst geht es dabei um die mathematische Abbildung der Grundstruktur der zu modellierenden Sachver-

halte , Erscheinungen u. ä. Dabei kann in Abhängigkeit von Genauigkeitsanforderungen über die Abbildung dieser Grundstruktur hinaus die Abbildung weiterer Relationen erforderlich sein. Die Ermittlung dieser Grundstrukturen dürfte insbesondere für den Einsatz der mathematischen Modellierung in der geographischen Systemkartierung bedeutsam sein, wie entsprechende Untersuchungen aus der UdSSR zeigen (BERLJANT, ŽUKOV u. TIKUNOV 1976). Das Ziel mathematischer Modellierung erschöpft sich nicht darin, bereits erkannte wesentliche – für die Kartographie georäumliche – Elemente mathematisch abzubilden, sondern ist vor allem darauf gerichtet, auf der Grundlage dieser Abbildung mittels formaler Operationen zu neuen Erkenntnissen zu gelangen. Daher ist es wichtig, daß die entsprechenden mathematischen Formalismen – als Kalküle allgemein ein Operationsschema zur Herstellung von Figuren aus gegebenen Figuren – formale Umformungsregeln enthalten. Erst über deren Anwendung können den Problemstellungen entsprechende neue Kenntnisse über die jeweiligen einzelwissenschaftlichen Sachverhalte gewonnen werden.

4. *Modellierungsphase: Formale Ableitung von Folgerungen aus dem mathematischen Abbild entsprechend den Regeln des benutzten Kalküls.* Hierbei geht es letztlich um die Gewinnung neuer Informationen, neuer Kenntnisse über den modellierten Sachverhalt. In der Kartographie ist darüber hinaus noch die Aufgabe einer optimalen Darstellung dessen in der Karte zu lösen. Die Nutzung der in Karten dargestellten, so gewonnenen neuen Kenntnisse für die Territorialplanung und die Umweltgestaltung stellt ein wesentliches Anliegen der sowjetischen Kartographie dar (BERLJANT, SERBENJUK u. TIKUNOV 1980). Die Frage, welche aus dem mathematischen Modell formal abgeleitete Information tatsächlich neu ist, kann allerdings in der Regel erst nach dem Vollzug der folgenden 5. Phase beantwortet werden.

5. *Modellierungsphase: Interpretation und Bewertung der Folgerungen, die sich aus den formalen Ableitungen ergeben, durch die jeweiligen Spezialisten der Fachwissenschaft, bei georäumlichen Modellen also z. B. Geographen, Geologen, Geophysiker und andere Geowissenschaftler.* Erst in dieser Phase, der Kartennutzung also, wird entschieden, ob das Modell Karte den modellierten georäumlichen Prozeß, das modellierte georäumliche System usw. hinsichtlich der zudem von Zweckbestimmung und Maßstab determinierten, ausgewählten Charakteristika adäquat widerspiegelt oder nicht.

In nicht wenigen Fällen ist mit dem Durchlaufen dieser fünf Modellierungsphasen eine mathematische Modellierung *noch keineswegs abgeschlossen.* Oft werden mathematische Modelle schrittweise aufgebaut. Dabei wird z. B. überprüft, ob in das Modell eingehende Annahmen – wie etwa eine solche, daß eine Größe von einer anderen linear abhängt – vom praktischen Standpunkt aus gerechtfertigt sind. Bei mathematischen Modellen tritt nicht selten der Fall auf, daß sie sich bei gleichem Sachverhalt und derselben Zielstellung wesentlich unterscheiden. Damit wird deutlich, welche Bedeutung den Methoden der Modellbewertung u. U. zukommt. Auch für die Kartographie gilt die *Maxime*, die Kosten für die Entwicklung der mathematischen Modelle und der Operationen an ihnen so gering wie möglich zu halten (LIEBSCHER u. PAUL 1978).

Eine herausragende Rolle spielt die mathematisch-kartographische Modellierung verständlicherweise in der Geographie mit ihren Untersuchungsgegenständen, insbesondere für die Territorial- und Zweigplanung sowie die Umweltgestaltung. *Die mathematisch-kartographische Modellierung wird vor allem verstanden als das systematische Verbinden mathematischer und kartographischer Modelle zur Herstellung neuer Kartenklassen und zur erweiterten Nutzung bei georäumlichen Forschungen.*

Korrelationsmodelle werden zur Darstellung und Klärung georäumlicher Zusammenhänge eingesetzt. Außerdem bilden sie eine Vorstufe zur Anwendung der nachfolgenden, komplizierteren Modellierungsmethoden.

Regressionsmodelle nutzt man bei Zeitreihenanalysen, bei Raumanalysen, bei der Isolinienentwicklung auf statistischen Oberflächen und zur Gestaltung von typologischen Karten bzw. Bewertungs- sowie Prognosekarten.

Faktorenmodelle, auf der Grundlage der beiden vorgenannten Modelle entwickelt, bilden die Voraussetzung zur Anwendung *taxonomischer Bewertungsmodelle*. Hierbei handelt es sich um synthetisierende Bewertungsverfahren, die auch für die rechnergestützte Kartenherstellung belangvoll sind.

Im Zusammenhang mit der mathematisch-kartographischen Modellierung kann man auch die *thematische Kartometrie* sehen, für die von WITT (1975) neue Wege und Aufgaben aufgezeigt wurden. Für theoretische und praktische Belange gleichermaßen nützlich ist die Klassifikation der *mathematisch-kartographischen Modelle*, wie sie für den großen und hochbedeutsamen Bereich der sozial-ökonomischen Erscheinungen von TIKUNOV (1979) in nachstehender Form elementar ausgearbeitet wurde. Es werden dabei zwei Hauptgruppen unterschieden: 1. mathematisch-kartographische Modelle, die die *Anordnung der Erscheinungen im topographischen Raum* fixieren und 2. dergleichen den nichttopographischen Raum betreffend. Die weitere Klassifikation unterscheidet bei 1.1. Modelle der *Strukturcharakteristiken* der Erscheinungen, 1.2. Modelle für den *Grad der Übereinstimmung* und für die *Wechselbeziehungen der Erscheinungen* und 1.3. Modelle für die *Ausbreitungs- (Entwicklungs-)dynamik* der geographischen Erscheinungen. Die weitere Einteilung zeigt folgendes Bild bei Anwendung der Dezimalklassifikation: 1.1.1. Modelle der *räumlichen (territorialen)* Struktur der Erscheinungen, 1.1.2. Modelle der *inhaltlichen (inneren)* Struktur der Erscheinungen; 1.2.1. Modelle des Grades der Übereinstimmung und der Wechselbeziehungen der *räumlichen (territorialen)* Kombinationen der Erscheinungen, 1.2.2. Modelle des Grades der Übereinstimmung und der Wechselbeziehungen der *inhaltlichen (inneren)* Kombinationen der Erscheinungen; 1.3.1. Modelle der *Dynamik* der *räumlichen (territorialen)* Ausbreitung der Erscheinungen, 1.3.2. Modelle der *Dynamik* der *inhaltlichen (inneren)* Entwicklung der Erscheinungen.

Einige Beispiele seien genannt, um die Klassifikationsergebnisse noch besser zu verdeutlichen. Zu den Modellen für die Charakteristik der inhaltlichen (inneren) Struktur der Erscheinungen (Klasse 1.1.2.) können die Modelle der Rayonierung des Territoriums nach komplexen Kennziffern gerechnet werden. Beispiele für die Modelle der Klasse 1.2. sind die Modelle für die Herstellung von Karten, die die Berechnungsergebnisse der Korrelationskoeffizienten, der Kennziffer der Wechselbeziehungen und der gegenseitigen Übereinstimmung beinhalten. Zu den Modellen der Klasse 1.3.1. gehören z.B. Modelle der „Besiedlungswellen", Modelle der Entwicklung des Siedlungsnetzes, Modelle der Entwicklung von Epidemien und Modelle der Ausbreitung von Verunreinigungen der Umwelt.

5.1.5. *Kartographische Generalisierung*

Die kartographische Generalisierung gehört zweifelsohne zu den *bedeutendsten Aufgaben der theoretischen und praktischen Kartographie*. Im vorgegebenen Rahmen können keinesfalls alle heute erkannten Aspekte auch nur angeführt und beschrieben werden. Die nachstehenden Ausführungen konzentrieren sich daher auf die Erläuterung einiger Grundpositionen, die offenbar gesicherten Erkenntnisstand darstellen, auf die abrißartige Darstellung bzw. Nennung einiger besonders hinsichtlich der Praxis bedeutsamer Ansätze und die Erläuterung des von SALIŠČEV (1982 a u. b) gelehrten und veröffentlichten Systems der kartographischen Generalisierung. Ein erkenntnistheoretischer Ansatz (PÁPAY 1975 a u. 1975 b) wird wegen des methodischen Zusammenhangs im Kapitel 6.1.2.4. behandelt. Hinsichtlich der historischen Ent-

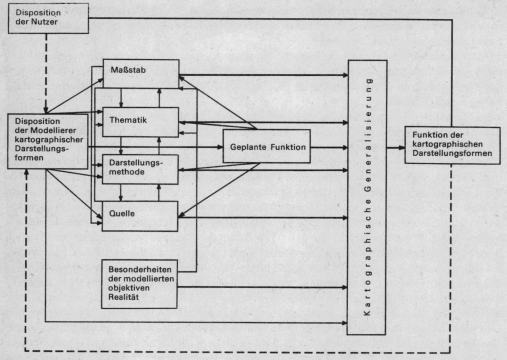

Abbildung 40
Beziehungen zwischen den wichtigsten Determinanten der kartographischen Generalisierung
(nach PÁPAY)

wicklung der Auffassungen über die Generalisierung, insbesondere der Leistungen der sowjetischen Kartographen, gibt SALIŠČEV (1976a) Auskunft.

Die Literatur zur kartographischen Generalisierung hat gegenwärtig ein Ausmaß erreicht, welches eine Spezialbibliographie rechtfertigen würde. Den wohl umfassendsten Überblick über die theoretischen Grundanliegen der kartographischen Generalisierung gibt SALIŠČEV (1982b), wobei nachstehende Systematik zugrundeliegt. Ausgegangen wird vom Standpunkt der Theorie der wissenschaftlichen Information, bei dem es um die Beseitigung der bei der Lösung der jeweiligen konkreten Aufgabe als überflüssig, im Sinne von als nutzlos zu bewertenden Informationen geht. Das Wesen und die Faktoren der kartographischen Darstellung sind dabei wie folgt zu sehen: Nach dem staatlichen sowjetischen Standard ist die kartographische Generalisierung definiert als Auswahl und Verallgemeinerung der auf den Karten dargestellten (bzw. darzustellenden) Objekte entsprechend Zweckbestimmung und Maßstab der betreffenden Karte sowie den Besonderheiten des dargestellten Territoriums. Um in dieser Definition auch eine große Palette nichtgeographischer Karten zu erfassen, wäre an die Stelle „Besonderheiten des Territoriums" besser *„Besonderheiten des Kartengegenstandes"* (einschl. dessen georäumlichen Bezugs) zu setzen. Das *Wesen der Kartographischen Generalisierung* ist nach SALIŠČEV (1982b) in der Widerspiegelung des zu kartierenden Teiles der Wirklichkeit in typischen Zügen und charakteristischen Eigenschaften zu sehen. Wenn man die Karte als Modell eines Geosystems ansieht, dann ist die Generalisierung ein Mittel zur

Verdeutlichung der wichtigsten Elemente, Beziehungen und Prozesse sowie des Weges des Übergangs zu Systemen höherer Ordnung. Der Begriff stellt dabei einen der wichtigsten Faktoren dar, die die Generalisierung bestimmen. Davon läßt sich unschwer die große Bedeutung der *Begriffsgeneralisierung* ableiten, worauf nachstehend noch eingegangen wird.

Die Generalisierung der Karten wird von folgenden *Faktoren* maßgeblich beeinflußt: *Zweckbestimmung* der Karte, *Nutzung* der Karte, *Maßstab* der Karte, *Besonderheiten* der Wirklichkeit und *Thematik* der Karte (vgl. auch Abbildung 40). Für die Bedeutung der *Nutzungsart* bzw. *Funktion* wird wegen ihrer nicht auf der Hand liegenden Rolle auf das Beispiel der Gegenüberstellung der Gegebenheiten bei Handkarten und bei Wandkarten – gleiche Thematik und gleichen Maßstab vorausgesetzt – verwiesen. Vgl. Töpfer (1983), S. 171. Die Handkarte enthält im Gegensatz zur Wandkarte zufolge ihrer üblichen Nutzungsbedingungen eine größere Anzahl von Objekten und diese sind zudem detaillierter dargestellt. Mit der demgegenüber geringeren Anzahl der Objekte und deren stärker schematisierten Darstellung ist die Verwendung größerer und damit deutlicherer Kartenzeichen sowie größerer Beschriftung verbunden. Damit wird ersichtlich, daß der Maßstab *nicht* in allen Fällen einen entscheidenden Parameter der kartographischen Generalisierung darstellt. Vorgenannte Anliegen der kartographischen Generalisierung ordnen sich dem Gesamtziel einer möglichst objektiven Wiedergabe der georäumlichen Wirklichkeit unter. Als weitere Faktoren der Generalisierung sind die Spezifik des zur Verfügung stehenden *Quellen- bzw. Ausgangsmaterials* und des anzuwendenden *Kartenzeichensystems* anzuführen. *Folgende Arten der Generalisierung werden unterschieden:*

1. *Auswahl der Erscheinung;* dadurch werden die Elemente der Karte auf das jeweils notwendige bzw. mögliche Maß begrenzt; ausgearbeitete mathematische Auswahlnormen absoluter und relativer Natur erleichtern die Arbeit des Kartographen. Zu vermerken ist, daß beim gegenwärtigen Stand der Erkenntnis zumeist nur die *Anzahl* der auszuwählenden Erscheinungen angegeben wird, höchst selten hingegen erfolgt die Nennung der konkret darzustellenden Erscheinungen. In unserem Zusammenhang ist das auf der Grundlage von Untersuchungen topographischer Karten gefundene sog. Wurzelgesetz (zum Wesen von Gesetzen vgl. Kapitel 9) bzw. das (einfache) Auswahlgesetz (Töpfer 1974)

$$n_F = n_A \sqrt{\frac{M_A}{M_F}}$$

n_F = Anzahl der Objekte im Folgemaßstab
n_A = Anzahl der Objekte im Ausgangsmaßstab

zu nennen, das dann durch die Einführung eines (allerdings subjektiven) Bedeutungskoeffizienten und eines Koeffizienten zur Berücksichtigung des Zeichenschlüssels weiterentwikkelt wurde. Zu dem Gegenstand liegt eine umfangreiche Monographie von Töpfer (1974) vor, wodurch hier weitere Ausführungen unnötig sind. Das Problem einer absoluten Objektivierung der Bedeutungskoeffizienten ist also nach wie vor ungelöst. Ansätze in dieser Richtung finden sich bei Keller (1970), der für die Gewässernetzgeneralisierung die Schaffung einer Rangordnung der Flüsse vorschlug oder bei Krakau (1973 u. 1974) der das Problem der Bedeutungsberücksichtigung durch eine erheblich größere Anzahl von Bedeutungskoeffizienten zu lösen versuchte, die auch solche Größen wie Kartenzeichenstruktur, Farbe und andere enthält. Einzelheiten sind jedoch nicht angegeben.

Hinzuweisen ist auch auf Balin u. Zielecinski (1978), wo mit Parametern operiert wird. Ein anderer Auswahlansatz stammt von Srnka (1970 u. 1974), der an Hand von Analyseergebnissen zeigen konnte, daß die Inhaltselemente in abgeleiteten allgemein-geographischen

Karten einen variablen Auswahlgrad besitzen, der von der Dichte der Elemente abhängig ist. Dieser läßt sich durch die Hyperbelkurve

$$n\% = e \cdot n_{(P_O)}{}^{-f}$$

mit den Parametern e und f beschreiben, wobei $n\%$ die prozentuale Anzahl der für den Folgemaßstab ausgewählten Elemente und $n_{(P_O)}$ die Anzahl der Elemente im Grundmaßstab innerhalb der Bezugsfläche P_O bezeichnen.

Ein Generalisierungsansatz auf der Grundlage der Filtertheorie (STEGENA 1974) wurde nicht weiterverfolgt.

2. *Verallgemeinerung der quantitativen Charakteristika;* diese besteht im Übergang von einer kontinuierlichen zu einer gestuften Skala und in einer Vergrößerung der Spanne der Stufen (Werteinheiten), innerhalb deren Veränderung der Merkmale auf den Karten nicht widergespiegelt werden.

3. *Verallgemeinerung der qualitativen Charakteristika;* diese besteht in der Verkleinerung der Anzahl der qualitativen Unterschiede innerhalb einer bestimmten Klasse der Objekte. Das wohl einfachste Beispiel ist die Verallgemeinerung von Laubwald und Nadelwald zu Wald. Diese Verfahrensweise ist auch unter der Bezeichnung *Begriffsgeneralisierung* bekannt, die, auf Erkenntnissen der Prädikatenlogik fußend, letztlich die Klärung von Beziehungen zwischen Begriffen zum Inhalt hat. OGRISSEK (1975) hat auf dieser Grundlage die Begriffsgeneralisierung in der thematischen Kartographie exemplarisch untersucht und eine Reihe von Beispielen vorgeführt; z. T. spricht man hier auch von Qualitätsumschlag infolge Begriffsgeneralisierung (z. B. TÖPFER 1974).

4. *die geometrisch-räumliche Seite der Generalisierung;* diese besteht in einer gut durchdachten vereinfachten Darstellung der Umrisse von Objekten, linien- und flächenhaft gesehen. Dabei bleiben die Besonderheiten der Umrisse erhalten und wesentliche Merkmale werden hervorgehoben, was also manchmal zu Vergrößerungen von Details, aber natürlich auch zu Weglassungen führt; z. T. spricht man hier auch von Formvereinfachung (z. B. TÖPFER 1974).

5. *Auswechseln einzelner dargestellter Objekte durch verallgemeinerte graphische Darstellung;* ein anschauliches Beispiel liefert die Siedlungsdarstellung mit der Abfolge Einzelbauten, Bebauungsgebiete bis Ortschaftssignatur. Diesen Prozeß bezeichnet man auch als Qualitätsumschlag. Alle Seiten der Generalisierung sind mehr oder weniger eng miteinander verbunden.

Die kartographische Generalisierung führt zu einem *Widerspruch* zwischen den Anforderungen der geometrischen Genauigkeit und der geographischen Richtigkeit (SALIŠČEV 1982 b). *Geometrische Genauigkeit* ist nach dem sowjetischen Staatsstandard zu definieren als Grad der Entsprechung der Punktlage in den Karten und der Lage dieser Punkte im Gelände. Geometrische Genauigkeit setzt isomorphe Darstellung voraus, d. h. eine möglichst genaue Abbildung von jedem Objekt oder jeder Erscheinung auf ihren eigenen Plätzen, in ihren eigenen Umrissen und Abmessungen, was die richtige gegenseitige Anordnung der Objekte sichert, die richtigen Abstandsrelationen inbegriffen. Es sei daran erinnert, daß Isomorphie *umkehrbar eindeutige* Zuordnung der Systemelemente bedeutet. Unter *geographischer Richtigkeit* ist die Widergabe der Wirklichkeit in den wichtigsten typischen Zügen und die Darstellung der räumlichen Zusammenhänge der Erscheinungen unter Beibehaltung ihrer geographischen Spezifik zu verstehen. In der Sprache der Philosophie formuliert heißt das: Bei der kartographischen Generalisierung wird die Isomorphierelation durch eine Homomorphierelation ersetzt. (Es sei nicht unerwähnt gelassen, daß selbst in philosophischen Nachschlagewerken, wie z. B. im „Kleinen Wörterbuch der marxistisch-leninistischen Philosophie", von BUHR u. KOSING: Dietz Verlag, Berlin 1982, 6. Auflage, unter dem Stichwort Homomorphie das „Verhältnis von Landkarte und Landschaft" als Beispiel für eine angenäherte Entsprechung in der Struktur zitiert wird; aber auch in speziellen erkenntnistheoretischen monographischen Darstellungen läßt sich ein derartiges Beispiel kartographischer Relevanz finden, wie KLAUS: Spezielle Erkenntnistheorie. Prinzipien der wissenschaftlichen Theorienbildung. Berlin 1966, S. 36f am Beispiel der Entfernungsrelation zeigt.)

Auf die Generalisierung wirken auch bestimmte Eigenheiten der *Kartenzeichen* ein. Dabei sind zunächst die Minimalabmessungen zu nennen, die von zwei Faktoren abhängig sind: 1. von der Fähigkeit des menschlichen Auges, die Zeichen zu erkennen, für deren physiologische Grundlagen auf RÜDIGER (1982) zu verweisen ist und 2. von den technischen Möglichkeiten der Kartenherstellung bzw. Kartenherausgabe.

Unterschiedliche Generalisierungsbedingungen sind durch die Eigenart der Verbreitung der Erscheinungen gegeben (SALIŠČEV 1982b). Dabei lassen sich sinnvoll unterscheiden: Generalisierung von punkthaften Erscheinungen, desgl. von linienhaften und von flächenhaften Erscheinungen, die entweder die gesamte Kartenfläche oder einen Teil derselben einnehmen, ferner Erscheinungen gestreuter Verbreitung, aber auch die Generalisierung von Darstellungen der Bewegungen und Zusammenhänge sind hier zu nennen. Der Generalisierung unterliegt auch als Auswahl die Kartenbeschriftung. Schließlich beeinflußt die Generalisierung auch die Wahl der Methoden der Kartengestaltung.

Die theoretischen Grundlagen der zwischen den verschiedenen Geländeobjekten (in topographischen Karten) bestehenden räumlichen und sachlichen Beziehungen bilden eine wesentliche Voraussetzung zur *rechnergestützten Generalisierung*. Mit diesem bedeutsamen Problem haben sich VASMUT u. ČERKASOV (1981) befaßt. (Hier handelt es sich um einen Ansatz zur Überwindung der bisher unzureichenden theoretischen Druchdringung von Generalisierungsproblemen; die fehlende Lösung dieser Probleme ist als eine Ursache des ungenügenden Standes der rechnergestützten Generalisierung anzusehen.)

Oben angeführten Untersuchungen zufolge sind die das Problem ausmachenden *topologischen Beziehungen* wie folgt zu charakterisieren: In Abhängigkeit von Nutzung und Charakter lassen sich binäre und multivalente Beziehungen klassifizieren. Als wichtigste binäre topologische Beziehungen der konkreten räumlichen Struktur der Geländeelemente werden genannt: Überlagerung, Nachbarschaft, äquidistante Nachbarschaft, Einlagerung, Überdeckung, Überschneidung, Angrenzung. Multivalente Objektbeziehungen bilden sog. *topologische Strukturen*, zu deren Hauptformen Netzstrukturen, Arealstrukturen und Linienstrukturen zu rechnen sind. Topologische Beziehungen sind insbesondere bei den Generalisierungsmaßnahmen Verdrängung und Zusammenfassung als gewichtig anzusehen. Topologische Strukturen sind in Abhängigkeit von ihren äußeren Merkmalen, wiedergespiegelt in Lage, Anordnung, Hierarchie, und anderen, sowie in Abhängigkeit von ihren inneren Merkmalen, widergespiegelt in Verteilungscharakter, vorherrschende binäre Relationen, Herkunft und anderen für den Generalisierungsprozeß erfaßbar. Nicht zuletzt bildet eine definierte topologische Struktur der Geländeelemente eine wesentliche Voraussetzung für die effektive Speicherung der diesbezüglichen georäumlichen Informationen.

Nach SALIŠČEV (1982b) resultieren die mit der notwendigen Formalisierung verbundenen Schwierigkeiten insbesondere aus folgenden Eigenheiten der kartographischen Generalisierung: 1. zumeist notwendiges Ausschöpfen der graphischen Verkleinerungsmöglichkeiten, da auf der Karte aus bekannten Gründen Übertreibung und Verdrängung der Objekte unerläßlich sind; 2. Übergang zu anderen Darstellungsmethoden bei der Wiedergabe komplizierterer Begriffe; 3. eine besonders komplizierte Generalisierungsproblematik enthalten Komplexkarten, da es schwierig ist, Wechselbeziehungen zwischen verschiedenen Inhaltselementen in mathematischer Form auszudrücken. Das Problem ist auch bei der Darlegung der topologischen Beziehungen vorstehend angesprochen.

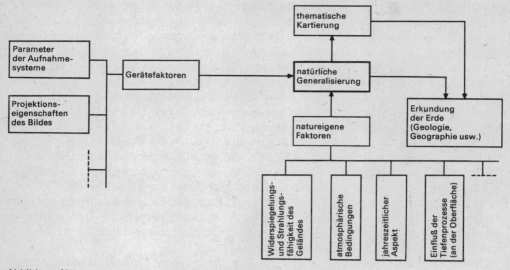

Abbildung 41
Schema der Untersuchung des Auftretens der natürlichen Generalisierung
(nach GONIN)

Völlig neue Möglichkeiten der Generalisierung sind mit lokalen Bildoperationen bei der Anwendung von Multispektralaufnahmen aufgetaucht. Dabei werden Objektkonturen, die durch nichtlineare Grauwertänderungen charakterisiert sind, herausgefiltert (PESCHEL u. SCHULZE 1978). Hier sind weitere Untersuchungen abzuwarten.

Im Zusammenhang mit der wachsenden Bedeutung der rechnergestützten Generalisierung sei auch auf die Verfahren einer sog. Batch[14]-Generalisierung hingewiesen, die jüngst vorgeführt wurden (WEBER 1982).

Von GONIN (1980) stammt eine Untersuchung, die sich mit dem Auftreten einer natürlichen Generalisierung befaßt, wie sie bei kosmischen Aufnahmen zur Fernerkundung der Erde nachweisbar ist (vgl. Abbildung 41). Dabei werden Gerätefaktoren und natureigene (natürliche) Faktoren unterschieden. In beiden Fällen wird nur eine Auswahl angegeben, also keine Vollständigkeit erreicht. Als Gerätefaktoren erscheinen die Parameter der Aufnahmesysteme und die Projektionseigenschaften des Bildes. Als natureigene Faktoren werden die Widerspiegelungs- und Strahlungsfähigkeit des Geländes, die atmosphärischen Bedingungen, der jahreszeitliche Aspekt und der Einfluß der Tiefenprozesse angeführt. Die natürliche Generalisierung im vorbeschriebenen Sinne muß jedenfalls im Zusammenhang mit den sonstigen Generalisierungsmöglichkeiten betrachtet werden, um Wesen und Auswirkung für die Kartenherstellung auf der Grundlage von Daten der Geofernerkundung einschätzen zu können.

Noch von relativ geringem Umfang sind Untersuchungen, die sich mit den meßbaren Auswirkungen der Generalisierung befassen. PAWLAK (1971) konnte diesbezüglich deren praktische Bedeutung am Beispiel des Verlaufs der polnisch-tschechoslowakischen Grenze nachweisen.

14 *batch* von Schub, Menge, Trupp gleicher Personen, Schicht, Partie gleicher Dinge abgeleitet; im Sinne von vollautomatischer Stapelverarbeitung aufzufassen

Im Zusammenhang mit der begrifflichen Generalisierung ist nicht zuletzt auch die Gruppenbildung (WITT 1970) bzw. *Klasseneinteilung von Daten* der darzustellenden Objekte zu sehen (HAKE 1982). Die Aufgabe besteht darin, einen echten Kompromiß zwischen den Forderungen nach einer möglichst geringen Generalisierung der gegebenen Daten und einer sicheren und fehlerfreien Lesbarkeit bzw. Nutzung der betreffenden Karte zu finden (MENKE 1981). Besonders wichtig ist zudem, eine ungerade Anzahl von Klassen zu definieren, weil dadurch die oftmals herausragend bedeutsamen Mittelwerte nicht geteilt, sondern als Klasse ausgewiesen werden können. Außerdem haben entsprechende Untersuchungen (SCHOPP-MEYER 1978) gezeigt, daß bei einfarbigen Tonwertskalen nicht mehr als sieben Klassen angewendet werden sollten, um die einwandfreie Lesbarkeit zu gewährleisten. Die Beschränkung auf eine endliche Anzahl möglicher Tonwerte mittels einer gestuften Tonwertskala erleichtert die Identifizierung und den Vergleich von Tonwerten, sie verringert Interpretationsfehler hinsichtlich ihrer Größe wie auch ihrer Anzahl.

An eine optimale Klasseneinteilung sind bestimmte Grundforderungen zu stellen (JENKS u. COULSON 1963):

F1 – Der gesamte Datenbereich soll überdeckt werden;

F2 – die einzelnen Klassenintervalle sollen aneinanderstoßen;

F3 – jede Klasse soll besetzt sein, leere Klassen sind also zu vermeiden;

F4 – die Klassenanzahl soll groß genug sein, um gegebene Genauigkeitsansprüche zu befriedigen, aber nicht so groß, daß eine Genauigkeit vorgetäuscht wird, die durch die Daten nicht gegeben ist.

Zur Forderung bezüglich der Klassenanzahl ist noch folgendes zu ergänzen (KISHI-MOTO 1972): Die Spannweite der Klassen ist abhängig von der Klassenanzahl. Je feiner die Maschenweite, desto genauer die Karte, jedoch zumeist auf Kosten der Anschaulichkeit. Der Differenzierungsgrad wird vor allem von folgenden Faktoren bestimmt:

1. Qualität des Ausgangsmaterials,
2. Kartenmaßstab,
3. graphische und drucktechnische Möglichkeiten,
4. visuelle Unterscheidbarkeit.

F5 – jede Klasse soll ungefähr gleich viele Elemente enthalten;

F6 – die Art der Klasseneinteilung soll nach Möglichkeit mathematisch definierbar und leicht nachvollziehbar sein.

Es läßt sich zeigen (MENKE 1981), daß die beiden letztgenannten Forderungen insbesondere dann nicht gleichzeitig erfüllbar sind, wenn die Häufigkeitsverteilung der Daten im überdeckten Zahlenbereich sich der Beschreibung mittels einfacher mathematischer Funktionen entzieht, wie z. B. bei Vorliegen mehrerer relativer Maxima und Minima der Häufigkeitsverteilungsfunktion. Für die Bearbeitung dieser letztgenannten Fälle sollte der Forderungskatalog daher wie folgt ergänzt werden (MENKE 1981):

F7 – Die wertmäßig besonders typischen Relationen der Objektmerkmale untereinander sollen möglichst unverfälscht wiedergegeben werden.

Aus dieser Forderung ist zu folgern, daß Objekte mit wertmäßig dicht beieinander liegenden Merkmalen nicht durch eine Klassengrenze voneinander getrennt werden, die Grenzen also generell soweit wie möglich in die Mitte relativ schwach oder gar nicht besetzter Teile des Zahlenbereiches fallen sollten, um natürliche Gruppen zu erhalten.

Bei der Klassenbildung im vorgenannten Sinne oder auch gemäß weiterer Kriterien können *graphische Hilfsmittel* sehr nützlich sein, die aber nicht selbst schon eine Klasseneinteilung beinhalten sollten, zumindest aber sollte diese über einen geringen Generalisierungs-

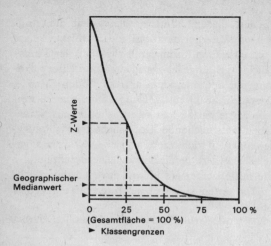

Abbildung 42
Diagramm zur Bildung gleichflächiger Klassen
(nach KISHOMOTO)

grad, d. h. über eine kleine Klassenbreite, verfügen (MENKE 1981). Nach KISHIMOTO (1972) sind folgende graphische Hilfsmittel geeignet: einfache Häufigkeitsdiagramme, kumulative Häufigkeitsdiagramme und Klinogramme als spezifische Form der letzteren. Diese graphischen Darstellungen liefern lediglich Anhaltspunkte zur Festlegung von Klassengrenzen. Am zweckmäßigsten ist es, sie kombiniert mit den rechnerischen Methoden anzuwenden (vgl. Abbildungen 42 u. 43).

5.2.　Unifizierung der Karten

Die *Unifizierung von Karten* ist für die Kartengestaltung durch eine Vereinheitlichung der kartengestaltenden Ausdrucksmittel für den gleichen Gegenstand gekennzeichnet. Das erbringt bei der Kartenherstellung bestimmte Rationalisierungseffekte im Sinne ökonomischer Vorteile. Bei der Kartennutzung wird deren *Effektivität* durch Reduzierung der Anzahl der einzuprägenden Kartenzeichen und Darstellungsmethoden gesteigert.

5.2.1.　*Namenschreibung in Karten*

Eine nicht immer voll erkannte Bedeutung kommt in diesem Zusammenhang der Namenschreibung in Karten zu. Unter der Kurzbezeichnung „Namenschreibung in Karten" (TÄUBERT 1974) ist die Schreibweise geographischer Namen in kartographischen Erzeugnissen, also nicht nur Karten, zu verstehen. Die Ausarbeitung von theoretischen Grundsätzen ist ein in vielfacher Hinsicht höchst bedeutsames Problem, mit dem sich nicht nur nationale Gremien, sondern auch die UNO beschäftigen (HAACK 1974a). In der DDR laufen diese Arbeiten unter der Leitung des Ministeriums des Innern, Verwaltung Vermessungs- und Kartenwesen, die bereits 1959 eine Kommission, aus den verschiedensten Anwender- und Nutzerbereichen zusammengesetzt, dafür berufen hat.

　Wichtigste Grundlage für die Lösung der Aufgaben zur Standardisierung geographischer Namen in kartographischen Produkten der DDR ist die „Instruktion für die Schreibweise

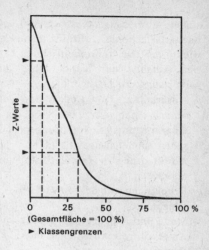

Abbildung 43
Diagramm zur Bildung äquidistanter Klassen
(nach KISHOMOTO)

geographischer Namen in kartographischen Erzeugnissen der DDR" (WOSKA 1984). Welche wesentliche Basis hier geschaffen wurde, läßt sich schon daran ermessen, daß seit dem Erscheinen der ersten Auflage im Jahre 1963 sieben weitere Auflagen, selbstverständlich vervollkommnet, erschienen sind. Die Bedeutung läßt sich ferner daran erkennen, daß sie auch in staatlichen Organen und Institutionen, im Verlagswesen, in der Presse, im Rundfunk und im Fernsehen angewandt wird. Neben den grundsätzlichen Festlegungen sind die für das eigene Staatsgebiet speziell geltenden Grundsätze gleichermaßen belangvoll. Die Grundlage hierfür bildet die „Allgemeine Richtlinie für die Schreibweise geographischer Namen der Deutschen Demokratischen Republik". Darüberhinaus wurden spezielle Dokumente zur Schreibweise geographischer Namen der Küstengewässer der DDR erarbeitet.

Die vorgenannten Dokumente sind bedeutsam für die Lösung folgender Aufgaben (HAACK 1982):
– die einheitliche Schreibweise dieser Namen in allen kartographischen Erzeugnissen der DDR,
– die richtige Zuordnung der Namen zu den Objekten und ihren Ausdehnungen,
– die richtige Auswahl und Generalisierung dieser Namen in allgemein-geographischen und thematischen Karten,
– die Abstimmung der Schreibweise der Namen der Objekte, die sich über das Gebiet von zwei oder mehreren Staaten erstrecken.

Die genannten Materialien haben sich bereits in der Praxis als wirksames Mittel zur Vereinheitlichung der Schreibweise geographischer Namen vom Staatsgebiet der DDR bewährt. Sie bilden zudem einen Beitrag zur Realisierung von Resolutionen der Konferenzen der Vereinten Nationen zur Standardisierung geographischer Namen. So konnten z. B. in Anwendung der Resolutionen 28 und 29 der II. Konferenz der UNO (BREU 1982) zur Standardisierung geographischer Namen (London 1972) weitere Fortschritte bei der Reduzierung der Exonyme (Doppelbezeichnungen) erreicht werden (HAACK 1982a). Einen anschaulichen Einblick in die bedeutsamen Fragen der Exonyme vermittelt BREU (1971)

Größere Probleme bereitet die Vereinheitlichung der Schreibweise der geographischen Namen des Auslandes (TÄUBERT 1974). Dafür wurden unter Beachtung entsprechender Resolutionen der o. g. Konferenzen seit 1967 „Allgemeine Richtlinien" für folgende Staaten – in der Reihenfolge des Erscheinens – geschaffen: Belgien, Niederlande, Dänemark, Italien, Frankreich, Spanien, Portugal, Island, ČSSR, Albanien, Norwegen, Schweden, Polen, Kleinstaaten Europas (Luxemburg, Malta, Liechtenstein, Andorra, San Marino, Vatikanstadt, Monaco), Griechenland, Finnland, Jugoslawien, Irland, Bulgarien, Rumänien, Schweiz und Sowjetunion. Die Vereinheitlichung der Schreibweise geographischer Namen stellt eine wichtige Aufgabe der Kartographie im internationalen Rahmen dar. Die diesbezügliche Mitwirkung der DDR erfolgt vor allem mit folgenden Schwerpunkten (HAACK 1982a):

- Ausarbeitung von Regeln und Richtlinien für die einheitliche Schreibweise geographischer Namen vom Staatsgebiet der DDR,
- Übermittlung von Erfahrungen und Ergebnissen in der Zusammenstellung von geographischen Namensverzeichnissen,
- Anwendung von Namen für topographische Objekte, die sich über zwei und mehr Staaten erstrecken,
- Regelungen zur Schreibweise von Namen internationaler Gewässer und untermeerischer Objekte,
- Stand und Aufgaben zur Reduzierung der Exonyme,
- Anwendung einheitlicher lateinischer Umschriftsysteme für nichtlateinische Schreibsysteme,
- Anwendung der EDV für die Herstellung geographischer Namenverzeichnisse.

Herausragende Bedeutung für Kartengestaltung und Kartennutzung erlangt die einheitliche Wiedergabe der geographischen Namen bei Kartenwerken, die in internationaler Zusammenarbeit entstehen. Ein überzeugendes Beispiel stellt die Weltkarte 1:2500000 als Gemeinschaftswerk sozialistischer Staaten (HAACK 1974b) dar. Umfangreiche wissenschaftliche Untersuchungen waren als Entscheidungsgrundlage für die zu treffenden Festlegungen notwendig, wobei auch Ausnahmen nicht immer zu vermeiden sind (FÖLDI 1977). Derart große Kartenwerke erbringen zumeist auch neue Erkenntnisse hinsichtlich der Namenschreibung (KOEN 1972).

Was die Einordnung der Festlegungen zur Schreibweise geographischer Namen in die Arbeiten des Herstellungsprozesses von allgemein-geographischen oder thematischen Karten anbetrifft, so fallen diese in den Arbeitsbereich des zumeist akademisch ausgebildeten Kartenredakteurs.

5.2.2. *Standardisierung der Kartengestaltung*

Die Standardisierung der Kartengestaltung bildet einen wesentlichen Teil der Bestrebungen zur Unifizierung der Karten. (Natürlich kann man im weiteren Sinne auch die Vereinheitlichung der Namenschreibung zur Standardisierung der Kartengestaltung hinzurechnen). Unter Standardisierung der Kartengestaltung sei die zweckbestimmte *Vereinheitlichung der jeweiligen kartographischen Darstellungen* verstanden, die auch in der Kartographie ein wichtiges Mittel der sozialistischen Intensivierung darstellt.

In der DDR ist die Standardisierung vorrangig auf folgende Ziele orientiert, die kartographisch wie folgt bedeutsam sind: 1. Sicherung und Entwicklung der *Qualität* hochwertiger und kostengünstiger kartographischer Erzeugnisse entsprechend den Bedürfnissen der Bevölkerung, der Volkswirtschaft und der Landesverteidigung. Dazu sind für die einzelnen Produktionsstufen solche Standards zu entwickeln, die bis zum Kartennutzer abgestimmt sind; 2. Gewährleistung der *Kombinierfähigkeit* bzw. *Austauschbarkeit* bestimmter Kartenelemente in Abhängigkeit von der Zweckbestimmung des kartographischen Erzeugnisses. Wesentliche diesbezügliche Schritte wurden z. B. mit der Schaffung einheitlicher Grundlagenkarten für thematische Karten in der Form der topographischen Karten, Ausgabe Volkswirtschaft (NI-

Abbildung 44
Auswahl der
großen Anzahl
unterschiedlicher
Kartenzeichen
in früheren
Touristenkarten
der DDR
(nach PUSTKOWSKI)

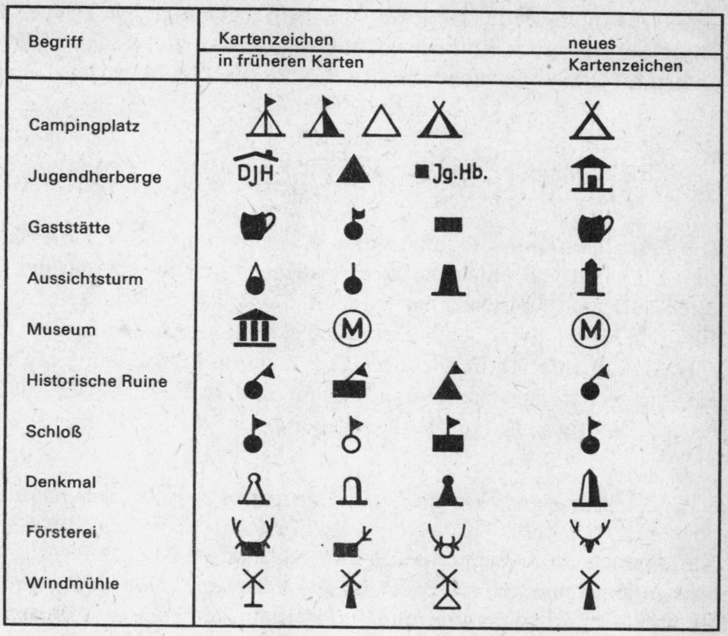

Begriff	Kartenzeichen in früheren Karten				neues Kartenzeichen
Campingplatz					
Jugendherberge	DJH		■ Jg.Hb.		
Gaststätte					
Aussichtsturm					
Museum		M			M
Historische Ruine					
Schloß					
Denkmal					
Försterei					
Windmühle					

SCHAN u. SCHIRM 1981), getan. Hier sind auch solche Neuentwicklungen wie standardisierte thematische Grundlagenkarten (GROSSER 1982) zu nennen. Standardisierungslösungen stellen nicht zuletzt auch die *Zeichenschlüssel verschiedener Maßstäbe* topographischer Karten dar. Generell muß die Standardisierung mit der Vereinheitlichung der den Kartenzeichen zugeordneten Begriffe beginnen. Daraus resultiert ein erheblicher Teil der Probleme bei der Standardisierung im internationalen Rahmen. Eine Vorstellung von den in den letzten Jahren in der DDR auf dem Gebiet der Touristenkarten erreichten Standardisierungen vermittelt Abbildung 44. Umso höher sind die im Rahmen von Koeditionen des VEB Tourist-Verlages der DDR mit der ČSSR und der VR Polen erzielten Erfolge bei touristischen Kartenzeichen (PUSTKOWSKI 1978) zu werten. Eine wohl maximale Standardisierung der Kartengestaltung wurde bei Orientierungslaufkarten erreicht (SPIESS 1972, PALM 1972, LUNZE u. MÖSER 1980). 3. Ziel der Standardisierung sind auch die Durchsetzung der *wissenschaftlichen Arbeitsorganisation* und die Rationalisierung der Produktionsvorbereitung. Die im Rahmen des jeweiligen redaktionellen Systems von den sozialistischen Ländern erzielten Erfolge sind im übrigen anerkannt (ORMELING 1978). 4. Nicht zuletzt sind die Erhöhung der *Materialökonomie* und die Senkung des spezifischen Energieverbrauchs auch für die Kartographie bedeutsame Aspekte der Standardisierung. Die Thematik der bisher vorliegenden Untersuchungen zur Standardisierungsproblematik konzentriert sich auf die Gestaltung thematischer Karten wie Industriekarten (JOLY 1971, NIKISHOV u. PREOBRAZHENSKY 1971 u. a.), Verkehrskarten (RADÓ u. DUDAR 1971) bei Unterscheidung von Maßstabsbereichen, Wirtschaftskarten komplexer Natur mit Vorschlag von Kartenzeichensystemen (RATAJSKI 1971a) sowie allgemein-methodische Untersuchungen, die richtig von der Zweckbestimmung und dem Kartengegenstand ausgehen (ROBINSON 1973) und die Systematik des notwendigen Vorgehens betonen. Für die Probleme der Farbenstandardisierung bei der Kartengestaltung sei auf BOARD (1973) und – in historischer Betrachtungsweise arbeitend – auf GUNTAU u. PÁPAY

(1984) für geologische Karten verwiesen. Wie nicht anders zu erwarten, gibt es auch kritische Stimmen bzw. auch kritische Hinweise zur kartographischen Standardisierung, jedoch mit unterschiedlicher Gewichtigkeit (z. B. JOLY 1971, ARNBERGER 1975 b) der Argumente.

5.3. Erschließung des Quellen- bzw. Ausgangsmaterials

Die Erschließung des Quellen- bzw. Ausgangsmaterials für die Kartenherstellung im weitesten Sinne ist von entscheidender *Bedeutung* für die Qualität der Kartengestaltung im Hinblick auf Vollständigkeit der Quellen, Zuverlässigkeit derselben, Aktualität derselben und Eignung für die jeweilige konkrete Zweckbestimmung. Außerdem beinhaltet die kartographische Dokumentation und Information auch die Erschließung des zunehmend anwachsenden Erkenntnismaterials auf methodischem und methodologischem Gebiet, insbesondere der Kartengestaltung. Darauf ist nachstehend zunächst einzugehen.

5.3.1. *Kartographische Dokumentation und Information*

Kartographische Dokumentation und Information ist dem Wesen nach *wissenschaftlich-technische Informationstätigkeit*. Diese ist zu definieren (BAER 1971, 1977 u. 1982) als Erfassung, Verarbeitung, Speicherung und Verbreitung der im Erkenntnisprozeß gewonnenen wissenschaftlichen Informationen mit dem Ziel der Rationalisierung der geistig-schöpferischen Arbeit. Die Aufgabe der Informationstätigkeit besteht im einzelnen darin, Quellen so aufzubereiten und zu speichern, daß für jede Nutzeranfrage die relevanten Informationsquellen mit hoher Vollständigkeit und Treffsicherheit bereitgestellt werden können. Dazu sind bestimmte Arbeitsprozesse notwendig. Diese werden von Menschen ausgeführt, von deren Kenntnissen und Fähigkeiten die Ergebnisse der vorgenannten Prozesse beeinflußt werden. Daraus resultiert die Notwendigkeit, den Prozeß der Informationsverarbeitung zu objektivieren.

Es bietet sich dabei folgende Lösung an: Die *Signalisierung der Inhaltselemente* durch Schlagwörter, die sich nach bestimmten Positionen ordnen lassen. Für das Vermessungs-

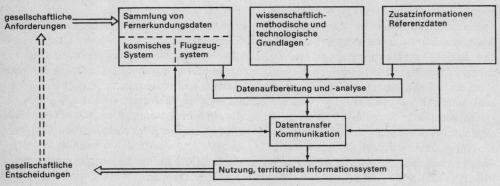

Abbildung 45
Teilsysteme eines Informationssystems auf der Basis von Fernerkundungsdaten
(nach KAUTZLEBEN u. MAREK)

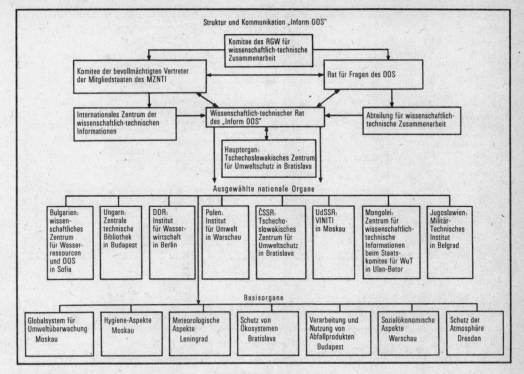

Abbildung 46
Informationssysteme für den Umweltschutz sowie Informationsquellen für die Kartierung
(nach GRAZIANSKIJ u. NADEŠDINA)

und Kartenwesen sind in einer ersten Hierarchieebene als geeignet anzusehen: Wissenschaftsgebiet bzw. -teilgebiet; Methoden, Verfahren, Prozesse; Arbeitsmittel; Arbeitsergebnisse; Ökonomie und sonstige Speichermerkmale. Ein derartiges Auswerteergebnis besitzt vorwiegend Suchwert und ist daher für die Speicherung geeignet. Zur Unterrichtung der Nutzer ist es durch die in der Informationsquelle enthaltenen Untersuchungsergebnisse, Schlußfolgerungen usw. zu ergänzen. Die Vorzüge werden bei der Speicherung und Recherche von Quellen erst voll wirksam, wenn die Gesamtheit der verwendeten Schlagwörter durch semantische Überarbeitung zu einer *Informationsrecherchesprache* vom Typ einer *Deskriptorensprache* entwickelt wird. Zu dieser gehören auch die *Thesauri.*

Die konventionellen Informationssysteme sind mit hohem personellem Aufwand verbunden. Durch Einsatz von *Methoden der Fernerkundung* lassen sich diese Systeme zur Verwaltung und Verarbeitung der Informationen rationeller und gründlicher gestalten, sie erfordern jedoch eine spezielle Adaption in methodischer und technologischer Hinsicht (KAUTZLEBEN u. MAREK 1982). Demzufolge enthält ein territoriales Informationssystem für eine bestimmte Region folgende *Teilsysteme (TS)* (s. Abbildung 45):

– *TS* zur Sammlung von Fernerkundungsdaten, wobei Fragen der Zentralisierung, Zugriffsfähigkeit zu den Daten usw. zu lösen sind,
– *TS* zur Bereitstellung der erforderlichen wissenschaftlich-methodischen und technologischen Grundlagen,

141

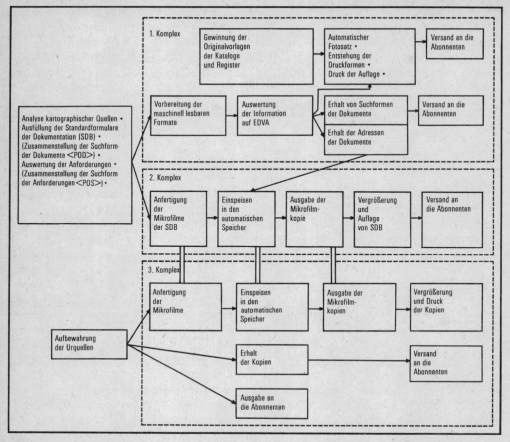

Abbildung 47
Funktionsschema des kartographischen automatisierten Dokumentations-
Informationsrecherchesystems
(nach LOSINOVA, EGOROVA u. ŠKURKOV)

- *TS* zur Bereitstellung von Zusatzinformationen,
- *TS* zur Datenaufbereitung und fachspezifischen Analyse (thematische Interpretation),
- *TS* zum Datentransfer (Kommunikationssystem),
- *TS* zur Nutzung der Daten bzw. Datenbanken durch Wissenschaftler, Planer u. a.

Neben der Verknüpfung der Teilsysteme ist die rechnergestützte Kartenherstellung und -nutzung als wesentliche Determinante der künftigen Entwicklung auf dem Gebiet kartographischer Information anzusehen.

Die von KAUTZLEBEN u. MAREK (1982) getroffene Feststellung, daß die allgemeine und prinzipielle Zielstellung aller Aktivitäten auf dem Gebiet der Fernerkundung langfristig nur in deren Beitrag zum Aufbau eines territorialen bzw. raumrelevanten Informationssystems bzw. in der Integration der Fernerkundungsdaten in ein solches System gesehen werden kann, muß nachdrücklichst unterstrichen werden.

In den sozialistischen Ländern werden auch für Informationssysteme *internationale arbeitsteilige Lösungen* angestrebt, wie das Beispiel (Abbildung 46) für den Umweltschutz und die Informationsquellen für die Kartierung (GRAZIANSKIJ u. NADEŠDINA 1980) zeigt.

Nicht minder wichtig ist der Aufbau eines automatisierten kartographischen Dokumentations-Informationsrecherchesystems (LOSINOVA, EGOROVA u. ŠKURKOV 1977), womit entscheidende Voraussetzungen für eine hohe Aktualität des zur Kartenherstellung benötigten Ausgangsmaterials geschaffen werden. Bemerkenswert auch hier die Anwendung der Mikroverfilmung. Die Einzelheiten zeigt Abbildung 47.

5.3.2. *Quellenkritik*

Das kartographische Quellenmaterial, auch als Ausgangsmaterial bezeichnet, bedarf in jedem Falle einer kritischen Einschätzung, ehe es seiner Zweckbestimmung zugeführt wird, die wesentlichste Grundlage der Kartenherstellung zu bilden. Diese Tätigkeit erfolgt im Rahmen der *Kartenredaktion* (SALIŠČEV 1978 a), und sie muß von hohem Verantwortungsbewußtsein getragen sein. Sie erfordert zudem ein großes Maß an Erfahrungen, wenn eine entsprechende Effektivität gewährleistet sein soll (HAACK 1974 a). Auf jeden Fall muß anerkannt werden, daß die neu zu schaffende Karte keine höhere Genauigkeit und keine größere Zuverlässigkeit aufweisen kann als das verwendete Quellenmaterial. Hinzu kommt, daß diese Merkmale in der Regel für die einzelnen Inhaltselemente der Karte *unterschiedlich* gestaltet sind. Systematische und zufällige Fehler spielen zumeist eine geringere Rolle. Nicht zuletzt resultiert die große Bedeutung der Quellenkritik daraus, daß der Kartennutzer zumeist nicht in der Lage ist, die besagte Karte hinsichtlich der genannten Merkmale einzuschätzen. *Redaktionsschlußangaben* stellen nicht immer eine den zu stellenden Ansprüchen genügende Lösung dar.

Nach HABEL (1971) ist bei der *Einschätzung der kartographischen Ausgangsmaterialien* von folgenden *Kriterien* auszugehen: geometrische Genauigkeit, ökonomische Zweckmäßigkeit, Aktualität, geometrische Übereinstimmung, Vollständigkeit des Inhalts in Abhängigkeit von Maßstab und Zweckbestimmung der Karte sowie Übereinstimmung der Ausgangskarten mit den an die neue Karte zu stellenden Forderungen. Die Ergebnisse der Quellenkritik werden günstigerweise in redaktionellen Dokumenten, wie beispielsweise *Entstehungsnachweisen* der Karten, dokumentiert, da sie zudem für die Laufendhaltung der betreffenden Karte belangvoll sein können.

5.4. Theoretisch-technologische Grundlagen der Kartengestaltung

5.4.1. *Wissenschaftliche Arbeitsorganisation (WAO)*

Wissenschaftliche Arbeitsorganisation bedeutet die *Gestaltung des Zusammenwirkens der Werktätigen mit den Arbeitsmitteln und Arbeitsgegenständen sowie der Umweltbedingungen und der kollektiven Beziehungen im Arbeitsprozeß mit dem Ziel der Erhöhung der Effektivität der Arbeit, der Beseitigung körperlich schwerer und einförmiger Arbeit sowie der Persönlichkeitsentwicklung.* WAO ist also eine Vielzahl von Methoden und Instrumenten, die zur Verwirklichung dieser Zielstellung angewandt werden. Mit Hilfe der WAO wird die Veränderung und Entwicklung der

Technik, der Technologie und Organisation, die Gestaltung der Rationalisierungsmittel und Erzeugnisse, ausgehend von den Menschen und mit ihnen, in ihrem Interesse durchgeführt. Dabei sind die Erkenntnisse besonders solcher Arbeitswissenschaften, wie Arbeits-Ingenieurwesen, Arbeitshygiene, Arbeitsmedizin, Arbeitsphysiologie, Arbeitspsychologie, Arbeitssoziologie, Arbeitsökonomik, Arbeitspädagogik, Arbeitsrecht und anderer zu nutzen. Mit der Arbeitsgestaltung erfolgt die Umsetzung der arbeitswissenschaftlichen Erkenntnisse vor allem mit Hilfe technisch-konstruktiver und technisch-organisatorischer Maßnahmen (SCHMIDT u. NAUMANN 1972).

Über die Arbeitsgestaltung werden die Forschungsergebnisse der einzelnen Disziplinen der Arbeitswissenschaften komplex in zu *projektierende oder bestehende Arbeitsprozesse*, unter Berücksichtigung der Erkenntisse und Erfordernisse der sozialistischen Betriebswirtschaft, der Intensivierung der Produktion, der Technologie und anderer angewandter Wissenschaftszweige umgesetzt (WALTER u. a. 1971).

WAO bildet ein wesentliches Element der technologischen Grundlagen der Kartengestaltung und ist aus vorgenannten Gründen eng mit den theoretischen Grundlagen der technischen Kartographie verbunden. Die besondere Bedeutung der WAO im vorstehenden Sinne erklärt sich vor allem aus zwei Ursachen:

– zum ersten der Kartenherstellung – in der theoretischen Kartographie liegt dabei der Schwerpunkt verständlicherweise auf der Kartengestaltung (die man z. B. mit der Konstruktion in den maschinenbauenden Zweigen der Industrie vergleichen kann) – die sich zunehmend als stark arbeitsteiliger Prozeß entwickelt hat, der heute nur noch mit wissenschaftlichen Methoden effektiv beherrschbar ist, und zum zweiten durch die zunehmend rechnergestützten Varianten (automatisierte) dieser Prozesse, die speziellen technologischen Bedingungen genügen müssen, worauf noch gesondert einzugehen ist.

Die größte Bedeutung kommt der WAO bei großen Kartenwerken zu, insbesondere dann, wenn diese im Ergebnis internationaler Zusammenarbeit entstehen. Das bisher in den Dimensionen größte Beispiel stellt zweifelsohne die Schaffung der *Weltkarte (WK) 1:2 500 000* dar, das bekannte Gemeinschaftswerk von sieben sozialistischen Ländern (HAACK 1974b).

5.4.2. *Spezielle theoretisch-technologische Bedingungen bei Einbeziehung kosmischer Aufnahmen*

Spezielle theoretisch-technologische Bedingungen sind z. B. – neben den Schreibwerkkartogrammen, deren Gestaltung ständig weiterentwickelt wird, z. B. WOLODTSCHENKO (1982) – mit der Einbeziehung von Fernerkundungsdaten, in die Herstellung, insbesondere thematischer Karten gegeben (FILANČUK 1978). Abbildung 48 zeigt nach KAUTZLEBEN u. MAREK (1982) den Informationsfluß in einem Fernerkundungssystem mit dem Ergebnis E, bezogen auf ein x-y-Koordinatensystem in Form einer thematischen Karte $E(x,y)$. Da die vom Untersuchungsobjekt gewonnenen Strahlungsgrößen bzw. anderen fernerkundungsspezifischen Merkmale $S(x,y)$ im allgemeinen keine Beziehung zum Ergebnisparameter E besitzen, ist prinzipiell eine fachspezifische Objektdefinition $E(S)$ bzw. $S(E)$ mit Hilfe geeigneter Zusatzdaten (Karteninformationen, Bodenmessungen u. a.) erforderlich. Mit dem systematischen Einsatz der Fernerkundung in den 80er Jahren wird die Bedeutung rechnergestützter Technologien der Kartenherstellung sicher weiter wachsen. Die hier interessierenden theoretisch-technologischen Bedingungen sind als Möglichkeiten und Grenzen der Nutzung von Fernerkundungsdaten in der Kartenherstellung zu interpretieren, in dem Sinne wie von GUSKE (1982) aufgezeigt. Zunächst ist auf die unterschiedlichen Genauigkeitsanforderungen bei to-

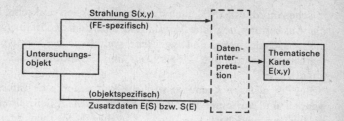

Abbildung 48
Informationsfluß in einem
Fernerkundungssystem
(nach KAUTZLEBEN u. MAREK)

pographischen und bei thematischen Karten hinzuweisen. Die automatisierte Herstellung und Laufendhaltung thematischer Karten auf der Basis von Fernerkundungsdaten ist im Zusammenhang mit den hohen Genauigkeitsanforderungen der topographischen Karten zu sehen, weil sie mit letzteren paßfähig sein müssen, nicht zuletzt aus Gründen des Datenspeicheraufbaus. Die große Bedeutung von Technologien der Kartenherstellung unter Einbeziehung der Fernerkundung resultiert nicht nur aus dem sehr hohen Informationsgehalt, sondern auch daraus, daß speziell Multispektralaufnahmen sehr gute Voraussetzungen für die schrittweise Automatisierung der Dechiffrierung bieten. Die unterschiedlich hohen Anforderungen bezüglich Lage- und Höhengenauigkeit auch bei Scanneraufnahmen sind zu beachten (GUSKE u. KLUGE 1982 u. 1984). Letztlich sind die vorgenannten speziellen, weil neuen theoretisch-technologischen Bedingungen als qualitativ neue Möglichkeiten der Weiterentwicklung des technologischen Niveaus (GÖHLER 1982) anzusehen. In dem genannten Zusammenhang sind auch der Multispektralscannereinsatz bzw. die Anwendungsmöglichkeiten der Rasterdatenverarbeitung in der Kartographie (LICHTNER 1981) zu sehen; anschauliche praktische Beispiele im Bereich thematischer Kartierung in der DDR als geographisch-kartographische Analyse der Flächennutzung nach multispektralen Luftbildern und Satellitenaufnahmen geben KRÖNERT u. a. (1983) sowie BARSCH u. WIRTH (1983); für die Landschaftsanalyse vgl. KUGLER, RIEDEL u. VILLWOCK (1984); für das Territorium der VR Polen und den Einsatz eines Multispektralscanners ist auf BARANOWSKA u. CIOŁKOSZ (1983) zu verweisen.

5.4.3. *Grundzüge von Kodierungsmethoden kartographischer Darstellungen in technisch-technologischer Hinsicht*

Einen wesentlichen Bestandteil theoretisch-technologischer Grundlagen der Kartengestaltung bilden die *Methoden der Kodierung*, die eine maschinelle Auswertung der kartographischen Darstellung gestatten. Diese sind von den nachfolgend beschriebenen Bedingungen abhängig bzw. werden von diesen gebildet (VANJUKOVA 1982b). Eine kodierungsmäßig optimale Karte erfordert eine minimale Anzahl der Elementarsymbole für die Übermittlung der Information. Daraus läßt sich die theoretische Prämisse ableiten, daß die Häufigkeit des kodierten Objekts die Dimension des Kodes bedingt, d. h. je häufiger das kodierte Objekt erscheint, desto kürzer sollte der Kode sein. In der Praxis der Kartengestaltung wirken natürlich eine *Reihe von Determinanten* auf die Kodegestaltung ein, z. B. Hierarchieaufbau der Kartenzeichensysteme, davon abhängige logische Zusammenhänge (BOČAROV 1966) und anderes mehr.

An das Kodierungssystem sind folgende grundsätzliche Anforderungen zu stellen (VANJUKOVA 1982b): schnelle und eindeutige Umformung der kartographischen Darstellung, ökonomische Anordnung im Speicher, schnelles Suchen und schnelle Ausgabe der Information für die Auswertung, logische Verbindung mit dem Kodierungsobjekt, Berücksichtigung allgemein-psychologischer und ingenieurpsychologischer Faktoren sowie der technischen Automatisierungsmittel und Möglichkeit der Variierung der Elementeauswahl, qualitativ und quantitativ.

Bei der *digitalen Kodierung* wird die kartographische Information in digitale Form umgewandelt und auf einer Lochkarte, einem Lochstreifen, einem Magnetband oder einer Magnetplatte gespeichert. VANJUKOVA (1982b) gibt für topographische Karten eine Methodik an, die u. a. die Einschätzung der Wahrscheinlichkeit des Auftretens des einzelnen Kartenzeichens bedingt nach der Gleichung

$$P_i = \frac{1}{n} \sum_{i=1}^{n} \frac{m_i}{N_i}$$

wobei

P_i = Wahrscheinlichkeit des Auftretens der Kartenzeichen einer Klasse auf dem Blatt

m_i = Anzahl der Kartenzeichen einer Klasse auf dem Blatt i

N_i = Gesamtanzahl der Kartenzeichen auf dem Blatt i

n = Anzahl der Kartenblätter.

Bei der *graphischen Kodierung* ist eine rasche, leichte und richtige Wahrnehmung der Kartenzeichen durch den Menschen *und* die Maschine zu gewährleisten sowie die semantische Analyse der kartographischen Darstellung.

Neue Wege werden mit der *verdeckten optischen und chemisch-physikalischen Kodierung* beschritten, der das wahlweise maschinelle Ablesen der benötigten Information zugrunde liegt. Bei traditionellem Aussehen enthält die Karte verdeckte Informationen, die, durch *Lumineszenzfarben als optischen Kode* kodiert, erst durch die Einwirkung von UV-Strahlen sichtbar gemacht werden. Eine andere Möglichkeit des wahlweisen Ablesens der kartographischen Information auch mit maschinellen Mitteln bietet die *Magnetkodierung*, bei der die Druckfarben eine Magnetkomponente enthalten. Hier sind neue Möglichkeiten des *Zusammenwirkens* der automatisierten Kartenherstellung, des automatisierten Kartenlesens und der Kartenanalyse gegeben. Geschwindigkeit und Zuverlässigkeit der Registrierung und des Ablesens der Informationen bei derartig kodierten Karteninhalten werden durch einen Magnetkopf gesteigert. Die kodierte Information bleibt dabei durch die konventionellen polygraphischen Mittel vervielfältigungsfähig und das traditionelle Aussehen der Karte erhalten. Mit diesen Dekodierungsmöglichkeiten wird im übrigen die Karte mit solchen *universalen* Informationsträgern wie Magnetband, Magnetplatte u. ä. vergleichbar (VANJUKOVA 1982).

6. Allgemeine Theorie der Kartennutzung

6.1. Theorie und Methodik der Kartennutzung

6.1.1. *Zur Bedeutung einer Funktionstheorie der kartographischen Darstellungsformen*

Bereits zu Beginn der 70er Jahre wurde (PÁPAY 1973) die Problematik der Notwendigkeit der Erforschung der Funktionen kartographischer Darstellungsformen angesprochen. Die hinsichtlich der dabei auftretenden Schwierigkeiten getroffenen Feststellungen über das Fehlen einer umfassenden theoretischen Grundlage gelten wohl noch immer. Bezüglich des bemerkten Fehlens bewährter Methoden kann eine wesentlich verbesserte Situation konstatiert werden, wenn dies auch nur für bestimmte Kartenklassen gilt. Das wohl überzeugendste Beispiel bildet die Schulkartographie (BREETZ 1982). Andererseits ist inzwischen deutlich geworden, daß die gewachsene Vielfalt der kartographischen und kartenverwandten Darstellungsformen, bedingt durch solche neuen Produkte, wie z. B. Photokarten, Fernerkundungsaufnahmen oder Bildschirmkarten, Lösungen komplexer Natur erfordern, die nicht allein von einem System *kartographischer* Darstellungsformen ausgehen können. Nach wie vor gilt, daß Inhalt (Gegenstand), Gestaltung und Maßstab der Karten primär von deren Zweckbestimmung abhängig sind. Die Zweckbestimmung der kartographischen Darstellungsformen ist ihre vorgesehene, geplante Funktion. Nach PÁPAY (1973) ist die primäre Hauptdeterminante der Funktion die kartographische Disposition der Benutzer. Darunter sind vor allem zu verstehen (im weiten Sinne): die Bedürfnisse und Interessen der Kartennutzer sowie ihre Kenntnisse über die in den kartographischen Darstellungsformen abgebildete Wirklichkeit und ihre Erfahrungen hinsichtlich der Nutzung kartographischer Darstellungsformen.

Zusammenfassend läßt sich folgendes feststellen: Die Untersuchung der Funktionen kartographischer Darstellung hat große praktische Bedeutung, weil sie die Grundlage einer Theorie der Funktionen kartographischer Darstellungsformen darstellt, die ihrerseits wiederum die Anleitung zur optimalen Kartengestaltung bildet. Diese entscheidet im Zusammenhang mit der angewandten Technologie der Kartenherstellung über die Effektivität des Einsatzes von Karten im Bereich der Volkswirtschaft, der Bildung, der Erholung und der Landesverteidigung. Nicht zuletzt beweist auch die dargelegte Notwendigkeit der Ausarbeitung einer Funktionstheorie der kartographischen Darstellungsformen die Richtigkeit der Einführung der Kartennutzung als eine Hauptkomponente eines Systems der Theoretischen Kartographie (OGRISSEK 1981a). Für die Einzelheiten der Problematik der Funktionstheorie muß auf PÁPAY (1973) verwiesen werden.

Ein bemerkenswert anschauliches Beispiel (s. Abbildung 49) des Zusammenhangs von Funktion bzw. Zweckbestimmung der Karte und Ordnung nach Kartengegenständen liefert am bedeutenden Beispiel von Umweltkarten KUGLER (1978). In der Zweckbestimmung werden Planung, Überwachung, Strukturanalyse sowie Lehre und Erziehung unterschieden. Be-

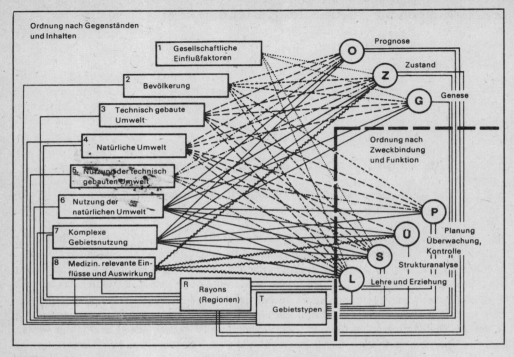

Abbildung 49
Ordnungsschema der Umweltkarten und Kennzeichnung vorrangig auftretender
Merkmalskombinationen der Karten
(nach KUGLER)

züglich Prognose, Zustand und Genese erfolgt die Inbeziehungsetzung zu gesellschaftlichen Einflußfaktoren, Bevölkerung, technisch gebauter Umwelt, natürlicher Umwelt, der Nutzung der beiden letztgenannten Elemente, komplexer Gebietsnutzung und medizinisch relevanten Einflüssen und Auswirkungen. Es darf zudem nicht unerwähnt bleiben, daß den genannten Einsatzbereichen jeweils optimale Kartenmaßstäbe zuordenbar sind.

6.1.2. *Kartographische Methode der Erkenntnis und kartographisches Abbild*

6.1.2.1. Grundzüge der kartographischen Erkenntnismethode

Im Rahmen der Methodik der kartographischen Modellnutzung kommt, ausgehend von der Bedeutung der Erkenntnisgewinnung und der Erkenntnistheorie als *Grundlagendisziplin der theoretischen Kartographie* für die Kartographie als Einzelwissenschaft, der kartographischen Erkenntnismethode eine überragende Bedeutung zu. Die Begründung liegt darin, daß zum einen der von der dialektisch-materialistischen Erkenntnistheorie untersuchte Wirklichkeitsbereich auch Gesetzmäßigkeiten unterliegt, die von Einzelwissenschaften untersucht werden, und zum anderen lösen die genannten Einzelwissenschaften – also auch die Kartographie – selbst neue erkenntnistheoretische Problemsituationen aus (WITTICH, GÖSSLER u. WAGNER 1978).

Bereits in der Mitte der 70er Jahre wurde von SALIŠČEV (1975) der Versuch unternommen, die „Grundzüge der kartographischen Methode der Erkenntnis" darzulegen und auf dieser Basis einige theoretische Fragen der Kartographie zu analysieren, worauf sich die nachstehenden Ausführungen überwiegend stützen. Die Prinzipien und Methoden der Erkenntnistheorie besitzen allgemeingültigen Charakter und werden durch die einzelnen Wissenschaften in ihren Zielen konkretisiert. Jede dieser Wissenschaften erforscht einige bestimmte Seiten (Aspekte) der Wirklichkeit, wobei sie dazu ihre speziellen (fachwissenschaftlichen) Methoden und Verfahren für Forschung und Nachweis benutzt.

Die Kartographie ermöglicht dem Menschen, in seinem Bewußtsein ideelle Abbilder der realen Welt in der Form von Karten mit unterschiedlicher Zweckbestimmung und unterschiedlichem Kartengegenstand – wie auch kartenverwandter Darstellungsformen – zu reproduzieren.[15] Karten als Abbilder der Wirklichkeit reproduzieren ein Original, d. h., sie spiegeln einige Seiten der Wirklichkeit für einen bestimmten Zweck wider und verallgemeinern die konkrete Information (Kenntnisse) darüber, die beim Kartenlesen bzw. der Kartennutzung überhaupt ohne Hinwendung zum Original – zumeist der geographischen Realität – erhalten wird. Die widerzuspiegelnden Seiten – auch modelltheoretisch erfaßbar, vgl. Kapitel 4. – sind primär von der Zweckbestimmung der betreffenden Karte und der Disposition der Kartennutzer abhängig.

Die Spezifik der Karten als Abbilder der Wirklichkeit ist durch drei *Hauptmerkmale* bestimmt:

- mathematisch strenger Aufbau durch Abbildung in einem bestimmten Koordinatensystem und einer bestimmten Kartennetzabbildung,
- Anwendung kartographischer Zeichen (Kartenzeichen) und
- kartographische Generalisierung durch Auswahl und Verallgemeinerung sowie Abstraktion der darzustellenden Erscheinungen.

Der *mathematisch strenge Aufbau*, der die Widerspiegelung dieser oder jener stabilen Seiten der Wirklichkeit verfolgt, stellt in der Kartographie das Ziel der mathematischen Formalisierung räumlicher Beziehungen und anderer Formen der realen Welt. Das macht die Karte für die Erforschung und die Erkenntnis eines konkreten Raumes von Gegenständen und Erscheinungen der objektiven Realität unersetzlich.

Als *Zeichensystem* verwendet man in der Kartographie bekanntlich Systeme besonderer graphischer Zeichen, die Kartenzeichen – vielfach weniger günstig Signaturen genannt –, die die realen Objekte ersetzen und durch Aussehen (Form, Größe und Farbe) und Position bestimmte Informationen darüber vermitteln.

Mittels solcher Zeichen ist es nicht nur möglich, in übersichtlicher Form – ein ganz wesentlicher Vorzug von Karten – visuell beobachtbare bzw. fühlbare Gegenstände georäumlicher Spezifik graphisch wiederzugeben, sondern auch Erscheinungen, die wir mit unseren Sinnesorganen nicht unmittelbar wahrnehmen können (z. B. physikalische Felder der Erde, soziale und ökonomische Beziehungen bzw. Zusammenhänge und anderes), ja, sogar theoretische, ideelle Vorstellungen (einfachstes Beispiel sind Meridiane und Parallelkreise). Damit wird deutlich, daß Karten sich nicht allein auf die Darstellung der Oberfläche der Erde – oder eines anderen Himmelskörpers – beschränken müssen, also das äußere Bild der Objekte, sondern auch die inneren Eigenschaften erfassen können. Damit wenden wir uns dem *Wesen* der zu kartierenden Objekte zu.

---

15 Der Einfachheit halber wird nachfolgend allein der Terminus „Karte" verwendet.

Eine der Hauptmethoden der Erkenntnistheorie, die *Abstraktion*, tritt in der kartographischen Erkenntnismethode in der Form der *Generalisierung* auf. *Selektierung* eines konkreten Territoriums, konkreter Objekte und Prozesse; *Vereinfachung* als Verzicht auf eine bestimmte Anzahl von Merkmalen und dadurch der Erhalt einiger weniger, der wesentlichen, Merkmale sowie die *Hervorhebung* allgemeiner Kennzeichen, Eigenschaften und Beziehungen als *Verallgemeinerung* bilden ihren definierten Inhalt.

Zufolge der schon relativ früh erkannten, vorgenannten Spezifik der Karten als Abbilder der Wirklichkeit bzw. deren Hauptmerkmale war die sowjetische Kartographie in der Lage, in den Karten Modelle zu sehen, die bestimmte Seiten der Wirklichkeit in vereinfachter, schematischer und übersichtlicher Form reproduzieren. Nach SALIŠČEV (1975) lassen sich die Objekte, die den *Kartengegenstand* bilden, wie folgt klassifizieren:

konkrete Objekte	– z.B. Siedlungsobjekte und
abstrakte Objekte	– z.B. Bevölkerungsdichte;
reale Objekte	– z.B. Flußnetz und
angenommene Objekte	– z.B. projektiertes Bewässerungsnetz.

Die ursprüngliche, anfängliche Form der kartographischen Methode der Erkenntnis der Wirklichkeit besteht in der *Herstellung primärer Karten* als Modelle der einen oder anderen Teile der materiellen Welt. Hauptquelle, jedoch nicht einzige Quelle, der Primärkarten ist die *örtliche Kartierung bzw. Aufnahme*. Unter Benutzung verschiedener Geräte bzw. Instrumente sammelt der betreffende Spezialist – Geodät, Topograph, Geograph, Geologe usw. – während des Aufnahmeprozesses bestimmte Informationen über Objekte, Erscheinungen, Sachverhalte, um deren räumliche Lage zu fixieren. Aber zu qualitativ neuen wissenschaftlichen Kenntnissen werden diese Fakten erst im Ergebnis ihrer Verarbeitung und Reduktion auf ein bestimmtes System, durch Bildung von Begriffen und durch Abstraktion, zumeist in der Form der Generalisierung, durch Anwendung des entsprechenden Zeichensystems und somit Konstruktion des besonderen graphischen Modells, der Karte. Dabei ist nicht zu übersehen, daß derartige Modelle *nicht nur* der Erkenntnisgewinnung und der Kenntnisaneignung dienen. Primärkarten haben also die Erfassung der Ausgangsdaten in der Natur und die Möglichkeit der räumlichen Lokalisierung dieser Daten zur Voraussetzung.

Eine andere Form der kartographischen Erkenntnismethode, bezüglich der erstgenannten eine Folgemethode, besteht in der *häuslichen Zusammenstellung* sog. *abgeleiteter Karten*. Diese Tätigkeit kann man auch als Überarbeitung und Vervollkommnung der Primärmodelle klassifizieren. Dabei sind eine Reihe typisch kartographischer Prozesse zu vollziehen. Sie erfassen wir als Generalisierung, die zumeist mit einer Maßstabsänderung einhergeht. Auch kann der Karteninhalt bisher aus mehreren inhaltlich und gestalterisch unterschiedlichen Karten entstammen. Im Ergebnis solcher Operationen wie der Abstraktion und der Verallgemeinerung entstehen neue Begriffe. Wir sprechen hier von Begriffsgeneralisierung (OGRISSEK 1975).

Die kartographische Erkenntnismethode nach SALIŠČEV (1975) basiert hinsichtlich der Informationsübertragung auf einem Modell (s. Abbildung 50). Aus dem zu kartierenden Teil der Wirklichkeit W_1 erwachsen durch Beobachtung derselben die Informationen I_1, über die der Kartograph verfügt. Unter Auswertung der Informationen, die den Wissensstand und die Erfahrungen des Kartographen widerspiegeln, entsteht die Karte. Das Kartenstudium unter Verwendung früher gesammelter Erfahrungen des Kartennutzers bringt die Informationen I_2 hervor, die der Kartennutzer bei der Arbeit mit der Karte entnimmt. Auf dieser Grundlage erfolgt die Herausbildung von Vorstellungen über die Wirklichkeit, die zu einem gegenüber dem zu kartierenden Teil der Wirklichkeit W_1 größeren erkannten Teil der Wirklichkeit füh-

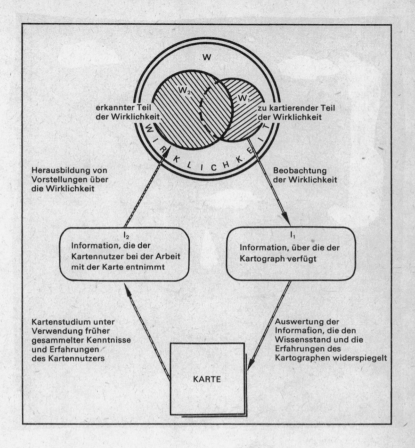

Abbildung 50
Kartographische
Informations-
übertragung
(nach SALIŠČEV)

W

W₂

W₁

erkannter Teil
der Wirklichkeit

zu kartierender Teil
der Wirklichkeit

W I R K L I C H K E I T

Herausbildung von
Vorstellungen über
die Wirklichkeit

Beobachtung
der Wirklichkeit

I₂
Information, die der
Kartennutzer bei der Arbeit
mit der Karte entnimmt

I₁
Information, über die der
Kartograph verfügt

Kartenstudium unter
Verwendung früher
gesammelter Kenntnisse
und Erfahrungen
des Kartennutzers

Auswertung der
Information, die den
Wissensstand und die
Erfahrungen des
Kartographen widerspiegelt

KARTE

ren, als W_2 bezeichnet. Hier ist noch darauf hinzuweisen, daß die interdisziplinäre Erkenntnisgewinnung durch Wissenschaftskooperation auch bei der kartographischen Modellierung ständig an Bedeutung gewinnt. Als Übergang vom Speziellen zum Allgemeinen, von den Elementen zur Struktur, von der Analyse zur Synthese vollzieht sich das Vordringen von der *Erscheinung zum Wesen* der jeweiligen Kartengegenstände. Abgeleitete Karten reproduzieren im Vergleich zu den Primärkarten qualitativ andere Abbilder der realen Welt. Sie weisen Eigenschaften auf, die in den ursprünglichen Karten nicht feststellbar sind.

Die dritte Form der kartographischen Methode der Erkenntnis, die als *kartographische Untersuchungsmethode* bekannt ist, besteht in der *Verwendung fertiger Karten zur wissenschaftlichen Beschreibung, Analyse und Erkenntnis der Wirklichkeit* (SALIŠČEV 1975). Bereits das elementare Lesen einer Primärkarte, d. h. die Erzeugung eines ideellen Abbildes der Wirklichkeit im Bewußtsein, gestattet dem Kartennutzer, auf Grund der im Langzeitgedächtnis gespeicherten Informationen (Erfahrungen) aus der Karte mehr Informationen zu entnehmen, als bei ihrer Herstellung verwendet würden.

Die Möglichkeit der Gewinnung neuer Kenntnisse aus fertiggestellten Karten wächst bei Anwendung spezieller Verfahren zur Analyse der Wirklichkeit an Hand ihrer kartographischen Abbildung ungewöhnlich. Zu diesen Verfahren zählen die *graphische Analyse, kartometrische Untersuchungen,* die *mathematisch-statistische Analyse*, die *mathematische Modellierung*, aber auch die *Umgestaltung der Karte nach anderen Darstellungsmethoden* und andere.

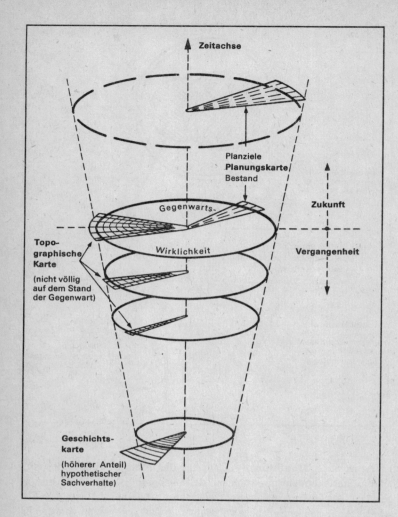

Abbildung 51
Kartendarstellungen
in den zeitlich sich
verändernden
Wirklichkeits-
bereichen
(nach HAKE)

Das Wesen der Sache besteht in der Einbeziehung eines Zwischengliedes – der Karte als Modell der zu untersuchenden Erscheinungen – in den Prozeß der Untersuchung der Wirklichkeit. Die dabei auftretende Doppelrolle der Karte, einerseits Mittel und andererseits Gegenstand der Untersuchung, ist von gravierender Bedeutung für die theoretische Kartographie (OGRISSEK 1982b). Abbilder, die die „Wirklichkeit übertreffen", entstehen in unserem Bewußtsein häufig bei der Analyse von Karten, die gegenwärtige, als Geschichtskarten vergangene und als Planungskarte sogar künftige Zustände von Dingen zeigen (vgl. Abbildung 51).

In diesem Zusammenhang ist auch die Herstellung von Karten zu stellen (als synchronoptische Karten oder synoptische Karten zu bezeichnen), mit denen beispielsweise der Verlauf und der künftige Zustand atmosphärischer Prozesse vorausgesehen werden können. Auch die sog. Indikationskarten, d. h. Karten einzelner Landschaftskomponenten, die räumliche Abbilder anderer Komponenten erzeugen, die nicht unmittelbar auf den Karten angegeben sind, gehören hierher.

152

Die vorgenannt unterschiedenen drei Formen der kartographischen Erkenntnismethode – Schaffung von Primärkarten, Zusammenstellung abgeleiteter Karten und Verwendung fertiger Karten für Forschungszwecke – entsprechen in gewissem Maße den Hauptverfahren der Kartenherstellung. Das *örtliche Verfahren* mit der Schaffung von Primärkarten gehört hinsichtlich der topographischen Kartenwerke zu den Aufgaben der Topographischen Kartographie, hinsichtlich der thematischen Landeskartenwerke zur thematischen Kartographie der jeweiligen Fachdisziplinen wie Geologie, Bodenkunde usw. Die häuslichen Verfahren der Schaffung abgeleiteter Karten sind mit der Projektierung und Zusammenstellung von Karten als Hauptverfahren bekannt. Die Verwendung von fertigen Karten für Forschungszwecke gehört zu den Hauptverfahren der Kartennutzung. Dabei setzt sich zunehmend die Erkenntnis durch, daß neues Wissen bereits in der Phase der kartographischen Modellierung, der Modellbildung, entsteht. Nicht zu übersehen ist, daß die Grenzen zwischen diesen Formen fließend sind.

Die innere Gliederung der kartographischen Erkenntnismethode findet auch eine bestimmte Widerspiegelung in der Praxis (SALIŠČEV 1975): Örtliche und häusliche Kartierung fallen vollständig in die Kompetenz der Berufskartographen und der Spezialisten in den entsprechenden Zweigen der thematischen Kartographie. Mit dem Studium der fertigen Karten als Modelle der Wirklichkeit hingegen können sich mit dem Ziel des Erkennens der Wirklichkeit alle Nutzer befassen, für die die konkreten Karten vorgesehen werden.

6.1.2.2. Kartographisches Abbild

Kartographische Erkenntnismethode und kartographisches Abbild sind untrennbar miteinander verbunden Kategorien, und der Abbildtheorie kommt daher eine zentrale Bedeutung zu. Das *kartographische Abbild* läßt sich definieren als *Form der Widerspiegelung der Prozesse und Erscheinungen der Realität im Bewußtsein des Kartenlesers bzw. in einem kartenlesenden Gerät, die mit Hilfe einer räumlichen Kombination kartographischer Zeichen erzeugt wird* (BERLJANT 1979). Die Bedeutung des Begriffes des kartographischen Abbildes liegt darin begründet, daß er die *Grundlage bildet für unsere Vorstellungen über die Gesetzmäßigkeiten der Formierung und Rezeption einer kartographischen Darstellung,* also auch über die Gesetzmäßigkeiten des Prozesses der kartographischen Kommunikation. Quantitative und qualitative Bewertung des kartographischen Abbildes sind unmittelbar verknüpft mit der Ermittlung der Menge und Qualität der kartographischen Information, die vom Kartennutzer bei der Anwendung der Karte derselben entnommen wird. Nicht nachdrücklich genug kann die Erkenntnis (BERLJANT 1979) unterstrichen werden, daß eine richtige Vorstellung vom Wesen und von den Typen des kartographischen Abbildes absolut unerläßlich für die Lösung eines Kardinalproblems der Automatisierung in der Kartographie, nämlich der Erkennung des kartographischen Abbildes ist.

Die kartographischen Abbilder werden durch folgende *graphische Mittel* erzeugt:

– Zeichenform,
– Zeichengröße,
– Zeichenordnung,
– Zeichenfarbe (einschl. Farbabstufungen) und
– innere Zeichenstruktur.

Der Zusammenhang mit dem System der graphischen Variablen von BERTIN (1974) ist dabei nicht zu übersehen.

Unter Bezugnahme auf die verschiedentlich vorgetragene Definition von SALIŠČEV, wonach die Karte nicht schlechthin ein Zeichenmodell ist, sondern ein *Bild-Zeichen-Modell,* wird von

BERLJANT (1979) betont, daß die *Bildhaftigkeit* das kartographische Modell wesentlich von anderen, insbesondere in der Geographie verwendeten Modellen und Informationsträgern unterscheidet und dies von prinzipieller Bedeutung für das Verständnis des kartographischen Abbildes ist.

Außer den obengenannten Zeichenmerkmalen haben noch folgende kartengestalterische Merkmale Bedeutung für die Herausbildung des kartographischen Abbildes:
– räumliche Kombination und wechselseitige Anordnung der Zeichen,
– Lage der Zeichen hinsichtlich der Raumkoordinaten,
– gegenseitige Ausrichtung der Zeichen,
– Vereinigung und Überlagerung der Zeichen.

ASLANIKAŠVILI (1974) hat die Situation treffend charakterisiert, wenn er feststellt, daß das kartographische Zeichen die Funktion der Raumdarstellung durch sein „Spiel", sein räumliches „Verhalten" erfüllt, welches eine vollständige Entsprechung zwischen dem Zeichen und dem Raum des darzustellenden Gegenstandes gewährleistet. Außerhalb dieser Entsprechung stellt das Zeichen nichts dar außer sich selbst und natürlich der Tatsache, daß ihm eine den Gegenstand ausdrückende Bedeutung zugeordnet wurde.

Es liegt auf der Hand, daß die Kombination und das räumliche Zusammenspiel von Zeichen, die unterschiedlichen graphischen Systemen (Isolinien, Symbolen, Hintergrundflächen, Strukturrastern und anderen) angehören können, von SPIESS (1970) als Eigenschaften bezeichnet und untersucht, eine unendliche Vielzahl von kartographischen Abbildern zu erzeugen in der Lage sind.

Bei den Aufgaben zur Erkennung bzw. Unterscheidung von Abbildern handelt es sich um die Herausfindung einer gewissen verallgemeinerten Merkmalsgruppe, die eine Gesamtheit von Objekten in eine gegebene Klasse (unter einem Abbild) vereinigt. Zur Definition des kartographischen Abbilds kann diese Interpretation nicht unmittelbar dienen, weil das kartographische Abbild mit Hilfe kartographischer Zeichen erzeugt wird und erst im Wechselspiel zwischen Kartennutzer und Karte in Erscheinung tritt (BERLJANT 1979).

Unter der auch in der Definition des kartographischen Abbilds zitierten „räumlichen Kombination kartographischer Zeichen" sind eine gewisse Menge kartographischer Zeichen und deren Verbindungen bzw. Verknüpfungen, ihre taxonomische Ordnung bzw. Gruppierung im Sinne einer Hierarchie zu verstehen. Der Mensch formiert das kartographische Abbild in sinnlicher Gestalt beim visuellen Lesen der Karte sowie in Form verallgemeinernder Bewertungen, Begriffe und Vorstellungen, die auch im Verlaufe einer instrumentellen Analyse (Messung, Transformation) der kartographischen Darstellung gewonnen werden. Dabei stellt letztere selbst ein System kartographischer Abbilder dar, die nach einem vorgegebenen Prinzip aufgebaut sind. Wie jedes ideelle Abbild hat das kartographische Abbild als Quelle die Objekte und Erscheinungen der realen Umwelt, seine Existenzform ist jedoch subjektiv. Das Auftreten eines kartographischen Abbildes ist unlösbar verbunden mit der widerspiegelnden Tätigkeit des Kartenlesers bzw. Kartennutzers. Daher kann man die Verwendung von Karten als Mittel zur Erkenntnisgewinnung in gewissem Sinne als Analyse (Messung, Transformation, Vergleich) kartographischer Abbilder deuten (BERLJANT 1979).

Die Herausbildung kartographischer Abbilder weist *Besonderheiten* auf, die in folgendem zu sehen sind. Zunächst sei der *Mechanismus der Entstehung eines kartographischen Abbildes* an einem einfachen Beispiel erläutert. Nehmen wir an, daß bei der Herstellung bzw. Gestaltung einer Karte in dem Original das Bildzeichen (Kartenzeichen) für einen Ort A und dergleichen für einen Ort B eingetragen wurden. Dann entsteht beim Kartennutzer eine Vorstellung von der Lage dieser Orte sowie von der Entfernung zwischen ihnen und davon, daß einer von ihnen nördlicher und der andere südlicher gelegen ist. Die beiden Kartenzeichen liefern dem

Kartennutzer demzufolge mindestens drei kartographische Abbilder: 1. die Lage von A relativ zu den geographischen Koordinaten und relativ zu B; 2. die Lage von B relativ zu den geographischen Koordinaten und relativ zu A; 3. das Verhältnis von A zu B, d. h. die Entfernung zwischen ihnen oder ihrem gegenseitigen Abstand und die Richtung der Linie AB oder BA.

Wenn, angenommen, auf dem zu erstellenden Original das Bildzeichen (Kartenzeichen) einer Uferlinie derart eingetragen wird, daß diese das Bildzeichen B berührt, so entsteht das Abbild „Hafen B", und der Abstand AB kann als Entfernung des Ortes A vom Hafen gedeutet werden. Erscheinen nun auf der Karte die Bildzeichen eines Flusses, einer Eisenbahnlinie, einer Staatsgrenze, so erweitert sich das System der kartographischen Abbilder; z. B. durch B – ein Verkehrsknotenpunkt, A – ein Grenzübergang; A liegt südlich der Eisenbahnlinie, die Eisenbahnlinie verläuft weit entfernt von/in der Nähe der Grenze usw.

Es ist zu betonen, daß es sich hier um einfache Beispiele handelt, da die angegebenen Objekte ausschließlich qualitative und nicht quantitative Merkmale haben. Demgegenüber ist es wichtig, festzustellen, daß alle kartographischen Abbilder, die beim Kartennutzer als Ergebnis der räumlichen Zeichenkombination auftauchen, kartometrisch bewertet, d. h. in quantitativer Form dargestellt werden können (z. B. Richtungswinkel AB, Entfernung von A zur Küstenlinie usw.). Das bestätigt noch einmal die Objektivität der Existenz der kartographischen Abbilder und schafft die Möglichkeit ihrer mathematischen Modellierung und auf einer qualitativ höheren Stufe ihrer automatischen Erkennung (BERLJANT 1979).

Kartographische Abbilder können sich sowohl auf den gegenwärtigen Zustand von Erscheinungen als auch auf den vergangenen und zukünftigen beziehen. Für Komplexkarten und Synthesekarten mit ihrer Vielzahl von Merkmalen und Faktoren sind Kombinationen von kartographischen Abbildern im mehrdimensionalen Merkmalsraum charakteristisch. Besonders die räumliche und die räumlich-zeitlich dargestellte Überlagerung unterschiedlicher Kartenzeichensysteme sind gut geeignet, neue kartographische Abbilder herauszubilden. Der Begriff der *Mehrschichtendarstellung* (SALIŠČEV 1978 d) kennzeichnet das Phänomen treffend. Auch der Begriff der *Darstellungsebenen*, die mit einer Hierarchie der kartographischen Abbilder korrelieren, ist gut geeignet, das Anliegen der Widergabe von Systemen kartographischer Abbilder aus graphisch-methodischer Sicht zu verdeutlichen. Kartengestalterisch sind bei derartigen Aufgaben relativ komplizierte Probleme zu lösen, und nicht wenige der praktischen Lösungen sind von einer optimalen Variante weit entfernt. Dies gilt vor allem hinsichtlich der eindeutigen Unterscheidung der verschiedenen Darstellungsebenen im Sinne einer Sichtbarmachung der gegebenen Hierarchiestufen. Der Zusammenhang mit einem entsprechenden Aufbau der Zeichenerklärung (vgl. Kapitel 6.2.4.), der zur Formierung des kartographischen Abbildes nicht unwesentlich beitragen kann, sollte nicht übersehen werden.

Auf ein Problem ist im Zusammenhang mit der Kombination von kartographischen Abbildern noch einzugehen. Das ist einmal die „richtige" Generalisierung von Linien und Flächen und zum anderen die „richtige" Begriffsgeneralisierung bei den kombinierten kartographischen Abbildern. Es liegt auf der Hand, daß in ersterem Falle eine falsche oder zumindest ungenaue Identifizierung der sich überlagernden Erscheinungen die Folge ist. Im zweiten Falle entstehen ebenfalls Fehlinformationen, wofür BERLJANT (1979) als anschauliches Beispiel eine Bodenschatzkarte zitiert: Eine unrichtige Verallgemeinerung (Generalisierung) von Elementen des geologischen „Hintergrundes" führt zu einer unrichtigen Vorstellung über die Zuordnung der Lagerstätten zu den einzelnen stratigraphischen Formationen.

Wohlbegründet wird auch auf die bedeutsame Rolle hingewiesen, die die Wiederholung früherer, bekannter Abbilder sowohl kartographischen als auch nicht kartographischen Charakters bei der Formierung und Rezeption kartographischer Abbilder spielt. Beispielsweise begünstigt die Verwendung mit der Wirklichkeit verwandter (natürlicher) Farben oder bekannter, sich oft wiederholender Farben die rasche Formierung gewohnter kartographischer Abbilder. Die Ursachen sind in dem hohen Grad der Assoziationen und den im Langzeitgedächtnis gespeicherten kartographischen Mustern zu sehen. Der unmittelbare Vorteil liegt in einer Erhöhung der Dekodiergeschwindigkeit (OGRISSEK 1979b). Eine aufschlußreiche Rolle bei der Formierung des kartographischen Abbildes spielt (BERLJANT 1979) die Verwendung (für den Kartennutzer) neuer, origineller Zeichen bzw. Bezeichnungen, weil diese geeignet sind, unerwartete, originelle kartographische Abbilder zu erzeugen, verbunden mit oder resultierend aus unkonventionellen Reaktionen des Kartennutzers.

Die Darlegungen über das kartographische Abbild machen hinreichend deutlich, daß diesem eine zentrale Bedeutung in der kartographischen Erkenntnismethode zukommt. Das berechtigt dazu, die Frage nach den diesbezüglichen Forschungsaufgaben, also denjenigen, die für das Verständnis der Struktur bzw. der Natur der kartographischen Abbilder wesentlich sind, zu stellen. Zunächst einmal ist es offensichtlich sehr nützlich, zu analysieren, in welchem Verhältnis zueinander objektive und subjektive Faktoren stehen, die an der Formierung des kartographischen Abbildes beteiligt sind, welche Komponenten des kartographischen Abbildes unveränderlich und welche zufällig sind. Diesem Anliegen kommt insofern eine nicht zu unterschätzende Bedeutung zu, als bei der Wahl der jeweils zur kartographischen Darstellung verwendeten Zeichen eine gewisse Freiheit besteht. Sichere Aussagen über die Vorgänge bei der Herausbildung und Erkennung eines kartographischen Abbildes sind unerläßlich und nur auf dem Wege experimenteller Untersuchungen zu erreichen. Die bisher vorliegenden Untersuchungen sind noch von sehr geringem Umfang (OGRISSEK 1979a) und zeigen unterschiedliche Deutungen der gefundenen Ergebnisse. Einen nicht minder bedeutsamen Forschungskomplex stellen Untersuchungen zur Stabilität der kartographischen Abbilder dar, weil hier der Zusammenhang mit den laufenden Standardisierungsbestrebungen und damit unmittelbar mit der Praxis nicht zu übersehen ist (OGRISSEK 1980c). Forschungen zur Klärung der Stabilität von kartographischen Abbildern laufen in zwei benachbarten Richtungen. Zum einen handelt es sich um die Erschließung der im Zusammenhang mit der Untersuchung von sog. „Vorstellungskarten"[16] (engl. mental maps, russ. мысленные карты) gegebenen Möglichkeiten der Erkenntnisgewinnung, worauf noch gesondert einzugehen ist (vgl. Kapitel 6.2.2.). Zum anderen geht es um die psycho-physischen Besonderheiten bei der Rezeption von Karten. Untersuchungen derartiger Spezifik fallen in die Zuständigkeit der Ingenieurpsychologie. Deren Aufgaben und Bedeutung in der theoretischen Kartographie werden im Kapitel 6.1.6. behandelt. Im vorliegenden Zusammenhang ist es als ausreichend zu erachten, die für die Erforschung der visuellen Rezeption des kartographischen Abbildes maßgeblichen drei hierarchischen Ebenen anzuführen und die für die Rezeption qualitativer und quantitativer Kennwerte des kartographischen Abbildes durch den Kartennutzer maßgeblichen Hauptfaktoren (BERLJANT 1979) zu zitieren, um die Forschungsfelder anzudeuten:

Die genannten drei hierarchischen Ebenen werden wie folgt gebildet:

1. Rezeption einzelner kartographischer Abbildungen,
2. Rezeption der gesamten kartographischen Darstellung,
3. Vergleich und Gegenüberstellung verschiedener kartographischer Darstellungen.

16   Vom Verfasser wird der Begriff „Vorstellungskarten" für geeigneter gehalten als „Gedankenkarten", „Erkenntniskarten" u. ä., weil es sich um ideelle Abbilder der Realität handelt, die sich in der *Vorstellung* einer einzelnen Person oder einer Personengruppe herausbilden (GOULD u. WHITE 1974, KISHIMOTO 1975, BERLJANT 1979 u. a.).

Dabei ist jede Rezeptionsebene ein Teil der jeweils höheren Ebene. Die genannten Hauptfaktoren sind:
- allgemeines und spezielles geographisch-kartographisches Bildungsniveau,
- individuelle psycho-physische Besonderheiten,
- soziale und berufliche Faktoren,
- Übung bzw. Fertigkeiten bei der Kartennutzung, Adaptionsniveau und -geschwindigkeit; Fähigkeit zur Selbstschulung.

Ebenda werden auch Ansätze zur Berechnung des kartographischen Abbildes vorgeschlagen.

6.1.2.3. Modell des Erkenntnisprozesses von Objekten der Wirklichkeit mittels der kartographischen Methode der Erkenntnis

Das in Matrixform übersichtlich aufgebaute Modell ist das Ergebnis der Untersuchungen von ZOLOVSKIJ, MARKOVA ц. PARCHOMENKO (1978) zum Problem der Struktur des Erkenntnisprozesses. Forschungsobjekt war die Schaffung von Karten für den Naturschutz, also die Umweltgestaltung. Die Hauptelemente des Modells zeigen den allgemeinen Weg der Erkenntnis von Objekten der Wirklichkeit über die drei Stufen der Erkenntnis unter Anwendung verschiedener Methoden zur Erforschung von Objekten der Wirklichkeit.

Die *erste Stufe der Erkenntnis* ist als unmittelbare Betrachtung und Beobachtung der Objekte der Wirklichkeit, auch als Datengewinnung in den verschiedenen Wissenschaftsgebieten zu bezeichnen, definiert.

Die *zweite Stufe der Erkenntnis* ist durch das abstrakte Denken, die Gewinnung wissenschaftlicher Schlußfolgerungen und Zusammenfassungen in den verschiedenen Wissenschaftsgebieten gekennzeichnet.

In der *dritten Stufe der Erkenntnis* erfolgt der Praxisbezug als (Haupt-) Kriterium der Wahrheit, die Überprüfung der wissenschaftlichen Schlußfolgerungen und Zusammenfassungen.

Im weiteren enthält das Modell die Angaben für die den vorbeschriebenen Stufen adäquate kartographische Tätigkeit in Verbindung mit einer Darstellung der Wege der kartographischen Methode zur Erkenntnis von Objekten der Wirklichkeit und den Nachweis der durch die kartographische Methode determinierten Erkenntnisniveaus von Objekten der Wirklichkeit. Die Gliederung in die Modellbereiche Kartenherstellung (Modellbildung) – mit einer Unterteilung in eine I. Ordnung sowie eine II. und n-te Ordnung – und Kartennutzung ermöglicht eine eindeutige Zuordnung der kartographischen Prozesse zu den genannten drei Erkenntnisstufen, die wie folgt gestaltet ist: Im Komplex Kartenherstellung (Modellbildung) ist bei der Kartenherstellung I. Ordnung der ersten Stufe der Erkenntnis die Herstellung von Karten durch Beobachtung der Objekte der Wirklichkeit (Kartenaufnahme) anzuführen. In der *zweiten Stufe* der Erkenntnis ist bei der Kartenherstellung I. Ordnung die Herstellung von Karten als Widerspiegelung der Systeminformation über die Objekte der Wirklichkeit genannt, und bei der Kartenherstellung II. und n-ter Ordnung handelt es sich um die Herstellung neuer Karten mit der Widerspiegelung umgewandelter kartographischer Informationen. Der dritten Stufe der Erkenntnis, dem Praxisbezug, ordnen ZOLOVSKIJ, MARKOVA u. PARCHOMENKO (1978) – wohl doch etwas einseitig – ausschließlich die Herstellung von „Empfehlungs"- und Prognosekarten zum Zwecke der praktischen Überprüfung der wissenschaftlichen Schlußfolgerungen und Zusammenfassungen zu.

Im *Bereich der Kartennutzung* zeigt das Modell folgende Situation. Die *erste Stufe der Erkenntnis* bildet die Wahrnehmung der Karte als Form der Bild-Zeichen-Widerspiegelung der Objekte der Wirklichkeit, als Widerspiegelung der kartographischen Information im menschlichen Bewußtsein. In der *zweiten Stufe der Erkenntnis*, durch das abstrakte Denken als ent-

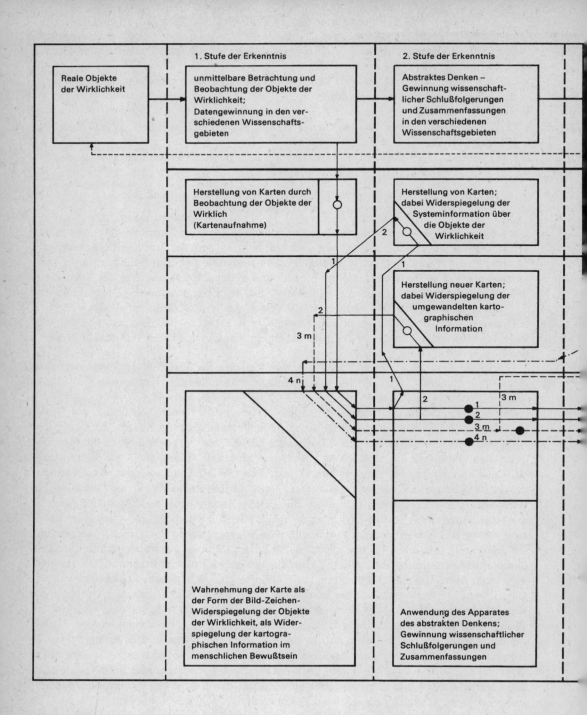

Abbildung 52
Modell des Prozesses der Erkenntnis von Objekten der Wirklichkeit mit Hilfe der kartographischen Methode der Erkenntnis
(nach ZOLOVSKIJ, MARKOVA u. PARCHOMENKO)

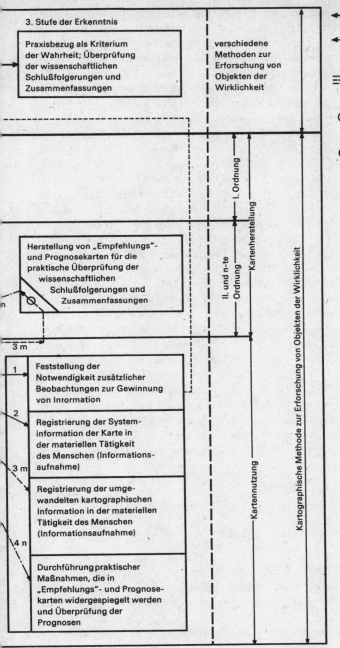

3. Stufe der Erkenntnis

Praxisbezug als Kriterium
der Wahrheit; Überprüfung
der wissenschaftlichen
Schlußfolgerungen und
Zusammenfassungen

verschiedene
Methoden zur
Erforschung von
Objekten der
Wirklichkeit

I. Ordnung

Kartenherstellung

Herstellung von „Empfehlungs"-
und Prognosekarten für die
praktische Überprüfung der
wissenschaftlichen
Schlußfolgerungen und
Zusammenfassungen

II. und n-te Ordnung

n

3 m

1 Feststellung der
Notwendigkeit zusätzlicher
Beobachtungen zur Gewinnung
von Inrormation

2 Registrierung der Systeminformation der Karte in
der materiellen Tätigkeit
des Menschen (Informationsaufnahme)

3 m Registrierung der umge-
wandelten kartographischen
Information in der materiellen
Tätigkeit des Menschen
(Informationsaufnahme)

4 n Durchführung praktischer
Maßnahmen, die in
„Empfehlungs"- und Prognose-
karten widergespiegelt werden
und Überprüfung der
Prognosen

Kartennutzung

Kartographische Methode zur Erforschung von Objekten der Wirklichkeit

allgemeiner Weg der Erkenntnis von
Objekten der Wirklichkeit

Wege der kartographischen Methode
zur Erkenntnis von Objekten der
Wirklichkeit

durch die kartographische Methode
determinierte Erkenntnisniveaus
von Objekten der Wirklichkeit

○ Widerspiegelung neuen Wissens über
Objekte der Wirklichkeit im Prozeß der
Kartenherstellung (Modellbildung)

● Gewinnung neuen Wissens über Objekte
der Wirklichkeit durch die Kartennutzung

scheidendes Erkenntnisinstrument – Anwendung logischer Operationen sowie der Erkenntnisverfahren Analyse und Synthese, Abstraktion und Verallgemeinerung u. a. – gekennzeichnet, erfolgt deren Anwendung in der Kartennutzung zur Gewinnung wissenschaftlicher Schlußfolgerungen und Zusammenfassungen. In dieser Stufe der Erkenntnis wird im Prozeß der Kartennutzung neues Wissen über Objekte der Wirklichkeit gewonnen. Daran haben alle Stufen der Erkenntnis im Prozeß der Kartenherstellung, wenn auch in unterschiedlichem Umfange, einen Anteil. In der *dritten Stufe der Erkenntnis* bei der Kartennutzung, dem Praxisbezug, ist die größte Vielfalt an Aktivitäten des Erkenntnisprozesses konzentriert. Die Praxis der Kartennutzung liefert den Beweis für die Nützlichkeit georäumlicher Erkenntnisse, die mittels Karten gewonnen wurden. Nachgenannte vier Komplexe erfassen die angesprochenen Aktivitäten in der Praxis hinreichend. Zunächst ist festzuhalten, daß nur in der Praxis die Feststellung über die Notwendigkeit zusätzlicher Beobachtungen zur Gewinnung weiterer Informationen entschieden werden kann. In der Praxis erfolgt ferner auch die Registrierung der Systeminformationen nach der Karte, d. h. in der materiellen Tätigkeit des Menschen (Informationsaufnahme). Der gleiche Prozeß wird auch mit den umgewandelten kartographischen Informationen vollzogen. Und nicht zuletzt geht es um die Durchführung der praktischen Maßnahmen, die bei dem angeführten Bespiel in „Empfehlungs"- und Prognosekarten widergespiegelt werden, sowie um die Überprüfung der Prognosekarten.

Aus dem vorgeführten Modell des Prozesses der Erkenntnis von Objekten der Wirklichkeit mit Hilfe der kartographischen Methode läßt sich unschwer die große Bedeutung der Erkenntnisstufen ableiten. Bei diesen handelt es sich offensichtlich um vollwertige Wissensebenen mit einer spezifischen Qualität ihrer Struktur (ROCHHAUSEN 1971), auf deren Grundlage auch in der Kartographie Theorien entstehen. Sie sind deshalb nicht mit den semantischen Stufen zu verwechseln. Dabei ist der Zusammenhang mit der Struktur des kartographischen Modellierungsprozesses unübersehbar (OGRISSEK 1982a). Im übrigen ist die Behauptung bzw. Anerkennung von Stufen oder Ebenen für sich genommen noch kein Materialismus. Die materialistische Auffassung beginnt vielmehr dort, wo die erste Stufe in einem System von Erkenntnisstufen als direkte Widerspiegelung der objektiven Realität gefaßt wird. Der dialektische Zusammenhang kommt darin zum Ausdruck, daß die erste Stufe und jede auf ihr aufbauende durch die laufende Reihe von der 0. Stufe (objektive Realität) bestimmt wird (ROCHHAUSEN 1971):

$$O \rightarrow E_1 \rightarrow E_2 \rightarrow E_3 \dots E_{(n-2)} \rightarrow E_{(n-1)} \rightarrow E_n$$

6.1.2.4. Abstraktion als Verfahren bei der kartographischen Erkenntnisgewinnung

Das *abstrahierende Denken* ist typisch für die modernen Wissenschaften, wobei die Abstraktion ein wichtiges Moment des Erkenntnisprozesses beim Übergang von der sinnlichen zur rationalen Erkenntnis darstellt, sowohl den Prozeß als auch dessen Ergebnis betreffend (BUHR u. KOSING 1982).

Im übrigen ist das *Abstrahieren* für den Menschen so charakteristisch, daß wir uns seiner meist gar nicht mehr bewußt sind. Dafür lassen sich zahlreiche Beispiele anführen. So wird eine photographische Aufnahme häufig als Muster an Abbildungstreue, Genauigkeit, Konkretheit usw. angesehen. Bei genauerem Überlegen aber wird deutlich, daß bei einer Schwarzweißaufnahme von sehr vielen Tatbeständen abstrahiert wird: Die dreidimensionale Wirklichkeit wird in der zweidimensionalen Ebene abgebildet. Die Farbenvielfalt der Wirklichkeit wird in unterschiedliche Grautöne verwandelt, wodurch wiederum von Gegebenheiten der Realität abstrahiert wird. Dabei ist ferner zu bemerken, daß die Abstufung der Grautöne zudem nur im Rahmen des Kontrastumfanges des jeweils benutzten Aufnahmematerials erfolgen kann bzw. erfolgen muß. Diese Begrenzung in der „Auswahl möglicher Grautöne" kann als weitere Abstraktion aufgefaßt werden. Schließlich erfaßt eine Photographie, auch ein Luftbild, immer nur einen Bildausschnitt einer wirklichen Situation, das heißt, selbst ein bei oberflächlicher Betrachtung so „konkret" erscheinenden Objekt, wie eine Schwarzweißphotographie, abstrahiert also tatsächlich in mindestens vier Abstraktionsrichtungen (KLAUS u. LIEBSCHER 1974 c).

Die *Abstraktion* oder das *Abstrahieren* erfolgt dadurch, daß in einer Reihe analytischer Denkakte von bestimmten Merkmalen, Eigenschaften und Beziehungen der konkreten Gegenstände abgesehen wird, andere dagegen als wesentlich herausgehoben werden. Im Ergebnis des Abstraktionsprozesses kommt es zur *Bildung von Begriffen*, die wesentliche Seiten, Züge, Merkmale, Eigenschaften der Gegenstände und Erscheinungen widerspiegeln. Abstraktionen, die einen objektiven Inhalt haben, die wesentliche Seiten der objektiven Dinge und Prozesse widerspiegeln, sind nicht wirklichkeitsfremd, sondern ein wichtiges Mittel wahrer Erkenntnis. Die als Resultat des Abstraktionsprozesses gebildeten Begriffe geben die sinnlich konkreten Gegenstände zwar nicht in ihrer ganzen Vielfalt wieder, widerspiegeln diese jedoch tiefer und umfassender als die unmittelbare Wahrnehmung (BUHR u. KOSING 1982).

Selbstverständlich spielt die Abstraktion eine bedeutende Rolle bei der Begriffsbildung im Rahmen der Kartengestaltung und führt auch dort zu neuen Erkenntnissen. Im vorliegenden Zusammenhang jedoch läßt sich zeigen, daß die Abstraktion auch neue Erkenntnisse hinsichtlich eines Hauptproblems der Kartographie, der kartographischen Generalisierung, erbringen kann. Das aber wiederum bedeutet, tiefer in das Wesen der Karte einzudringen. Durch die Untersuchung der kartographischen Generalisierung unter erkenntnistheoretischem Aspekt gelangte PÁPAY (1975) zu der Einsicht, daß die kartographische Generalisierung mit komplizierten Denkprozessen verbunden ist, die sich weder auf die Abstraktion, noch auf die Verallgemeinerung[17] beschränken lassen. Sie schließen jedoch die Abstraktion im Gegensatz zur Verallgemeinerung stets ein, so daß die Untersuchung der Rolle der Abstraktion bei der kartographischen Generalisierung eine vorrangige Aufgabe darstellt.

In diesem Zusammenhang ist zu bemerken, daß neben isolierender Abstraktion und idealisierender Abstraktion auch eine *generalisierende Abstraktion* zu den klassischen Formen der Abstraktion gehört (KLAUS, KOSING u. SEGETH 1974). Diese sondert die unwesentlichen Eigenschaften der Dinge, Relationen usw. aus und hebt die wesentlichen hervor. Der Begriff der wesentlichen Eigenschaften ist dabei relativ, ohne subjektiv zu sein. Er bezieht sich immer auf ein bestimmtes wissenschaftliches System. Nach moderner Auffassung betrachtet man als Aufgabe der generalisierenden Abstraktion das Auffinden von Invarianzen. Hierin liegt sicher ein tragfähiger Ansatzpunkt zur weiteren erkenntnistheoretischen Durchdringung der kartographischen Generalisierung.

Von PÁPAY (1975) wurde ein Modell der Abstraktionsebenen und -stufen entwickelt, um die bei der kartographischen Generalisierung vorhandenen Abstraktionsebenen und -stufen zu ermitteln und zu demonstrieren (s. Abbildung 53). Dabei werden drei Abstraktionsebenen unterschieden: die sinnliche, die empirische und die theoretische Abstraktion.

---

17   Die kartographische Generalisierung wird oft als eine besondere Form der Verallgemeinerung betrachtet. ASLANIKAŠVILI erkannte bereits (1968) die Unhaltbarkeit dieser Auffassung und wies auf die Bedeutung der Abstraktion bei der kartographischen Generalisierung hin.

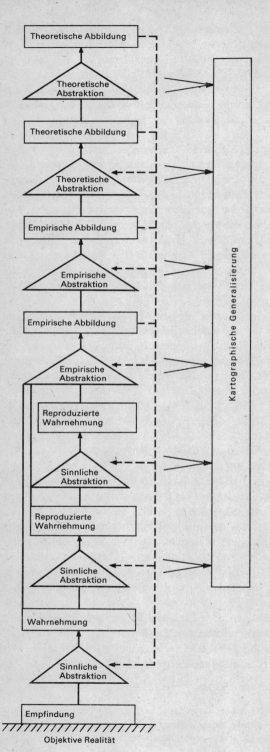

Abbildung 53
Modell der Abstraktionsebenen und
-stufen bei der kartographischen
Generalisierung
(nach PÁPAY)

Bei dem *sinnlichen Abstrahieren* lassen sich drei Stufen unterscheiden: zwischen Empfindung und Wahrnehmung[18], zwischen Wahrnehmung und reproduzierter Wahrnehmung sowie zwischen reproduzierten Wahrnehmungen unterschiedlicher Abstraktionsgrade. Zu den reproduzierten Wahrnehmungen zählen die sinnlichen Vorstellungen.

Das *empirische Abstrahieren* führt zu empirischen Abbildungen. Diese sind Abbildungen sinnlich wahrnehmbarer Merkmale in rationaler Form, wie Begriffe, Aussagen u. a. Bei dem empirischen Abstrahieren werden zwei Stufen unterschieden. Bei der ersten verläuft die Abstraktionsrichtung von der Wahrnehmung zur empirischen Abbildung, bei der zweiten dagegen von der empirischen Abbildung zur abstrakteren empirischen Abbildung.

Das *theoretische Abstrahieren* führt zu theoretischen Abbildungen. Sie sind Abbildungen sinnlich nicht mehr wahrnehmbarer Merkmale. Auch hier werden zwei Stufen unterschieden. Bei der ersten verläuft die Abstraktionsrichtung von der empirischen zur theoretischen Abbildung, bei der zweiten von der theoretischen zur abstrakteren theoretischen Abbildung.

Zwischen den verschiedenen Abstraktionsebenen und -stufen gibt es nicht nur Übergänge, sondern auch eine Wechselwirkung (s. gerissene Pfeile der Abbildung 53).

Nach o. g. Untersuchung bilden die kartographischen Darstellungsformen zwar die objektive Realität (Wirklichkeit) auch mittels Zeichen, d. h. auch in rationaler Form ab, die Abbildung der räumlichen Struktur bleibt jedoch stets in gewisser Beziehung sinnlich-konkret. Der Vorteil der kartographischen Darstellungsformen besteht gerade in der sinnlich-anschaulichen Darstellung räumlicher Strukturen gegenüber Darstellungen in rein rationaler Form, z. B. gegenüber verbalen Beschreibungen. Daraus folgt, daß die kartographische Generalisierung der räumlichen Struktur mit dem sinnlichen Abstrahieren verbunden ist, speziell mit seiner zweiten und dritten Stufe. Das sinnliche Abstrahieren bei der kartographischen Generalisierung ist von dem Rationalen, sowohl von dem Empirischen als auch von dem Theoretischen in hohem Maße abhängig.

Bezüglich der Begriffsgeneralisierung, dem Übergang von Klassen zu umfassenderen Klassen gilt, daß diese mit der zweiten Stufe des empirischen Abstrahierens oder mit dem theoretischen Abstrahieren verbunden ist.

An genannter Stelle wurde darüber hinaus ein Modell entwickelt, das die *Phasen und Formen des Abstrahierens* demonstriert. Ausgehend von der Lokalisierung, werden eine *analytisch-selektive* und eine *synthetisch-konstruktive* Phase des Abstrahierens unterschieden, auf deren Grundlage die *idealisierende*, die *typisierende* und die *generalisierende* Form der Abstraktion wirken.

Im gegebenen Zusammenhang mit der Behandlung der Abstraktion als Verfahren bei der kartographischen Erkenntnisgewinnung muß eine a. a. O. formulierte Erkenntnis festgehalten werden, da diese grundsätzlichen Charakter trägt und die Bedeutung der Abstraktion gut veranschaulicht: Die kartographische Generalisierung darf, da sie stets mit Abstraktion verbunden ist, nicht auf die Strukturvereinfachung begrenzt werden. Sie ist vielmehr ein die Vereinfachung bezweckender *Umstrukturierungsprozeß*. Als Beispiel wird die geometrische Generalisierung zitiert, die sich nicht auf die Eliminierung unwesentlicher Merkmale beschränkt, sondern auch die wesentlichen Merkmale durch Akzentuierung hervorhebt.

18   Hier ist anzumerken, daß die neuere Psychologie den Begriff Empfindung seltener verwendet als früher. Meist spricht man von Wahrnehmung, weil Empfindungen höchstens in Grenzfällen rein auftreten, normalerweise aber im wahrnehmend-denkenden Widerspiegelungsprozeß aufgehoben sind und erkenntnistheoretisch nicht als Ursache von Wahrnehmungen, sondern als diesen gleichgeordnete subjektive Abbilder betrachtet werden müssen (CLAUSS u. a. 1976).

6.1.2.5. Empirisches und Theoretisches im kartographischen Erkenntnisprozeß

Die Beziehungen zwischen Empirischem und Theoretischem betreffen ein wichtiges erkenntnistheoretisches und wissenschaftstheoretisches Problem, das auch für die kartographische Methode der Erkenntnis bedeutsam ist.

Die historische Entwicklung der wissenschaftlichen Erkenntnis, die vom Empirischen zum Theoretischen führt, ist untrennbar mit einem *Abstraktionsprozeß* verbunden. Dabei ist zu beachten, daß das Empirische stets theoriedurchsetzt ist, genauer gesagt, von den Beobachtungszielsetzungen programmiert, denn es gibt kein „rein" empirisches Vorgehen.

Unter *Empirischem* versteht man (TETZNER 1971):
1. die Resultate der Beobachtungen und Experimente, die unmittelbar Sinnesinformationen zum Gegenstand haben und die in einer bestimmten Sprache mit Hilfe von Aussagen, Begriffen oder Zeichen mit einer entsprechenden semantischen Wertigkeit beschrieben werden;
2. die durch die Analyse und empirische Abstraktion aus den Beobachtungsaussagen gewinnbaren Beziehungen, Sachverhalte und Zusammenhänge, die Abhängigkeiten und Strukturen der sinnlichen Abbilder betreffen (empirische Abhängigkeiten, empirische Begriffe).

Das *empirische Wissen* ist primär an die Sinneserkenntnis gebunden und widerspiegelt nur die Erscheinung bzw. die unmittelbar an die Erscheinung angrenzenden Aspekte. Zur Gewinnung des *Theoretischen* sind höhere Formen der Abstraktion erforderlich, die eine schöpferische und konstruierende Funktion besitzen. Auf diese Weise werden einzelne wesentliche und notwendige Elemente des entsprechenden Objektbereiches in theoretischen Begriffen und theoretischen Aussagen fixiert. Aus dem historischen Entwicklungsprozeß der Erkenntnis vom Empirischen zum Theoretischen ergeben sich auch die verschiedenen Formen des Theoretischen, die den Grad der Vermittlung zum Empirischen zum Ausdruck bringen (Anzahl der Zwischenglieder), und in denen sich der zunehmende Abstraktionsgrad des Theoretischen äußert. Das Theoretische kann so nach der gewählten Abstraktionsrichtung auf verschiedene Weise unterschieden werden. Es zeigt sich (TETZNER 1971)
– als theoretische Beschreibung eines empirischen Bereiches, der durch real existierende Objekte gegeben ist; in der Kartographie beispielsweise Erfassung bestimmter Generalisierungsprozesse durch theoretische Begriffe und Aussagen (TÖPFER 1974) oder der Begründung der Kartengestaltung bei der Atlasentwicklung, z.B. beim „Atlas DDR" (BENEDICT u. OGRISSEK 1980, 1985).
– als theoretische Beschreibung von objektiv real nicht existierenden, künstlich durch Idealisierung geschaffenen Objekten; in der Kartographie beispielsweise das Gradnetz der Erde oder ein anderes Koordinationssystem betreffend.
– als Konstruktion von abstrakten formalisierten Systemen der Logik oder bestimmter Bereiche der Mathematik, die nicht oder noch nicht genügend empirisch interpretiert werden konnten; hier lassen sich gegenwärtig keine kartographisch relevanten Beispiele anführen.

Das Theoretische kann in einer anderen Abstraktionsrichtung nach dem Grad der Geordnetheit und Strukturiertheit unterschieden werden. Es existiert (TETZNER 1971)
– als *Erkenntnis einzelner wesentlicher Beziehungen*, vor allem in Form von *Gesetzesaussagen*; den Gesetzen als einem der zentralen Probleme der theoretischen Kartographie wird im vorliegenden Falle eine solche Bedeutung zugemessen, daß die Behandlung in einem Kapitel 9. gesondert erfolgt;
– als *wissenschaftliche Theorie in Form eines Systems von Aussagen*. Die vorgenannte Geordnetheit und Strukturiertheit ist auch der behandelten allgemeinen Theorie der Kartengestaltung und derselben der Kartennutzung immanent, wenn auch die Form von Aussagen im

traditionellen Sinne nicht immer offen hervortritt, sondern – den Erkenntnissen der Kartographie folgend – der graphischen Form infolge ihrer unbestrittenen Vorteile oft der Vorzug gegeben würde;

- als *axiomatisch aufgebaute Theorie.* Die axiomatischen Grundlagen der Kartographie sind noch nicht ausgearbeitet. Innerhalb der dialektischen Einheit des Empirischen und Theoretischen gewinnt das Theoretische zunehmend an Bedeutung. Die theoretische Erkenntnis übt immer mehr die Funktion eines steuernden und regelnden Momentes gegenüber dem Empirischen aus. Die Gewinnung neuer empirischer Aussagen wird durch die theoretische Erkenntnisstufe gesteuert. Auch das Verständnis und die Interpretation der in den Beobachtungsprotokollen fixierten Meßwerte ist nur über ein System theoretischer Aussagen möglich (TETZNER 1971). Diese Situation läßt sich auch in der Kartographie beobachten, insbesondere seit der beachtlichen Zunahme ingenieurpsychologischer Untersuchungen in der Kartographie (OGRISSEK 1979a), dennoch sind bei noch konsequenterem derartigem Vorgehen weitere Fortschritte zu erwarten.

Eine große Bedeutung der Kenntnis des Zusammenhanges von Empirischem und Theoretischem ist auch für die Kartographie in folgender Erkenntnis zu sehen: Die Anwendung der wissenschaftstheoretischen Beziehung zwischen Empirischem und Theoretischem als methodologischem Prinzip bedeutet, die wachsende Rolle des Theoretischen bewußt als heuristischen Grundsatz auszunutzen (TETZNER 1971). Der anzustrebende *Erkenntniszyklus* beginnt mit der Extrapolation von bisher bekannten theoretischen Erkenntnissen auf den zu untersuchenden, mehr oder weniger unbekannten Objektbereich; nach Problemstellung erfolgt hypothetische Formulierung von Aussagen, anschließend Überprüfung über das Empirische mit dem Ziel, die hypothetischen Aussagen zu verifizieren, zu falsifizieren oder zu präzisieren. Damit wird deutlich, daß das Empirische eine Art Zwischenschritt darstellt, also nicht Ziel, sondern Mittel zum Zweck einer vertieften theoretischen Erkenntnis. Der Erkenntniszyklus verläuft also in der Form:

$$\text{Theoretisches} \rightarrow \text{Empirisches} \rightarrow \text{Theoretisches}$$

Unter den Extrapolationsmöglichkeiten bisher bekannter theoretischer Erkenntnisse auf einen mehr oder weniger unbekannten Bereich hat in der Kartographie bisher vor allem die *Strukturanalogie* theoretische und praktische Bedeutung erlangt. Diese beruht auf der Erkenntnis, daß Strukturbeziehungen eines bekannten Objektbereiches als Modell für einen noch wenig bekannten Objektbereich dienen können, da unter bestimmten Bedingungen gleiche Strukturen in inhaltlich verschiedenen Bereichen auftreten. Dies läßt sich z. B. deutlich am Strukturmodell der thematischen Karte zeigen (s. Abbildung 17). Klarheit über die Beziehungen zwischen Empirischem und Theoretischem dient nicht zuletzt einer Zurückdrängung von möglichen Tendenzen des Praktizismus und der Handwerkelei (TETZNER 1971), eine Erkenntnis, die hinsichtlich der Kartographie nicht nachdrücklich genug unterstrichen werden kann.

6.1.2.6. Die Grundstrukturen von Erkenntnisprozessen in der Kartographie

Die elementaren und allgemeinen Elemente, die für jeden beliebigen *Erkenntnisprozeß* notwendig, ihm wesentlich eigen und die zugleich hinreichend sind, einen einfachen Erkenntnisprozeß überhaupt zu konstituieren, lassen sich wie folgt ausweisen:
- die *Erkenntnistätigkeit* des erkennenden Subjekts,
- der *Erkenntnisgegenstand,* auf den die Erkenntnistätigkeit gerichtet und dessen kognitive Aneignung sie ist,

– die *Erkenntnismittel*, die das Subjekt benutzt, um Gegenstände erkenntnismäßig zu erschließen, d. h. um Informationen über die Eigenschaften, Beziehungen, Gesetzmäßigkeiten usw. zu erlangen.

Unter *Erkenntnistätigkeit* verstehen wir bekanntlich eine spezifische Art der zweckmäßigen Tätigkeit der Menschen, jene nämlich, deren unmittelbarer Zweck darin besteht, durch kognitive Aneignung von Erkenntnisgegenständen Erkenntnisse über diese zu gewinnen. In ihr werden Erkenntnisse angestrebt, die den Erkenntnisgegenständen adäquat sind, diese also abbilden. Daraus läßt sich schlußfolgern, daß auch Erkenntnisse über das Erkenntnismittel Karte von Interesse sind.

In diesem Zusammenhang macht es sich notwendig, auch auf die wesentlichen *Merkmale der Erkenntnistätigkeit* im Unterschied zur praktischen Tätigkeit (WITTICH, GÖSSLER u. WAGNER 1978) und ihre kartographische Relevanz (OGRISSEK 1982 a) thesenartig einzugehen. Die Erkenntnistätigkeit entstand erst aus den Bedürfnissen der materiellen Arbeit, ist also dieser gegenüber sekundär. Das läßt sich auch an der Geschichte des Erkenntnismittels Karte in seinen frühen Formen zeigen (BOČAROV 1966).

Die grundlegenden Triebkräfte der Erkenntnistätigkeit liegen letztlich in der materiellen Arbeit, während die materielle Arbeit die grundlegenden Antriebe ihrer Entwicklung in sich selbst trägt. Aus dieser Feststellung läßt sich unschwer die erkenntnistheoretische Begründung für die überragende Bedeutung der Zweckbestimmung (Funktion) als Determinante für die Kartengestaltung ableiten. Die Menschen eignen sich die Erkenntnisgegenstände in ihrer Erkenntnistätigkeit an, indem sie diese Gegenstände ideell reproduzieren. Gegenstände der materiellen Arbeit hingegen eignen sich die Menschen an, indem sie diese als Bildungselemente neuer Gebrauchswerte verwenden, sie also materiell verändern. Während die Menschen in ihrer materiellen Arbeit die objektive Realität entsprechend ihren Zwecken und Bedürfnissen verändern, verändern sie in ihrer Erkenntnistätigkeit ihr Bewußtsein, indem sie erreichte Erkenntnisse in immer bessere Übereinstimmung mit den in ihnen wiedergegebenen Gegenständen bringen oder über neu erschlossene Erkenntnisgegenstände Erkenntnisse gewinnen. Für die genannte Übereinstimmung ist die zunehmend an Bedeutung gewinnende, in der Sowjetunion besonders entwickelte Systemkartierung und Systemanalyse (BERLJANT 1975 a) ein überzeugendes Beispiel der Kartographie. Was die *Erkenntnisgewinnung an kartographisch neu erschlossenen Erkenntnisgegenständen* anbetrifft, sind wohl Umweltkarten (BERLJANT, SERBENJUK u. TIKUNOV 1980) das gegenwärtig beste Beispiel. In der Erkenntnistätigkeit, in unserem Falle als Form der Kartennutzung, erzeugen die Menschen ideelle Produkte, nämlich Erkenntnisse, in der materiellen Arbeit, in unserem Falle der Kartenherstellung, hingegen materielle Produkte, nämlich Gebrauchswerte. Der Informationsträger Karte gestattet es zudem, diese ideellen Produkte, diese Erkenntnisse, in der gleichen Form, als Bild-Zeichen-Modell, zu speichern, wie das angenommen benutzte Erkenntnismittel Karte. Es liegt auf der Hand, daß damit unschätzbare Vorteile für die Praxis der Kartennutzung durch den Vergleich, beispielsweise bei Prognosekarten (BERLJANT 1971), gewonnen werden (OGRISSEK 1982 a).

Die Schaffung von Erkenntnisgegenständen kann sich nur auf Produkte praktischer Tätigkeit – also auch auf alle Arten kartographischer Modelle, wie Karten, Globen, Reliefs usw. – und auf ideelle Gegenstände – also auch Verhaltensweisen von Kartennutzern usw. – beziehen. Diese aber entstehen und bestehen auch unabhängig davon, ob sie zu Gegenständen von Erkenntnistätigkeiten gemacht werden. Insofern bestehen sie auch unabhängig und außerhalb von denjenigen Erkenntnisgegenständen, die über sie Erkenntnisse erzeugen (WITTICH, GÖSSLER u. WAGNER 1978). In der behandelten theoretischen Kartographie (OGRISSEK 1980 d) spiegelt sich dieser Sachverhalt in einer kartographischen Funktionslehre (PÁPAY

1973) wider, die außer der Funktion der Erkenntnisgewinnung (SALIŠČEV 1975) noch weitere Zweckbestimmungen von kartographischen Modellen beinhaltet, wie z. B. die hochbedeutsame kartographische Kommunikation (RATAJSKI 1978, SALIŠČEV 1978b u. c, MEINE 1980, OGRISSEK 1974b, BERTIN 1978, KOEMAN 1971, ROBINSON u. BARTZ-PETCHENK 1976, BOARD 1978a u. b, FREITAG 1979 u. 1980 u. weitere).

Erkenntnisgegenstände sind zu definieren als jene Gegebenheiten, die in Erkenntnistätigkeiten kognitiv angeeignet, d. h. über die Erkenntnisse gewonnen werden. Der Erkenntnisgegenstand hat dabei zufolge dem dialektischen und historischen Materialismus eine zweifache Bestimmtheit, eine *natürliche* und eine *gesellschaftliche*. Die erstgenannte Bestimmtheit des Erkenntnisgegenstandes besteht darin, daß er unabhängig vom Menschen und dessen Bewußtsein und außer ihnen existiert, weiterhin, daß er Merkmale besitzt, in Beziehungen steht und sich nach Gesetzmäßigkeiten bewegt, die nicht vom Menschen und dessen Fähigkeiten abhängig sind, sondern den Dingen und Prozessen selbst immanent sind. Die *gesellschaftliche Bestimmtheit* des Gegenstandes besteht darin, daß er etwas darstellt, worauf menschliche Bedürfnisse gerichtet sind (WITTICH 1976). In der Kartennutzung bilden *Erkenntnisgegenstände* die in den Karten und kartenverwandten Darstellungsformen modellierten Gegenstände der objektiven Realität, die daher insbesondere aus der Sicht der Erkenntnistheorie zweckmäßig als *Kartengegenstände* zu bezeichnen sind. Außer den genannten Kartengegenständen können auch die kartographischen Modelle selbst, insbesondere die Karten, also die Erkenntnismittel, Gegenstand der Erkenntnis sein. Dies ist dann der Fall, wenn es z. B. um die Beantwortung von Fragen nach der Effektivität der Kartennutzung oder um deren Optimierung geht. Aber auch die Problematik einer Optimierung der Technologie und damit der Ökonomie der Kartenherstellung ist hier anzuführen (OGRISSEK 1982a).

Die *Beziehungen des Subjekts*, in der Regel also des Kartennutzers, zum Gegenstand seiner Tätigkeit sind nicht unmittelbar, sondern vermittelt, eben durch die Erkenntnismittel. Diese sind zu definieren als jene Dinge und Verfahren, die das erkennende Subjekt, in unserem Falle also der Kartennutzer, zwischen sich und die Erkenntnisgegenstände schiebt, um Erkenntnisse über sie zu erlangen. In der Geographie, der Geologie, der Geschichtswissenschaft usw. sind diese oben zitierten Dinge auch Karten und kartenverwandte Darstellungsformen als Modelle der Wirklichkeit. Es existieren nachstehend genannte, verschiedene Erkenntnismittel (WITTICH, GÖSSLER u. WAGNER 1978), und deren Rolle in der Kartennutzung stellt sich wie folgt dar:

1. *Arbeitsmittel*, wobei deren Gebrauch die Entstehung von Erkenntnissen über die Beschaffenheit der Arbeitsmittel selbst impliziert. In nicht wenigen Fällen werden auch Karten und kartenverwandte Darstellungsformen als Arbeitsmittel bezeichnet. Dabei ist nicht zu übersehen, daß die Definition des Begriffes Arbeitsmittel (Ding, mit dessen Hilfe der Mensch auf den Gegenstand seiner Arbeit einwirkt und ihn seiner Absicht entsprechend verändert) auch für die Karte gelten kann, wenn man nicht von einer unmittelbaren, sondern einer mittelbaren Einwirkung ausgeht. Dies scheint angängig zu sein und trifft dann auch für kartenverwandte Darstellungen zu.

2. *Wissenschaftliche Geräte und Apparaturen,* wobei es sich um materielle Erkenntnismittel handelt, die arbeitsteilig aus den Arbeitsmitteln heraus entwickelt werden und deren Gebrauch den speziellen Zweck verfolgt, materielle Gegenstände dem Erkennen zu erschließen, vor allem aus solchen Bereichen der objektiven Realität Informationen zu erlangen, die den menschlichen Sinnesorganen ihrer physiologischen Begrenztheit wegen nicht zugänglich sind. Bei der Nutzung kartenverwandter Darstellungsformen wären hier als typische Beispiele die Geräte für Thermalaufnahmen, Infrarotaufnahmen, Radaraufnahmen und ähnliches zu nennen.

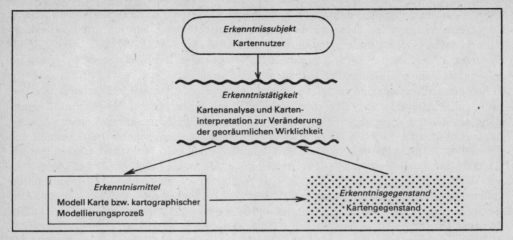

Abbildung 54
Grundstruktur des Erkenntnisprozesses zur Gewinnung von georäumlichen Erkenntnissen mittels Karten (nach OGRISSEK)

3. *Wissenschaftliche Methoden und Verfahren,* wobei es sich um ideelle Erkenntnismittel handelt, durch die als Systeme von Regeln, Anweisungen, Vorschriften, Richtlinien usw. menschliche Erkenntnistätigkeit zielstrebig geleitet wird, indem Regeln usw. festlegen und vorschreiben, *wie* unter bestimmten Bedingungen in bestimmter Richtung über bestimmte Gegenstände Erkenntnisse gewonnen werden können, z. B. Analyse, Synthese, Induktion, Deduktion, Modellbildung usw. In den letzten Jahren sind erklärlicherweise die Arbeiten auf den theoretischen Gebieten der Kartographie stark angestiegen (OGRISSEK 1980c), insbesondere hinsichtlich der kartographischen Modellierung (BERLJANT 1978), der mathematischen wie der thematischen.

4. *Erkenntnisse*, die beispielsweise als Prämissen in Schlüssen als ideelle Erkenntnismittel auftreten; indem also schon gewonnene Erkenntnisse wieder für die Gewinnung weiterer Erkenntnisse eingesetzt werden, fungieren sie selbst als Erkenntnismittel. Die für die Kartographie typische Nutzungsform ist in der Karteninterpretation (z. B. BARTELS 1970, FEZER 1976 u. a.) zu finden. Darüber hinaus besteht auch die Möglichkeit, diese Art der Erkenntnisgewinnung durch weitere kartographische Modellierungsprozesse zu praktizieren. Es verbleibt festzuhalten: Die Anwendung bzw. der Gebrauch materieller Erkenntnismittel bildet auch in der Kartographie das praktische Moment menschlicher Erkenntnisprozesse.

Den ideellen Erkenntnismitteln kommt die Funktion zu, den Einsatz der materiellen Erkenntnismittel im Erkenntnisprozeß methodisch zu leiten und die erhaltenen Informationen in Beweisen, Schlüssen, Folgerungen geistig zu verarbeiten (WITTICH, GÖSSLER u. WAGNER 1978). Die Erkenntnismittel vermitteln die Tätigkeit des Erkenntnissubjektes mit dem Gegenstand, auf dessen Erkennen sie gerichtet ist.

Zufolge der vorstehenden Ausführungen lassen sich zwei unterschiedliche Grundstrukturen von Erkenntnisprozessen in der Kartographie nachweisen.

Zum einen handelt es sich um die Grundstruktur des Erkenntnisprozesses zur *Gewinnung von georäumlichen Erkenntnissen*[19] *mittels Karten* (s. Abbildung 54). Dabei gestaltet sich der Er-

19 In diesem Sinne sind diesbezügliche Informationen in Geschichtskarten auch als georäumlich zu klassifizieren.

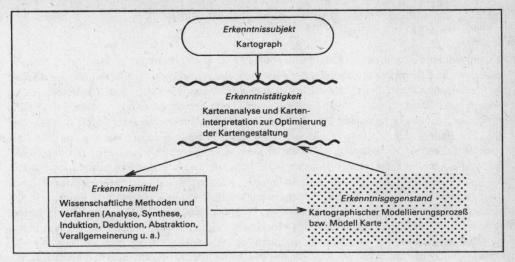

Abbildung 55
Grundstruktur des Erkenntnisprozesses zur Gewinnung von kartographischen
Erkenntnissen mittels wissenschaftlicher Methoden und Verfahren
(nach OGRISSEK)

kenntnisprozeß wie folgt: *Erkenntnissubjekt* ist, wie bereits dargelegt, der Kartennutzer, der nicht Kartograph zu sein braucht. Die *Erkenntnistätigkeit* erfolgt als Kartenanalyse und Karteninterpretation im Hinblick auf die Kartennutzung. Als *Erkenntnismittel* fungiert das Modell Karte bzw. der kartographische Modellierungsprozeß. Der *Erkenntnisgegenstand* wird vom Kartengegenstand gebildet.

Zum anderen handelt es sich um die Grundstruktur des Erkenntnisprozesses zur *Gewinnung von kartographischen Erkenntnissen mittels wissenschaftlicher Methoden und Verfahren* (s. Abbildung 55). Dabei gestaltet sich der Erkenntnisprozeß wie folgt: *Erkenntnissubjekt* ist hier ausschließlich der Kartograph. Die *Erkenntnistätigkeit* ist vom Inhalt her ebenfalls durch Kartenanalyse und Karteninterpretation, jedoch mit dem *Ziel* der Optimierung der Kartengestaltung, gekennzeichnet. Als *Erkenntnismittel* fungieren demzufolge wissenschaftliche Methoden und Verfahren wie Analyse, Synthese, Induktion, Deduktion, Abstraktion, Verallgemeinerung und andere. Den *Erkenntnisgegenstand* bilden der kartographische Modellierungsprozeß bzw. das Modell Karte.

Damit wird deutlich, daß in der Kartographie *zwei verschiedene Grundstrukturen* von Erkenntnisprozessen nachweisbar sind. In dem einen Falle fungiert das Modell Karte bzw. der kartographische Modellierungsprozeß als Erkenntnismittel, um Erkenntnisse über den Kartengegenstand zu gewinnen. In dem anderen Falle fungieren wissenschaftliche Methoden und Verfahren, um Erkenntnisse über den kartographischen Modellierungsprozeß bzw. das Modell Karte zu gewinnen. Im ersten Falle erwachsen ihrem Wesen nach *georäumliche Erkenntnisse*, im zweiten Falle *kartographische Erkenntnisse*. Auch in der Erkenntnistätigkeit lassen sich Unterschiede feststellen, obwohl die Verfahren mit Kartenanalyse und Karteninterpretation die gleichen sind. Zum einen zielen sie auf die Kartennutzung und zum anderen auf die Kartengestaltung. Das Ziel der bei der Kartennutzung in kartographischer Hinsicht gewonnenen Erkenntnisse muß darin bestehen, diese für die *Optimierung der Kartengestaltung* nutzbar zu machen (OGRISSEK 1982 a).

6.1.2.7. Experiment, Erkenntnisprozesse und Theoriebildung in der Kartographie

Experiment ist zu definieren (KLAUS u. KRÖBER 1974) als Verfahren, bei dem durch *bewußte systematische Einwirkung auf Prozesse der objektiven Realität* und durch die *theoretische Analyse der Bedingungen*, unter denen diese Einwirkungen erfolgen, sowie der *Resultate des Einwirkens neue Erkenntnisse gewonnen* oder *Kenntnisse überzeugend vermittelt* werden können. Diese Einwirkungen können je nach den bestehenden Umständen *unmittelbar* oder durch *Geräte* erfolgen. Ein Experiment schließt also in jedem Falle einen Eingriff in die Wirklichkeit ein und verändert diese. Daher stützt sich das Experiment sowohl auf die Besonderheiten der *sinnesmäßigen Erkenntnis* als auch auf das *abstrakte theoretische Denken*. Das Experiment kann nicht nur eine schon vorhandene wissenschaftliche Vermutung bestätigen oder widerlegen, sondern kann auch zu völlig neuen und unerwarteten Einsichten führen. Der Anwendungsbereich von *Experimenten als Erkenntnismethode, Wahrheitskriterium und Mittel zur aktiven Umgestaltung der Wirklichkeit* im Interesse des Menschen ist nicht auf die Natur bzw. die Naturwissenschaften beschränkt, sondern erfaßt auch die materielle Produktion und ist in den Gesellschaftswissenschaften anwendbar. Bei letzten ist aber zu beachten, daß hier bestimmte Beschränkungen gegeben sind, die mit der Qualität der gesellschaftlichen Bewegungsform der Materie zusammenhängen.

Vor allem sind es drei Problemkomplexe (HÖRZ 1975), die für die kartographische Erkenntnismethode, insbesondere hinsichtlich der *Beziehungen zwischen Experiment und Theorie*, für unser Anliegen belangvoll sind:
– *die theoretischen Überlegungen zum Theoriebildungsprozeß,*
– *die Wege des Erkennens und*
– *das Verhältnis von experimenteller und theoretischer Tätigkeit.*
Theoretische Überlegungen zum Theoriebildungsprozeß befassen sich einerseits mit den materiellen Grundlagen der Informationsverarbeitung, des problemlösenden Denkens, der Zeichenerkennung usw. Andererseits werden formalisierbare Strukturen im Prozeß der Theoriebildung, im Beweisverfahren, in der Modellierung usw. gesucht.

Auch für die theoretische Kartographie gilt, daß wissenschaftliche Erkenntnis des Erkenntnisprozesses nicht allein Ideen, Theorien, Vorstellungen zum Gegenstand hat, sondern auch ihre materiellen Grundlagen und ihre gesellschaftlichen Determinanten. Sicher ist hier noch viel Forschungsarbeit zu leisten, aber eine prinzipielle Erkenntnisschranke existiert nicht.

Hinsichtlich der *Wege des Erkennens*, dem zweiten der genannten Problemkomplexe, muß auf deren innere Kompliziertheit, auch in der Kartographie, ausdrücklich hingewiesen werden. Es gibt keinen eindeutigen linearen Erkenntnisweg, der vom Experiment zur Theorie und von dort zur praktischen Nutzung verläuft (HÖRZ 1975). Diese bedeutsame philosophische Erkenntnis wird auch durch jüngste kartographische Untersuchungen beispielsweise zur kartographischen Zeichenwahrnehmung (z. B. ARNBERGER 1982, BOLLMANN 1981 u. a.) im Sinne einzelwissenschaftlicher Konkretisierung überzeugend bestätigt. Kapitelüberschriften wie „Einige Aspekte des Wahrnehmungsverhaltens und erste Konsequenzen für die kartographische Praxis" bedürfen daher keines Kommentars, sie sind beredter Ausdruck der realen Situation.

Damit ist der dritte Problemkomplex angesprochen, das *Verhältnis von experimenteller und theoretischer Tätigkeit* in der wissenschaftlichen Arbeit. Zunächst gilt es festzustellen, daß die wissenschaftliche Denk- und Arbeitsweise in der Einheit der theoretischen und experimentellen Tätigkeit besteht. Sie muß im Denken des Theoretikers und Experimentators realisiert werden, trotz der in der Arbeit notwendigen Differenzierung. Hier handelt es sich um eine wichtige erkenntnistheoretische Forderung, die sich gegen Extreme in der Erkenntnis wendet; denn die nicht realisierte Einheit kann bei Unterschätzung des Experiments zur Spekulation und bei Mißachtung der Theorie zum Empirismus führen. Dabei ist nicht zu übersehen, daß die Problematik in der tatsächlich notwendigen Differenzierung in der Arbeit besteht (HÖRZ 1975).

Es liegt sicher in der relativ späten Entwicklung einer theoretischen Kartographie begründet, daß dem *Experiment als Mittel der Erkenntnisgewinnung* erst in den letzten einundeinhalb Jahrzehnten eine nennenswerte Aufmerksamkeit[20] gewidmet wurde und auch monographische Darstellungen darauf basieren; z. B. jüngst BOLLMANN (1981), VANECEK (1980) oder GROHMANN (1975). Noch ECKERT kennt in seinem bekannten umfangreichen Werk „Die Kartenwissenschaft" (1921 u. 1925) – immerhin 2 Bände mit über 1500 Seiten – kein Registerstichwort „Experiment" oder ähnliches. Dies zeigt doch in gewisser Weise, welche Bedeutung er dem Experiment zumaß. In Kapitel I. „Allgemein Methodisches und Kritisches" findet sich andererseits ein Abschnitt 4. Beobachtung und Messung. Dort sind folgende bezeichnenden Sätze zu lesen: „... Ist das Experiment von Natur aus in der Geographie im allgemeinen ausgeschlossen, gewinnt es in der Kartographie *unter Umständen* Einfluß. Im Laboratorium ist es möglich, die Intensität schräg beleuchteter Flächen experimentell zu bestimmen. Das optische Prinzip kann in der Generalisierung von Einfluß werden, insofern das Beobachten eines Kartenbildes aus der Ferne eine Handhabe geben kann, welche Einzelheiten auf Kosten kleinerer Maßstäbe zu verschwinden haben". Damit sind die Ausführungen zum Experiment in der Kartographie erschöpft. Unter dem Abschnitt „Beobachtung und Messung" der Gliederung richtig eingeordnet, aber in seiner Bedeutung nicht erkannt; so muß man wohl die Haltung ECKERTS zum Experiment in der Kartographie einschätzen. Er war immerhin wohl derjenige Kartograph, der in seiner Zeit ansatzmäßig am weitesten zu einer theoretischen Kartographie vorgedrungen war.

Wenn man auch hinter den Gedankengängen ECKERTS (1921) das Anliegen einer Verbesserung der Kartengestaltung erkennen kann, muß doch andererseits festgestellt werden, daß diese Zielstellung nicht explizite formuliert ist.

Bekannt geworden ist dann genau zehn Jahre später WAGNERS monographische Abhandlung mit dem Titel „Zahl und graphische Darstellung im Erdkundeunterricht. Experimentell-psychologische Untersuchungen über Größenbeziehungen der im Erdkundeunterricht gebräuchlichen graphischen Grundformen", deren Anliegen aus dem Titel so deutlich wird, daß hier weitere Ausführungen unnötig sind.

Zusammengefaßt läßt der auch für die Kartographie höchst bedeutsame *Zusammenhang* von Experiment, Erkenntnisprozessen und Theoriebildung unter Bezugnahme auf HÖRZ (1975) folgendermaßen formulieren: Das Zurückbleiben eines Teiles der einheitlichen wis-

---

20 ARNBERGER (1977) konnte anläßlich seines Berichtes über „10 Jahre Institut für Kartographie der Österreichischen Akademie der Wissenschaften" unter anderem auf die Gründung einer Abteilung „Experimental-psychologische Untersuchungen kartographischer Formelemente" im Jahre 1973 mit einem speziellen experimentellen Forschungsprogramm verweisen. Zufolge der o. a. Darlegungen lassen sich Aufgaben auf dem Gebiet der experimentellen Kartographie nach folgenden Inhaltsschwerpunkten gliedern:
– Wahrnehmungspsychologische Aspekte (Erkennen, Auffinden und Unterscheiden bestimmter Kartenzeichen),
– lernpsychologische Aspekte (Erlernen und Reproduzieren verschiedener Kartenzeichentypen, Zusammenhang mit Gedächtnisarten),
– semantische Aspekte (Sinn-Symbol-Zusammenhänge, optimale Gestaltung von Kartenzeichen)

senschaftlichen Tätigkeit, sei es die experimentelle Basis oder die theoretische Verallgemeinerung und Durchdringung des experimentellen Materials oder gar die notwendige Überführung wissenschaftlicher Erkenntnisse in die Praxis, kann zu erheblichen Effektivitätsverlusten führen. Das Experiment fungiert als *objektiver Analysator der Wirklichkeit*. Mit wissenschaftlichen Experimenten werden bewußt Erscheinungen unter bestimmten Bedingungen organisiert, die ein Moment des Wesens der untersuchten Erscheinungen zeigen, das gedanklich herauszufinden ist. *Das Wesen des Experiments besteht darin, objektiver Analysator der Wirklichkeit zu sein.* Aus diesem Grunde besteht ein Hauptproblem bei der Anwendung der experimentellen Methode in der Kartographie, speziell in der Kartennutzung, darin, diese *Wirklichkeit der Kartennutzung bei der Experimentdurchführung maximal zu erhalten.* Diese Problematik zeigen auch jüngste Untersuchungen (BOLLMANN 1975) mit hinreichender Deutlichkeit. Aber nur auf diese Weise sind signifikante Ergebnisse zu erwarten. Die Komplexität des Vorganges der Kartennutzung, aber ebenso die Komplexität des Informationsträgers Karte sind offenbar die Ursachen der bisher doch relativ geringen Anzahl von Veröffentlichungen mit verallgemeinerten Ergebnissen.

Die *Bedeutung des Experiments* für die Erkenntnisgewinnung in der Kartographie läßt sich am derzeitigen Hauptanwendungsbereich, der Wahrnehmung von Karten, an Hand der dabei vorrangig zu verfolgenden Ziele (BERLJANT, GUSAROVA u. DERGAČEVA 1980) wie folgt zeigen:
- Bewertung von Umfang und Genauigkeit der Informationen, zu ermitteln im Prozeß der visuellen Analyse von Karten entsprechenden Typs,
- Klärung der Zweckmäßigkeit der in der betreffenden Karte angewandten graphischen Methoden,
- Ausarbeitung von Methoden analoger Untersuchungen.

Wie bereits bei den Darlegungen über den Theoriebegriff und die Grundlagen der Theorienbildung in der Kartographie zum Ausdruck gebracht, besteht das Wesen der Theorie in der durch den erkennenden Menschen vorgenommenen Synthese der analysierten Wesensmomente.

Theorie und Experiment charakterisieren damit zwei Pole im Erkenntnisprozeß, nämlich die objektive Analyse und die subjektive Synthese (HÖRZ 1975).

6.1.2.8. Analytisch-synthetische Operationen der Erkenntnistätigkeit

Für die Erkenntnistätigkeit lassen sich auf der Grundlage von LOMPSCHER (1975) vor allem folgende, auch für die kartographische Erkenntnisgewinnung bedeutsamen, *analytisch-synthetischen* Operationen aus der Gesamtheit der geistigen Tätigkeiten ausgliedern (vgl. Abbildung 56). Dabei ist nach OGRISSEK (1982a) der Erkenntnisprozeß zur Gewinnung von georäumlichen Erkenntnissen mittels Karten und der Erkenntnisprozeß von kartographischen Erkenntnissen mittels wissenschaftlicher Methoden und Verfahren mit analogen Grundstrukturen zu unterscheiden, wie in Kapitel 6.1.2.7. dargelegt. Die damit sowohl bei Kartengestaltung als auch bei Kartennutzung anwendbaren Operationen umfassen: 1. das *Erfassen der Beziehungen von Teil und Ganzem,* d. h. das *Zergliedern* eines Gegenstandes in seine Teile bzw. das Ausgliedern bestimmter Teile aus dem Gegenstand und das Zusammenfügen von Teilen zu einem neuen Ganzen, ebenso das In-Beziehung-Setzen bestimmter Teile zueinander; 2. *das Ausgliedern von Eigenschaften* an einem Objekt und das Erfassen der Beziehungen zwischen verschiedenen Eigenschaften dieses Objektes sowie das Erfassen der Beziehungen von Ding und Eigenschaft; 3. das *Differenzieren,* das *Generalisieren* und das *Vergleichen,* d. h. das Erfassen von Unterschieden zwischen Vergleichsobjekten hinsichtlich bestimmter Eigenschaften und das Erfassen von Gemeinsamkeiten zwischen ihnen; 4. das *Bewerten und Ord-*

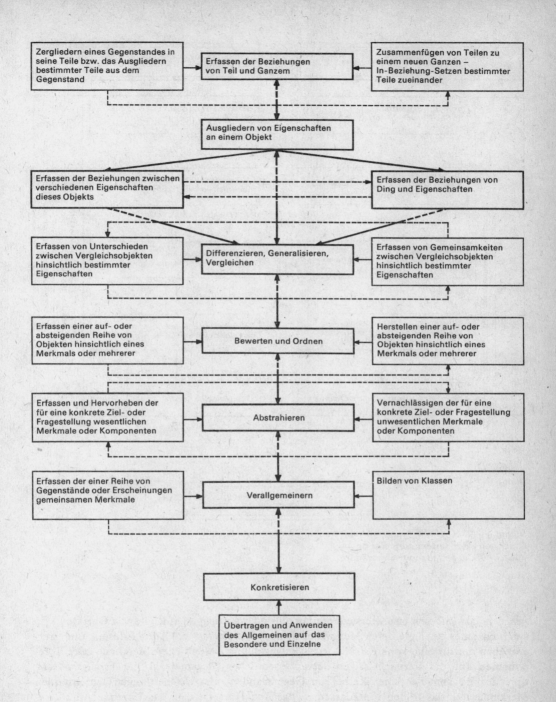

Abbildung 56
Analytisch-synthetische Operationen der Erkenntnistätigkeit
(entworfen auf der Grundlage von LOMPSCHER)

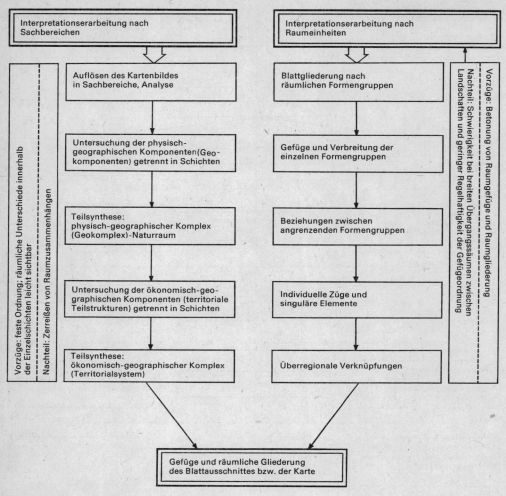

Abbildung 57
Erarbeiten einer Karteninterpretation
(nach BARTELS, terminologisch verändert)

nen, d. h. das Erfassen bzw. Herstellen einer auf- oder absteigenden Reihe von Objekten hinsichtlich eines oder mehrerer Merkmale; 5. das *Abstrahieren*, d. h. das Erfassen und Hervorheben der für eine konkrete Ziel- oder Fragestellung wesentlichen Merkmale oder Komponenten und das Vernachlässigen der unwesentlichen Merkmale; 6. das *Verallgemeinern*, d. h. das Erfassen der einer Reihe von Gegenständen oder Erscheinungen gemeinsamen Merkmale und das Bilden von Klassen; 7. das *Konkretisieren*, d. h. das Übertragen und Anwenden des Allgemeinen auf das Besondere und Einzelne.

Diese Operationen bilden ein *System*, in dem die einen Operationen die Voraussetzungen der folgenden sind, in sie mit eingehen, und in dem diese auf jene wieder zurückwirken. In Abhängigkeit von der *realen Situation*, von der *speziellen Aufgabenstellung* und vom *Entwick*-

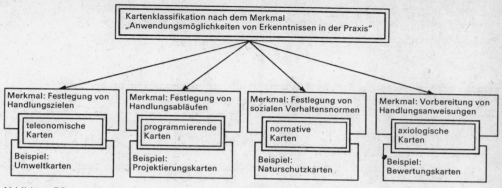

Abbildung 58
Kartenklassifikation nach der Anwendung von mittels Karten gewonnenen
georäumlichen Erkenntnissen
(nach OGRISSEK)

lungsniveau des Subjekts kann fast jede geistige Operation auf unterschiedlichen Ebenen der Erkenntnistätigkeit vor sich gehen. Diese sind nach LOMPSCHER (1975) die *praktisch-gegenständliche Handlung, die unmittelbare Anschauung,* die *mittelbare Anschauung* und die *sprachlich-begriffliche Erkenntnis.* Die Ebenen der Erkenntnistätigkeit liegen nicht isoliert neben- oder übereinander, sondern sind durch vielfältige Beziehungen miteinander verbunden.

Analytisch-synthetische Operationen mit dem Ziel der Erkenntnisgewinnung werden in wesentlichem Maße bei der Kartennutzung im Rahmen der *Karteninterpretation* vollzogen. Dabei kann die Interpretationserarbeitung sowohl nach *Sachbereichen* als auch nach *Raumeinheiten* erfolgen (BARTELS 1970). Den jeweiligen Vorzügen stehen auch bestimmte Nachteile gegenüber, wie Abbildung 57 zeigt. Im Endergebnis werden Erkenntnisse bzw. Kenntnisse über die in der betreffenden Karte auftretenden Gefüge und deren räumliche Gliederung gewonnen.

6.1.3. Klassifikation der Anwendungsmöglichkeiten von Erkenntnissen in der kartographischen Praxis

Heute kann man folgende Anwendungsmöglichkeiten von Erkenntnissen in der Praxis bzw. in den anderen, durch sie bestimmten Bereichen des gesellschaftlichen Lebens (WITTIG, GÖSSLER u. WAGNER 1978) unterscheiden, die, wenn auch in unterschiedlichem Umfange, bei georäumlicher Determiniertheit von bestimmten Kartenklassen zu realisieren sind.

1. In bezug auf die weitere Existenz oder die Entwicklung von Individuen, sozialen Gruppen, Klassen, Gesellschaftsordnungen oder der Menschheit können Erkenntnisse der Festlegung von möglichen oder notwendigen Handlungszielen dienen. Unzweifelhaft spielen hierbei beispielsweise Umweltkarten (FRIEDLEIN 1976, KRETSCHMER 1977, KUGLER 1978, LEHMANN 1975 u. 1980 u.a.) zur Gewinnung raumrelevanter Erkenntnisse eine wesentliche Rolle. Diese mögliche Rolle von Erkenntnissen gegenüber der Praxis wird *„teleonomische"* genannt.

2. Erkenntnisse können der Festlegung von Handlungsabläufen dienen, die a) das angestrebte Ziel überhaupt erreichbar machen oder b) es in einer möglichst optimalen Weise erreichen lassen. Hier liegt unverkennbar das große Einsatzfeld von Planungskarten unter-

175

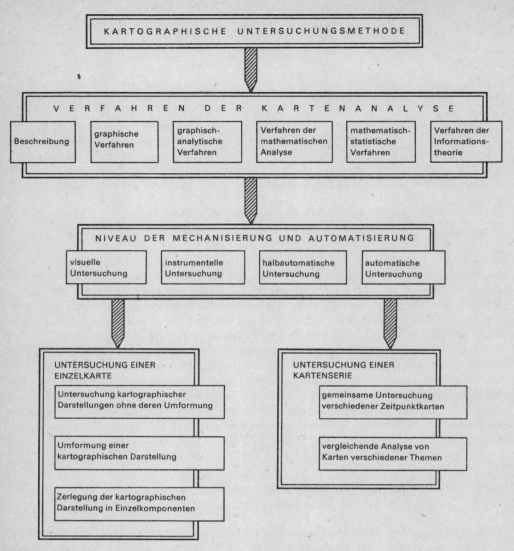

KARTOGRAPHISCHE UNTERSUCHUNGSMETHODE

VERFAHREN DER KARTENANALYSE

| Beschreibung | graphische Verfahren | graphisch-analytische Verfahren | Verfahren der mathematischen Analyse | mathematisch-statistische Verfahren | Verfahren der Informations-theorie |

NIVEAU DER MECHANISIERUNG UND AUTOMATISIERUNG

| visuelle Untersuchung | instrumentelle Untersuchung | halbautomatische Untersuchung | automatische Untersuchung |

UNTERSUCHUNG EINER EINZELKARTE

Untersuchung kartographischer Darstellungen ohne deren Umformung

Umformung einer kartographischen Darstellung

Zerlegung der kartographischen Darstellung in Einzelkomponenten

UNTERSUCHUNG EINER KARTENSERIE

gemeinsame Untersuchung verschiedener Zeitpunktkarten

vergleichende Analyse von Karten verschiedener Themen

Abbildung 59
System der kartographischen Untersuchungsmethode
(nach BERLJANT)

schiedlich spezifizierter Zweckbestimmung. Die differenzierte Untersuchung des Nutzerverhaltens (GRIESZ 1983a) läßt dabei neue Erkenntnisse erwarten. Vorrangig dürften Prognosekarten für die Gewinnung derartiger georäumlicher Erkenntnisse eine zentrale Rolle spielen, künftig wohl mehr noch als gegenwärtig. Diese mögliche Rolle von Erkenntnissen gegenüber der Praxis wird *„programmierende"* genannt.

3. Erkenntnisse, die der Festlegung von sozialen Verhaltensnormen dienen, spielen bei Karten zur Gewährleistung von Naturschutz bzw. Landschaftsschutz eine Rolle. Diese mögliche Rolle von Erkenntnissen gegenüber der Praxis heißt *„normative"*.

4. Erkenntnisse können dazu dienen, die Gegenstände, Mittel und Resultate menschlichen Handelns sowie dieses selbst in ihrer Bedeutung für die Realisierung menschlicher Interessen zu bewerten. Hierbei dienen Erkenntnisse zwar nicht direkt der Begründung und dem Finden von Handlungsanweisungen, sie bereiten aber eine solche Anwendung vor. In eben diesem Sinne können sog. Bewertungskarten der Erkenntnisgewinnung dienen. Diese mögliche Rolle von Erkenntnissen gegenüber der Praxis wird „axiologische" genannt.

Unter Verwendung der vorstehend angeführten Termini ließen sich Karten der Erkenntnisgewinnung nach dem Merkmal *Anwendungsmöglichkeiten* (OGRISSEK 1980b) wie folgt in vier Klassen einteilen und bezeichnen (vgl. Abbildung 58):

1. *teleonomische Karten,*
2. *programmierende Karten,*
3. *normative Karten* und
4. *axiologische Karten.*

6.1.4. *Kartographische Untersuchungsmethodik und Struktur der wissenschaftlichen Forschung*

Wesentlicher Bestandteil der kartographischen Modellnutzung ist das *System* der kartographischen Untersuchungsmethoden, logisch als kartographische Untersuchungsmethodik[21] zu bezeichnen. Hier steht eine tiefgründige Darstellung zur Verfügung von BERLJANT (1978a), die von modelltheoretischen Erkenntnissen ausgeht (vgl. Abbildung 59). Die große Anzahl der Verfahren resultiert nicht zuletzt daraus, daß in bedeutendem Umfange die Mathematik bei den verschiedenen *Verfahren der Kartenanalyse* zu Anwendung gelangt. Diese Verfahren werden mit den Stufen der Mechanisierung und Automatisierung in Beziehung gesetzt, zudem die Untersuchung einer Einzelkarte und die Untersuchung einer Kartenserie nach bestimmten Merkmalen methodisch unterschieden.

Die Verfahren der Kartenanalyse werden wie folgt klassifiziert: Beschreibung, graphische Verfahren, grapho-analytische Verfahren, mathematisch-statistische Verfahren und informations-theoretische Verfahren. Eine kurze Erklärung derselben läßt sich folgendermaßen geben:

Die *Beschreibung* stellt eine qualitätsmäßige Charakterisierung dar, die es erlaubt, eine beliebige, allgemeine Vorstellung über den dargestellten Gegenstand zu erhalten.

Die *graphischen Verfahren* beinhalten den Aufbau von Profilen nach Karten, von Querschnitten, graphischen Darstellungen, Diagrammen, Blockdiagrammen, Kurvenbildern sowie zwei- und dreidimensionalen Modellen.

Die *grapho-analytischen Verfahren*, Kartometrie und Morphometrie umfassend, die einen gewissen Eigenständigkeitsgrad erlangt haben, bestehen in der Messung von Koordinaten, Strecken, Winkeln, Größen, Flächen, Volumina, Formen und der Berechnung von verschiedenen relativen Kennziffern und Koeffizienten.

Mittels der *mathematischen Analyse* werden räumliche (georäumliche) mathematische Modelle nach den aus Karten entnommenen Daten geschaffen. Hierher gehören Approximation mit algebraischen Polynomen oder mit Hilfe von trigonometrischen Funktionen.

21 Es wurde schon darauf hingewiesen, daß es in Anbetracht der *Vielzahl* der vorhandenen Methoden besser ist, von kartographischer Methodik zu sprechen

Mittels *mathematisch-statistischen Verfahren* werden räumliche und zeitliche statistische Gemeinsamkeiten von Objekten und Erscheinungen untersucht. Die Untersuchung der Zusammenhänge ist dabei oft von besonderem Interesse.

Die *Verfahren der Informationstheorie* schätzen die Homogenität der Erscheinungen ein und bestimmen den Grad, in dem unterschiedliche Erscheinungen einander entsprechen. Beispiele und nähere Ausführungen für alle genannten Verfahren finden sich bei BERLJANT (1978 a) in ausreichendem Maße.

Die genannten Verfahren sind in der Regel in der Kombination miteinander zu verwenden. Hier sind nur solche Verfahren genannt, die bereits angewendet werden. Jedoch erlangen mit der Entwicklung der Kartographie neue Verfahren, wie beispielsweise der analytischen Geometrie, der mathematischen Logik und die Graphentheorie eine Bedeutung. Die Anwendung bewegt sich noch im experimentellen Stadium, die theoretische Begründung steht noch aus.

Eine wesentliche Bedeutung für Gegenwart und Zukunft der Analyse von Karten als Nutzungsgrundlage besitzen die Stufen der Mechanisierung und Automatisierung. An erster Stelle wird die *visuelle Untersuchung* genannt. Sie beinhaltet das Lesen der Karten, visuelles Vergleichen und die anzahlmäßige Einschätzung der Objekte und Erscheinungen.

Bei der *instrumentellen Untersuchung* handelt es sich um die Anwendung von Meßinstrumenten und mechanischen Vorrichtungen sowie einfachen Rechnern (Tischrechnern). Zahlreiche Beispiele für visuelle und instrumentelle Untersuchungsmöglichkeiten für Ausbildungsaufgaben geben SCHOLZ, TANNER u. JÄNCKEL (1978).

Unter *halbautomatisierten Untersuchungen* sind solche Untersuchungen zu verstehen, bei denen ein Teil der Operationen, wie Ablesen der Daten, Auswertung der Daten und Darstellung der Resultate mittels Automaten bzw. Rechnern ausgeführt werden.

An der Spitze der Entwicklung steht die *automatisierte Untersuchung*, die die Vollautomatisierung des Untersuchungsprozesses bedeutet. Sie hängt untrennbar mit der Anwendung automatischer kartographischer Systeme (AKS) zusammen (z. B. ŠIRJAEV 1977, VASMUT 1983). Die Vollautomatisierung ist gegenwärtig noch nicht realisiert, das Problem geht aber seiner endgültigen Lösung entgegen.

Die *Untersuchung einer Einzelkarte* läßt sich im Hinblick auf die Untersuchung einer Kartenserie in drei verschiedenen Verfahren (BERLJANT 1978 a) gliedern: die Untersuchung kartographischer Darstellungen ohne deren Umformung, Umwandlung einer kartographischen Darstellung und Zerlegung einer kartographischen Darstellung in Einzelkomponenten.

Die *Untersuchung einer kartographischen Darstellung* als Einzelkarte *ohne deren Umformung* besteht in deren visuellem Lesen (im Sinne von deren Dekodierung) und Beschreiben der Karte bzw. graphischen Darstellung als kartenverwandte solche. Hinzu gehören kartometrische Bestimmungen, Berechnung von statistischen Kennziffern und andere Operationen.

Die *Umformung einer kartographischen Darstellung* bedeutet die Überführung des Karteninhalts in eine andere äußere Gestalt, die der angegebenen oder angenommenen Zweckbestimmung besser oder überhaupt erst entspricht. Derartige Umformungen sind vom Prinzip her die Überführung einer Methode der Kartengestaltung in eine andere und dienen der zielgerichteten und gründlichen Analyse der Merkmale der zu untersuchenden Erscheinungen. Dabei spielt deren entsprechende Ausgliederung eine wesentliche Rolle.

Ein besonderes Transformationsverfahren, wenngleich nicht im strengen Sinne des Wortes – stellt die *Zerlegung einer kartographischen Darstellung in ihre Bestandteile* dar. Dessen Ziel ist es, die Erscheinungen in ihre einzelnen Komponenten aufzugliedern, um sie somit der Analyse besser zugänglich zu machen. Die einzelnen Niveaus der Strukturwiderspiegelung – analytisch, synthetisch, komplex – bieten dafür unterschiedlich günstige Voraussetzungen.

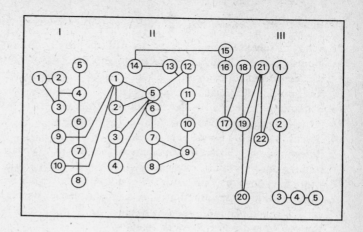

Abbildung 60
Die Etappen der wissen-
schaftlichen Forschung
(nach ZLOČEVSKIJ, KOZENKO,
KOSOLAPOV u. POLOVINČIK)

Die Untersuchung kausaler und funktionaler Zusammenhänge eines Geosystems spielt dabei eine wesentliche Rolle.

In nicht wenigen Fällen stellt die Praxis die Aufgabe, Kartenserien zu untersuchen (hier auch synonym mit Atlanten zu sehen). Dabei lassen sich zwei verschiedene Varianten unterscheiden (BERLJANT 1978 a).

Zunächst handelt es sich um die *gemeinsame Untersuchung von Karten verschiedener Zeitpunkte*. Diese dient dem Ziel, der wiederholten Bestimmung des Standes und der räumlichen Lage der Erscheinungen, um insbesondere ihre Dynamik bewerten zu können. Die Ergebnisse basieren also auf dem Kartenvergleich, allgemein formuliert.

Die zweite mögliche Variante bei der Untersuchung einer Kartenserie besteht in der *gemeinsamen Analyse von Karten verschiedener Themen*. Das Ziel besteht in der Regel in der Darstellung und in der Analyse der Beziehungen bzw. Wechselwirkungen von Erscheinungen, die aus unterschiedlichen Gründen auf verschiedenen Karten abgebildet sind. Für geographische Aufgabenstellungen spielt die Gewinnung von synthetischen Charakteristiken eine herausragende Rolle, stellt sie eine typische Aufgabe dar. Für die Anwendung solcher Erkenntnisse auf Nationalatlanten haben LEHMANN (1968 u. 1970) sowie BENEDICT u. OGRISSEK (1980 u. 1985) Beispiele angeführt.

Nach BERLJANT (1978 a) besteht die kartographische Untersuchungsmethodik also aus einem *System* von Verfahren (daher auch ...methodik) der Kartenanalyse, die mit unterschiedlichen Stufen der Mechanisierung und Automatisierung in Beziehung stehen. Dieser Methodikkomplex wiederum wird durch die Spezifik der Untersuchung einer Einzelkarte und der der Untersuchung einer Kartenserie zusätzlich modifiziert. Modelltheoretisch handelt es sich dabei um die Nutzungskomponente der kartographischen Modellierung.

Der Inhalt und die Bedeutung der kartographischen Untersuchungsmethodik (BERLJANT 1978 a) lassen sich am besten begreifen, wenn man sie in den Zusammenhang mit den allgemeinen Etappen wissenschaftlicher Forschung stellt, die zudem wesentlich für die *praktische Organisation* der Forschung sind (s. Abbildung 60). Diese Abschnitte werden gebildet I. von der wissenschaftlich-organisatorischen Etappe, der II. Etappe als dem schöpferischen Prozeß, und der III. Etappe, der Überführung der Forschungsergebnisse in die gesellschaftliche Praxis (ZLOČEVSKIJ u. a. 1972). Die Etappen lassen sich dann wie folgt in einzelne Aktivitäten untergliedern:

I. Die *wissenschaftlich-organisatorische Etappe* umfaßt folgende Aufgaben:

1. Schöpferische Suche des Zieles (der Aufgabe) der Forschung auf der Grundlage des Studiums der Beschlüsse der leitenden Organe, der wissenschaftlichen Koordinationsorgane, von Veröffentlichungen mit Zielstellungs- oder Problemcharakter und dergleichen;
2. Bestimmung der Forschungsaufgabe;
3. Bedeutungseinschätzung der Forschung durch ein erstes Studium der Literatur und der Forschungsgegenstände benachbarter Institutionen;
4. Beschluß über die Forschungsaufnahme;
5. Berechnung der Forschungsfinanzierung und Planung der materiell-technischen Sicherstellung der Forschung, einschließlich personeller Kapazität;
6. Aufnahme der Forschungsaufgabe in den Arbeitsplan der Forschungseinrichtung;
7. Ausarbeitung einer vorläufigen Forschungsstrategie: Bestimmung der Teilleistungen und der jeweiligen ökonomischen Aufwendungen;
8. Vorbereitung des Forschungskollektivs;
9. Studium der wesentlichen Ergebnisse in den Bereichen, die der Forschungsaufgabe benachbart sind;
10. Zusammenstellung der Materialien, die in Beziehung zum Forschungsgegenstand hinsichtlich Theorie und Methodik sowie Methodologie stehen.

II. Der *schöpferische Prozeß* setzt sich aus folgenden Aktivitäten zusammen:

1. Allgemeine Bewertung der in der Wissenschaft vorliegenden Ausarbeitungen, die in Beziehung zur Lösung der Forschungsaufgabe stehen; Bestimmung der veralteten Informationen;
2. Beschreibung des Forschungsgegenstandes auf der Grundlage der vorhandenen Informationen;
3. Ausarbeitung der wichtigsten theoretischen Argumente, die das erwartete Forschungsergebnis begründen;
4. Auswahl der anzuwendenden Forschungsmethoden;
5. Aufstellung eines hypothetischen Ergebnismodells, d. h. Beschreibung des vorgestellten gesuchten Resultats in Form einer Arbeitshypothese;
6. Bestimmung der Menge unzureichender wissenschaftlicher Fakten zur Realisierung des Modells;
7. Ausarbeitung von Methoden und Mitteln, theoretischen oder experimentellen, zur Realisierung des Modells;
8. Festlegung der Methodik zur Recherche neuer Fakten;
9. Planung der Fakten des Experiments oder weiterer theoretischer Forschungen;
10. Suche nach neuen Fakten: Durchführung von Experimenten, zusätzliche Durchsicht neuer Literatur, Auswertung von neuen Forschungsberichten usw.;
11. Beschreibung, Klassifizierung der neuen Fakten;
12. Theoretische Wertung und Analyse der neuen Fakten;
13. Korrektur der Arbeitshypothese unter Berücksichtigung der neuen Fakten oder Aufstellung einer neuen Arbeitshypothese;
14. Generelle Wertung der erzielten Forschungsergebnisse: Zwischenbericht, Publikation in einer wissenschaftlichen Zeitschrift oder einem Sammelband, Mitteilung auf einer wissenschaftlichen Veranstaltung oder einem Koordinierungsgremium zu dem Problem, jeweils unter Beachtung der geltenden Sicherheitsbestimmungen;
15. Ausarbeitung einer Strategie weiterer Forschungswege;

16. Aufstellung von Modellen der verschiedenen wahrscheinlichen Lösungswege der Forschungsaufgabe;
17. Auswahl der optimalen Variante aus vielen Varianten zur Lösung der Forschungsaufgabe;
18. Schaffung einer Hypothese als Form der Systematisierung wissenschaftlicher Fakten;
19. Überprüfung der Hypothese mittels eines Experiments, einer theoretischen Analyse ihrer Ausgangsbasis usw.;
20. Formulierung der Erklärung der wissenschaftlichen Fakten, verbunden mit einer Abgrenzung der Gesetze, Grundbegriffe und Prinzipien;
21. Formulierung der Struktur einer wissenschaftlichen Theorie;
22. Anwendung der Lehrsätze auf wissenschaftliche Fakten.

Der Forschungsprozeß ist erst mit der Überführung der Forschungsergebnisse in die gesellschaftliche Praxis als abgeschlossen zu betrachten (OGRISSEK 1981a), womit die III. Etappe bestimmt ist. Sie beinhaltet folgende Aufgaben:

1. Abfassung von Patentdokumenten;
2. Vorbereitung des Forschungsberichtes und einer Publikation;
3. Erarbeitung eines Prinzipschemas und der technischen Unterlagen für die Einführung der Forschungsergebnisse in die Produktion;
4. Abfassung vertraglicher Vereinbarungen über Mitarbeit von Projektierungsbüros, Labors und ähnlichen Einrichtungen;
5. Annahme und Bestätigung des technischen Projekts.

Das Ziel derartiger Präzisierungen besteht in der Aufdeckung des Regulierungsmechanismus der Informationsumwandlung, die zu neuem Wissen, zu neuen Erkenntnissen führt.

Die Realisierung der wissenschaftlichen Information in der materiellen Produktion erfordert die Erfüllung bestimmter Voraussetzungen, die sich wie folgt formulieren lassen (ZLOČEVSKIJ u. a. 1972):
– die objektive Notwendigkeit zur Nutzung der neuen Information,
– das Vorhandensein entsprechender Ressourcen zur praktischen Anwendung der neuen Ideen,
– die psychologische Bereitschaft der Leiter, die technische und ökonomische Politik eines Betriebes, einer Gruppe von Betrieben oder des Industriezweiges zur Nutzung neuer Informationen,
– die Formierung eines Stromes von Hilfsinformationen, der Werturteile über die zur Nutzung vorgesehene Information erlaubt,
– die Organisierung einer effektiven Leitung zur Anwendung der neuen Informationen.
Eine wesentliche Aufgabe für die Überführung von Forschungsergebnissen wird mit der eindeutigen Bewertung der Forschungsleistung, aber auch der Forschungsbefähigung der Forschenden gelöst.

Bei allen vorgenannten Forschungsaktivitäten gibt es zahlreiche Möglichkeiten des Einsatzes der Karte als Forschungsmittel im Sinne der von (BERLJANT 1978a) vorgeführten Methodik, aber auch als Darstellungsmittel der erzielten Ergebnisse, jedenfalls soweit es sich um georäumlich determinierte Aufgabenstellungen handelt.

Nach BERLJANT (1982) läßt sich die *kartographische Untersuchung in vier Etappen* gliedern, deren Abschnitte in definierter Weise miteinander verbunden sind (s. Abbilddung 61). Gegenüber ZLOČEVSKIJ u. a. (1972) fällt insbesondere die wesentlich geringere Differenzierung der Abschnitte der einzelnen Untersuchungsetappen auf. Vorteilhaft dagegen ist die dadurch

181

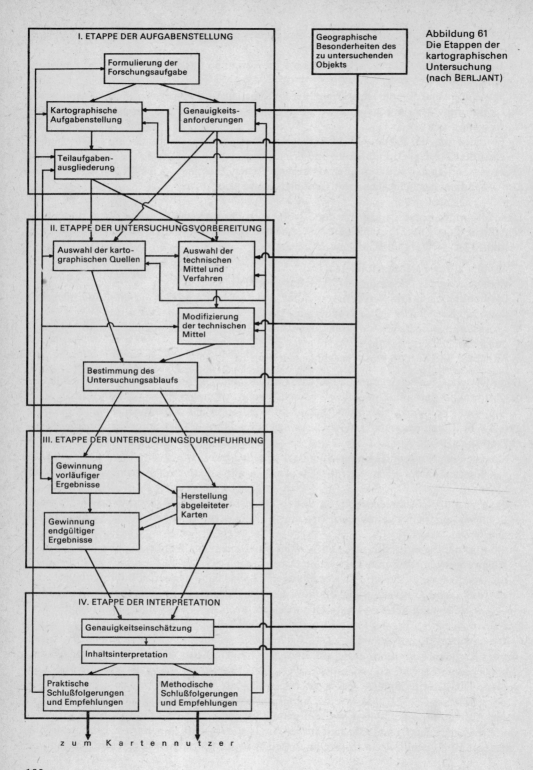

Abbildung 61
Die Etappen der kartographischen Untersuchung (nach BERLJANT)

I. ETAPPE DER AUFGABENSTELLUNG

Formulierung der Forschungsaufgabe

Kartographische Aufgabenstellung

Genauigkeitsanforderungen

Teilaufgabenausgliederung

Geographische Besonderheiten des zu untersuchenden Objekts

II. ETAPPE DER UNTERSUCHUNGSVORBEREITUNG

Auswahl der kartographischen Quellen

Auswahl der technischen Mittel und Verfahren

Modifizierung der technischen Mittel

Bestimmung des Untersuchungsablaufs

III. ETAPPE DER UNTERSUCHUNGSDURCHFÜHRUNG

Gewinnung vorläufiger Ergebnisse

Herstellung abgeleiteter Karten

Gewinnung endgültiger Ergebnisse

IV. ETAPPE DER INTERPRETATION

Genauigkeitseinschätzung

Inhaltsinterpretation

Praktische Schlußfolgerungen und Empfehlungen

Methodische Schlußfolgerungen und Empfehlungen

zum Kartennutzer

182

bedingte bessere Überschaubarkeit der Struktur als Ganzes, aber vor allem die leicht erfaßbare Art der Verknüpfung der einzelnen Elemente, die geographischen Besonderheiten des zu untersuchenden Objekts eingeschlossen.

Die zitierten vier Etappen sind: 1. Etappe der *Aufgabenstellung,* 2. Etappe der *Vorbereitung der Untersuchung,* 3. Etappe der *Durchführung der Untersuchung* und 4. Etappe der *Interpretation.*

An erster Stelle in der ersten Etappe steht die *Formulierung der Forschungsaufgabe.* Davon wird die *kartographische Aufgabenstellung* abgeleitet, und gleichzeitig werden die *Genauigkeitsanforderungen* ermittelt bzw. formuliert. Anschließend werden die *Teilaufgaben* ausgegliedert. In der zweiten Etappe, die die *Vorbereitung der Untersuchung* beinhaltet, erfolgt zunächst die *Auswahl der kartographischen Quellen* und die *Auswahl der technischen Mittel und Verfahren,* wobei die technischen Mittel entsprechend den zu lösenden Aufgaben zu *modifizieren* sind. Mit der *Bestimmung des Untersuchungsablaufs* schließt diese Etappe ab. Danach folgt als dritte Etappe die *Untersuchungsdurchführung.* An der Spitze steht die Gewinnung vorläufiger Resultate, an die sich die Gewinnung endgültiger Resultate anschließt. Auf der Basis beider erfolgt die Herstellung abgeleiteter Karten. Die vierte Etappe, die durch die Interpretation gebildet wird, umfaßt foglende Abschnitte: An erster Stelle steht dabei die Genauigkeitseinschätzung, die von der Inhaltsinterpretation gefolgt wird. Auf dieser Grundlage werden praktische Schlußfolgerungen und Empfehlungen einerseits sowie methodische Schlußfolgerungen und Empfehlungen andererseits dargeboten. Für die Einzelheiten des Beziehungsgeflechts sei auf die Abbildung 61 hingewiesen.

Die kartographische Untersuchungsmethodik findet ihre Anwendung vor allem auf die Analyse und Bewertung georäumlicher bzw. territorialer Systeme, oft mit dem Ziel der Entscheidungsfindung. Dafür ist die Kenntnis der *elementaren Strukturen* wesentliche Voraussetzung, und zwar bereits im kartenkonzeptionellen Stadium. Nach SAL'NIKOV (1982) kann man bei der kartographischen Modellierung, speziell der Modellgestaltung, auch von abstrakten territorialen Systemen als Objekte thematischer Kartierung folgender Struktur ausgehen (s. Abbildung 15). Am Anfang stehen zwei große Systemkomplexe: die *natürlichen Systeme* (Natursysteme) und die *Systeme der Wechselwirkung von Natur und Gesellschaft.* Die natürlichen Systeme werden in ein *Geosystem* und ein *Ökosystem* (im weitesten Sinne) – bei abstrahiert gleichem Elementebestand – unterteilt, die einer allgemein wissenschaftlichen Kartierung zugänglich sind. Diese wiederum können eine *fundamentale* (universelle) oder eine *spezialisierte* Kartierung erfordern. Der wesentliche Unterschied zwischen dem Geosystem und dem Ökosystem liegt in der Art der Verknüpfung der Systemelemente, aber auch die unterschiedlichen Einflußbedingungen sind zu erwähnen, ohne daß hier auf Einzelheiten eingegangen werden kann. Eine zwangsläufig andere Situation zeigt das Bild der Systeme der Wechselwirkungen zwischen Gesellschaft und Natur. SAL'NIKOV (1982) unterscheidet drei Klassen von Systemkomplexen:

1. *Natur-, Industrie-, Erholungs-* und andere Systeme, 2. *Systeme der rationellen Nutzung der Natur* und 3. *Ökologisch-ökonomisches System.*

Zu den Elementen des Subsystems Natur stehen die Elemente des Subsystems Gesellschaft in jeweils unterschiedlichen Beziehungen. Auffällig ist das Fehlen des Menschen im ersten Systemkomplex, der in der angewandten Kartierung allerdings auf die *natureinschätzende Kartierung* beschränkt wird. Im zweiten Systemkomplex, der *naturschützenden Kartierung* als angewandter Kartierung, sind die Elemente des Subsystems Natur als Komplex mit den Elementen des Subsystems Gesellschaft verbunden, wobei im Mittelpunkt der Mensch steht. Der dritte Systemkomplex der ökologisch-ökonomischen Systeme realisiert sich in der angewandten Kartierung als konstruktive Kartierung im Sinne der eingangs genannten Prämissen. Die Systemelemente sind dabei einzeln miteinander verbunden, analog der Zweckbestimmung der Karte, dem Maßstab usw. geordnet. Im Mittelpunkt steht auch hier der Mensch. Derartige Strukturmodelle sind nicht nur für die *Konzeption einer Systemkartierung* (SALIŠČEV 1978d) bedeutsam, sondern auch für die *Erkenntnisgewinnung* mittels Karten (SALIŠČEV 1975).

Ein Beispiel der praktischen Anwendung der kartographischen Erkenntnismethode, und zwar in der *Territorialplanung der UdSSR*, gibt RUDENKO (1984), wobei er von folgenden Kartenmaßstäben ausgeht.

Sowjetrepubliken mit regionaler Gliederung 1:750000 bis 1:1500000, Verwaltungseinheiten 1:400000 bis 1:600000 und für lokale Rayons 1:200000. Die Anwendung erfolgt in a. a. O. genannten Etappen. Es werden drei Klassen von Karten, *Grundlagenkarten, Karten des Planungsprozesses* und sog. *Schlußfolgerungskarten*, unterschieden. Als *Eingangsinformationen* erscheinen Textinformationen, statistische Informationen, Normativinformationen (Richtwert-Informationen), Rechercheinformationen, Planinformationen, Direktiveinformationen und Karten bzw. kartographische Informationen.

Als *Ausgangsinformationen* entstehen die Kennziffern der Planteile. Die Anwendung des angeführten Methodenspektrums läßt dann sog. *Schlußfolgerungskarten* (Карты выводы) entstehen.

6.1.5. *Kartennutzung und kartographisches Monitoring*

Eine besondere Bedeutsamkeit und Eigenheit kommt der Kartennutzung im Rahmen des sog. *Monitoring* zu, wofür von SALIŠČEV (1980) der Begriff *„kartographisches Monitoring"* eingeführt wurde. So wird in diesem Sinne folgende, das Problem treffend charakterisierende Feststellung getroffen: „Kosmische Aufnahmen, entsprechend oft wiederholt, eröffnen den Weg zur Untersuchung der schnell verlaufenden Prozesse und Erscheinungen, zur Schaffung dynamischer Karten mit der Einbeziehung der Zeit als vierte Koordinate d. h. zur Einführung des kartographischen Monitorings". Das Monitoring sieht die Überwachung der Umwelt, ihres Zustandes und der Faktoren, die auf die Umwelt einwirken, vor. Diese Einflußfaktoren werden bewertet, ihre Entwicklung in der Zeit und im Raum prognostiziert.

Mit den *kartographischen Möglichkeiten* bei der Lösung der genannten Aufgaben befaßt sich das kartographische Monitoring, dessen Kreierung die Nutzung der Fernerkundung der Erde für kartographische Zwecke zur Voraussetzung hat. Das kartographische Monitoring stellt ein Informationssystem mit mehreren Funktionen dar (BERLJANT 1982b), das nach mehreren Merkmalen bzw. *Parametern* klassifiziert werden kann. Diese lassen sich wie folgt vorrangig angeben: nach der räumlichen Dimension (lokales, regionales und globales Monitoring, nach den Beobachtungsobjekten (Atmosphäre, Ozean, Boden, biologische Ressourcen), nach den Methoden (direkte Instrumentenbeobachtung, indirekte Indikationsbeobachtung, aerokosmische Aufnahme, Vergleich kartographischer Darstellungsformen), nach den gestellten Zielen (lang- und kurzfristige Prognose, Vorbeugung von Gefahren, Optimierung der Umweltgestaltung und -nutzung).

Der Unterschied zu den bisherigen Vorstellungen von der Nutzung von Umweltkarten liegt wohl in der durch den Einsatz der Fernerkundung erreichbaren Komplexität der Aufgabenstellung und -lösung, die der zeitlichen Komponente eine besondere Bedeutung zuweist und damit die Relevanz der kartographischen Darstellung für die Wiedergabe von räumlichen und zeitlichen Veränderungen (STAMS 1973) anwachsen läßt. Ein effektives Monitoringsystem, *Bestandteil des Steuerungssystems* der Umwelt (s. Abbildung 62) muß sich immer auf thematische Karten obengenannter Spezifik stützen und damit *kartographische* Informationen nutzen (BERLJANT 1982b).

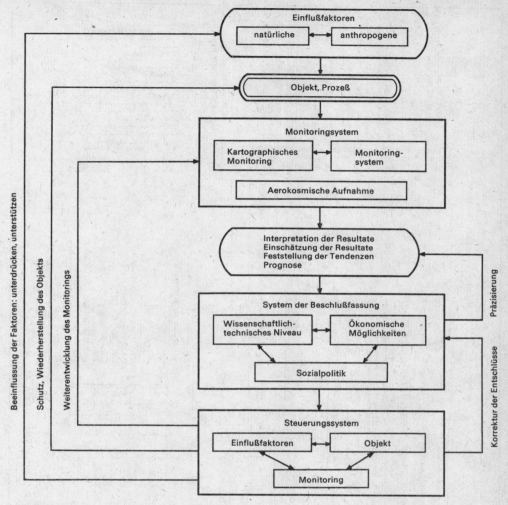

Abbildung 62
Monitoring im Steuerungssystem der Umwelt
(nach BERLJANT)

6.1.6. Psychologische Grundlagen der Kartennutzung und Bedeutung für die Kartengestaltung

6.1.6.1. Struktur der psychologischen Komponenten in der Kartennutzung

Mit dem Fortschreiten der wissenschaftlich-technischen Revolution wächst auch das *Informationsangebot* für den Menschen. In der Kartographie kann man diesen Prozeß beispielsweise an der zunehmenden Vielfalt thematischer Karten eindrucksvoll beobachten. Umweltkarten unterschiedlicher Zweckbestimmung (LEHMANN 1975 u. a.) bilden dafür ein überzeugendes Beispiel hinsichtlich der Erschließung neuer Kartengegenstände. Aber auch die wachsende Bedeutung der *Systemkartierung* (SALIŠČEV 1978 d) ist wohl hinsichtlich der Kom-

185

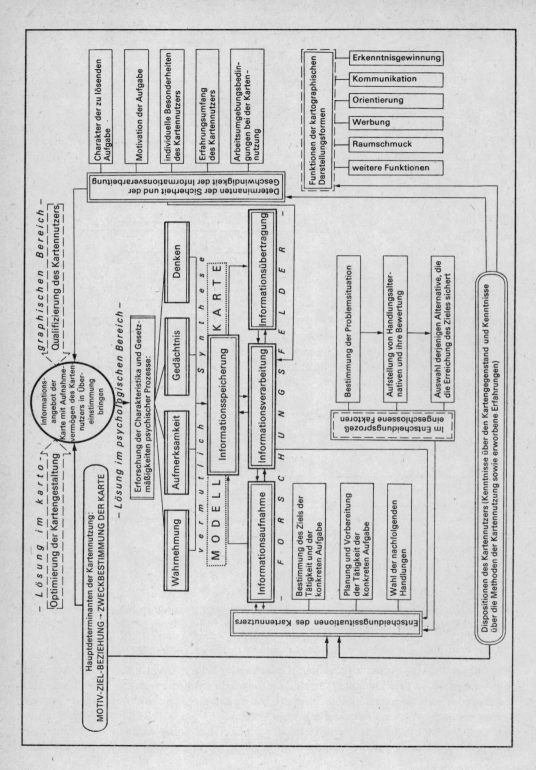

plexität der Darstellung als Ausdruck dieser Entwicklung anzusehen. Mit der Ausweitung des Einsatzes von thematischen Karten auf den verschiedenen Ebenen und in den verschiedenen Bereichen der Planung wächst nicht zuletzt die Bedeutung der Karten für die Entscheidungsfindung. Auch wenn die rechnergestützte Kartennutzung eine äußerst zukunftsträchtige Aufgabe darstellt, resultiert daraus die wichtige Aufgabe, das Informationsangebot der Karte mit dem Aufnahmevermögen des Menschen, des Kartennutzers, in Übereinstimmung zu bringen, wobei das Informationsangebot jeweils zu einer bestimmten Form der Informationsverarbeitung führt (KULKA 1980). Die Lösung dieser Aufgabe muß bei Nutzung des Informationsspeichers Karte auf zwei Lösungswegen basieren (vgl. Abbildung 63).

Das ist zum einen die *Lösung im kartographischen Bereich*, die sich aus der Optimierung der Kartengestaltung einerseits und der Schulung bzw. Qualifikation des Kartennutzers andererseits zusammensetzt. Letztere Aufgabe wird offenbar noch immer von den professionalen Kartographen unterschätzt, wie die vergleichsweise geringe Anzahl von Veröffentlichungen zu diesem Gegenstand zeigt.

Nicht minder große Bedeutung kommt der *Lösung im psychologischen Bereich* zu, denn ohne wissenschaftliche Kenntnisse über die menschliche Tätigkeit, über den menschlichen Faktor in den Prozessen der Produktion, der Kontrolle, der Steuerung und der Informationsverarbeitung lassen sich viele wichtige volkswirtschaftliche Aufgaben nicht lösen. Deshalb wird in letzter Zeit immer nachdrücklicher gefordert, den menschlichen Faktor allseitig zu berücksichtigen (SMOLJAN u. SOLNZEWA 1978).

Der Weg zur Lösung im psychologischen Bereich besteht in der *Erforschung der Charakteristika und Gesetzmäßigkeiten psychischer Prozesse* (LOMOW 1982), auf deren Rolle und Probleme in der Kartennutzung nachstehend näher einzugehen ist. Es sind die psychischen Prozesse Wahrnehmung, präziser im Falle der Kartographie visuelle Wahrnehmung, Aufmerksamkeit (OGRISSEK 1982b), Gedächtnis (OGRISSEK 1979b) und Denken.

Generell läßt sich postulieren, daß bei der Schaffung des Modells Karte nicht nur zu untersuchen ist, inwieweit das Original richtig und im Rahmen der geplanten Funktion des Modells vollständig widergespiegelt wird. Es ist auch zu berücksichtigen, wie der Kartennutzer dieses Modell wahrnehmen wird und welche gedanklichen Transformationen er ausführen muß, um Entscheidungen zu treffen und Handlungen zu realisieren.

Die *psychologisch begründete* Auswahl von Verfahren zur Informationsdarbietung wird besonders akut, wenn in die Handlungen die *Rechentechnik* einbezogen ist, die mit hoher Geschwindigkeit Informationen verarbeiten kann. Die Entwicklung effektiver und zuverlässiger Mittel des Informationsaustauschs, des Dialogs zwischen Mensch und Rechner bei der Lösung von Aufgaben, erfordert eine detaillierte Untersuchung sowohl der Wahrnehmungs- und Gedächtnis- als auch der Denkvorgänge (LOMOW 1982). Die große Bedeutung der interaktiven Datenverarbeitung als *Zusammenwirken von menschlichen Denkprozessen und programmierten Datenverarbeitungsprozessen* für eine hocheffektive Kartenherstellung in der volkswirtschaftlichen Praxis (HOINKES 1980) ist nicht zu bestreiten.

An erster Stelle in ihrer Bedeutung für die *Informationsspeicherung* im Modell Karte sind die Prozesse der *Informationsaufnahme* zu nennen, die auf der Wahrnehmung fußen. Untersuchungen über die Signalwahrnehmung (diese kann man mit gewissen Einschränkungen mit der Kartenzeichenwahrnehmung gleichsetzen) haben gezeigt, daß die Beziehungen zwischen den physikalischen (objektiven) Reizen, mit deren Hilfe die Information kodiert wird, und den subjektiven Prozessen (Empfindungen), die bei der Einwirkung auf die Sinnesorgane hervorgerufen werden, nicht linear sind. Bei der Unterscheidung und Erkennung von Signalen verwendet der Mensch sogenannte *subjektive Skalen*, die nicht von einzelnen physikalischen Parametern der Signale, sondern von deren Kombination bestimmt werden. Offenbar bestehen Kompensationsregeln zwischen verschiedenen Parametern der Signale. Lomow (1982) gibt folgendes, auch für die Kartographie relevantes *Beispiel*: Wenn es aus technischen Gründen nicht möglich ist, die erforderliche Helligkeit eines Signals – sprich Kartenzeichens – zu erzielen, dann kann man dies durch eine Veränderung des Bildkontrastes oder der Farbdarstellung erreichen. In der Kartographie ist diese Lösungsvariante des Problems zumeist mit erheblichen Schwierigkeiten verbunden, weil sowohl Bildkontrast als auch Farbanwendung im Zusammenhang des *Systems* der kartengestaltenden Ausdrucksmittel stehen und damit modell-theoretisch determinierte Systemzusammenhänge der Wirklichkeit widerspiegeln, die bei freier Wahl der Kartenzeichen zur Optimierung des Einzelfalles verloren gehen dürften.

Hinsichtlich einer rechnergestützten Kartennutzung muß festgestellt werden, daß im Mensch-Maschine-System der Mensch und die Maschine nicht Glieder gleicher Ordnung sind. Sie stehen zueinander im Verhältnis des Subjektes der Arbeit zum Arbeitsmittel. Die Maschine, auch wenn sie noch so kompliziert und vollkommen ist, bleibt nur ein Arbeitsmittel, das vom Menschen genutzt wird, um bewußt gestellte Ziele zu erreichen (Lomow 1982).

Jegliche Tätigkeit, also auch die Kartennutzung, geht von bestimmten *Motiven* aus und ist auf das *Erreichen eines Zieles* gerichtet. Diese Motiv-Ziel-Beziehung fungiert gewissermaßen als ein „Vektor", der das ganze System der in diese Tätigkeit einbezogenen psychischen Prozesse und Zustände organisiert. Zielgerichtete Tätigkeit ist auch in der Kartennutzung in der Regel auf die Zukunft orientiert, auf das, was noch nicht existiert, eben als Ergebnis der Tätigkeit geschaffen werden soll.

Bisher sind sowohl die Natur der Zielvorstellung und die Mechanismen ihres Zustandekommens als auch ihre Dynamik ungenügend geklärt. Man kann nur vermuten, daß sie sich als ein kompliziertes Produkt der Synthese von Wahrnehmungs-, Gedächtnis- und Denkprozessen bilden. Nach Lomow (1982) determiniert die Zielvorstellung offenbar auch die Transformation der wahrgenommenen Information und ihre Bewertung sowie die Bildung von Hypothesen und das Treffen von Entscheidungen, wobei der Entscheidungsprozeß in der Struktur der Tätigkeit einen zentralen Platz einnimmt. Damit wird für die Kartennutzung die große Bedeutung der Schaffung einer *Kartenfunktionstheorie* angesprochen, ein Problem der theoretischen Kartographie, das vor über einem Jahrzehnt bereits als wesentlich erkannt wurde (Pápay 1973). Neue Untersuchungen zu dem Gegenstand liegen jedoch nicht vor.

Bisher keine Beachtung in der Theorie der Kartengestaltung wie in der Kartennutzung fand der Gedanke des *Entscheidungsprozesses*, obwohl es unbestreitbar ist, daß jede menschliche Tätigkeit in dieser oder jener Form einen Entscheidungsprozeß einschließt. Bekanntlich ergibt sich die Notwendigkeit von Entscheidungen immer dann, wenn der Mensch auf Situationen mit mehreren möglichen Konsequenzen seiner Handlungen stößt. Das aber ist bei der Kartengestaltung wie bei der Kartennutzung ständig, d. h. wiederholt, der Fall. Die wichtigsten *Entscheidungssituationen* des Kartennutzers sind die Bestimmung des Zieles der Tätigkeit und der konkreten Aufgabe; daran schließt sich die Planung und Vorbereitung der Tätigkeit der konkreten Aufgabe an, die in der Wechselbeziehung mit der Entscheidung bei der Wahl der nachfolgenden Handlungen erfolgt. Beide Komponenten bestimmen Umfang und Spezifik der *Informationsaufnahme*.

Für die Prozesse der Informationsaufnahme existieren auch Ansätze, die von der Gliederung derselben in Wahrnehmung, Auffassung und Beobachtung ausgehen, zusammengefaßt auch als perzeptive Informationsverarbeitung[22] bezeichnet (KULKA 1980) werden. Für die Kartographie ist – von Blindenkarten abgesehen – nur die visuelle *Wahrnehmung* relevant, worauf im nachfolgenden Kapitel gesondert eingegangen wird. Mit dem Begriff *Auffassung* wird ein komplexes, gedanklich durchdrungenes und differenziertes Wahrnehmen bezeichnet. Dabei sind einmal Erkennungsleistungen spezifischer Merkmale, zum anderen höhere Stufen der Sinnerfüllung – im Sinne der persönlichen Bedeutung des Wahrgenommenen – sowie Bezugsetzungen zu wahrnehmungsbeeinflussenden Bedingungen typisch für die Auffassung im Zusammenhang mit konkreten Tätigkeiten. *Beobachtung* als aktive Informationssuche ist beabsichtigte und gerichtete Wahrnehmung, um die Objekte, Erscheinungen und Vorgänge differenziert und reproduktionsfähig zu erfassen. Beobachtung in diesem Sinne kann man deshalb auch als spezielle Fähigkeit bezeichnen, wobei es besonders auf die *willkürliche Aufmerksamkeit* (als Zustand gerichteter Wachheit und aktiver Zuwendung der psychischen Prozesse) und die Identifizierungsgenauigkeit ankommt.

In die *Entscheidungssituation* des Kartennutzers gehen Faktoren ein, die dem *Entscheidungsprozeß* gewissermaßen immanent sind. Diese Faktoren sind die Bestimmung der Problemsituation, die Aufstellung der Handlungsalternativen und ihre Bewertung sowie die Auswahl derjenigen Handlungsalternative, die die Erreichung des Zieles sichert. Bei diesem Faktorenkomplex handelt es sich um Aktivitäten, die in unterschiedlichem Maße in den Entscheidungssituationen wirksam werden. Neuere Untersuchungen (KRAUSE 1981) haben die Kompliziertheit des Problemlösungsprozesses überzeugend dargestellt. Problemlösen ist im Zusammenhang mit Zeichenerkennung und Begriffsbildung als Prozeß der organischen Informationsverarbeitung von KLIX (1974) untersucht worden, und damit ein Problemkomplex, der auch für die Kartennutzung höchst bedeutsam ist, angesprochen. Für den Prozeß der Kartennutzung sind alle diese Komponenten noch zu untersuchen. Das erscheint unerläßlich, wenn die Effektivität der Kartennutzung gesteigert werden soll (OGRISSEK 1980c).

Bei den Prozessen der *Informationsverarbeitung* handelt es sich primär um Denk- und Gedächtnisprozesse, die das tiefere Erkennen eines Gegenstandes oder einer Erscheinung sowie das Behalten und Reproduzieren von erkannten oder erlernten Inhalten ermöglichen.

Die Informationsverarbeitung hat im übrigen heute solche Dimensionen angenommen, daß man z.B. am Institut für Kybernetik der Akademie der Wissenschaften der Ukrainischen SSR von einer „Industrie der Informationsverarbeitung" spricht (GLUSCHKOW 1978).

Für die Informationsverarbeitung in der *Kartographie* spielen vorrangig zwei *Faktoren* eine wesentliche Rolle: die Sicherheit der Informationsverarbeitung und die Geschwindigkeit derselben. Die hierfür maßgeblichen *Determinanten* sind der Charakter der zu lösenden Aufgabe, die Motivation der Aufgabe, die individuellen Besonderheiten des Kartennutzers, der Erfahrungsschatz des Kartennutzers und die technischen Bedingungen der Kartennutzung. Der Charakter der zu lösenden Aufgabe hängt mit der Zweckbestimmung bzw. Funktion der Karte zusammen, die ihrerseits wiederum die Kartengestaltung determiniert.

Die *Motivation* der Aufgabe bedarf einer kurzen Erläuterung, wobei der psychologische Teil auf HIEBSCH (1981) fußt. Unter Motivation versteht man beim Menschen die Bereitschaft, bewußt antizipierte Ziele anzustreben, auch wenn dabei Schwierigkeiten und Hindernisse überwunden werden müssen. Es liegt auf der Hand, daß gerade die Überwindung der zitierten Schwierigkeiten und Hindernisse entscheidenden Einfluß auf Sicherheit und Geschwindigkeit der Informationsverarbeitung ausübt. In der Kartennutzung wird diese Motivation offensichtlich in zweierlei Hinsicht wirksam: zum einen bei der Lösung der gestellten

---

22 Dies dürfte terminologisch wenig günstig sein, weil damit keine Phase der Informationsaufnahme existiert.

Aufgabe überhaupt und zum anderen in der Anwendung der Karte dabei. In beiden Fällen ist eine entsprechende Motivation für die Informationsverarbeitung erforderlich, die aus der Intensität der Richtungs- und Zeitstabilität des Verhaltens erschlossen wird, weil die Motivation nicht direkt beobachtbar ist.

In einem Motivationsprozeß lassen sich drei, wenn auch nicht eindeutig trennbare Funktionen unterscheiden; die Funktion der Begründung des Verhaltens, die Funktion der Aktivation der in das Verhalten eingehenden neurophysiologischen Systeme und die Funktion der Zielausrichtung des Verhaltens, die als integrierende Funktion für alle Teilvorgänge angesehen werden kann, die die Motivation ausmachen.

Unter den *individuellen Besonderheiten* sind über- oder unterdurchschnittliche Kenntnisse in der Kartennutzung ebenso zu verstehen, wie die Nutzung von Blindenkarten. Es liegt auf der Hand, daß dabei der *Erfahrungsschatz* des Kartennutzers eine besonders wichtige Rolle spielt, die es rechtfertigt, ihn besonders auszuweisen, zumal es sich um eine genähert meßbare Größe handelt. Hierher gehören die Probleme, die mit dem *Kartenverständnis des Schülers*, vor allem im Heimatkunde- und Geographieunterricht, zusammenhängen und mit Informationsverarbeitung untrennbar verbunden sind. BREETZ (1983) unterscheidet diesbezüglich Kartenlesen, Kartenauswerten, Kartenkenntnisgewinnung und kartographisches Zeichnen als Phasen – ohne zwingende zeitliche Abfolge – der systematischen Fähigkeitsentwicklung und stellt fest: Durch häufige Kartenbenutzung (Kartenlesen und Kartenauswertung) gewinnt der Schüler Kartenkenntnisse, prägt er sich die äußere Erscheinungsform der Karte, das „Kartenbild" ein. Es kommt zur Herausbildung von „Kartenvorstellungen", von Gedächtnisvorstellungen bestimmter Karten, die eine notwendige Voraussetzung für das volle Verständnis des stets raumbezogenen geographischen Unterrichtsstoffes und zur Erarbeitung eines topographischen Grundwissens bilden. Daraus läßt sich unschwer ableiten, wie sich damit Sicherheit und Geschwindigkeit der Informationsverarbeitung erhöhen.

Nicht zuletzt spielen für Sicherheit und Geschwindigkeit der Informationsverarbeitung auch die *Arbeitsumgebungsbedingungen* der Kartennutzung eine Rolle. Für die Kartennutzung ist die Verarbeitung visueller Reize, von Blindenkarten abgesehen, dominierend. Das Auge dient bekanntlich dazu, optische Reize in Nervenerregungen zu transformieren, die dann an die entsprechenden Verarbeitungszentren weitergeleitet werden. Die durch Licht erhellte Umgebung ist also für informationsverarbeitende Prozesse, auch bei der Kartennutzung, von wesentlicher Bedeutung. Die Arbeitsumgebungsbedingungen sind die auf den jeweiligen Arbeitsplatz wirkenden äußeren Einflußfaktoren. Ihr Wirken erstreckt sich auf einen akustischen, optischen und klimatischen Komplex (NEUMANN u. TIMPE 1976). Besondere Aufmerksamkeit erfordern die Umgebungsbedingungen bei der Kartennutzung im Schulunterricht, wo Wandkarte, Handkarte und Lehrbuchkarte sowie Wandtafelskizze und anderes mit jeweils unterschiedlichen Bedingungen eingesetzt werden.

Informationsverarbeitung und Informationsspeicherung unterliegen einer wechselseitigen Beeinflussung (FICHTNER 1977). Als *Forschungsfelder* für die konventionelle Kartennutzung mit dem Ziel der Erhöhung ihrer Effektivität ergeben sich kartographische Informationsspeicherung, Informationsaufnahme, Informationsverarbeitung und Informationsübertragung; im Mittelpunkt steht dabei das Modell Karte.

6.1.6.2. Wesen der visuellen Wahrnehmung und aktuelle Forschungsfelder

Die visuelle Wahrnehmung der Kartenzeichen bildet die Voraussetzung zweckbestimmter konventioneller Kartennutzung. Unter Wahrnehmung versteht man die Widerspiegelung unmittelbar auf die Sinnesorgane einwirkender Gegenstände oder Erscheinungen der objekti-

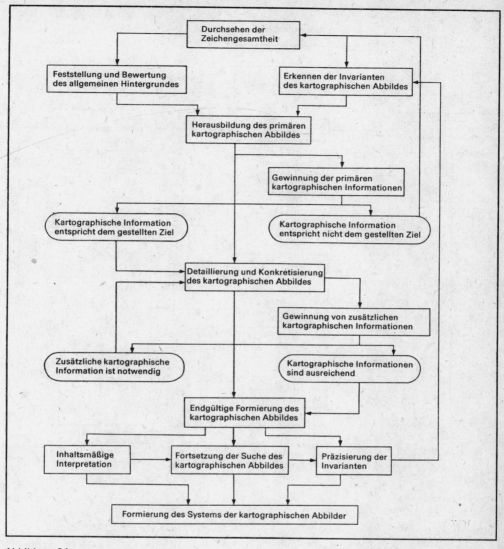

Abbildung 64
Der Prozeß des zielgerichteten Kartenlesens
(nach BERLJANT)

ven Realität im menschlichen Bewußtsein (RUBINSTEIN 1971). Dabei besitzt für die Belange der Kartographie nahezu ausschließlich die visuelle Wahrnehmung Bedeutung. Für deren Zusammenhang mit den speziellen Bedingungen kartographischer Informationsaufnahme ist auf OGRISSEK (1980e) zu verweisen. Auch die visuelle Wahrnehmung ist durch bestimmte Komponenten zu charakterisieren, die als *Gegenständlichkeit, Ganzheitlichkeit, Strukturiertheit, Konstanz* und *Sinnerfüllung* bezeichnet werden.

Die *Gegenständlichkeit* äußert sich in einem sog. *Objektivierungsakt*, demzufolge der Mensch bei der Wahrnehmung unablässig prüft, ob die von der Umwelt empfangenen Signale mit der

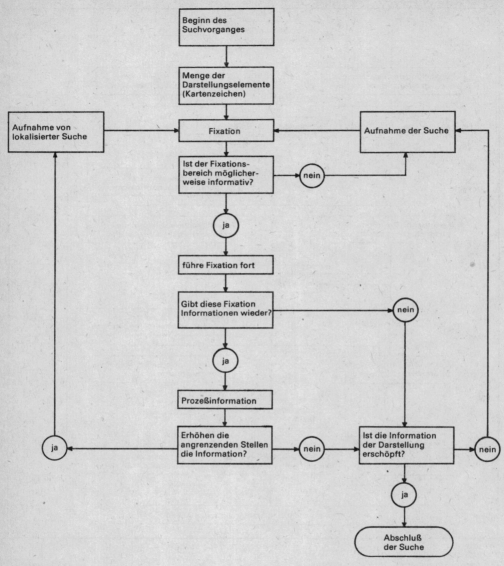

Abbildung 65
Algorithmus der visuellen Suche bei rationaler Strategie im kartographischen
Dekodierungsprozeß
(nach DOBSON)

objektiven Realität übereinstimmen. Nur dadurch kann die Wahrnehmung in der praktischen Tätigkeit des Menschen, also auch bei der Kartennutzung, eine orientierende und regulierende Funktion ausüben.

Im Unterschied zur Empfindung ist die Wahrnehmung ein *ganzheitliches Abbild* des Gegenstandes, in dem die Informationen über einzelne Merkmale desselben verallgemeinert werden, wie dies auch bei der Wahrnehmung von Kartenzeichen der Fall ist. Mit der Ganzheitlichkeit hängt eng die *Strukturiertheit* zusammen. Das bedeutet, daß wir eine von den einzelnen Elementen abstrahierte Struktur wahrnehmen, die durch einen bestimmten räumlichen und zeitlichen Zusammenhang gekennzeichnet ist. Die verschiedenen Objekte, bei den visuellen Wahrnehmungen auch die Karten, treten dem Subjekt unter den vielfältigsten *Bedingungen* wie Beleuchtung, räumliche Lage, Entfernung, entgegen. Dadurch verändert sich das Aussehen der Objekte häufig, und damit ändern sich auch die Wahrnehmungsprozesse. Unser perzeptives System ist jedoch in der Lage, diese Veränderungen zu kompensieren. Daher nehmen wir Form, Größe, Farbe und andere Eigenschaften der verschiedenen Objekte als relativ konstant wahr. Diese Erscheinung wird als *Wahrnehmungskonstanz* bezeichnet. Ein Objekt, also auch ein Kartenzeichen, *bewußt wahrzunehmen*, bedeutet, es gedanklich zu benennen, es einer bestimmten Klasse zuzuordnen, es mit Hilfe der Sprache zu verallgemeinern. Wir sind bestrebt, beispielsweise bei völlig unbekannten Kartenzeichen, Ähnlichkeiten mit bekannten zu finden und sie als Vertreter einer bestimmten Klasse zu identifizieren. Dabei spielt natürlich das Gedächtnis eine wichtige Rolle. Die Wahrnehmung ist nicht schlechthin von dem System der auf die Sinnesorgane wirkenden Reize bestimmt, sondern stellt ein *dynamisches Suchen nach einer optimalen Interpretation* der vorhandenen Information dar. Diese Vorgänge ordnen sich zunächst in das zielgerichtete *Kartenlesen* (BERLJANT 1984, s. Abbildung 64) als ersten Schritt in den Prozessen der Kartennutzung (TÖPFER 1972) ein. Physiologisch gesehen[23], handelt es sich um visuelle Suchvorgänge auf kartographischen Darstellungen, die auf einer Reihe von diskreten *Fixationen* der Augen im Rahmen von Abtastungen basieren (DOBSON 1977, ARNBERGER 1982). Ein einfacher Algorithmus dieser visuellen Suche (Abbildung 65) bei rationaler Strategie im kartographischen Dekodierungsprozeß ist geeignet, den Prozeßverlauf zu veranschaulichen. Ein wichtiges Ergebnis der in diesem Zusammenhang durchgeführten Forschungen besteht in der nicht nur physiologisch relevanten Erkenntnis, daß unterschiedliche *Strategien* beim Kartenlesen zu Änderungen der Anzahl der Fixationen, der Fixationszeit und des Abstandes zum nächsten Fixationspunkt führen. Der Zusammenhang mit der Effektivität des Dekodierungsprozesses ist so offensichtlich, so daß sich weitere theoretische Ausführungen hierzu wohl erübrigen.

Die *Wahrnehmungspsychologie* hat sich seit längerem zu einem eigenen Teilgebiet der allgemeinen Psychologie entwickelt. Für unser Anliegen erscheint zudem die Erkenntnis (GEISZLER 1981 b) bedeutsam, daß die theoretischen Aussagemöglichkeiten und Problemstellungen der Wahrnehmungspsychologie mit denen einer im weitesten Sinne verstandenen Psychophysik (GEISZLER 1981 a) perzeptiver Prozesse letztlich identisch sind. Es sei hier nur an die Untersuchungen von FECHNER erinnert, die sich mit den Abhängigkeitsbeziehungen zwischen Psychischem und Physischen befassen. Einen instruktiven Einblick in die Eigenheiten der optischen Wahrnehmung unter Berücksichtigung kartographischer Aspekte geben z.B. VANECEK (1980), GROHMANN (1975) u. GUTTMANN (1978) aus der Wiener Schule der Kartographie, auch BOLLMANN (1981) und andere. So wird bei GUTTMANN (1978) festgestellt, daß die *Reihenfolge der Diskriminierung* geometrischer Figuren bei Quadrat, Rechteck, Dreieck, Kreis liegt, reine Forminstruktion vorausgesetzt. Im übrigen wird ebenda noch konstatiert, daß das Merkmal Farbe allein ebenso wirksam sei wie die Kombination der Merkmale Größe und Form zusammen, was auch von VANECEK (1980) angegeben wird.

Bezüglich der Wahrnehmung geometrischer Signaturen liegt eine sowjetische Untersuchung von FOMIN (1981) vor, die folgende für die Zeichen- bzw. Kartengestaltung bedeut-

---

23 Physiologische Grundkenntnisse sind heute zweckmäßig auch Bestandteil spezieller monographischer Veröffentlichungen zur Kartennutzung, wie z.B. KEATES (1982) zeigt.

same Erkenntnisse beinhaltet: Für die rasche Indentifizierung sind Kreis, Dreieck, Quadrat und Rhombus besonders geeignet, Trapez, Fünfeck und Sechseck weniger. Nach VANECEK (1980) erfolgt die Diskrimination in der Reihenfolge Quadrat, Rechteck, Dreieck, Kreis, wobei jede zusätzliche Hilfe, Farbinformation oder Größeninformation ein Aufheben dieser Reihenfolge mit sich bringt. Zeichen mit logischer Struktur sind am leichtesten für die EDVA formalisierbar.

Eine besondere Bedeutung kommt dem *Figurenumriß* zu, d. h. je komplizierter die Figur, desto mehr Anstrengung erfordert die Aufmerksamkeitskonzentration auf die Konturen. Eine Figur mit geringer Anzahl der Merkmale, wie Winkel, Strecken, Schnittpunkte usw. wird in einer kürzeren Zeit erkannt, daher sind einfache Strukturen der Kartenzeichen am zweckmäßigsten. Eine wichtige Rolle spielen die Figurenkombinationen; dabei können Dreieck, Quadrat und Rechteck leichter unterschieden werden als Kreis oder Oval.

Hinsichtlich der *Anzahl der Kartenzeichen* ist davon auszugehen, daß sich der Mensch bis sieben Zeichen gut einprägen und unterscheiden kann.

Hinsichtlich der *Identifizierung* wird folgendes angegeben: Ein Kreis ist unter Dreiecken leichter zu finden als unter anderen Figuren, unter Kreisen ist ein Quadrat am leichtesten zu finden, ein Dreieck unter Quadraten erfordert mehr Mühe.

Eine besondere Bedeutung für die Zeichenwahrnehmung und damit für die Kartengestaltung besitzt die *Farbgebung*. In der Kartographie ist seit längerem bekannt, daß sieben Farbtöne prinzipiell leichter zu unterscheiden sind als eine Kombination sieben geometrischer Figuren. Diese Tatsache hat beispielsweise dazu geführt, daß deren axiomatischen Charakter tragende Verallgemeinerung als „Farbe wird vor Form erkannt" wohl jedem kartengestalterisch tätigen Kartographen gut bekannt ist. In Anbetracht dieser Tatsache verwundert es nicht, daß zu dieser Problematik auch sehr spezielle Untersuchungen durchgeführt wurden. So haben DOSLAK u. CRAWFORD (1977) sich der wichtigen Frage optimaler Proportionen von Figur-Untergrund-Verhältnissen zugewandt. Sie ermittelten für kleinmaßstäbige *mehrfarbige* thematische Karten 1:2,18 bis 1:5,20, was gegenüber *einfarbigen* Karten, für die 1:2,18 bis 1:3,56 ermittelt wurden, eine merkliche Erweiterung bedeutet. Insgesamt gesehen, reicht die Beschäftigung mit Einzelaspekten im deutschsprachigen Schrifttum relativ weit zurück, und zwar bis WAGNER (1931).

Die *Forschungsproblematik* reicht heute von der Genauigkeit der Signaturenwahrnehmungen (WILLIAM-OLSSON u. a. 1963), über die für die Abstufung von Tonwertskalen praktisch höchst bedeutsame Wahrnehmung von Rastern (SCHOPPMEYER 1978), die Rolle von Moirébildungen für die Kartengestaltung (KIMERLING 1979), Assoziationsmessungen (WERNER 1978), die Auswirkungen der Verzerrungsbedingungen von Kartennetzentwürfen auf Größen- und Lagevorstellungen von Staaten und Städten (SCHULZ 1976) bis zu Untersuchungen, die versuchen, den kartographischen Bedingungszusammenhang der Zeichenwahrnehmung maximal zu berücksichtigen sowie Wahrnehmungsdauer und Wahrnehmungssicherheit als Kriterien des „Erfolges" des Wahrnehmungsprozesses anzugeben (BOLLMANN 1981). Auf jeden Fall sind in den vorstehend zitierten Untersuchungen eine Reihe wesentlicher Hinweise zu gewinnen, die für eine Optimierung der Kartengestaltung nutzbar sind, am umfassendsten wohl bei ARNBERGER (1982) dargelegt. Die Untersuchungsergebnisse konzentrieren sich auf folgende *Gesamttendenzen der Wahrnehmung und der Reizbedingungen in Karten*: Wahrnehmungsleistungen als Faktor der Kartenkomplexität, Selektion von Zeichen mehrerer Zeichentypen in Karten, Zuordnung von Zeichen zu Zeichenarealen, Distanzschätzungen, Bildung von Zeichenfeldern, Selektion von Zeichen auf der Grundlage von Klassenbildungen, Schätzung von Zeichengrößen, altersbedingte Unterschiede in der Zeichenwahrnehmung, geschlechtsbedingte Unterschiede in der Zeichenwahrnehmung, bildungsabhängige Faktoren der Wahrnehmung, tätigkeitsabhängige Faktoren der Wahrnehmung und Einstellungen und Motivationen bei der Karteninterpretation. Die aus den ermittelten Fakten zu gewinnenden Schlußfolgerungen für die Kartengestaltung stellen den letztlich entscheidenden Schritt für eine Erhöhung der Effektivität konventioneller Kartennutzung dar. Untersuchungen der visuellen Wahrnehmung von Karten werden wohl auch künftig trotz des zu erwartenden weiteren Vordringens der rechnergestützten Kartennutzung unerläßlich sein, vor allem, um die Effektivität der Kartengestaltung für eine zweck- und nutzeroptimierte Kartennutzung zu erhöhen. Auffassungen, nach denen leistungsfähige theoretische Erkenntnisse in der Kartographie fehlen (PöHLMANN 1978), dürften dann endgültig der Vergangenheit angehören. Dies gilt umso mehr, als auch solche neuen kartographischen Produkte wie kosmische Photokarten in den Geographieunterricht z. B. der UdSSR (Grundlage „Soljut-4"-Aufnahmen) eingeführt wurden, bei denen eine höhere Effektivität der Informationsvermittlung bezüglich Landschaftsgliederung, Höhenstufung, Landnutzung u. a. erreicht wurde, weil die kartengestalterischen Anliegen besonders auf eine Erhöhung der Wahrnehmungsleistung zum Erkennen der natürlichen Umwelt orientiert wurden (FILANČUK u. FURMONT 1979).

In der UdSSR durchgeführte experimentelle Wahrnehmungsuntersuchungen an Karten für den Einsatz in der Hochschulausbildung (BERLJANT, GUSAROVA u. DERGAČEVA 1980) bei Studenten eines 3. Studienjahres waren auf folgende drei Hauptziele gerichtet: 1. Einschätzung des Umfanges der Genauigkeit der Information, die bei der visuellen Analyse der Karten gewonnen wird; 2. Feststellung der Zweckmäßigkeit der angewendeten Methoden der Kartengestaltung und 3. Ausarbeitung der Methodik solcher Untersuchungen.

BOLLMANN (1978) hat eine Systematisierung der *Eigenschaften von (Karten-)Zeichen bzw. Zeichenbeziehungen und Parametern der (Karten-)Zeichenwahrnehmung* vorgenommen, die in der Zeichenbeschreibung eine „deterministische" und eine „expressive" Ebene unterscheidet und bei der Zeichenwahrnehmung richtige Wahrnehmung und Dauer der Wahrnehmung differenziert.

Zeichenbeschreibung

1. „deterministische" Ebene

      a) Anzahl von Zeichen (Zeichenklassen)
      b) Form eines Zeichens
      c) Zeichensubstanz eines Zeichens
      d) Farb- oder Grauwertstruktur eines Zeichens
      e) Komplexität eines Zeichens oder mehrerer Zeichen (Karte)
      f) Beziehung zwischen topologischen Punkten eines Zeichens
      g) Topologische Beziehung zwischen Zeichen
      h) Beziehung zwischen topologischen Punkten mehrerer Zeichen

2. „expressive" Ebene

      a) Farb- oder Grauwertgewicht von Zeichen
      b) Kontrastwirkung zwischen Zeichenmerkmalen
      c) „Verwandtschaftsassoziation" zwischen Zeichen
      d) Abstraktionsniveau von Zeichen
      e) Anmutigkeitsgrad von Zeichen

Zeichenwahrnehmung

1. Richtige Wahrnehmung

      a) Unterscheiden von Zeichen
      b) Zählen oder Schätzen der Anzahl von Zeichen oder Zeichenklassen

Isoliert stehende graphische Form:	Schwarzweißkontrast (schwarze Zeichnung auf weißem Grund oder umgekehrt)		Buntfarbige Zeichen oder farbgetönter Grund	
			mit großem	mit geringem
			Helligkeits- und Farbgewichtsunterschied	
Linie, Stärke:	0,05	mm	0,07 mm	0,10 mm
Punkt, Durchmesser:	0,24	mm	0,30 mm	0,43 mm
Kreisscheibe, Durchmesser:	0,44	mm	0,56 mm	0,80 mm
Quadrat voll, Seite:	0,40	mm	0,50 mm	0,70 mm
Rechteck voll, a: b:	0,28/0,61 mm		0,34/0,80 mm	0,48/1,10 mm
Doppellinie				
Linienstärke:	0,05	mm	0,07 mm	0,10 mm
Linienabstand:	0,20	mm	0,20 mm	0,20 mm
Linienstärke:	0,05	mm	0,07 mm	0,10 mm
Linienabstand:	0,14	mm	0,18 mm	0,25 mm
Kreis, Durchmesser:	0,60	mm	0,77 mm	1,10 mm
Quadrat hohl, Seite:	0,54	mm	0,69 mm	0,98 mm
Dreieck hohl, Seite:	0,81	mm	1,04 mm	1,48 mm

Tabelle 5
Mindestgrößen isoliert stehender graphischer Formen
(nach Arnberger)

    c) Konfigurative Fixierung von Zeichenhäufungen
    d) Topologische oder klassenspezifische Zuordnung von Zeichen zu räumlichen
       Strukturen

2. *Dauer der Wahrnehmung*
    a) Absolute Dauer eines Interpretationsvorganges
    b) Interpretationsleistung bei einem vorgegebenen Zeitrahmen
    c) Dauer verschiedener Vorgänge eines Interpretationsablaufes

Der Zusammenhang zwischen Eigenschaften der Kartenzeichen und Parametern der Kartenzeichenwahrnehmung einerseits und Projektierungsgrundsätzen für Kartenzeichen andererseits ist hier als dialektische Beziehung von Kartennutzung und Kartengestaltung nicht zu übersehen.

Für die Wahrnehmung von Kartenzeichen spielen nicht zuletzt auch die bei der Kartengestaltung eingesetzten Minimalgrößen eine wichtige Rolle. Tabelle 5 vermittelt einen Überblick für isoliert stehende Formen unter den Bedingungen Schwarzweißkontrast (schwarze Zeichnung auf weißem Grund oder umgekehrt) und buntfarbige Zeichen oder farbgetönter Grund, unterschieden nach großem und nach geringem Helligkeits- und Farbgewichtsunterschied.

6.1.6.3. Optische Täuschungen und Kontrasterscheinungen

Täuschungs- bzw. Verzerrungserscheinungen sind *Abweichungen zwischen dem objektiven graphischen Bild der Karte (Vorlage) und dem subjektiven Abbild, das uns der Gesichtssinn vermittelt.* Beide eben genannten Phänomene werden aus rein kartographisch-praktischen Gründen zu-

Abbildung 66
Für die Kartographie
bedeutsame
geometrisch-
optische
Täuschungen
(nach OGRISSEK)

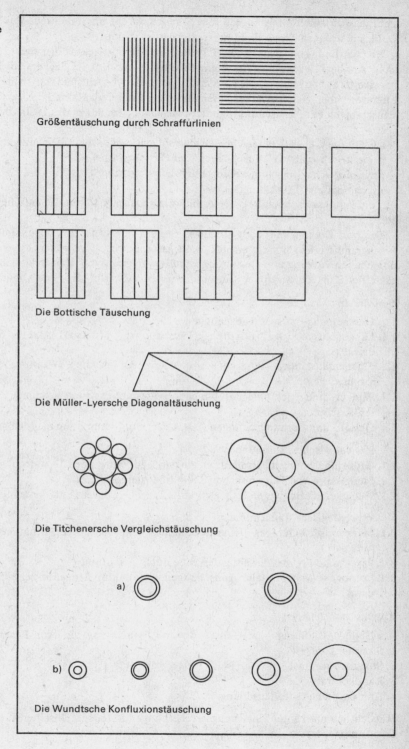

Größentäuschung durch Schraffurlinien

Die Bottische Täuschung

Die Müller-Lyersche Diagonaltäuschung

Die Titchenersche Vergleichstäuschung

a)

b)

Die Wundtsche Konfluxionstäuschung

sammen behandelt, obwohl dies vom Standpunkt der physiologischen und psychologischen Optik im strengen Sinne nicht gerechtfertigt ist (KOCH 1984).

Klassifizierungsmerkmale dieser Phänomene sind zweckmäßigerweise: Entstehung (Ursache), Art der Täuschung (Täuschungseffekt), Name des Entdeckers sowie ganz allgemein physikalische, physiologische und psychologische Gesichtspunkte. In der psychologischen Literatur haben sich weitgehend Benennungen nach dem Namen des Finders der jeweiligen Täuschungen bzw. Täuschungsfigur (vorwiegend Psychologen des 19. Jahrhunderts) eingebürgert.

Nach SCHOBER (1964) unterscheidet man folgende optische Täuschungen:
– geometrisch-optische Täuschungen (des Gesichtssinns),
– physiologische Täuschungen einschließlich Bewegungstäuschungen,
– psychologische Täuschungen.

Für die kartographischen Belange kommt erstgenannter Klasse die entscheidende Bedeutung zu.

Das von KOCH (1984) ausgearbeitete System der Täuschungserscheinungen, die für die Kartographie relevant sind, erscheint gut geeignet, das Wesen bzw. die Bedeutung des Phänomens für Nutzung und Gestaltung vor allem thematischer Karten zu demonstrieren, wobei es an der Existenz derartiger Täuschungen keine Zweifel gibt (vgl. Abbildung 66).

Optische Täuschungen

1. Geometrisch-optische Täuschungen
1.1. Längentäuschungen (BOTTISCHE Täuschungen, MÜLLER-LYERSCHE Streckentäuschung usw.)
1.2. Flächentäuschung (TITCHENERSCHE Vergleichstäuschung, WUNDTSCHE Konfluxionstäuschung usw.)
1.3. Winkel- und Richtungstäuschungen (POGGENDORFSCHE Täuschung, LIPPSSCHE Tangententäuschung usw.)
1.4. Gestalt- und Formtäuschungen (z. B. Krümmungstäuschung nach HÖFLER)

2. Physiologische Täuschungen
2.1. Größentäuschungen (Irradiation, Abstandsänderung nach VICARIO usw.)
2.2. Stereoskopische Täuschungen (z. B. Farbenstereoskopie)
2.3. Helligkeitstäuschungen (z. B. Schraffurtäuschung durch Astigmatismus)

3. Psychologische Täuschungen
3.1. Inversionstäuschungen (RUBINSCHE und NECKERSCHE Figur, schattenplastische Darstellung usw.)
3.2. Psychische Ergänzung fehlender Teile durch Erfahrung
3.3. Sonstige psychologische Täuschungen (Vibration, THOMPSONSCHE Sektorentäuschung usw.)

Kontrasterscheinungen

Als Helligkeitskontrast bzw. Helligkeits- und Farbkontrast sind von Bedeutung:
1. Simultankontrast
2. Sukzessivkontrast
3. Randkontrast
4. HERMANNSCHE Gittertäuschung

Hinsichtlich markanter Täuschungserscheinungen in topographischen Karten sei auf PLACHY (1960) hingewiesen.

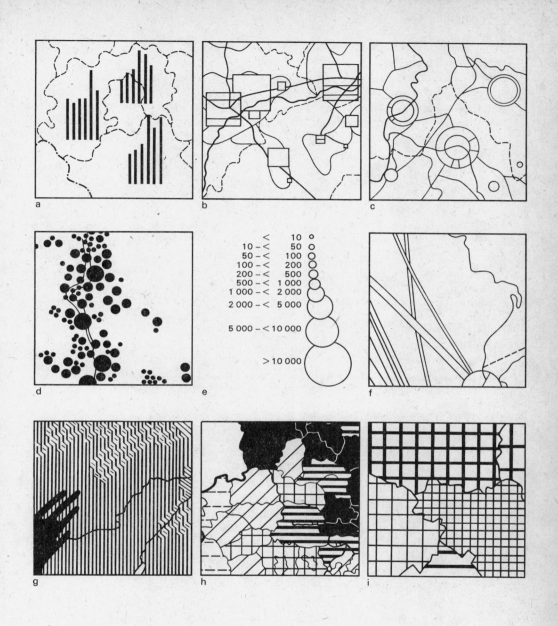

Abbildung 67
Beispiele für das Auftreten von optischen Täuschungen und Kontrasterscheinungen
in thematischen Karten
(nach KOCH)

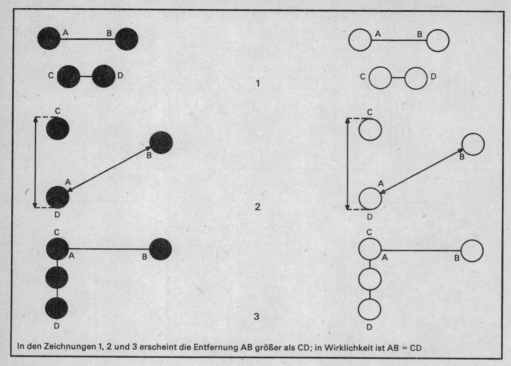

In den Zeichnungen 1, 2 und 3 erscheint die Entfernung AB größer als CD; in Wirklichkeit ist AB = CD

Abbildung 68
Entfernungstäuschungen bei geometrischen Figuren

In den vorgeführten 9 Beispielen der Abbildung 67 (a...i) (Kartenausschnitte, z. T. vereinfachte Umzeichnungen) sind die wohl wesentlichsten Fälle erfaßt – veröffentlichten Karten entnommen – und erläutert (KOCH 1984). Abbildung 67a zeigt im Sinne der MÜLLER-LYERschen Täuschung eine Beeinflussung der wahren Stablängen der Diagramme sowohl durch die an mehreren oberen Enden vorbeiführenden Grenzlinien als auch durch „Begleitlinientäuschung" vor. Abbildung 67b enthält Fälle der BOTTISCHEN Täuschung: Die vertikal unterteilten Figuren (Quadrate) scheinen etwas breiter zu sein, als die nicht unterteilten („Unterteilungstäuschung"). Abbildung 67c zeigt Kreisdiagramme, die der WUNDTSCHEN Konfluxionstäuschung unterliegen. Die durch Inkreise eingeschlossenen Flächen der beiden oberen Figuren zeigen eine Tendenz zur Flächenvergrößerung; bei der darunterliegenden größeren Figur läßt sich das Gegenteil beobachten. Zudem sei hier auf das Problem der Freistellungsfälle aufmerksam gemacht, d. h. mögliche psychische Ergänzung fehlender bzw. nicht dargestellter Zeichnungsteile infolge Erfahrung. Bei Abbildung 67d erscheinen größere Kreisscheiben, die von kleineren umgeben sind, etwas größer, als sie tatsächlich sind. Im umgekehrten Falle tritt die entgegengesetzte Wirkung ein (TITCHENERsche Vergleichstäuschung). Abb. 67e zeigt ein Legendenbild. Die gemeinsame, links an alle Kreise anlegbare Tangente erscheint gekrümmt (LIPPSsche Tangententäuschung). Da auch die durch die Mittelpunkte der Kreise gedachte Linie gekrümmt ist und eine rechts den Kreisen anliegende, vorstellbare Linie überdies noch unregelmäßige Krümmung besitzt, ergibt sich ein ästhetisch unbefriedigendes Bild. In Abbildung 67f schneiden sich an zwei Stellen lineare Signaturen. Dabei treten in beiden Fällen deutlich sichtbare, in Wirklichkeit nicht vorhandene Lageversetzungen des von unten nach oben verlaufenden Linienpaares auf (POGGENDORFsche Täuschung). Die in Abbildung 67g abgebildete strukturierte Fläche zeigt auf den ersten Blick eine durch das 1:1-Verhältnis von Strichbreite und Strichabstand der vertikalen Schraffur hervorgerufene Vibrationserscheinung, die vom Auge eindeutig als unangenehm empfunden wird. In den Gebieten streifenförmiger Durchdringung mit einer Schrägschraffur entsteht eine stereoskopische Wirkung. Es liegt eine psychologische Täuschung (*Inversionstäuschung* – SCHRÖDERsche Treppe) vor. Zudem erfahren die weißen „Abstandslinien" zwischen den schwarzen Linien eine scheinbare Verbreiterung durch Irradiation. Eine Verbreiterung tritt besonders im linken Abbildungsteil auf. Hier liegt eine *Abstandsänderung* nach VICARIO vor. In Flächenkartogrammen ist des öfteren mit der Erscheinung des Simultankontrastes (vgl. z.B. HAKE 1978) zu rechnen. Im abgebildeten Ausschnitt der Abbildung 67h erscheint die von drei Seiten schwarz umgebene schräg schraffierte Fläche geringfügig heller, als die in der gegenüberliegenden Ecke sich befindlichen Flächen mit derselben Schraffur in heller Umgebung. Die breite, horizontale Schraffur zeigt zusätzliche *Irradiationserscheinungen*. In Abbildung 67i ist die HERMANNsche Gittertäuschung, eine Kontrasterscheinung, sichtbar. An den Kreuzungsstellen der Linien sind helle Flecken bzw. Punkte wahrnehmbar, die erst bei scharfer Fixation des einzelnen Kreuzungspunktes verschwinden. Zudem sind auch geometrisch-optische Täuschungen bekannt, die beim Vergleich flächengleicher geometrischer Figuren auftreten. So erscheint gegenüber einem *Kreis* ein flächengleiches Dreieck größer als dieser. Eine andere bekannte Größentäuschung tritt bei *leeren Figuren* gegenüber mit Schraffur bzw. Ton *gefüllten* auf; die leeren Figuren wirken stets größer. Dabei spielt bei *Konturierung* die Stärke der Kontur eine bemerkenswerte Rolle (ARTAMONOV 1982). In den Zusammenhang der optischen Täuschungen gehören auch die in Abbildung 68 gezeigten *Entfernungstäuschungen*.

Möglichkeiten zur Abschwächung des Einflusses bzw. zur Eliminierung der Täuschungserscheinungen – und deren Probleme – gibt KOCH (1984) wie folgt an: Vermeiden, Belassen und dem Kartennutzer genaue Hinweise zum Auftreten für ihn wesentlicher Täuschungen geben; Belassen, aber bei Kartengestaltung (Rasterabstufungen, Größenklasse usw.) berücksichtigen sowie Korrigieren (Beseitigen).

Unabhängig davon, auf welche Weise das Problem der optischen Täuschungen und Kontrasterscheinungen in thematischen Karten einer Lösung zugeführt wird, sind möglichst genaue Vorstellungen über die *Größe der Täuschung* notwendig. Nur so ist es möglich, den Umfang der Verfälschung der Information einzuschätzen; dieser ist zudem für die quantitative Erfassung der visuellen Kartenbelastung relevant.

6.1.6.4. Die Rolle der Aufmerksamkeit

Auffällig ist, daß in den bisherigen Untersuchungen zur Wahrnehmung den Ursachen der Aufmerksamkeit keine besondere Beachtung geschenkt wird (OGRISSEK 1982b).

Aufmerksamkeit wird definiert (CLAUSS 1981) als *zusammenfassende Bezeichnung für den Zustand gerichteter Wachheit und dadurch bedingter Auffassungs- und Aktionsbereitschaft des Menschen.* Aufmerksamkeit tritt graduell verschieden stark auf. Sie bewirkt, daß Erkenntnisgegenstände bevorzugt beachtet, herausgehoben, fixiert, klarer und deutlicher erfaßt werden. Die Informationsverarbeitungskapazität wächst. Aufmerksame Zuwendung zu Umgebungseigenschaften tritt in Situationen auf, die für den Menschen vitale oder soziale Bedeutung haben, die mit Gefahr, Ungewißheit, Unsicherheit verbunden sind und dadurch den Erwerb entscheidungsrelevanter Information erfordern. *Bedürfnisse, Interessen, Einstellungen* und *Motive* spielen daher bei der Entstehung und Verteilung der Aufmerksamkeit eine große Rolle. Der

Umfang der Aufmerksamkeit wird durch die Anzahl gleichartiger Gegenstände bestimmt, die mit einem Blick, d.h. in etwa 0,2 s, wahrgenommen werden können; beim Erwachsenen sind das 6 bis 12, im Mittel 8 Objekte, bei Kindern weniger. Neuere Forschungen (POTAPOWA u. SCHLECHTER 1974) gehen von 12 bis 17 Reizen aus. Der Aufmerksamkeitsumfang hängt auch von der Art der wahrzunehmenden Gegenstände, von ihrer Bekanntheit, von der Beleuchtungsintensität, dem Kontrast und der subjektiven Einstellung ab.[24]

Bereits die vorstehenden Ausführungen lassen erkennen, daß der Aufmerksamkeit im kartographischen Dekodierungsprozeß eine offenbar große Bedeutung zukommt.

Als *Ursachenkategorien* der Aufmerksamkeit im Prozeß der kartographischen Dekodierung sind folgende bedeutsam: Unter der *Gerichtetheit* der psychischen Tätigkeit verstehen wir ihren selektiven Charakter, d.h. die willkürliche oder unwillkürliche Auswahl ihres Objekts. Wenn der Kartennutzer ein bestimmtes Kartenzeichen auf einem Kartenblatt sucht, dann hat er bewußt die Tätigkeit des Kartenlesens gewählt, und die Aufmerksamkeit ist bewußt auf diese Tätigkeit gerichtet. Der Kartennutzer nimmt eine Reihe von kartographischen Informationen auf, ohne sich ablenken zu lassen. Darin kommt die Gerichtetheit seiner psychischen Tätigkeit zum Ausdruck. Unter der Gerichtetheit der psychischen Tätigkeit ist nicht nur ihre Wahl, sondern auch ihr Beibehalten zu verstehen. Jedem Pädagogen ist bekannt, daß es leichter ist, die Aufmerksamkeit der Schüler zu wecken als sie über einen längeren Zeitraum zu erhalten. Für die Kartennutzung läßt sich daraus schlußfolgern, daß die Begründung für die Anwendung bildhafter Signaturen in Schülerkarten, das große „Assoziationsvermögen", um den Fakt „Konsolidierung der Aufmerksamkeit" zu erweitern ist.

Zur Aufmerksamkeit gehört neben der Gerichtetheit der psychischen Tätigkeit auch ihre *Konzentration*, worunter man das Außerachtlassen alles Nebensächlichen, das keinen Bezug zur gegebenen Tätigkeit hat, versteht. Beim flüchtigen Betrachten einer Karte kann man kaum von Konzentration sprechen. Hingegen erfordert das intensive Kartenstudium die volle Konzentration des Kartennutzers auf diese Tätigkeit.

Die früher vielfach übliche *Untergliederung* der Aufmerksamkeit in „willkürliche" und „unwillkürliche" wird heute nicht mehr allgemein anerkannt (CLAUSS 1976). Sicher sind die Grenzen fließend. Für unser Anliegen kann das genannte Problem vom grundsätzlichen her unberücksichtigt bleiben. Es erscheint ausreichend, in den relevanten Fällen auf Unterschiede bzw. Zusammenhänge von unwillkürlicher und willkürlicher Aufmerksamkeit bei Dekodierungsprozessen von Karteninhalten hinzuweisen. Sicher erscheint aus der Sicht der Kartennutzung, daß beide Kategorien existieren, aber nicht in der bisher postulierten „absoluten Form". Bezüglich des allseitigen Zusammenhanges mit den Prozessen der Informationsaufnahme sei auf KLIX (1979) verwiesen. Der Entstehung der Aufmerksamkeit liegen offenbar komplizierte Ursachenkomplexe zugrunde, die in enger Wechselbeziehung zueinander stehen. Für die Analyse unterteilen wir sie hier in verschiedene Ursachenkategorien und erörtern diese im Hinblick auf ihre kartographische Relevanz. Dabei ist zu beachten, daß in der Realität jedoch sehr selten nur eine Ursachenkategorie wirksam wird, sondern meist eine Wechselwirkung verschiedener Ursachenkategorien auftritt (PETROWSKI 1974).

Als erste Ursachenkategorie betrachten wir den *Charakter des Reizes*, vor allem seine *Stärke* oder *Intensität*. Dabei spielt weniger die absolute, sondern vielmehr die relative Stärke die entscheidende Rolle. Bei der Kartendekodierung läßt sich dieses Phänomen eindrucksvoll bei der Identifizierung von Signaturen in einem dazu gering kontrastierenden Umfeld beob-

---

24 Vorbehalte gegenüber der Kategorie Aufmerksamkeit hinsichtlich ihrer Bedeutung finden sich bei HACKER (1980).

achten. Die *Dauer* des Reizes spielt bei der kartographischen Dekodierung offenbar eine unwesentliche Rolle, weil die Reizeinwirkung, sprich Kartennutzung, nahezu beliebig oft zu wiederholen ist.

Eine besonders große Rolle für die Aufmerksamkeit spielt die *räumliche Größe* des Reizes. Ein Objekt, das größer ist als das andere in seiner Umgebung, zieht schneller unsere Aufmerksamkeit auf sich. Daraus läßt sich unschwer die überragende Bedeutung der räumlichen Größe des Reizes für die Aufmerksamkeit im Prozeß der kartographischen Dekodierung ableiten. Letztlich liegt diese in den angewendeten *kartographischen Modellierungsgesetzen* begründet. Denen zufolge werden bedeutende Objekte der Realität vorwiegend durch große Kartenzeichen wiedergegeben. Sie erregen dann beim Kartennutzer die beabsichtigte vorrangige Aufmerksamkeit.

Bedeutsam für die Aufmerksamkeit ist ferner die *Unterbrechung* eines Reizes. In der Kartennutzung tritt uns dieser Fall z. B. bei der Anwendung der Streifenmethode entgegen, wo zur Unterscheidung Streifen unterschiedlichen Tonwertes, zumeist unterschiedlichen Farbtons und teilweise unterschiedlicher Breite, angewendet werden.

Oftmals nicht von der zuvor behandelten Reizunterbrechung wesensmäßig zu trennen ist das Abbrechen des Reizes infolge eines dadurch entstehenden Kontrastes. In der kartographischen Dekodierung tritt uns diese Erscheinung vor allem dort entgegen, wo Farbflächen – nicht nur bunte – an weiße, d. h. unbedruckte Flächen stoßen. Es ist zu vermuten, daß HERMANN HAACKS praktizierte bzw. initiierte schwarze Kartenrandausstattung bei Schulwandkarten letztlich ebenfalls von Überlegungen zur Aufmerksamkeitserregung bestimmt war (OGRISSEK 1982 b).

Als zweite Ursachenkategorie für das Entstehen unwillkürlicher Aufmerksamkeit betrachten wir die *Übereinstimmung* äußerer Reize mit dem inneren Zustand des Menschen, insbesondere aber mit seinen Bedürfnissen (PETROWSKI 1974). Gerade letzteres spielt sicher eine wesentliche Rolle bei der kartographischen Dekodierung. Der Benutzer einer Touristenkarte beispielsweise, der bestimmte Informationen für die Festlegung seiner Fahrtroute benötigt, betrachtet „unwillkürlich" die betreffende Karte als Ganzes mit einer entsprechenden Aufmerksamkeit. An diesem Beispiel wird aber auch überzeugend deutlich, daß unwillkürliche und willkürliche Aufmerksamkeit nicht immer zu trennen sind, denn die Gewinnung von Informationen über Routenverlauf und Entfernungen zwischen Siedlungen beispielsweise setzt andererseits die willkürliche Aufmerksamkeit voraus.

Als dritte Ursachenkategorie für das Aufkommen und Beibehalten der Aufmerksamkeit sind die *Gefühle* zu nennen, die durch die wahrgenommenen Objekte und die damit zusammenhängende Tätigkeit ausgelöst werden (PETROWSKI 1974). Bekanntlich lenkt jeder Reiz, der irgendein Gefühl hervorruft, die Aufmerksamkeit auf sich. In der Kartographie finden wir diese Kategorie beispielsweise bei Reproduktionen historischer, ästhetisch ansprechend gestalteter Karten, die immer wieder reges Interesse bei Laien und Fachleuten finden. Das gilt für die Karte als Ganzes ebenso wie für Details, die emotionale Regungen auslösen. Aber auch die moderne Kartographie bedient sich emotionaler Elemente, um den Dekodierungsprozeß zu optimieren. Hier ist in erster Linie die Farbwirkung bzw. Farbdeutung (SCHIEDE 1970) zu nennen. Die Problematik ist in der Kartographie seit längerem bekannt, wenn auch noch nicht umfassend gelöst.

Als vierte Ursachenkategorie für das Zustandekommen der Aufmerksamkeit ist der Einfluß früherer *Erfahrungen* anzusehen, insbesondere der Einfluß bereits vorhandener Kenntnisse und Vorstellungen, aber auch von Fertigkeiten und Gewohnheiten. Hier berührt sich unser Anliegen mit dem Problem des kartographischen Vorwissens. Daher spielt die Gedächtnisforschung eine herausragende Rolle (OGRISSEK 1979 b). Dem geübten Kartennutzer bereitet die Konzentration der Aufmerksamkeit auf die für ihn bedeutsamen Informationen und damit die Dekodierung des Karteninhalts nur ein Bruchteil der Probleme gegenüber einem unerfahrenen.

Als fünfte Ursachenkategorie für das Entstehen der Aufmerksamkeit ist die *Erwartung* anzuführen (PETROWSKI 1974). Weiß der Kartennutzer, sei es auch nur zum Teil, was ihn an Informationen in der Karte erwartet, so nimmt er diese mit größerer Aufmerksamkeit auf. Das wiederum bedeutet in der Regel eine Erhöhung der Effektivität der Kartennutzung durch Beschleunigung der Dekodierung und Schaffung größerer Sicherheit durch Ausschließung von Dekodierungsfehlern.

Nicht zuletzt dürfte die nachstehende psychologische Erkenntnis auch für die Dekodierung von Karteninhalten höchst bedeutsam sein: Ist erst eine Erwartung entstanden, so werden dadurch nicht selten Objekte wahrgenommen, die ohne diese Erwartung überhaupt nicht bemerkt worden wären. Obwohl ein zweckmäßig gewählter und formulierter *Kartentitel* (Kartengegenstand, abgebildeter Raum, dargestellter Zeitpunkt; z.B. Industrie der DDR 1980) sowie eine logisch aufgebaute Legende diesbezüglich sicher in der Lage sind, derartige Erwartungen zu wecken, bleibt noch zu ermitteln, welche „Leistungen" darüber hinaus diesbezüglich bei der Kartengestaltung im Rahmen der Kartenredaktion zu erbringen möglich sind.

Als sechste Ursachenkategorie der Aufmerksamkeit und als eine der wichtigsten nennen wir die *allgemeine Gerichtetheit der Persönlichkeit* und besonders ihre *Interessen*. Was den Menschen unmittelbar interessiert, lenkt unwillkürlich seine Aufmerksamkeit auf sich z. B. (PETROWSKI 1974). Das weiß jeder aus eigener Erfahrung. Diese Festlegungen gelten in vollem Umfang auch für die Dekodierung eines Karteninhalts. In der Schulkartographie z. B. dient die Anwendung bildhafter Signaturen – bei aller damit verbundenen Problematik (ARNBERGER 1982) – nicht nur der Schaffung von Assoziationen zum abgebildeten Original, sondern auch dem Wecken und Erhalten der Aufmerksamkeit bei der Kartennutzung im Geographie- und im Geschichtsunterricht. Ein bekannter Nachteil der bildhaften Signaturen, ihr hoher Platzverbrauch, kann in bestimmtem Umfang durch die Auswahlprinzipien beim kartographischen Modellierungsprozeß kompensiert werden. Die obengenannte Ursachenkategorie spielt eine analoge Rolle bei der Anwendung von Vignetten in Karten, z.B. in Stadtplänen.

Vom Interesse ausgehend, läßt sich unschwer verstehen, daß die willkürliche Aufmerksamkeit auf bestimmte Objekte in der Karte im Sinne bewußter Ziele bzw. Aufgaben gelenkt wird. Die willkürliche Aufmerksamkeit kann sich dabei aus der unwillkürlichen entwickeln. Von größter Bedeutung ist die willkürliche Aufmerksamkeit in solchen Funktionen der Karte, wie sie Erkenntnisgewinnung bzw. Entscheidungsfindung darstellen (OGRISSEK 1982a).

Die Aufmerksamkeit besitzt bestimmte charakteristische Besonderheiten, auf die noch einzugehen ist. Die Aufmerksamkeit ist ein vielseitiger Prozeß. Eine dieser Seiten ist ihre *Beständigkeit*. Psychologische Untersuchungen haben beispielsweise gezeigt, daß beim Unterscheiden zweier sehr ähnlicher Farbtöne der Unterschied einmal bemerkt wurde, einmal nicht. Es ließen sich periodische Schwankungen messen, die bei 1,5 bis 2,5 s lagen.

Spezielle Untersuchungen zu diesem Problem haben zudem erwiesen, daß bei diesen Schwankungen nicht nur die Aufmerksamkeit eine Rolle spielt, denn der Reiz wird zeitweise nicht wahrgenommen, auch wenn die Aufmerksamkeit erhalten bleibt. Folglich haben wir es hier nicht mit Aufmerksamkeitsschwankungen zu tun, sondern mit einer periodischen Ermüdung der Sinnesorgane. Dessenungeachtet ist festzustellen, daß die Aufmerksamkeit oft nicht beständig genug ist. Man kann z.B. nur wenige Sekunden lang einen schwarzen Punkt auf weißem Papier ansehen, wie dies bei einfarbigen Karten nach der Punktmethode bei deren Nutzung oftmals erforderlich ist. Entweder denkt man bald nicht mehr an den Punkt, oder er beginnt vor den Augen „zu zerfließen" (PETROWSKI 1974). Noch kaum Untersuchungen liegen über die Aufteilbarkeit der Aufmerksamkeit vor, die sich für die kartographische Dekodierung auswerten lassen. Ihre praktische Bedeutung liegt auf der Hand, denn die Notwendigkeit, mehrere Handlungen gleichzeitig auszuführen, ist nicht so selten, wie manchmal angenommen. Man denke nur an die Navigation.

Eine wesentliche Seite der Aufmerksamkeit ist ihre *Umschaltbarkeit*. Sie besteht in der Fähigkeit des Menschen, schnell von einer Tätigkeit zu einer anderen überzugehen. Das Umschalten der Aufmerksamkeit ist notwendig, wenn zwei verschiedene Reize gleichzeitig wahrgenommen werden sollen, aber buchstäblich im gleichen Augenblick nicht zu erfassen sind. Dieser Seite der Aufmerksamkeit kommt für die Dekodierung des Karteninhalts eine große Bedeutung zu, da sie bei der Karteninterpretation häufig gegeben ist. Es sei hier auf die oftmalig notwendigen Wechsel der Aufmerksamkeit zwischen Karteninhalt und Legende nachdrücklich verwiesen; aber noch augenfälliger wird das Problem beim Kartenvergleich, bei der Hinzuziehung von Textpublikationen (BARTELS 1970) und ähnlichem. Eine stärkere Ausprägung tritt bei Kombination von unterschiedlichen Arten des jeweiligen Reizes auf, z.B. optischen und akustischen. Das aber stellt in der Kartographie eine wohl äußerst seltene Ausnahme dar.

Für die Karte als Mittel zur Gewinnung von neuen Erkenntnissen verbleibt noch festzuhalten: Unter dem Aspekt der psychologischen Analyse geht man davon aus, daß die Erkenntnisprozesse auf organismischen Prinzipien der Informationsaufnahme, der Informationsverarbeitung und Informationsspeicherung beruhen (KLIX 1974). Für georäumliche Informationen spielt der Informationsspeicher Karte eine entscheidende Rolle.

6.1.6.5. Die Rolle des Gedächtnisses

Unter Gedächtnis verstehen wir die *Fähigkeit von Organismen, Informationen zu speichern, so daß die Information über vergangene Ereignisse oder Erscheinungen das aktuelle Verhalten beeinflussen kann.* Das Gedächtnis stellt eine unentbehrliche Form des menschlichen Bewußtseins dar. Es ist bereits an elementaren Formen des gegenständlichen Wahrnehmens beteiligt, notwendige Voraussetzung und wesentlicher Bestandteil kognitiver Informationsverarbeitung und des Lernens und damit unentbehrlich für das sinnvolle, bewußte Handeln (CLAUSS 1976).

Die Speicherung von Gedächtnismaterial hängt bekanntlich von dessen *effektiver Wertigkeit* ab: Bedeutsames wird rascher und über längere Zeit gespeichert als Bedeutungsloses bzw. Bedeutungsarmes. Damit ist gesagt, daß die Hervorhebung bedeutsamer Kartengegenstände mit den entsprechenden kartographischen Ausdrucksmitteln – wie z.B. Farbe und Größe der Signaturen – die Dekodiergeschwindigkeit bestimmt, weil damit die Speicherung im Gedächtnis erleichtert wird. Hinzu kommt noch der bestehende bekannte Zusammenhang mit der Aufmerksamkeit.

Die hohen menschlichen *Gedächtnisleistungen* sind im übrigen nicht nur auf die wesentlich höhere Speicherkapazität des menschlichen Gedächtnisses gegenüber dem tierischen zurückzuführen, sondern sind vor allem eine Folge der semantischen Informationsverarbeitung (SINZ 1976, 1978 u. 1979).

Als *Gedächtnisteilprozesse* lassen sich Einprägen, Behalten und Reproduzieren unterscheiden. Sie basieren in der Kartographie auf dem Vergleich wahrgenommener Kartenzeichen bzw. kartographischer Ausdrucksmittel mit bereits im Langzeitgedächtnis gespeicherten „Mustern", die den Charakter von Bezugssystemen tragen. Beim Einprägen werden neue Informationen zum Zwecke langfristigen Behaltens in das System des bereits Bekannten eingeordnet. Daraus läßt sich schlußfolgern, daß der Umfang des bereits kartographisch Bekannten bzw. Gewußten eine entscheidende Rolle für die Geschwindigkeit der kartographischen Dekodierung spielt und damit die Effektivität der Kartennutzung maßgeblich beeinflußt.

Darüber hinaus ist im Zusammenhang mit einer umfassenden Behandlung von kybernetischen Aspekten der organismischen Informationsverarbeitung (KLIX 1974 u. 1977) festgestellt worden, daß sogar die Steuerung der Blickbewegung und damit die Informationsaufnahme vom Gedächtnis aus geleitet werden kann. Dies sei möglich, sobald die ersten Teilkombinationen aufgenommener Merkmale eine *Gedächtnisstruktur* anregen. Hier liegen zweifelsohne noch bedeutsame Potenzen der Erhöhung der Effektivität der Kartennutzung. Besonders die Untersuchung invarianter, aber auch nichtinvarianter Merkmale der kartographischen Ausdrucksmittel dürfte hier weiterführen.

Dem *Behalten*, der Bewahrung von Informationen, wirkt das Vergessen entgegen. Darin erweist sich die selektive Funktion des Gedächtnisses. Das Behalten übt gleichfalls entscheidenden Einfluß auf die kartographische Dekodiergeschwindigkeit aus, und die bei der Behandlung des Einprägens genannten Aspekte sind auch für das Behalten bedeutsam. Der Kartograph kann sie durch Anwendung der entsprechenden kartographischen Ausdrucksmittel positiv oder negativ gestalten.

Es ist erwiesen, daß die Gedächtnisinhalte während des Behaltens sich *verändern*. Beispielsweise werden sie umgeformt und können wegen ihrer Einfügung in übergreifende Zusammenhänge andere Bedeutungsakzente und Merkmalsstrukturen erhalten. Hier liegen die psychologischen *Ursachen* des unterschiedlichen Umfangs der gewonnenen indirekten Informationen bei der kartographischen Dekodierung durch verschiedene Personen, Informationen die sich im übrigen gegenwärtig noch der Meßbarkeit entziehen.

Das *Reproduzieren* (Wiedergeben), definiert als Wiederbewußtmachen von Erfahrungsinhalten (CLAUSS 1981), erfolgt bei der Kartennutzung zufolge eines Vorsatzes als willkürliche Reproduktion. Dabei werden spezifische Informationen im Gedächtnis aufgesucht, die für die Lösung der gestellten Aufgabe benötigt werden. Dieser Reproduktionsvorgang tritt im kartographischen Kartennutzungsprozeß *wiederholt* auf (z. B. Wechsel der Blicke zwischen Karteninhalt und Legende als aktivierendes Moment), nicht nur als Endphase. Er ist jedoch hier von besonderer Bedeutung, weil dabei in der Mehrzahl der Fälle nicht ausschließlich kartographische Informationen zur Entscheidungsfindung in der gesellschaftlichen Praxis erforderlich sind.

Zum Komplex der Gedächtnisprozesse ist noch auf das Problem des *Wiedererkennens* einzugehen, weil hierin der Bezug zur Kartographie als besonders gravierend zu erkennen ist. Das gilt für den kartographischen Modellierungsprozeß ebenso wie dessen sachbezogene Widerspiegelung in der Legende. Zunächst ist einmal davon auszugehen, daß das Wiedererkennen auf der Identifikation einer externen Reizkonfiguration mit einem internen „Muster" beruht, die beide hinsichtlich bestimmter Merkmale oder Struktureigenschaften übereinstimmen (CLAUSS 1981). (Diese Problematik läßt sich am besten verdeutlichen, wenn man – aus heuristischen Gründen sei diese Vereinfachung hier gestattet – die zitierten „Muster" mit Kartenzeichen gleichsetzt.) Dabei kann man von der Annahme ausgehen, daß es sich um einen zweistufigen Erkennungsvorgang handelt. Die internen „Muster" sind dabei als Bezugsysteme aufzufassen. Der *Erkennungsvorgang* gliedert sich in die beiden Etappen (GEISSLER 1981a u. b):

– *Die gemeinsamen Regeln der Strukturbeschreibung werden zu Regeln der Erkennung der Klassenzugehörigkeit reduziert;*
– *im Anschluß an die Identifikation der Klassenzugehörigkeit erfolgt nach spezifischen Regeln die Identifikation von Einzelmustern innerhalb der Klasse.*

Hier liegt die Ursache dafür, daß erfahrene Kartennutzer wesentlich rascher und sicherer den betreffenden Karteninhalt dekodieren als ungeübte; sie haben eben ein größeres Pensum interner „Muster", d. h. bekannter Kartenzeichen – Gestalt und widergespiegelten Begriff betreffend – und kartengestalterischer Prinzipien gespeichert.

Neben der *Gedächtnisdimension* für optische Eindrücke spielen auch im Prozeß der kartographischen Informationsübertragung die Gedächtnisarten (manchmal auch als Gedächtnistypen bezeichnet) eine bedeutungsvolle Rolle. Hierbei handelt es sich um eine Klassifizierung nach dem Merkmal Speicherdauer, d. h. der Dauer des Behaltens. In den letzten Jahren wurde experimentell nachgewiesen, daß es sinnvoll ist, nicht nur zwischen Kurzzeitgedächtnis bzw. Kurzzeitspeicher und Langzeitgedächtnis bzw. Langzeitspeicher zu unterscheiden, sondern, daß auch ein *Ultrakurzzeitgedächtnis* bzw. sensorischer Informationsspeicher als Träger von Gedächtnisleistungen im allgemeinen Sinne bedeutsam ist. (Leider ist bisher noch keine einheitliche Bezeichnung für das Ultrakurzzeitgedächtnis eingebürgert; so spricht man z. B. auch von einem unmittelbaren Gedächtnis oder auch von einem Immediatgedächtnis.)

Die Rolle der *Gedächtnisarten* im Prozeß der kartographischen Informationsverarbeitung beginnt mit der Wahrnehmung des Karteninhaltes und der Legende. Dabei ist gegenwärtig noch ungeklärt, in welcher Reihenfolge bzw. welchen Intervallen die Suchprozesse (OGRISSEK 1979b) ablaufen. Gleiches gilt für eine sicher hierbei vorhandene Motivationshierarchie. Aus dem Informationsangebot in der Karte erfolgt nun die Selektion (Auswahl) der für die jeweilige konkrete Aufgabenstellung als wesentlich angesehenen bzw. erkannten Informationen und damit die Unterscheidung von den als unwesentlich angesehenen Informationen.

Bereits in diesen Phasen, der quasi-elementaren Wahrnehmung und der Selektion, sind Beziehungen zum *Langzeitgedächtnis* bzw. zu den dort gespeicherten Informationen erforderlich, weil Wahrnehmung und Selektion den Vergleich mit bereits gespeicherten „Gedächtnismustern", wie beispielsweise Erfahrungen bei der Anwendung von Leitsignaturen, erfordern. Derartige Vergleichsvorgänge sind immer zugleich Bewertungsvorgänge, die dann zum Wiedererkennen auf dem Wege der Identifikation von Kartenzeichen und zugehörigem Begriff führen.

Es darf nicht unerwähnt bleiben, daß die Grenzen zwischen den einzelnen Etappen des Informationsverarbeitungsprozesses mehr oder weniger fließend sind.

Kurzfristige Speicherung von Informationen ist schon deshalb erforderlich, weil die Informationen auch beim Kartenlesen zeitlich nacheinander eintreffen, zu ihrer Verknüpfung aber simultan verfügbar sein müssen. Beispiele für die Verweildauer im *Ultrakurzzeitgedächtnis* wären z. B. die Zeit, die ausreicht, eine eben nachgeschlagene Telefonnummer auswendig zu wählen, oder in der Kartographie dürfte dem beispielsweise das Behalten längerer Kartentitel beim überschlägigen Studieren der Legenden in Atlaskarten, oder beim Kartenvergleich entsprechen. Es ist jedoch offensichtlich schwierig, eine klare Grenze zwischen Ultrakurzzeitgedächtnis und Kurzzeitgedächtnis festzulegen, und die Auffassungen über die Verweildauer gehen noch auseinander.

Bereits im Ultrakurzzeitgedächtnis werden Verbindungen für wesentliche Informationen hergestellt und unwesentliche abgestoßen. Es liegt auf der Hand, daß auch hier wieder auf Bewertungsprozessen aufgebaut wird und damit das kartographische Vorwissen eine wichtige Rolle spielt.

Das *Kurzzeitgedächtnis* ist unmittelbar in den Prozeß der Informationsaufnahme bzw. Informationsverarbeitung eingeschaltet. Es wird unter anderem auch – eben nicht zufällig – als operatives Gedächtnis bezeichnet. Im übrigen ist der Informationsfluß dabei Aufmerksamkeitsschwankungen unterworfen. Im Kurzzeitgedächtnis werden vorrangig weitere erkenntnismäßige Verbindungen hergestellt, wiederholt und Informationen verfestigt.

Für das Kurzzeitgedächtnis werden eine Verweildauer von rund 10 Sekunden, höchstens 30 Sekunden, und eine Zuflußkapazität von maximal 16 bit/s angegeben. Zwischen dem Kurzzeitgedächtnis und dem Langzeitgedächtnis besteht ein enger Zusammenhang, weil nach der Konsolidierungshypothese das Kurzzeitgedächtnis den Übergang zum Langzeitgedächtnis bildet.

Das Langzeitgedächtnis hat eine Bewahrzeit von Stunden, Tagen, Wochen und Jahren, bei einer geschätzten Kapazität von 10^9 bis 10^{13} bit (CLAUSS 1981).

Die Bedeutung des Langzeitgedächtnisses für die Kartennutzung läßt sich anschaulich an seiner Grundfunktion erkennen. Diese liegt in der dauerhaften Abbildung, genauer, in der zeitstabilen und störresistenten Einlagerung von Informationen, die aus äußeren und inneren Rezeptorregionen in zentralen Abschnitten des Nervensystems eintreffen. Kartographisch ist dabei von besonderem Interesse, daß die Speicherung in zwei primär wahrscheinlich prinzipiell verschiedenen Formen erfolgt. Das ist zum einen die Form einer bildhaften oder eidetischen Ganzaufzeichnung und zum anderen die abstrahierte, durch Selektion gereinigte Form von Merkmalssätzen. Die vorgenannte Grundfunktion des Langzeitgedächtnisses ist die Basis für die nachgenannten drei auch für die kartographische Informationsverarbeitung wesentlichen Leistungen (KLIX 1974 u. 1977):

- das *Identifizieren* (d. h. Erkennen oder Wiedererkennen aktueller Informationen durch Vergleich und Abgleich mit bestehendem Gedächtnisbesitz);
- das *Reproduzieren* (d. h. Wiedergewinnen durch Anregung, Formierung u. ä. von Speicherinhalten);
- das *Produzieren* (d. h. Wiedergewinnung von Gedächtnisinhalten bzw. die Kombination oder Konstruktion neuer Einheiten sowie Verbindungen zu bestehendem Gedächtnisbesitz).

Für den kartographischen Informationsverarbeitungsprozeß ist ferner das Problem der *Begriffsstrukturen* von großer Bedeutung, weil dabei die Begriffsgeneralisierung angesprochen ist (OGRISSEK 1975). Unter den in diesem Zusammenhang interessierenden Aspekten des Langzeitgedächtnisses bzw. der Langzeitspeicherung von kartographischen Informationen sind die folgenden zwei *Kenngrößen* der Begriffsstrukturen belangvoll (KLIX 1977):

- Verknüpfungen zwischen den Merkmalen einer Klassifikationsstufe und
- hierarchische Anordnung

Hier wird nun der Kreis zu den Prinzipien und Aufgaben der Klassifikation in der kartographischen Modellierung geschlossen, deren theoretische Durchdringung sicher erst in den Anfängen steht.

Die Abbildung 69 stellt ein hypothetisches Modell der Funktionen der Gedächtnisarten im kartographischen Dekodierungsprozeß dar (OGRISSEK 1979b). Dabei werden die kartographischen Informationen nach ihrer jeweiligen Funktion im Prozeß der Dekodierung differenziert dargestellt und wesentliche, ständig benötigte sowie abgestoßene kartographische Informationen unterschieden. Zudem sind auch indirekte Informationen ausgewiesen. Das hypothetische Modell soll vor allem der Markierung von möglichen Forschungsansätzen im Bereich der kartographischen Dekodierungsproblematik dienen.

6.1.6.6. Experimental-psychologische Aufgaben und Ergebnisse

Im Zuge der Entwicklung der Erkenntnis über die Bedeutung psychologischer Untersuchungen im Bereich der Kartennutzung mit dem Ziel der Optimierung der Kartengestaltung wuchs auch zwangsläufig die Bedeutung des Experiments. So entstand vor rund 10 Jahren am „Institut für Kartographie" der Österreichischen Akademie der Wissenschaften eine

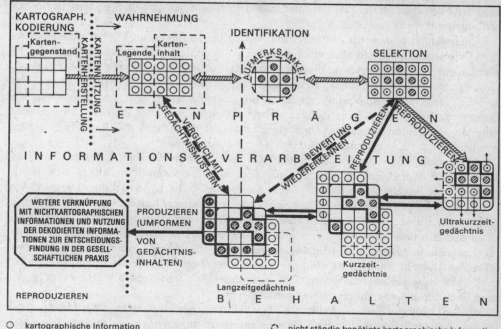

Abbildung 69
Hypothetisches Modell der Funktion der Gedächtnisarten im kartographischen Dekodierungsprozeß (nach OGRISSEK)

eigene Abteilung „Experimental-psychologische Untersuchungen kartographischer Formelemente", dessen Forschungssprogramm nach ARNBERGER (1977b) folgende Aufgaben beinhaltet, die man von der Dringlichkeit her als quasi repräsentativ ansehen kann:

Zunächst wird die große Anzahl von möglichen Fragestellungen nach folgenden drei *Inhaltsschwerpunkten* gegliedert:

1. wahrnehmungspsychologische Aspekte (Erkennen, Auffinden und Unterscheiden bestimmter Signaturen), 2. lernpsychologische Aspekte (Erlernen und reproduzieren verschiedener Signaturtypen), und 3. semantische Aspekte (Sinn-Symbol-Zusammenhänge; Optimalgestaltung von Signaturen).

Im Rahmen der *wahrnehmungspsychologischen Fragestellungen* sehen folgende Problemkomplexe einer Lösung entgegen: Erkennbarkeitsgeschwindigkeit, Wahrnehmbarkeit im peripheren Sehfeld, Entfernungsschwellenwerte, Helligkeitsschwellenwerte und Diskriminierbarkeit[25]. Die lernpsychologischen Fragestellungen konzentrieren sich auf die Problemkomplexe Kurzzeitgedächtnis, Langzeitgedächtnis und didaktische Optimalstrategien. Unter den *semantischen Aspekten* werden die Probleme der Optimalsymbole und der Informationsbelastung einzelner Kartenzeichen verstanden. Dieses Programm soll Bausteine zur Erkenntnis

25 Leichtigkeit, mit der ein Kartenzeichen von verschiedenen anderen unterschieden werden kann.

über die Auffaßbarkeit der kartographischen Ausdrucksformen und ihrer graphischen Strukturformen zur Verfügung stellen.

Bisher wurden bzw. werden experimentelle Arbeiten zu folgenden Themen durchgeführt: Augenbewegungen beim Suchen von Kartenzeichen, experimentelle Untersuchungen zur Erkennbarkeit von Kartenzeichen, visuelle Suchaufgaben bei Variation von Farbe, Form und Größe geometrischer Signaturen, Erfaßbarkeit und Merkbarkeit von Kartenzeichen bei Veränderung der Größe und Verteilungsdichte, Blickregistrierungen beim Lesen verschiedener Drucktypen und Registrierung der Fixationspunkte der Augen bei variierter Kartengestaltung und Betrachtungsintension. Im übrigen scheint sicher zu sein: Die Bedeutung des Experiments in der Kartographie wird sicher noch weiter wachsen.

Im Ergebnis vergleichsweise umfangreicher Erfahrungen aus durchgeführten Untersuchungen zur Wahrnehmung kartographischer Strukturen formulierte ARNBERGER (1982) nachstehende unabdingbare *Grundforderung zur Methodik*: Die Untersuchungen müssen von den einfachsten isolierten Formen in graphisch einschichtiger Darstellungsweise über einfache Kombinationen und Strukturen fortschreitend in einem logischen Aufbau zu schwierigen Strukturen und schließlich zu mehrschichtigen und komplexeren Darstellungsweisen geführt werden, um jeden Wahrnehmungsvorgang und -ablauf exakt und frei von Störungseffekten analysieren und formal erfassen zu können. Diese aufbauende Methode erfordert zahlreiche Untersuchungsreihen und ist außerordentlich zeit- und arbeitsaufwendig. Sie kann aber durch keine andere ersetzt werden.

Als Fazit bisher in Österreich durchgeführter Untersuchungen konnten folgende Aussagen hinsichtlich der Relevanz für die Kartengestaltung im allgemeinen und für die Kartenzeichengestaltung (Signaturengestaltung, nach ARNBERGER) im besonderen gewonnen werden:

1. Vorteil von *bildhaften Signaturen* (sprechenden, nach ARNBERGER) gegenüber geometrischen Signaturen, allerdings nur unter der Voraussetzung einer geringen Formenanzahl, einfacher geschlossener Formgebung und nicht zu dichter Agglomeration.
2. *Größeres Signaturengewicht* begünstigt die Auffaßbarkeit. Hohle Signaturen bedürfen daher einer starken Umgrenzungslinie (Kontur).
3. Die Verwendung *zusätzlicher* innerer Gestaltungselemente schränkt die Verwechslung formverwandter Zeichen (Kreis, Fünfeck) erheblich ein (bei Beachtung einer Veränderung des Signaturengewichts).
4. *Gestreute Signaturen* mit untereinander geringen Abständen werden mit meist besseren Resultaten wiedererkannt, als weit gestreute, die im übrigen graphischen Gewebe der topographischen Grundlage untergehen. Dies muß bei der Gestaltung der topographischen Grundlage (Grundlagenkarte), einschließlich deren Farbgebung, und der Wahl des Signaturengewichts unbedingt berücksichtigt werden.
5. *Kleinere Signaturen* werden in geringerer Anzahl wiedererkannt, als große. Die Stufenanzahl eines gestuften Signaturenmaßstabs (Signaturenschlüssel, nach ARNBERGER) soll daher für Schülerkarten auf eine geringe Stufenanzahl beschränkt werden.
6. *Größenvergleiche* von dreidimensionalen Figuren ergaben unvergleichlich schlechtere Ergebnisse als von zweidimensionalen.
7. *Alters- und geschlechtsspezifische* Unterschiede sind deutlich erkennbar.

In diesem Zusammenhang ist festzuhalten, daß ein Teil dieser Ergebnisse zu erwarten, jedoch bisher kaum durch exakte Untersuchungen belegbar war. Ein besonderes Augenmerk wurde ebenda infolge ihrer guten mnemotechnischen Eigenschaften den *bildhaften Signaturen* geschenkt. PARTL (1981) hat den bekannten Vorteilen dieser Signaturenklasse die Nachteile systematisch gegenübergestellt, die wie folgt formuliert wurden:

a) Die *unruhigen Umrißformen* der Zeichen stören in Agglomerationsgebieten die Klarheit des Kartenbildes.

b) Der *Größenvergleich* verschieden großer bildhafter Signaturen ist wesentlich schwieriger und unsicherer als der geometrischer Formen.

c) *Hohlformen* und Hohlformen mit Zusatzzeichen scheiden in der Verwendung wegen noch schwererer Erkennbarkeit meist überhaupt aus.

d) Während bei Verwendung geometrischer Signaturen in Agglomerationsgebieten mit einer teilweisen *Überdeckung* gearbeitet werden kann, ist die Anwendung dieser Methode bei bildhaften Zeichen weitgehend unmöglich.

e) Bildhafte Signaturen haben ein äußerst geringes Maß von *Gruppen- und Kombinationsfähigkeit*. Für viele Oberbegriffe lassen sich keine repräsentativen Kartenzeichen finden, welche die Zuordnung der Begriffe einer Begriffsklasse noch sinnvoll zu veranschaulichen vermögen (z.B. Nahrungsmittelindustrie: Der Brotlaib als Kartenzeichen für den Oberbegriff hat keine formmäßige Beziehung zu den eingeschlossenen Begriffen, wie Milch, Fisch, Obst, Gemüse usw.). Auch kann die Kombination von Begriffen nicht durch ineinandergestellte Zeichen zum Ausdruck gebracht werden.

f) Die *kleinsten Kartenzeichen* eines gestuften Kartenzeichensystems müssen bei bildhaften Signaturen wesentlich größer gewählt werden als bei geometrischen.

g) Bei der *Generalisierung* von Signaturenagglomerationen für kleinere Maßstäbe ergibt sich bei den bildhaften Signaturen ein größerer Platzbedarf als bei den geometrischen, welche sich in geschlossener Form nebeneinander und untereinander stellen lassen und außerdem den Vorteil bieten, auch bei teilweise überdeckender Lage ein noch immer gut lesbares Bild zu ergeben.

Durch *Blickregistrierung* bei der Kartennutzung konnten vor allem folgende für die Kartengestaltung nutzbare Erkenntnisse gewonnen werden (VANECEK 1980):

1. *Eckige Kartenzeichen* ermöglichen im allgemeinen ein rascheres Auffinden als runde.

2. Die *periphere Diskrimination* (Wahrnehmung) findet in der Reihenfolge Quadrat, Rechteck, Dreieck, Kreis statt.

3. Die *Diskrimination mittlerer Kartenzeichngrößen* bereitet große Schwierigkeiten.

4. Eine besondere Rolle kommt der *Farbinformation* zu, sie vermag gleichzeitig gegebene Form- und Größeninformationen zu ersetzen.

5. Bei *Figurenkombinationen* in einschreibender Form lassen sich mit wenigen Ausnahmen deutliche Verzögerungen des Erkennungsvorganges nachweisen.

6. *Regelmäßige Verteilungen* von Signaturen sind leichter zu lesen als auftretende Gruppierungen.

Neue sowjetische Untersuchungen (FOMIN 1981) zu diesem Komplex haben diese Erkenntnisse erweitert, teilweise bestätigt, aber auch andere erbracht. Ausgegangen wird dabei von den Erfordernissen eines kartographischen Zeichensystems, dessen Projektierung so erfolgen sollte, daß bei minimalem Konstruktionsaufwand eine maximale Informationsmenge abgebildet werden kann. Die Vorteile zweidimensionaler Figuren gegenüber dreidimensionalen wurden ebenso wie die von geometrischen gegenüber anderen bestätigt. Bedeutsam für die Kartenzeichengestaltung ist auch die Erkenntnis, daß vertikale Linienabschnitte bei Größenvergleichen allgemein eindeutiger wahrgenommen werden als horizontal angeordnete. Eine leichtere Unterscheidbarkeit bei den geometrischen Signaturen wird bei deren symmetrischem Aufbau erreicht. Abweichende Ergebnisse von den österreichischen werden hinsichtlich der Reihenfolge der Wahrnehmung der geometrischen Figuren genannt: Kreis, Vierecke (liegendes Quadrat, stehendes Rechteck, liegendes Rechteck, auf der Spitze stehendes Quadrat), Dreieck.

6.2. Kenntniserwerb und Kommunikation als Zwecke der Kartennutzung

6.2.1. *Kenntnisarten und Fähigkeiten bei der Kartennutzung*

Unter *Kenntnissen* sind *individuelle, rationale, im Gedächtnis fixierte Abbilder objektiver Realität zu verstehen, die dem Menschen ermöglichen, sich seiner selbst bewußt zu werden, zu allen Erscheinungen der Welt eine Position zu beziehen und durch seine Tätigkeit bewußt Beziehungen zur Welt zu realisieren.* In diesem Sinne ist weder jeder Bewußtseinsinhalt noch jeder Gedächtnisbesitz den Kenntnissen zuzurechnen. Kenntnisse spiegeln Objekte, ihre Eigenschaften, ihre Veränderungen und Relationen zwischen ihnen sowie Beziehungen der erkennenden Subjekte zu den Objekten wider (PIPPIG 1980). Die meisten Kenntnisse gewinnt der Mensch durch mehr oder weniger *systematische Aneignung des Wissens.* Sofern die Objekte, Eigenschaften und Relationen der Realität georäumlich determiniert sind, spielen Karten bei der diesbezüglichen Kenntnisgewinnung und Kenntnisvermittlung bekanntlich seit langem eine bedeutende Rolle. Allgemein erfolgt die *Speicherung der Kenntnisse* in Form von Aussagen und Begriffen (HERING u. LICHTENECKER 1966).

Im Interesse einer effektiven Kartennutzung ist es sinnvoll, nach LOMPSCHER (1975) vier *Kenntnisarten* zu unterscheiden, die sich gegenseitig bedingen und durchdringen, aber in unterschiedlichem Maße für die Kartographie von Bedeutung sind und unterschiedlich angeeignet werden.

An dieser Stelle muß mit PIPPIG (1980) auf eine begriffliche Unterscheidung von Wissen und Kenntnissen aufmerksam gemacht werden, die weder im Umgangs- noch im wissenschaftlichen Sprachgebrauch allgemein eingebürgert, aber für die theoretische Kartographie psychologisch und pädagogisch relevant ist. Das Problem läßt sich elementar verdeutlichen an folgendem Beispiel: Die Kenntnisse eines Lehrenden fungieren für den Lesenden als Wissen, das er sich aneignen soll. *Kenntnisse* implizieren immer das Merkmal der Bewußtheit. In ihrer Anwendung können zwar Beziehungen zu dem betreffenden Objekt unbewußt bleiben, sie sind jedoch vom Subjekt in das Bewußtsein rufbar und soweit bewußtseinsfähig. Kenntnisse manifestieren sich in Begriffen und Aussagen sowie in Systemen von ihnen. Kenntnisse entstehen durch Verfestigung des psychischen Inhalts aller Arten von Tätigkeiten, wenn Bedingungen dafür gegeben sind, daß Lerneffekte hervorgerufen werden. Das gilt auch, und zwar in herausragendem Maße, für die Kartennutzung. Zusammenfassend läßt sich formulieren: In dem in der DDR eingebürgerten Sprachgebrauch wird zwischen Kenntnissen, Erkenntnissen und Wissen unterschieden. *Kenntnisse spiegeln in diesem Sinne Einzelsachverhalte wider, Erkenntnisse gesetzmäßige Zusammenhänge,* und *das Wissen ist das Insgesamt von Kenntnissen und Erkenntnissen über einen bestimmten Bereich.* An erster Stelle stehen dabei die *Sachkenntnisse.* Diese enthalten das Wissen über die Objekte der Umwelt, ihre Eigenschaften und Relationen. Es sind sowohl anschaulich-gegenständliche Kenntnisse, z. B. Vorstellungen, als auch abstrakt-verbale Kenntnisse, z.B. Begriffe verschiedenen Allgemeinheitsgrades. In der kartographischen Darstellung spiegelt sich diese Problematik beispielsweise in den Geländeelementen einer topographischen Karte oder in den Mittelwerten beobachteter Erscheinungen einer thematischen Karte wider. Die Sachkenntnisse bilden die Grundlage der anderen Kenntnisarten. *Verfahrenskenntnisse* beziehen sich darauf, wie bestimmte Handlungen auszuführen sind. Diese Kenntnisart ist für die Kartographie offensichtlich nicht weniger wichtig als die Sachkenntnisse, denn sie bezieht sich auf die Kartengestaltung bzw. Kartenherstellung ebenso wie auf die Kartennutzung. Zur Vermittlung diesbezüglicher Kenntnisse

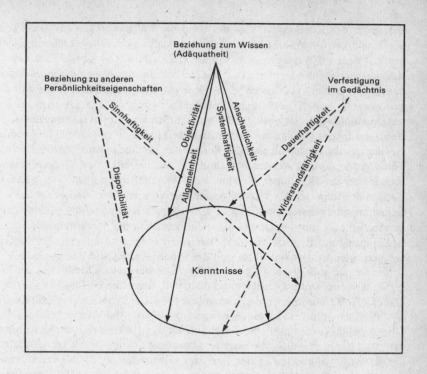

Abbildung 70
Parameter der
Qualität von
Kenntnissen
(nach PIPPIG)

gehören genaue Instruktionen, wie diese oder jene Handlung auszuführen ist. Auf dem Gebiet der Kartennutzung liegen entsprechend umfassende Verfahrenskenntnisse, streng genommen, nur bei der Schulkartographie vor (BREETZ 1975), wohl nicht zuletzt, weil es sich bei der Volksbildung um eines der größten Anwendungsgebiete handelt. Im übrigen ist der Verfahrensbegriff auf technologischem Gebiet seit längerem auch in der Kartographie fest eingebürgert (GÖHLER 1982). Auf der Grundlage von Verfahrenskenntnissen entwickeln sich im übrigen Fertigkeiten und Können. *Normkenntnisse* sind besonders auf die zwischenmenschlichen Beziehungen, auf das Verhalten gegenüber anderen Menschen gerichtet und ergeben sich aus den gesellschaftlichen Verhaltensnormen wie Ideologie, Moral oder Sitten. Sie betreffen im Rahmen vorstehenden Anliegens vor allem die Beziehungen im Arbeitsprozeß der Kartenherstellung, zudem die Beziehungen Kartengestalter bzw. Kartenhersteller und Kartennutzer. *Wertkenntnisse* enthalten das Wissen über politische, weltanschauliche, moralische und ästhetische Werte und Bedeutungen. Die Wertkenntnisse sind nicht subjektiv, sondern werden bestimmt von den objektiven Interessen und Positionen einer Gruppe, einer Klasse, einer Gesellschaft, deren Mitglied der einzelne ist.

Die *Qualität der Kenntnisse* kann nur im Prozeß einer irgendwie gearteten geistigen Tätigkeit unter jeweils bestimmten inneren und äußeren Bedingungen festgestellt werden. Für die Qualität der Kenntnisse sind folgende Kriterien als Parameter (vgl. Abbildung 70) wesentlich (PIPPIG 1980: Es handelt sich dabei um drei verschiedene Aspekte. Unter dem ersten bildet man die *Beziehungen der Kenntnisse zum Wissen* als das im gesellschaftlichen Bewußtsein verankerte Abbild objektiver Realität ab. In diesem Sinne ist von der *Adäquatheit der Kenntnisse* zu sprechen. Diese Adäquatheit von Kenntnissen gegenüber dem Wissen, Kartengestaltung wie Kartennutzung betreffend, läßt sich mit Hilfe von vier Parametern beschreiben. Mit dem

Parameter der „*Objektivität*" wird der Grad der Vollständigkeit der klassifizierungsrelevanten Merkmale von Begriffen oder die Übereinstimmung von abgebildeten Relationen in Aussagen mit dem im Wissenssystem vorhandenen erfaßt. Der zweite Parameter ist der Grad der *Allgemeinheit* von Kenntnissen, der das Verhältnis vom Allgemeinen, Besonderen und Einzelnen kennzeichnet, wie es sich in den Kenntnissen niederschlägt. Der Grad der *Systemhaftigkeit* spiegelt die Adäquatheit von Relationen zwischen Kenntnissen eines Bereiches oder unterschiedlicher Bereiche wider, die auf die Struktur des Wissenssystems bezogen ist.[26] Die Bestimmung des Grades der Systemhaftigkeit verlangt, zwei Aspekte zu berücksichtigen: den Gesichtspunkt, nach welchem die Kenntnisse im Gedächtnis geordnet und gespeichert sind, und die Anzahl und Art der Beziehungen, die zwischen den Elementen von Kenntnissystemen bestehen. Ein hohes Niveau der Systemhaftigkeit liegt vor, wenn die Struktur des Kenntnissystems der des Wissenssystems adäquat ist. Der Grad der *Anschaulichkeit* bildet die Beziehungen zwischen sinnlichen und rationalen Komponenten in den Kenntnissen der Lernenden ab und somit auch das Abstraktionsniveau der Merkmale, sofern sich die Qualitätsbestimmung auf Begriffe erstreckt. Die Beziehungen zu anderen Persönlichkeitseigenschaften betreffen die Disponibilität und die Sinnhaftigkeit von Kenntnissen.

Kenntnisse sollen vielfältig anwendbar und bei unterschiedlichen äußeren Bedingungen verfügbar sein. Diese Qualitätsmerkmale von Kenntnissen faßt man unter dem Begriff der *Disponibilität* zusammen, die ein komplexes Merkmal von Kenntnissen darstellt. Mit dem Begriff der Disponibilität ist eine Anwendung außerhalb des erlernten Kontextes gemeint. Die Disponibilität tritt in zweierlei Form auf: Es ist zu erkennen, welche Kenntnisse lösungsrelevant und dann, in welcher Weise sie anzuwenden sind. Damit ist deutlich, daß hinsichtlich der Kenntnisanwendung in der Kartengestaltung wie in der Kartennutzung von denselben theoretischen Grundüberlegungen ausgegangen werden kann. Darüber hinaus muß die Frage nach den Bedingungen gestellt werden, unter denen ein Zugriff zu den benötigten Kenntnissen gelingt und unter denen sie auf neue Sachverhalte übertragen werden können. Eine wesentliche Bedingung ist die Beschaffenheit der *Orientierungsgrundlage* des Handelns (GALPERIN u. a. 1966), denn der erste Schritt für das Erfassen der Anforderungen bei der Gestaltung bzw. der Nutzung einer Karte ist das Identifizieren der Aufgabe. Dies beinhaltet Klassifizierungsprozesse, die der Begriffsbildung analog sind (KLIX 1974). Zudem müssen bestimmte Merkmale, auch abstrakter Natur, erkannt werden. Diese Merkmale können den Objekten selbst zukommen, ebenso wie den Beziehungen zwischen ihnen, aber auch die Bedingungen ihrer Transformierbarkeit und die zugehörigen gegenständlichen oder geistigen Handlungen betreffen. Gerade in dem Problem der Merkmalserkennung wird die große Bedeutung der Kartennutzerschulung im Interesse einer Erhöhung der Effektivität der Kartennutzung gut sichtbar.

In diesem Rahmen werden entsprechende Gedächtnisstrukturen über Zustände und über Operationen angeregt. Wenn Kenntnisse benötigt werden, die in einem anderen Zusammenhang gestellt sind als beim Erwerb vorhanden, so gelingt der Zugriff am ehesten oder überhaupt nur beim Erkennen identischer Elemente oder analoger Strukturen. Aus diesen Beziehungen wird deutlich, daß die Disponibilität von Kenntnissen vom Grad ihrer Allgemeinheit und vom Grad der Systemhaftigkeit abhängt. Hierin liegt die diesbezüglich große Bedeutung der Projektierung und Anwendung von Kartenzeichen*systemen* begründet.

---

26 Der Systembegriff wird hierbei im philosophischen Sinne als Menge von Objekten verwendet, zwischen denen Beziehungen bestehen. Die Kenntnisse oder auch das Wissen in Form von Begriffen und Aussagen bilden dabei die Elemente dieser Menge (PIPPIG 1980).

Das Verhältnis von Kenntnissen zu einer Art von Persönlichkeitseigenschaften, nämlich zu den Einstellungen, wird im Qualitätsmerkmal der *Sinnhaftigkeit* von Kenntnissen erfaßt. Darunter ist die subjektive Bedeutsamkeit der Kenntnisse zu verstehen, die an der objektiven, gesellschaftlichen Bedeutung des Wissens orientiert ist. Dieses wird in den Kenntnissen abgebildet, ist aber nicht identisch. Die Sinnhaftigkeit von Kenntnissen resultiert aus der subjektiven Bedeutsamkeit der Handlung, in welcher die Kenntnisse verwendet werden. Welcher Sinn einer Handlung beigelegt wird, hängt von der Beziehung zwischen dem Motiv und dem Ziel der Handlung und der durch sie bewirkten Veränderung der objektiven Realität ab (Pippig 1980).

Die *Festigkeit* von Kenntnissen spielt insbesondere in der Kartennutzung dann eine besondere Rolle, wenn der Kartennutzer *nicht* ständig mit dieser Tätigkeit befaßt ist. Die Festigkeit von Kenntnissen läßt sich auch für die Kartographie mittels zweier Parameter, der Dauerhaftigkeit und der Widerstandsfähigkeit oder Resistenz, beschreiben. Unter der *Dauerhaftigkeit* versteht man die Zeitspanne, in der Kenntnisse nach dem Einprägen noch reproduzierbar sind. Dabei ist es unerheblich, ob diese Reproduktion selbständig oder erst bei Gewährung von Hilfen gelingt, denn dieser Aspekt ist bereits bei der Disponibilität von Kenntnissen angesprochen. Interpretationsbeispiele in thematischen Karten (Breitfeld 1982) dürften ein wirksames derartiges Hilfsmittel sein. Da nach dem Einprägen von Kenntnissen auch ein Vergessensprozeß einsetzt, verändert sich im Laufe der Zeit die Qualität der Kenntnisse. Festzuhalten bleibt: Die Sinnhaftigkeit der Kenntnisse bildet eine wesentliche Bedingung für ihre Dauerhaftigkeit.

Eine weitere, für die Kartographie noch kaum untersuchte Komponente, liegt in der Art des Kenntniserwerbs, speziell den gegebenen Bedingungen. Hier sind zu nennen (Pippig 1980): Einstellung zum Erlernen, im vorliegenden Falle z. B. bestimmter Kartenzeichen, Bewußtheit und Grad der Aktivität, Häufigkeit der Reproduktion, Arten von Bekräftigungen oder zeitliche Charakteristika der Lernhandlungen, aber auch psycho-physiologische Bedingungen und typologische Besonderheiten des Nervensystems sind anzuführen.

Hypothetischen Charakter nicht nur hinsichtlich der Kartographie trägt der Qualitätsparameter *Widerstandsfähigkeit* gegen äußere Einflüsse. Sein Aufrechterhalten liegt im heuristischen Wert begründet.

Die Anwendung von Kenntnissen zur Kartengestaltung und zur Kartennutzung ist nicht zu trennen von den *Fähigkeiten* (vgl. Abbildung 71) als relativ verfestigte und mehr oder weniger generalisierte, für die Persönlichkeit spezifische Besonderheiten des Verlaufs der psychischen Tätigkeit, die den Menschen für eine bestimmte, historisch ausgebildete Art menschlicher Tätigkeit mehr oder weniger geeignet machen. In komplizierter Verflechtung mit anderen Persönlichkeitseigenschaften stellen Fähigkeiten wesentliche Leistungsvoraussetzungen dar, die im Grad der Schnelligkeit, Leichtigkeit, Qualität der Aneignung und Ausführung einer Tätigkeit, in der Weite der Übertragung und im Grad der Produktivität und Originalität der Tätigkeit bzw. Tätigkeitsprodukte bei neuartigen Anforderungen zum Ausdruck kommen (Lompscher u. Löwe 1981). Die vorstehenden Ausprägungen der Leistungsvoraussetzungen sind in ihrer Bedeutung bisher weder für die Kartengestaltung noch für die Kartennutzung untersucht. Nutzbare, günstige Ansatzpunkte für die Kartennutzung durch Schüler dürften mit der Untersuchung von deren Kartenverständnis (Breetz 1975) zu finden sein. Die Übertragung dabei zu gewinnender Erkenntnisse auf andere Bereiche der Kartennutzung wird jedoch nicht ohne weiteres möglich sein. Für die Untersuchung der Rolle der Fähigkeiten bei der Kartengestaltung und bei der Kartennutzung ist davon auszugehen, daß jede Leistung das Ergebnis des Wirkens verschiedenartiger Leistungsvoraussetzungen des Menschen darstellt. Fähigkeiten wirken dabei mit Kenntnissen, Fertigkeiten, Gewohnheiten,

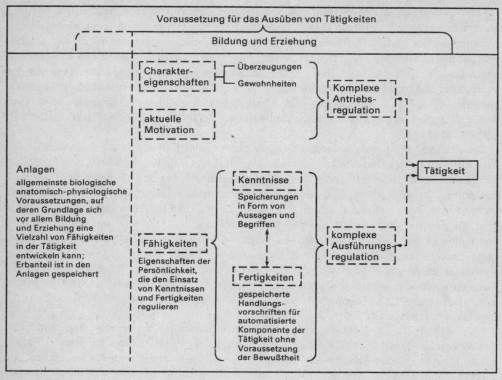

Abbildung 71
Zusammenhänge zwischen Kenntnissen, Fähigkeiten, Fertigkeiten und Tätigkeit
(nach ELSZNER, HERING u. LICHTENECKER)

Willenseigenschaften, Motiven und anderen zusammen, und ihr spezifischer Anteil bzw. ihr Ausprägungsgrad läßt sich relativ eindeutig nur bestimmen, wenn die Wirkung der anderen Leistungsvoraussetzungen mit analysiert wird.

Es lassen sich *allgemeine Fähigkeiten*, z. B. ein gewisses Niveau an Abstraktionsvermögen, *bereichsspezifische Fähigkeiten*, z. B. künstlerische, sowie *fach- und berufsspezifische* Fähigkeiten, z. B. Besonderheiten der optischen Wahrnehmung oder mathematische, unterscheiden. Die Fähigkeitsentwicklung wird wesentlich davon beeinflußt, welche Motive, Einstellungen und Interessen beim Menschen vorhanden sind oder entstehen, welche Kenntnisse und Fertigkeiten er sich aneignen kann und auf welche Art und Weise, unter welchen Bedingungen er diese anwenden kann; andererseits beeinflussen Niveau und Inhalt der Fähigkeiten den Kenntniserwerb und andere Prozesse der Persönlichkeitsentwicklung wesentlich (LOMPSCHER u. LÖWE 1981). Eine besondere Bedeutung kommt im Zusammenhang mit den Fähigkeiten zweifelsohne den Fertigkeiten bei der Kartengestaltung, konkret den zeichnerischen Fertigkeiten zu.

Fertigkeiten werden definiert (LÖWE 1981) als aus ursprünglich willkürlichen Handlungsformen durch Übung entstandene automatisierte und stabilisierte Systeme sensumotorischer Kopplungen zur Steuerung umgrenzter Handlungsabläufe, die in komplexere Handlungen eingehen. Fertigkeiten sind automatisierte Komponenten des bewußten menschlichen Han-

216

delns. Automatisierung von Tätigkeiten bedeutet jedoch nicht völlige Ausschaltung der bewußten Kontrolle. Sobald beim Ablauf von Fertigkeiten Schwierigkeiten oder Fehler auftreten, wird die Handlung analysiert mit dem Ziel, die Ursachen zu erkennen und zu beseitigen. Der Begriff der Fertigkeiten kann auf alle Handlungen oder Akte, also auch auf Denkoperationen, ausgedehnt werden (RUBINSTEIN 1971). In diesem Sinne kann man die Fertigkeiten auch als gespeicherte Handlungsvorschriften für die automatisierte Komponente der Tätigkeit ohne Voraussetzung der Bewußtheit erkären (HERING u. LICHTENECKER 1966).

Im Zusammenhang mit der Bedeutungsbewertung der Fertigkeiten ist noch darauf hinzuweisen, daß alle mittels Vorstellungskarten (OGRISSEK 1983 b) gewonnenen Erkenntnisse die Fertigkeiten des Probanden im Kartenzeichnen berücksichtigen müssen.

Den Zusammenhang zwischen Kenntnissen, Fähigkeiten, Fertigkeiten und Tätigkeit (LEONTJEW 1982) als eine grundstrukturelle Basis effektiver Kartennutzung zeigt Abbildung 68, wobei Tätigkeit hier als Kartennutzung aufzufassen ist.

6.2.2. Bedeutung von Vorstellungskarten (mental maps, мысленные карты) als Erkenntnismittel

Unter dem Begriff *Vorstellungskarten* (engl. mental maps, russ. мысленные карты; zur Eignung der deutschsprachigen Bezeichnung vgl. OGRISSEK 1983 b) sind *zeichnerisch fixierte Vorstellungen geographischer Räume* – das sind ideelle Widerspiegelungen bei einem einzelnen Menschen oder einer Menschengruppe – *aus dem Gedächtnis* zu verstehen. Ein oft zitiertes frühes Beispiel (aus den USA) stellt „A New Yorker's Idea of the United States" dar (KISHIMOTO 1975). Dabei kann man oft feststellen, daß die Exaktheit der Raumvorstellung mit der Entfernung vom Heimatort des Probanden abnimmt. Es geht also letztlich um die Widerspiegelung bestimmter Raumvorstellungen, die im Langzeitgedächtnis gespeichert wurden. Wie die Untersuchungen von GOULD u. WHITE (1974), die sogar eine Monographie „Mental maps" vorgelegt haben, SANDERS u. PORTER (1974), VANSELOW (1974) und anderen zeigen, hat man sich insbesondere im angloamerikanischen Bereich mit dem Problem der Vorstellungskarten beschäftigt. BERLJANT (1979) hat als wesentlich die Rolle der Vorstellungskarten im Erkenntnisprozeß erkannt und stellt nachstehende Überlegungen an: Vorstellungskarten – von ihm als мысленные карты = gedankliche Karten bezeichnet – können zur *Lösung folgender Probleme* beitragen: Entstehung eines räumlichen kartographischen Abbildes (Vorstellung des Kartennutzers über die Wirklichkeit), – Beständigkeit eines solchen Abbildes, – Bildungsmerkmale quantitativer und qualitativer kartographischer Abbilder, – Ursachen der Vorstellungen des Kartennutzers über Struktur und Eigenschaften der kartographischen Abbilder und – Systematisierung der individuellen „psychologischen Verzerrungen", die Größenermittlung eingeschlossen.

Die *Methoden zur Untersuchung* von Vorstellungskarten sind vom Prinzip her durch den Vergleich mit einer exakten Karte bzw. den wahren Fakten charakterisiert. Im einfachen Falle erhalten die Probanden die Aufgabe, ein unkompliziertes kartographisches Abbild einzuschätzen, indem beispielsweise die Entfernung zwischen zwei Objekten, die Fläche eines gut bekannten Territoriums, die relative Lage von Städten zueinander usw. zu bestimmen ist. Die gefundenen Ergebnisse werden mit kartometrisch ermittelten verglichen.

Ein anderes Verfahren ist die ungleich kompliziertere und dem Begriff voll entsprechende *Konstruktion der betreffenden Karte aus dem Gedächtnis*. Dabei muß es sich durchaus nicht um schematische Darstellungen handeln, wie nachstehend am praktischen Beispiel noch zu zei-

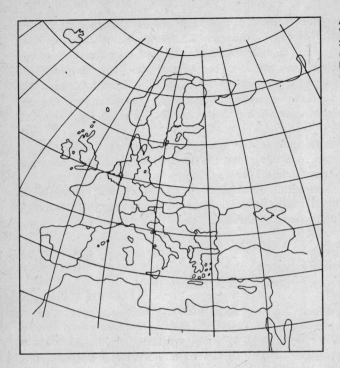

Abbildung 72
Vorstellungskarte der
Staatengliederung Europas
(verkleinert) –
herausragendes Ergebnis
(nach OGRISSEK)

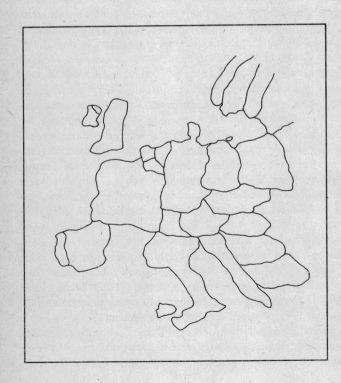

Abbildung 73
Vorstellungskarte der
Staatengliederung Europas
(verkleinert) –
durchschnittliches Ergebnis
(nach OGRISSEK)

gen ist. Mittels mathematisch-statistischer Bearbeitung der Ergebnisse lassen sich auch Verteilungsparameter der Verzerrungen feststellen und daraus Erkenntnisse über soziale, berufliche, altersmäßige und andere Ursachen der Verzerrungen ableiten. Die räumliche Korrelation wird zur Analyse des Zusammenhangs zwischen den Verzerrungsgrößen und dem Kompliziertheitsgrad der Karte im Nutzerbewußtsein herangezogen (BERLJANT 1979).

Offenbar unterbewertet, weil ungenügend untersucht, ist bisher die Bedeutung von mangelhaften *Zeichenfertigkeiten der Probanden*, was bei den oftmals gestellten Aufgaben von Umrißdarstellungen besonders deutlich in Erscheinung tritt (OGRISSEK 1983 b).

Nicht wenige Experimente haben gezeigt, daß Vorstellungskarten das Resultat eines individuellen Wahrnehmens des geographischen Raumes widerspiegeln, dessen Unterschiede sozial, beruflich und altersmäßig bedingt sind. Statistische Interpretationen der Karten besagen, daß für verschiedene Menschengruppen unterschiedliche Formen-, Flächen-, Richtungs- und Entfernungsverzerrungen charakteristisch sind. Ein (gedankliches) kartographisches Abbild entsteht unter dem Einfluß der Vorstellungen vom Objekt, von ähnlichen Objekten sowie der mit der Wahrnehmung anderer Objekte verbundenen Emotionen. Eine wichtige Rolle spielen dabei zudem die Zielstellung, die persönliche Einstellung zur Aufgabe sowie bestimmte Verhaltensmotive des Menschen. Über die Genese geographischer Raumvorstellungen gibt es verschiedene Auffassungen (ROBINSON u. BARTZ-PETCHENIK 1976).

Reale Karten unterscheiden sich von Vorstellungskarten durch ein exaktes Fixieren der kartographischen Abbilder. Die Wahrnehmung dieser kartographischen Abbilder ist jedoch bei den verschiedenen Kartenlesern nicht einheitlich, weil sie ebenfalls, wenn auch in geringem Maße, von sozialen und individuellen Faktoren abhängig ist. Trotz der komplizierten Wechselbeziehungen der subjektiven und sozialen Faktoren unterliegt das Entstehen eines kartographischen Abbildes objektiven Gesetzmäßigkeiten. Bestimmte Menschengruppen weisen auffallende und beständige Ähnlichkeit der Vorstellungskarten auf. Die Untersuchung von Vorstellungskarten liefert Aussagen über allgemeine Gesetzmäßigkeiten der Wahrnehmung von kartographischen Abbildern (BERLJANT 1979).

Im Zusammenhang mit den Nutzungsmöglichkeiten von Vorstellungskarten sind auch die experimentellen Erfordernisse zur Erkenntnisgewinnung in diesem Bereich zu sehen, worauf von OLSON (1979 u. 1980) vollauf berechtigt hingewiesen wird.

Auch Aussagen über topographisch-geographische Kenntnisse und über kartenzeichnerische Fertigkeiten können für bestimmte soziale Gruppen nützlich sein, beispielsweise für Kartographiestudenten. Von OGRISSEK (1983) wurde folgender *Versuch* durchgeführt: Studenten der Fachrichtung Kartographie an der Technischen Universität Dresden wurde im 1. Semester kurz nach Studienbeginn die Aufgabe gestellt, auf einem Blatt Papier im Format 40 cm × 30 cm annähernd blattfüllend eine Vorstellungskarte von Europa als Umrißkarte (Staatsgrenzen) zu zeichnen. An Zeit stand den Studenten eine Lehrstunde (45 Minuten) zur Verfügung. Das *Ziel dieses Versuches* bestand einmal darin, Aussagen in oben genannter Hinsicht für den Lehrenden zu gewinnen, um den diesbezüglichen Kenntnisstand der Studenten einschätzen zu können. Zum anderen gibt das Ergebnis der entstandenen Vorstellungskarten den Studenten im Rahmen der Auswertung – auch beim Vergleich der einzelnen Ergebnisse untereinander – selbstkritische Hinweise über die erzielten Ergebnisse. Als Beispiele werden in Abbildung 72 das beste Ergebnis und in Abbildung 73 ein durchschnittliches Ergebnis des Versuches vorgestellt. Das durchschnittliche Ergebnis entspricht in etwa den Erwartungen; das beste Ergebnis stammt von einem Studenten, der sich bereits als Schüler stark mit Karten beschäftigt hat. (Daher verwendet er wohl auch als einziger Proband ein Gradnetz.) Beide Probanden besitzen das Abitur *und* den Abschluß als Kartographiefacharbeiter. Aufschlußreich ist darüber hinaus, daß alle Studenten einen Maßstab um 1 : 20000000 gewählt haben.

‑ ‑ ‑ ‑ ‑ Staatsgrenze
⋯⋯⋯⋯ Linie der staatlichen Zugehörigkeit von Inseln

Dies ist sicherlich einerseits im Zusammenhang mit dem vorgegebenen Blattformat zu sehen. Die Tatsache, daß der Standardmaßstab der Europakarte des Schulatlas (Atlas zur Erd-
kunde. VEB Hermann Haack Gotha, s. Abbildung 74), der sie über vier Jahre durch den
Geographieunterricht begleitet hat, dürfte aber andererseits dabei nicht unerheblich sein.

Vorstellungskarten werden wahrscheinlich in wesentlichem Umfange durch die *gegebenen
Lagebeziehungen* determiniert. Befragungen der genannten Studenten ergaben, daß eine der
größten Schwierigkeiten der Aufgabe in der Wiedergabe der richtigen Lagebeziehungen der
Staaten Europas lag. Daraus kann man sicher für die kartographische Praxis die Erkenntnis
ableiten, daß in den Atlanten, die ja die Hauptquelle für die Speicherung derartiger Informationen im Langzeitgedächtnis darstellen, dem Problem der optimalen *Vermittlung richtiger
Lage- und Größenverhältnisse* größte Bedeutung zuzumessen ist. Dazu gehören gut vergleich-
bare Maßstäbe, entsprechende Kartennetzentwürfe und günstige Blattschnitte ebenso wie die
zweckmäßige Anordnung der Seiten. SCHULZ (1977) hat dies an Hand von praktischen Beispielen überzeugend nachgewiesen. Welche gravierenden Probleme die praktische Realisierung der als theoretisch exakt begründet erscheinenden konzeptionellen Lösungen mit sich
bringt, weiß jeder, der schon einmal eine Atlaskonzeption erarbeitet hat.

Im Zusammenhang mit dem Problemkomplex *Lagebeziehungen in Karten als Erkenntnisgegenstand* ist noch der sog. *Orientierungseffekt* zu sehen. Es handelt sich um die bekannte Tatsache, daß das Identifizieren der geometrischen Figur von Staaten (Umrißkarten) in hohem
Maße von der Orientierung mit Norden am oberen Kartenrand abhängig ist. CERNY u. WIL-
SON (1976) haben die Gewichtigkeit von Klassenzugehörigkeit, Kartenfolge und Betrach-
tungsdauer diesbezüglich untersucht und konnten feststellen, daß sich allein die Klassenzugehörigkeit als bedeutsamer Faktor auf die Erkennung auswirkte. Die Abbildung 75 demon-

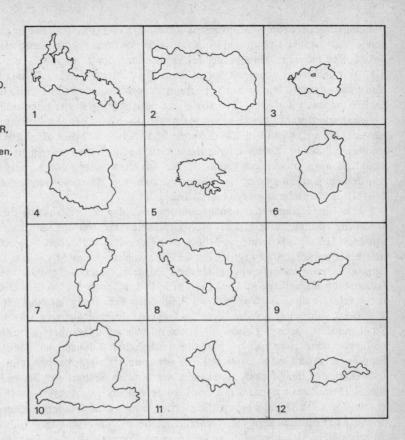

Abbildung 75
Umrisse europäischer
Staaten in
unterschiedlicher
Orientierung im
Maßstab 1 : 20 000 000.
(1 – Großbritannien,
2 – Finnland, 3 – DDR,
4 – Polen, 5 – Island,
6 – Rumänien, 7 – ČSSR,
8 – Jugoslawien,
9 – Ungarn, 10 – Spanien,
11 – Bulgarien,
12 – Österreich).
Nur 4, 8 und 9 sind
nordorientierte
Darstellungen.

striert einige anschauliche Beispiele bei Anwendung eines einheitlichen Maßstabes. Außerdem wird damit eine Veranschaulichung der wahren Größenverhältnisse bei den Vorstellungskarten der Abbildungen 72 und 73 vermittelt.

6.2.3. *Kartographische Kommunikation*

6.2.3.1. Historische Etappen der kartographischen Informationsübertragung

Die kartographische Kommunikation ist weit älter, als man gemeinhin annimmt. Eine solche Feststellung mag vielleicht auf den ersten Blick sehr überraschend erscheinen, aber nach der Veröffentlichung von BOČAROV (1966) gibt es darüber wohl kaum Zweifel, wenn auch der Begriff kartographische Kommunikation von vorgenanntem Autor nicht verwendet wird, sondern er von der kartographischen Informationswiedergabe spricht; dies ist insofern exakt, als in den frühen Zeitabschnitten der Menschheitsentwicklung eine kartographische Kommunikation im strengen Sinne des Wortes nicht immer vollzogen wurde, sondern kartographische Informationen auch zum Zwecke der Selbstnutzung durch deren Schöpfer gespeichert wurden. Eine solche Verfahrensweise ist auch für gegenwärtige Verhältnisse in den Fällen zu konstatieren, wo bestimmte georäumliche Sachverhalte vom Kartographen, auch Geographen, kartographisch modelliert werden, um neue Erkenntnisse – z. B. mittels kartometrischer Verfahren – zu gewinnen.

Die nachstehenden Ausführungen stützen sich im grundsätzlichen größtenteils auf BOČA-ROV (1966), wobei sich deren Notwendigkeit aus dem an die genetische Betrachtungsweise geknüpften besseren Verständnis der Eigenheiten der kartographischen Kommunikation ergibt. Wir gehen aus von der axiomatischen Charakter tragenden Feststellung, daß die Entstehung kartographischer Informationen in engem Zusammenhang mit der Entwicklung und dem Werdegang des Menschen sowie der Befriedigung seiner Lebensbedürfnisse steht.

Bekanntlich war es die gemeinsame Arbeit der Menschen, die zur Entstehung einer artikulierten Lautsprache führte, die die erste und wichtigste Form für die Wiedergabe von Informationen darstellt. Zuerst verständigten sich die Menschen mittels primitiver Signale auf der Jagd und warnten sich vor Gefahren. Bei der Verwendung von Lautsignalen war diese stets mit den im Gelände sichtbaren Gegenständen, wie Tieren verbunden; sie wurden zu einem Mittel zur Bezeichnung der Gegenstände.

Für unsere Belange war von Bedeutung, daß das erste Bedürfnis des Menschen, die Beschaffung von Nahrung, mit der Notwendigkeit verknüpft war, sich im Gelände zu bewegen, um nach Gräsern, Wurzeln, Früchten und Tieren, auch Fischen, zu suchen. Die Notwendigkeit einer ständigen Bewegung im Gelände schulte beim Menschen einmal die Beobachtungsgabe, zum anderen aber auch die Fähigkeit, visuell wahrgenommene Gegenstände, ihr Aussehen wie ihre Lage im Gelände im Gedächtnis zu behalten. Das Bedürfnis, solche Informationen, die über die Wege zu den Stellen der Erbeutung der Nahrung Auskunft geben, zu speichern, führte dazu, diese Wege im Gelände durch etwas zu markieren. Dabei ist aus der Sicht der damaligen Situation für uns wohl von untergeordnetem Interesse, ob diese Informationen vorsätzlich nur dem Sender vorbehalten blieben, der dadurch gleichzeitig zum Empfänger wurde, oder in erster Linie für andere Empfänger bestimmt waren. Wir können festhalten, daß der Mensch allmählich lernte, seine Spuren mit *Unterscheidungsgegenständen*, wie Steinen, Zweigen und Sträuchern, zu befestigen. Damit bildete sich beim Menschen die zweite Form der Signalisierung, die zweite Form für die Wiedergabe der Information heraus, über die bekanntlich kein Tier verfügt. Darüber hinaus erscheint es notwendig, darauf hinzuweisen, daß es sich hierbei – im Gegensatz zu den akustischen Signalen – erstmals um gespeicherte Informationen handelt, wenn auch die Speicherzeit relativ begrenzt war.

Es liegt auf der Hand, daß es sich nach unserer heutigen Kenntnis über den Modellcharakter von kartographischen Darstellungsformen noch nicht um solche handelt, sondern um ein Vorstadium. Wichtig ist die Feststellung, daß dieses Vorstadium an die Entwicklung der artikulierten Lautsprache gebunden und auf den Zeitraum vor etwa 100 000 bis 40 000 Jahren anzusetzen ist.

Es wurde bereits angedeutet, daß die an im Gelände deponierten Gegenstände gebundenen Informationen zwangsläufig nicht von langer Dauer sein konnten. Daher erwarb der Mensch allmählich die Fähigkeit und die Kenntnis, die Informationen vorgenannter Art durch andere, bequemere Mittel zu speichern bzw. weiterzugeben. Im Gedächtnis des Menschen häuften und festigten sich die mannigfachen visuellen Beobachtungen des Geländes. Dies ermöglichte eine mehr oder minder schematische, *verkleinerte Modellierung* von Objekten bzw. markanten Punkten und Wegen im Gelände hinsichtlich ihrer gegenseitigen Anordnung mittels kleiner Gegenstände, wie Steine, Stöckchen, Zweige, Blätter u. a., eben nach dem Gedächtnis.

Nach BOČAROV (1966) kann man dies verkleinerte Geländemodell im Gelände selbst als erste Art der kartographischen Darstellung in der Geschichte der Menschheit betrachten, da hierbei alle Grundeigenschaften der kartographischen Form der Informationsspeicherung nachweisbar seien. Dieser Feststellung läßt sich auch aus der heutigen Sicht des Modellcharakters der kartographischen Darstellungsform zustimmen.

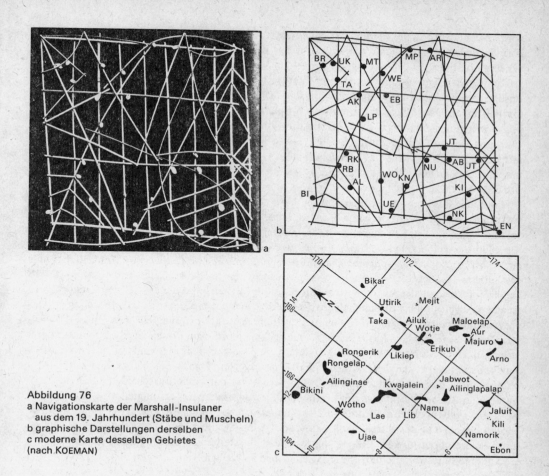

Abbildung 76
a Navigationskarte der Marshall-Insulaner
  aus dem 19. Jahrhundert (Stäbe und Muscheln)
b graphische Darstellungen derselben
c moderne Karte desselben Gebietes
(nach KOEMAN)

Dieses erstmalige Ersetzen der geographischen Realität durch ein verkleinertes Modell setzte eine ausreichend entwickelte Lautsprache und die Entwicklung von Fähigkeiten zum abstrakten Denken voraus. Dabei handelte es sich um einen Zeitraum vor etwa 40 000 bis 20 000 Jahren.

Ein neues Stadium der Entwicklung zeichnete sich durch die Anwendung von besonderen *Werkzeugen*, wie Stöcken, Steinen oder Knochen, ab, die zur Vertiefung von Linien und Punkten im Boden dienten, anstelle der Markierung von Geländeobjekten durch die genannten kleinen Gegenstände.

Für diese Art der kartographischen Darstellung verfügen wir über gegenwärtige Quellen. A. a. O. wird ein anschauliches Beispiel angeführt. Die Eskimos an der Küste des Stillen Ozeans in Nordamerika stellen Karten im Sand wie folgt her: Sie ziehen mit einem Stock eine Uferlinie. Diese unterteilen sie in gleiche Abschnitte, die einem Marsch von einem Tage entsprechen. Steine stellen Bergrücken dar und Stöckchen Fischereiplätze. In diesem Beispiel wird die Information durch Positionieren von Gegenständen und durch Vertiefungen im Boden wiedergegeben. Bemerkenswert erscheint darüber hinaus, daß mit der genannten Einteilung das *Urbild für den Maßstab* der kartographischen Darstellung sichtbar wird. Auch heute noch werden bei manchen in der Entwicklung zurückgebliebenen Völkern Entfernungsangaben durch Angaben der Zeitdauer ausgedrückt. (Im übrigen kennen *wir* das Lichtjahr!)

Die mit der Anwendung besonderer Werkzeuge zur Vertiefung von Linien und Punkten im Boden einhergehende Koordinierung schematischer Linien bzw. Zeichnungen in der kartographischen Darstellung kann man nach Bočarov (1966) als die Entstehung einer einheitlichen Form der Wiedergabe der Information über das Gelände betrachten.

Dieses Stadium wurde vor rund 20 000 bis 15 000 Jahren erreicht und setzte eine wiederum höhere Entwicklungsstufe des Menschen voraus. Von der Darstellung auf dem Boden konnte man leicht zur Darstellung auf anderen Zeichnungsträgern, wie Felsen, Höhlenwänden oder Borke übergehen.

Ein neues Stadium in der Entwicklung kartographischer Darstellungsformen und die Entstehung neuer kartographischer Kommunikationsmöglichkeiten hingen mit der Anwendung solcher Zeichnungsträger zusammen, die man leicht transportieren, aufbewahren und anderen Menschen übergeben konnte. Vorher war der Tatbestand zu verzeichnen gewesen, daß der Mensch die kartographische Darstellung im Kopf „behielt" und sie erforderlichenfalls aus seinem Gedächtnis auf dem Erdboden rekonstruierte. Es wurde bereits ausgeführt, daß solche Informationsträger nur kurze Zeit erhalten blieben, weil sie von Tieren zerstört, vom Regen abgespült oder mit Schnee verweht wurden. Die im Gedächtnis des Menschen gespeicherten Informationen gingen mit seinem Tode praktisch für immer verloren. So ist die Notwendigkeit einer langen Aufbewahrung dieser Geländeinformationen in Form von kartographischen Darstellungsformen, die auf leicht zu transportierenden und aufzubewahrenden Zeichnungsträgern standen, einleuchtend zu erklären. Dabei ergab sich gewissermaßen zwangsläufig, daß die Darstellungen in kleinerem Format ausgeführt werden mußten. Dazu waren Kenntnisse notwendig, um dünne Linien und andere Zeichnungen zu ritzen und danach mit Farben auf Birkenrinde, Blätter, Leder u. ä. zu zeichnen. Bočarov (1966) weist sicher zu Recht auf die Möglichkeit hin, daß diesem Stadium der kartographischen Darstellung andere vorausgingen, die einfacher in der Herstellung waren, nämlich leicht tragbare Geländemodelle aus leichten Materialien. Noch heute sind im übrigen solche Frühformen der kartographischen Darstellung bei manchen in der Entwicklung zurückgebliebenen Völkern anzutreffen. Ein anschauliches Beispiel stellt die in Abbildung 76 wiedergegebene Navigationskarte, eine Stabkarte der Marshallinsulaner, dar, die zudem ein Merkmal einer späteren Entwicklungsepoche, die Transportiermöglichkeit des Informationsträgers, aufweist (vgl. Lyons 1928 u. Wise 1976). Das hier behandelte Stadium ist auf den Zeitraum vor etwa 15 000 bis 10 000 Jahren anzusetzen.

Die Schrift als eine selbständige Form der Informationswiedergabe hat sich wesentlich später nach der kartographischen Darstellung und nach den Zeichnungen aus Elementen der darstellenden Kunst entwickelt. Am Ende des oben genannten Zeitraumes entwickelten sich Anfänge einer piktographischen Schrift, denn bekannterweise beginnt die Entwicklung der Schrift mit bildhaften Zeichnungen (Kéki 1978). Man muß annehmen, daß der Mensch noch vor dem Enstehen sogar der piktographischen Schrift viele Jahrhunderte benötigte, um das Zeichnen kleiner Figuren durch feine Striche mit Hilfe eines spitzen Werkzeuges auf Birkenrinde, Papyros, Stein, Leder und Ton zu erlernen.

Die Entstehung der piktographischen Schrift ist wahrscheinlich auf einen Zeitraum von etwa 13 000 bis 4 000 Jahren v. u. Z. anzusetzen, der entwickelten ideographischen Schrift auf 4 000 bis 3 000 Jahre v. u. Z. Man kann zufolge o. g. Quelle annehmen, daß kartographische Darstellung, Zeichnungen der darstellenden Kunst und erste Schrift sich lange gleichzeitig als einheitliche Form der Informationswiedergabe entwickelt haben.

Jahrhunderte vor unserer Zeitrechnung begann mit der Aufgliederung der einheitlichen Form der Informationswiedergabe ein neues Stadium der Entwicklung der kartographischen Darstellung. In diesem Zeitraum verwandelten sich ideographische Schriftform wie alphabetische Schrift in eine völlig selbständige Form der Informationswiedergabe, die der Lautsprache gleichbedeutend ist, und die Selbständigkeit der kartographischen Informationswiedergabe blieb erhalten (BOČAROV 1966).

6.2.3.2. Bedeutung der kartographischen Kommunikation und Kartographische Kommunikationsmodelle

Mit der Rolle und Bedeutung der *Karten als Kommunikationsmittel* hat sich unter theoretischen Gesichtspunkten besonders intensiv SALIŠČEV (1975, 1978 b, 1978 c, 1981 a) befaßt. Dabei steht im Mittelpunkt der Erörterungen die Frage, ob die kartographische Kommunikation die Grundlage einer theoretischen Kartographie bilden kann, wie dies beispielsweise von FREITAG (1978 u. 1980) prononciert zum Ausdruck gebracht wird. Nachstehend wird diese Frage auf der Grundlage der obengenannten Untersuchungen beantwortet. Das Verständnis der Bedeutung dieser Problematik setzt die – skizzenhafte – Kenntnis einer begrenzten Auswahl von kartographischen Kommunikationsmodellen voraus, die daher nachstehend mit diesem Ziel angeführt werden.

Seit der Mitte der 50er Jahre führte man in der sowjetischen Kartographie die intensive Diskussion um diesen Gegenstand, wie der Überblick in „Itogi nauki", Bd. 4 (1970) zeigt. Seit dem Beginn der 70er Jahre wurde in einer Reihe von westlichen Ländern dominierend die Auffassung vertreten, daß die Hauptbedeutung der geographischen Karten in der Kommunikation, d. h. in der Vermittlung bzw. Übertragung geographischer bzw. georäumlicher Informationen liege. Demzufolge beständen die Aufgaben der Kartographie darin, die Methoden dieser Art der Informationsvermittlung zu begründen, zu entwicklen und zu verbessern.

Von den sowjetischen Kartographen wurde diese Deutung unmittelbar nach der 6. ICA-Konferenz in Ottawa 1972 berechtigt kritisiert (SALIŠČEV 1983). Eine kurze historische Betrachtung der Problematik zeigt in den Grundzügen nach SALIŠČEV (1978 b) folgendes Bild: BOČAROV (1966) legte früh eine – relativ wenig bekannt gewordene – Monographie über die „Grundlagen einer Theorie zur Projektierung von Systemen kartographischer Zeichen" vor, worauf bereits in anderen Zusammenhängen eingegangen wurde (vgl. Kapitel 5.1.). Dabei wurde der Begriff der *kartographischen Form der Informationsübertragung* kreiert und diese zum Gegenstand der Kartographie erklärt, wodurch man die Rolle der Kartographie auf reine Hilfsfunktionen und technische Funktionen beschränkte und damit als Wissenschaft an Zielen und Aufgaben verarmte. Diesbezüglich merklich größere Bedeutung erlangte die Arbeit von ASLANIKAŠVILI (1967) über die Kartensprache, die in enger Verbindung mit Erkenntnistheorie und Semiotik entstand. Damit erhielt das Problem der kartographischen Kommunikation erstmals eine solide theoretische Basis. Die weiteren Arbeiten von ASLANIKAŠVILI, vor allem seine „Metakartografija" (1974), dienten einer weiteren theoretischen Fundierung. So baute auch das Lehrbuch zur Kartengestaltung von IZMAILOVA (1976) wesentlich darauf auf.

Einen merklichen positiven Impuls zur Entwicklung der Kommunikationsforschung (SALIŠČEV 1978 b) bewirkte KOLAĆNY (1970) mit seinem Modell „Prozeß der Kommunikation der kartographischen Kommunikation", nicht zuletzt, weil im Rahmen der ICA (International Cartographic Association) eine Arbeitsgruppe „Kommunikation in der Kartographie" gegründet wurde, auf deren Aufgaben KOLAĆNY maßgeblich Einfluß nahm. Sein Modell zeigt Abbildung 77. Die kommunikative Deutung der Kartographie hat besonders in den USA große

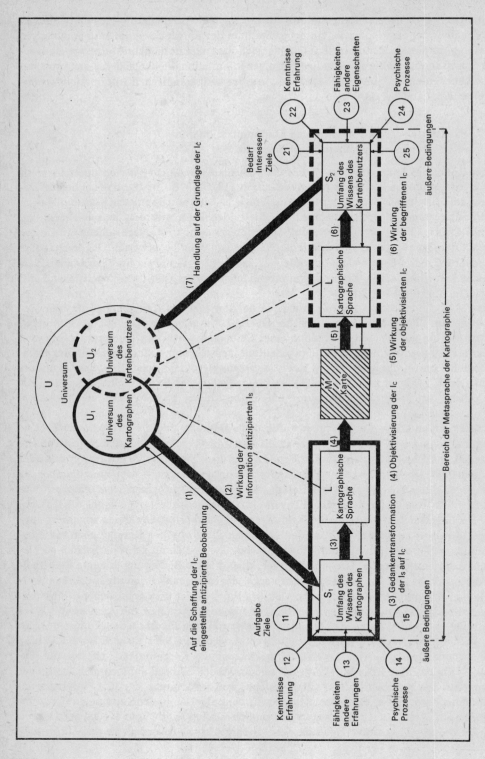

Abbildung 77
Prozeß der Kommunikation der kartographischen Information (nach KOLÁČNY)

Anerkennung erlangt, wo zunächst MORRISON, Schüler der Kartographenschule von ROBINSON an der Wisconsin-University in Madison eine rein pragmatische Interpretation gab. In der Konsequenz wurde die Kartographie vom Kartengegenstand gelöst und darauf orientiert, die Informationen effektiv und mit den geringsten Verlusten zu übertragen. So erreichte man eine direkte Annäherung mit den inzwischen formulierten Aufgaben der nunmehr aus der sog. Arbeitsgruppe entstandenen ICA-Kommission „Kommunikation in der Kartographie" die überdies sich die Aufgabe der Entwicklung einer allgemeinen Theorie der Kartographie stellte. Damit war die Auffassung der Kartographie als eine Kommunikationswissenschaft verbunden. RATAJSKI (1973) baute diese Auslegung weiter aus; unter Verwendung des Begriffes *Kartologie* gliederte er drei Bereiche aus: Theorie der kartographischen Übermittlung, Kartenkenntnis (Geschichte der Kartographie) und die kartographischen Methoden. Mitte der 70er Jahre kann man sowohl bei MORRISON (1976) als auch bei RATAJSKI (1976b) einen Wandel in den diesbezüglichen Auffassungen feststellen. MORRISON (1976), der zwar die Kartographie wiederum als Kommunikationswissenschaft bezeichnet, geht von folgenden drei Hauptkomponenten aus: 1. gedankliche Konzeption der Karte, wobei vorgesehen ist, jenen Teil der Erkenntnis der Wirklichkeit, den der Kartograph zur Informationsvermittlung vorgesehen hat, zu erfassen, zu klassifizieren und zu vereinfachen unter Anwendung der Merkmale Zweckbestimmung, Kartenthema, Maßstab und anderer; 2. Vermittlung der Informationselemente mit kartographischen Mitteln, wobei in diesem Prozeß die Erarbeitung eines Kartenzeichensystems einbezogen ist. Außerdem gehören in diesen Prozeß die Kartenherstellung und im weiteren das Lesen der Karte; 3. Interpretation und Analyse der aus der Karte herausgelesenen Information, was zu einem tieferen Verständnis der Wirklichkeit und zur Gewinnung neuer Informationen führt.

Damit wird deutlich, daß die Kommunikation nur noch in der zweiten Komponente enthalten ist, während nach dieser Auffassung alle drei Komponenten (Prozesse) gemeinsam die Struktur der kartographischen Erkenntnismethode widerspiegeln (SALIŠČEV 1978b u. c). Eine ähnliche Auffassungsänderung, SALIŠČEV (1978b) spricht von einem „Stabwechsel", läßt sich bei RATAJSKI (1976b, 1971b, 1973, 1978, 1979) nachweisen. Er erklärt dies selbst wie folgt: „... einer der wesentlichen Mängel [der früheren Konzeption] bestand darin, daß der Informationsprozeß zu mechanistisch aufgefaßt wurde. So wurde angenommen, daß bei der Informationsvermittlung ein Informationsverlust auftritt, während der wesentliche Faktor, nämlich die Qualitätsveränderung der Information, der allgemeinen Aufmerksamkeit entging ..." Nach SALIŠČEV (1978b u. c) gelangte RATAJSKI in der Konsequenz im allgemeinen zu einer ähnlichen Auffassung vom Wesen der Kartographie, wie sie auch in der Sowjetunion verbreitet ist, jedoch wird die Kartographie weiter in den Begriffen der Informationswissenschaften behandelt.

Der Gedanke, daß der kartographischen Kommunikation nicht nur die Informationsübermittlung eigen ist, sondern auch eine Bereicherung der räumlichen Vorstellungen von den Kartengegenständen bedeutet, fand auch bei amerikanischen Kartographen Verbreitung. So haben ROBINSON u. BARTZ-PETCHENIK (1976a) bei der Behandlung der kartographischen Kommunikation ein graphisches Modell der *kognitiven Elemente in der kartographischen Kommunikation* vorgeführt. Die überragende Bedeutung der erkenntnismäßigen Aspekte in der kartographischen Kommunikation wird auch bei OLSON (1980) gezeigt. Von einer ähnlichen Konzeption geht GUELKE (1976) aus, wenn er formuliert: „Das Kommunikationsmodell ist jedoch für eine vollständige Kartenanalyse unzulänglich, weil es sich mehr mit Information als mit Sinn und Verständnis befaßt. Ein Grundanliegen der Kartographie besteht darin, dem Kartennutzer die Erkenntnis der Raumbeziehungen eines Sachverhalts zu erleichtern ... Die Nutzung von Erkenntnissen anderer Wissenschaftsbereiche, insbesondere der

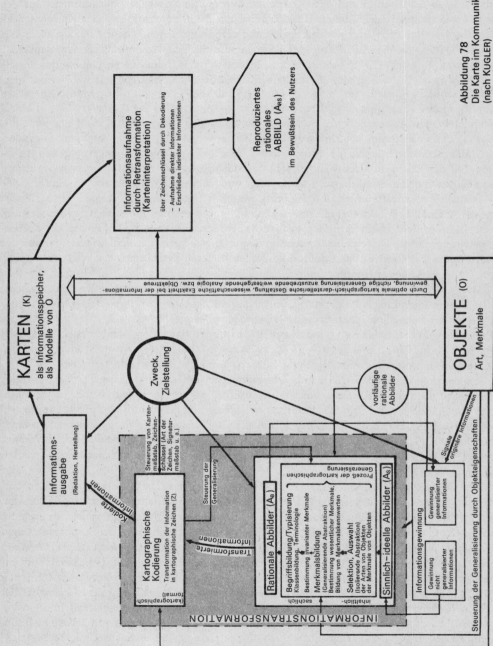

Abbildung 78
Die Karte im Kommunikationsprozeß
(nach KUGLER)

228

Semiotik und der Ingenieurpsychologie, haben die notwendige Einordnung der kartographischen Kommunikation deutlicher erkennen lassen als bisher."

Die besondere Aufmerksamkeit erwecken folgende Gebiete (SALIŠČEV 1978b u. c): Anwendung einiger Grundsätze der Semiotik zur Begründung und Verbesserung der Prozesse bei der kartographischen Kommunikation; Versuche zur Bestimmung der Menge an kartographischen Informationen; wobei von den Prinzipien der Informationstheorie ausgegangen wird; psychophysische Untersuchungen zur Wahrnehmung kartographischer Zeichen; Konstruktion von Zeichen zur automatisierten Herstellung von Karten; Maßnahmen zur Verbesserung der Fähigkeiten für den Umgang mit Karten beim Nutzer.

Die Erhöhung der Effektivität der kartographischen Kommunikation ist im Zusammenhang mit zwei Systemen von Maßnahmen zu sehen. Das ist zum einen die Verbesserung der Karten als Kommunikationsmittel und zum anderen die Entwicklung von Methoden zur rationellen Kartennutzung sowie die Vermittlung von Fähigkeiten zur Arbeit mit Karten. Die wohl erste *monographische Darstellung* zum Gegenstand der kartographischen Kommunikation legte BOLLMANN (1977) vor. Zeichenstrukturen werden in ihrem *Zusammenhang* mit dem Kommunikationsvorgang behandelt. Dabei gelangt der Autor zu dem Begriff der *Ikonizität*, unter der ein Grundmuster zu verstehen ist, daß auch bei Variation die Zugehörigkeit zur Klasse erkennen läßt und somit die Kommunikation erleichtert. Das Prinzip der *Leitsignaturen* nach ARNBERGER (1963) lag wohl in ähnlichen oder gleichen Grundüberlegungen begründet. Hinsichtlich der angegebenen Quantifizierungsansätze sei auf die genannte Monographie und auf BOLLMANN (1978) verwiesen.

Den untrennbaren Zusammenhang zwischen der Kommunikationsfunktion von Karten und der Struktur der Kartographie, aber auch der Theorie und den Kartengegenständen, betonte SALIŠČEV (1981a) wiederholt und überzeugend.

Alle kommunikationstheoretischen Anliegen sind letztlich durch die von KOEMAN (1971) formulierte Prämisse „Wie sage ich was zu wem?" gekennzeichnet. Zum vollen Verständnis der kartographischen Kommunikationsproblematik werden nachstehende wenige Kommunikationsmodelle und Ansätze vorgeführt. Es liegt auf der Hand, daß insbesondere für die kommunikationstheoretische Auslegung der Kartographie die Einordnung der Kartenzeichen eine hochwichtige Rolle spielt, ihre Bedeutung für die Erkenntnisgewinnung demgegenüber als untergeordnet angesehen wird, obwohl logisches Schließen für die Informationsgewinnung angewendet wird (UCAR 1979). BOARD (1978b) geht von einer möglichen Effektivitätserhöhung der Kartennutzung aus, die er in den Zusammenhang mit einer dazu notwendigen Theorienbildung stellt. Die Hypothesenbildung erstreckt sich dabei primär auf vier verschiedene Komplexe von Relationen:

1. zwischen der Wirklichkeit und der kognitiven Karte des Kartographen;
2. zwischen der kognitiven Karte des Kartographen und der Karte als physisches Dokument;
3. zwischen der Karte und der kognitiven Karte des Kartenlesers (-nutzers) und
4. zwischen der kognitiven Karte des Kartenlesers (-nutzers) und der Wirklichkeit.

KUGLERS (1976) *Modell der Karte im Kommunikationsprozeß* (Abbildung 78) zeichnet sich durch die Einordnung der kartographischen Kommunikation in den Prozeß der analogen Abbildentstehung und eine damit verbundene detaillierte Modellgestaltung aus, an deren Ende das reproduzierte rationale Abbild des Kartennutzers steht. Räumliche Vorstellungen, Begriffsbildung und Denken auf der Grundlage von Kartenzeichenwahrnehmungen des Kartennutzers in ihrem Zusammenhang bilden die Hauptelemente des Modells der kartographischen Informationsübertragung von VASMUT (1979), worauf wegen der Verknüpfung mit physiologischen Elementen hinzuweisen ist.

Wie bereits angedeutet, schließt die kartographische Kommunikationskette heute eben-falls automatisierte bzw. rechnergestützte Varianten ein, und zwar auch auf der Basis inter-aktiver graphischer Systeme. Ein Modell unter Einbeziehung einer Rechenanlage zur Aufbe-reitung der Fachdaten und einer Zeichenanlage zu deren graphischen Umsetzung bei graphi-scher Veranschaulichung des Menschen- und des Automatenbereiches demonstriert HAKE (1973 u. 1982). Neue, höchst beachtenswerte Gesichtspunkte der kartographischen Kommu-nikation vermittels *informationstheoretischer Ansätze* in der Betrachtung konventioneller Kar-ten und Luftbilder stammen von KNÖPFLI (1975, 1978 u. 1981).

Das Problem der Effektivität der kartographischen Kommunikation steht nach wie vor im Interessenspektrum der Kommunikationsforschung. RATAJSKI (1977) untersuchte speziell *In-formationsverlust* und *Informationsgewinn*, wobei er die kartographische Information als aus-schließlich im kartographischen Informationsprozeß auftretend definierte. So unterscheidet z. B. HAKE (1982) als Informationsverfälschung und -minderung innerhalb der Menge der ge-sendeten Informationen *nicht zutreffende Informationen* und *nicht empfangene Informationen*; innerhalb der Menge der empfangenen Informationen werden *falsch verstandene Informatio-nen* unterschieden. In den größeren Zusammenhang von Kartenherstellung und Kartennut-zung stellt KEATES (1982) eine sog. *Informations„barriere"*. Im *Kartenherstellungsbereich* werden als solche „Barrieren" unterschieden: keine Information; unzulängliche Information; Infor-mation möglich, aber zu aufwendig; Nutzeranforderungen unbekannt. Im *Kartennutzungsbe-reich* werden als solche unterschieden: geeignete Karte existent, aber nicht beschaffbar; unge-eignete Karte gewählt; Kartennutzer zur Informationsaufnahme unfähig; Karte nicht brauch-bar und keine Karte existent (s. Abbildung 79).

Klassen von Fehlertypen der kartographischen Kommunikation ermittelte BALOGUN (1982). Der Weg, der zur Lösung der aufgeführten Probleme führt, liegt in der Bestimmung (Analyse) der determinierenden Faktoren der kartographischen Kommunikationskette und deren Optimierung, wie von OGRISSEK (1974b) gezeigt und wegen ihrer Bedeutung gesondert dargestellt (vgl. Kapitel 6.2.3.3.). Zunehmend läßt sich beobachten, daß die kartographische Kommunikation in den Prozeßablauf des Systems Kartengestaltung-Kartennutzung einge-ordnet wird (OGRISSEK 1970a; 1974a, b u. c; 1979a, 1980c u. e). Ein im kybernetischen Sinne weitestgehend komplexes Modell der kartographischen Kommunikation mit dem Schwerpunkt auf Steuerprozessen und dem Ziel der Erkenntnisgewinnung über Teile der Wirklichkeit entwarf GRYGORENKO (1982). Etappen des Kommunikationsprozesses und Ka-näle derselben kennzeichnen die formale Struktur des Modells.

Das von BOARD der ICA-Konferenz 1982 in Warschau vorgeführte Schema von Veröffent-lichungen zur *historischen Entwicklung der Kommunikationsforschung* – nach Autor, Veröffent-lichungssprache und Art der Veröffentlichung (mit zeitlicher Einordnung) gegliedert – ist si-cher recht nützlich, jedoch macht sich das Fehlen von Arbeiten von CARRÉ, IZMAILOVA, KNÖPFLI, OGRISSEK, OLSON, VASMUT und anderen nachteilig bemerkbar (auch sind andere Ar-beiten auszuwählen denkbar). Vom gleichen Autor (BOARD 1981) liegt eine in den vorbe-schriebenen Zusammenhang zu stellende Übersichtsdarstellung vor, die die Kartographie weiterhin als Kommunikationswissenschaft anspricht.

Von FREITAG (1978) stammt der Ansatz, demzufolge die Kommunikationstheorie explizite die Grundlage der Kartographenausbildung bildet. Sie wird dabei in folgende Lehrgebiete ge-gliedert: Geschichte der Kartographie, Kartographie als System, Karten als graphische Zei-chen, Karten als Modelle, Karten als Signale sowie Gegenwart und Zukunft der Kartogra-phie, wobei teilweise unterschiedliche Lehrinhalte zur Diskussion gestellt werden. Für auto-matisierte Lösungen ist auf SCHWENK (1979) hinzuweisen. Einen neuen Ansatz der Strukturierung der kartographischen Kommunikationskette zeigt in der DDR BREETZ (1982)

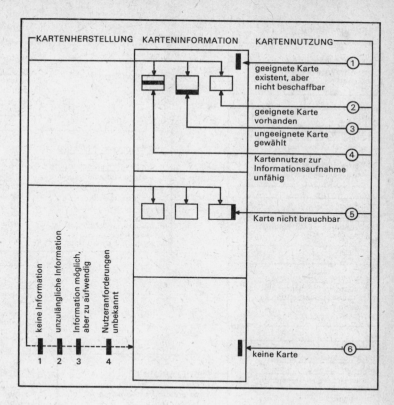

Abbildung 79
Informations„barrieren"
in der Kartenherstellung
und Kartennutzung
(nach KEATES)

KARTENHERSTELLUNG   KARTENINFORMATION   KARTENNUTZUNG

① geeignete Karte
existent, aber
nicht beschaffbar

② geeignete Karte
vorhanden

③ ungeeignete Karte
gewählt

④ Kartennutzer zur
Informationsaufnahme
unfähig

⑤ Karte nicht brauchbar

keine Information

unzulängliche Information

Information möglich,
aber zu aufwendig

Nutzeranforderungen
unbekannt

1   2   3   4

⑥ keine Karte

durch die Weiterentwicklung des Grundschemas von OGRISSEK (1974 a u. b). Es handelt sich dabei um den gelungenen Versuch, das gleichrangige Glied der Kommunikationskette, die Kartennutzung, ebenfalls differenziert darzustellen (ohne determinierende Faktoren explizite auszuweisen); auf der Basis schulkartographischer Orientierung ergibt sich demzufolge Abbildung 80. Damit wird auch aus der Sicht der Schulkartographie – sicher nicht nur der DDR – die Bedeutung einer der Hauptkomponenten der theoretischen Kartographie nachweisbar.

6.2.3.3. Die determinierenden Faktoren der kartographischen Kommunikationskette

Als maßgeblich für die Effektivität des kartographischen Kommunikationsprozesses ist eine Reihe von Wirkungszusammenhängen bei den einzelnen Gliedern der kartographischen Kommunikationskette anzuführen, die nach OGRISSEK (1974) als *determinierende Faktoren* anzusprechen sind. Die große Bedeutung der Ermittlung bzw. Erforschung dieser Faktoren liegt in der damit entstehenden Möglichkeit, den kartographischen Kommunikationsprozeß zu *optimieren*. In den bisher vorliegenden Kommunikationsmodellen (vgl. Kapitel 6.2.3.2.) wurde diesem Problemkomplex keine Aufmerksamkeit geschenkt, obwohl an dessen Bedeutung sicher nicht zu zweifeln ist. Für das Verständnis der genannten Faktoren ist auf Abbildung 81 zu verweisen. Es sei daher als ausreichend erachtet, einige Bemerkungen zur Erläu-

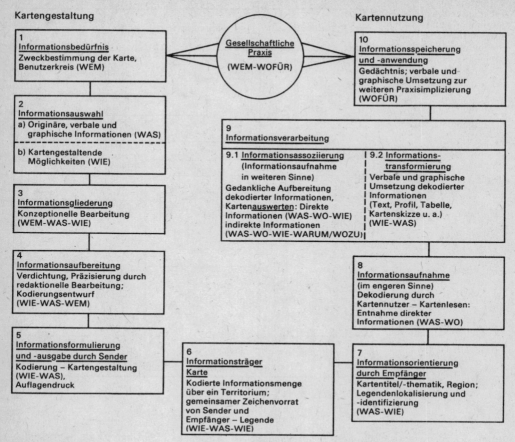

Abbildung 80
Kartographische Kommunikationskette (nach BREETZ)
Anmerkung: Die Bezeichnung „Wie" bezieht sich in den Gliedern 2–7 und 9.2. auf die Darstellungsform,
im Glied 9.1. auf den Darstellungsinhalt (z. B. Häufigkeitsverteilung, Wertgefälle, territoriale Typisierung)

terung der genannten Abbildung anzuführen. So ist die Gesamtmenge der möglichen Informationen, die zur Befriedigung des genannten Informationsbedürfnisses zur Verfügung steht, in zwei bez. ihrer Bedeutung für die kartographische Kommunikation grundsätzlich verschiedene Teilmengen gegliedert. Diese sind wie folgt unterteilt: verbale Informationen, das sind Informationen in Textform; und kartographische Informationen, das sind Informationen in Kartenform. Die teilweise geführte Polemik gegen die Verwendung des Begriffes „Kartographische Information" (z.B. UCAR 1979 oder PRAVDA 1977) erscheint gegenstandslos, da nicht allein die Wissenschaftsbezeichnung des Gegenstandsbereiches, dem die Information entstammt, relevant ist, sondern ebenso die spezifische Form der Informationsdarstellung für diesen Zweck verwendbar ist. Das hat bereits MARTINEK (1973) in seiner Definition eindeutig berücksichtigt: „Kartographische Informationen sind solche Informationen, die von einer unbedingt nötigen Form der Aufzeichnung der Lage und unbedingt nötigen Umfang des semantischen Inhalts über das endgültige oder differentielle Objekt der Wirklichkeit

Abbildung 81
Die determinierenden Faktoren der kartographischen Kommunikationskette
(nach OGRISSEK)

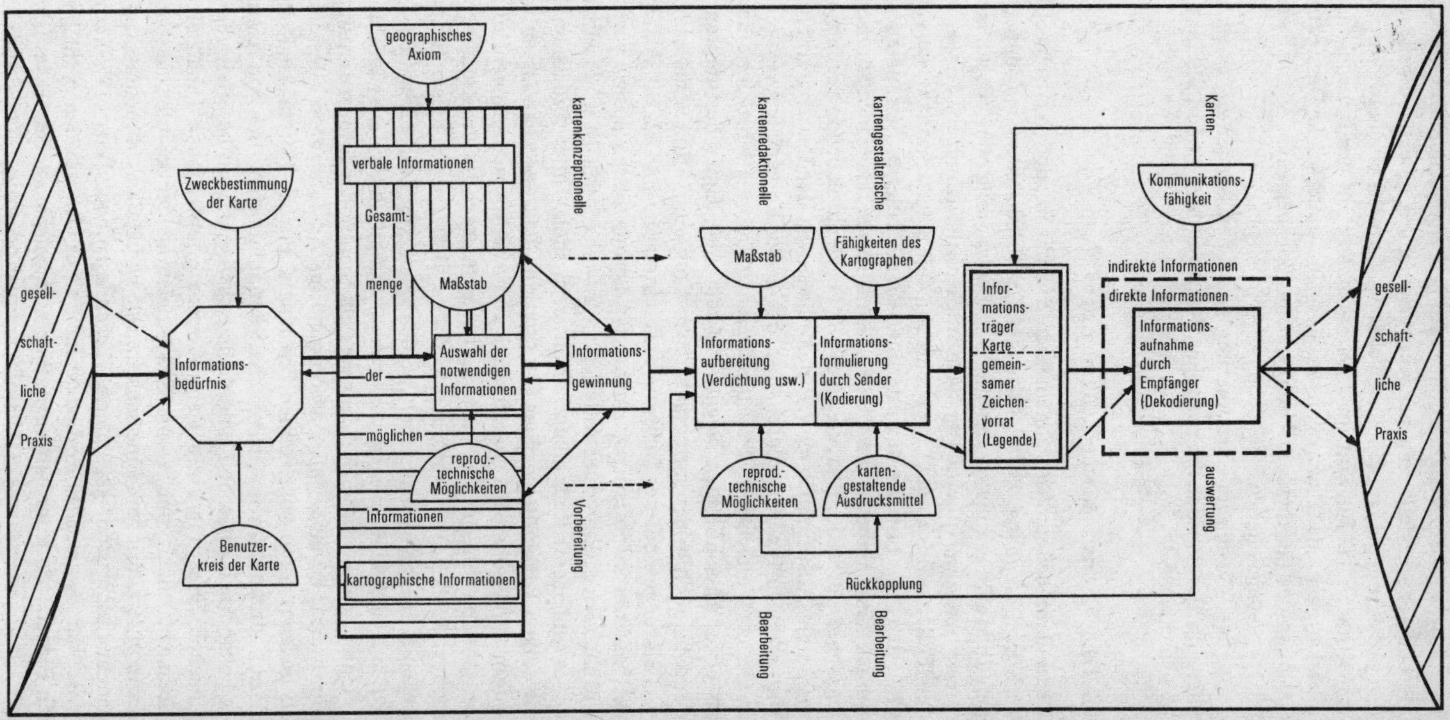

233

im kartographischen Signaturensystem gebildet werden. Sie werden mittels kartographischer Methoden dargestellt, in gegenseitige Beziehung gesetzt, so daß sie ein Modell der Wirklichkeit auf einem geeigneten Unterscheidungsniveau ergeben." Auf den ursprünglichen Begriff von KOLAĆNY (1970) wird im Zusammenhang mit der Behandlung der verschiedenen Kommunikationsmodelle eingegangen. Für eine umfassende Darstellung der verschiedenen Variationen des (kartographischen) Informationsbegriffes sei auf EWERT (1983 b) und auf Kapitel 2.2. verwiesen.

Bei der Informationsformulierung durch den Sender gilt es zu beachten, daß diese – vor allem im Bereich der thematischen Kartographie – nicht allein Aufgabe des Kartographen ist.

6.2.3.4. Kartographische Redundanz

Redundanz bedeutet im allgemeinen Sprachgebrauch Weitschweifigkeit im Gegensatz etwa zu Kürze, Prägnanz. Zufolge KOBLITZ (1969) ist *Redundanz* dann gegeben, wenn Informationen überflüssige Inhaltselemente, d. h. Bestandteile ohne Neuheitswert oder thematisches Interesse und/oder überflüssige Ausdrucksmittel (Zeichen/Zeichenfolgen) aufweisen. In beiden Fällen wird eindeutig ersichtlich, daß die Redundanz ausgeprägt relativen Charakter trägt, denn die Entscheidung darüber, ob ein zitierter Bestandteil als überflüssig einzuschätzen ist, hängt unbestritten von den Kenntnissen des Informationsempfängers ab. In der Kartographie wurde die Bedeutung dieser Problematik schon vor längerer Zeit erkannt, und die maximale Abstimmung der Karteninhalte wie der Kartengestaltung auf die verschiedenen Nutzerkategorien ist beredter Ausdruck dieser Entwicklung (OGRISSEK 1970 b). Dabei ist Redundanz (Weitschweifigkeit) im Sinne der Informationstheorie bzw. Kybernetik keineswegs als etwas ausschließlich Negatives anzusehen. Unter bestimmten Voraussetzungen ist Redundanz auch in der kartographischen Kommunikation vor allem als Mittel zum Schutz gegen Störungen bei der Informationsübertragung und als didaktisches Mittel zur Förderung der besseren Informationsaufnahme in Lernprozessen positiv wirksam. Im Hinblick auf die Nützlichkeit redundanter Anteile von Informationen ist u. a. zwischen fördernder oder nützlicher und leerer Redundanz zu unterscheiden. Unter fördernder Redundanz versteht man diejenigen Bestandteile einer Information, die zwar weggelassen werden können, ohne den Informationsgehalt der betreffenden Information zu verringern, die aber dazu benutzt werden können, die in einer Information enthaltene Informationsmenge zu erhalten bzw. wiederherzustellen, wenn bestimmte andere Bestandteile dieser Information weggelassen bzw. wegen Störungen verstümmelt werden (KLAUS u. LIEBSCHER 1976 a).

Die Redundanz kann semantischer, sigmatischer oder syntaktischer Art sein.

Unter *semantischer Redundanz* versteht man in der Informationstheorie beispielsweise nicht unmittelbar zu einer Information gehörige Ausführungen allgemeinen, bei dem Empfänger als bekannt vorauszusetzenden Charakters. Für die Kartengestaltung und damit auch für die Kartennutzung ist die semantische Redundanz sicherlich von relativ geringer Bedeutung, da es bekanntlich oft schon erhebliche Schwierigkeiten bereitet, alle zur komplexen kartographischen Erfassung eines Kartenthemas erforderlichen Inhaltselemente bei Wahrung der Übersichtlichkeit und damit Gewährleistung der leichten Lesbarkeit in der betreffenden Karte unterzubringen. Eine thesenartige verbale Zusammenfassung des Karteninhalts als Ergänzung einer straff gegliederten Legende ist nach WITT (1979) keine Redundanz.

Bei der *sigmatischen Redundanz* handelt es sich um den nicht inhaltsgerecht rationalisierten Einsatz von Informationsmitteln, also beispielsweise die verbale Abhandlung in den Fällen, wo angenommen ein Ablaufdiagramm oder die Tabelle in den Fällen, wo angenommen eine Karte, auch eine einfarbige, zweckmäßiger gewesen wäre. Maßgeblich für die Entscheidung sollte nicht nur der höhere Aufwand für das Darstellungsmittel, sondern auch der Grad der Anschaulichkeit sein. Mit der anzustrebenden Standardisierung im Kartenzeichenbereich dürften noch wesentliche Fortschritte auch im Interesse der Optimierung der fördernden Redundanz zu erwarten sein. Im weitesten Sinne kann man bei der sigmatischen Redundanz auch die optimale Anwendung der graphischen Methoden der Kartengestaltung als Alternative ansehen (OGRISSEK 1970 b).

Syntaktische Redundanz im allgemeinen ist dann gegeben, wenn ein Satz zu viele Wörter, d. h. Zeichenfolgen, enthält. Markante Beispiele syntaktischer Redundanz in der Kartengestaltung finden sich z. B. bei Erklärungen von Kartenzeichen in Legenden von Wirtschaftskarten in nachstehender oder ähnlicher Form: „Ort, an dem Bergbauprodukte gefördert werden", anstatt „Bergbaustandort". Besonders historische Karten zeichnen sich dadurch aus; dort jedoch ist dies nicht nur auf die Erklärung der Kartenzeichen beschränkt, sondern in hohem Maße auch bei den Kartentiteln zu finden (OGRISSEK 1981 b). Man kann KOBLITZ (1969) auch vom kartographischen Standpunkt aus folgen, wenn er feststellt: „Natürlich hat im Rahmen ein und desselben Zeichensystems jede syntaktische Redundanz auch eine – analoge – sigmatische Redundanz zur Folge und umgekehrt."

*Redundanz tritt in unserem Zusammenhang auch noch anderweitig auf und zwar bei der Kartenbeigabe zu geowissenschaftlichen Veröffentlichungen. Die Situation ist gegenwärtig dadurch gekennzeichnet, daß bisher kaum Prinzipien der Funktion im Hinblick auf die Informationsspeicherung bzw. die „Arbeitsteilung" zwischen Text und zugehöriger Karte zu erkennen sind. Bei geographischen Veröffentlichungen gibt es nach OGRISSEK (1966) drei Hauptvarianten der Funktion der Kartenbeilage, die Karteninhalt und Kartengestaltung determinieren. Im einfachsten Fall vermittelt die beigefügte Karte, dann zumeist einfarbig, lediglich die *topographische Lokalisierung* der zur Diskussion stehenden geographischen Sachverhalte. Hier handelt es sich also nicht um eine thematische Karte, dennoch bewirkt auch diese Form der Kartendarstellung zumeist bereits eine Reduktion der Redundanz bei analoger Textausführung. Die zweite Variante ist dadurch fixiert, daß die für eine *textliche Behandlung* weniger geeigneten, weil sehr platzaufwendigen und schwer verständlichen Fakten dem Leser in kartographischer Form geboten werden. In der dritten Variante ist die Untersuchung bzw. Darstellung bereits so angelegt, daß das Ergebnis in der *Schaffung einer thematischen Karte* besteht und der Text ihrer Erläuterung dient. Zusammenfassend läßt sich die Forderung nach einer Redundanzreduktion erheben, die dadurch erreicht wird, daß im Text nicht noch einmal mit Worten das ausgedrückt wird, was bereits aus der Karte eindeutiger hervorgeht. Nicht zuletzt handelt es sich hier auch um ein Problem der *Zugriffszeit*, womit wiederum die Effektivität der Kartennutzung angesprochen ist.

Der Begriff der Redundanz erfährt im Rahmen der Informationstheorie eine *Präzisierung*, die mit einer *Quantifizierung* verbunden ist (KLAUS u. LIEBSCHER 1976 a). Es sei Z eine endliche Zeichenfolge vom Umfang $m(Z)$; $H(Z)$ sei der über dieser Folge definierte mittlere Informationsgehalt (zu errechnen nach der SHANNONschen Formel) und $H_0(Z) = ldm(Z)$ der Entscheidungsgehalt der Zeichenfolge. Dann ist die *absolute Redundanz* von Z

$$R = H_0(Z) - H(Z)$$

Das Verhältnis

$$r = \frac{R}{H_0(Z)}$$

heißt die *relative Redundanz* von Z.

Redundanzminderung	Flächenfarbe	Strukturraster	Streu- oder Füllkonturlinie	Konturlinie
Flächenfarbe	nicht möglich			
Strukturraster	möglich, wenn keine dunklen Farben (dann negativ)	nur bei wenigen Strukturrastern möglich		
Streu- oder Füllsignaturen	möglich, wenn keine dunklen Farben (dann negativ)	nur bei wenigen Strukturrastern möglich	möglich	
Konturlinie	möglich, wenn keine dunklen Farben (dann negativ)	möglich	möglich	möglich

Tabelle 6
Kombinationsmöglichkeiten Redundanz verminderter Flächendarstellungen (nach Appelt)

HAKE (1970) hat in einer Untersuchung über Merkmale und Maße des Informationsgehalts der Karte auch die Redundanz angesprochen. Das dort vorgeführte Beispiel quantitativer Darstellung zeigt den bekannten Sachverhalt, daß bei einem Kartenwerk mit konstantem Zeichenschlüssel (Zeichenvorrat) die Einzelkarten, den topographischen oder thematischen Gegebenheiten entsprechend, verschiedene Informationsgehalte aufweisen können. Dabei ist entscheidend, daß der betreffende Zeichenschlüssel seine Eignung im Bereich maximaler Informationsdichte nachweist.

Den Zusammenhang zwischen Redundanzminderung und Kartengestaltung als praktische Aufgabe untersuchte APPELT (1976), ausgehend von den Gestaltungslösungen für flächenhafte Sachverhalte durch Konturlinien, Streu- oder Füllsignaturen, Strukturraster und Flächenfarbe. Die Tabelle 6 zeigt die verschiedenen Kombinationsmöglichkeiten der vier kartographischen Gestaltungsvarianten für Flächeninformationen in der *Reihenfolge der Redundanzminderung*. Konturlinien haben demzufolge die geringste Redundanz, Flächenfarben die größte.

6.2.4. Die Zeichenerklärung als gemeinsamer Zeichenvorrat der Kommunikationspartner

Zeichenerklärung und Legende werden seit längerem als Synonyme gebraucht. Beide Begriffe besitzen hinsichtlich ihrer Anwendung *Vor- und Nachteile*. Unter Zeichenerklärung kann sich auch der in der Kartennutzung Unerfahrene rasch vorstellen, was gemeint ist. Hinzu kommt, daß der Begriff auch bereits in Karten vergangener Jahrhunderte (OGRISSEK 1981b) im gleichen Sinne angewendet wurde. *Legende* ist infolge seiner Kürze und besseren Möglichkeiten der Kompositabildung vorteilhaft (z. B. Legendenaufbau). Hinzu kommt, daß er das Erlernen solcher fremdsprachigen Analogien wie légende (frz.), legend (engl.), легенда (russ.) und anderer erleichtert.

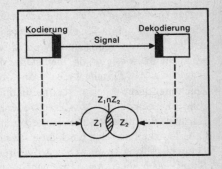

Abbildung 82
Schema einer informationellen Kopplung

Kommunikations- bzw. informationstheoretisch liegt der Funktion der Zeichenerklärung in der Karte das Prinzip der *informationellen Kopplung* (s. Abbildung 82) zwischen zwei Systemen S_1 und S_2 zugrunde. Notwendige, aber nicht hinreichende Voraussetzung dafür besteht in der Verknüpfung von S_1 mit S_2, die durch eine materielle Kopplung realisiert ist. In jedem Falle und von der konkreten Realisierung abgesehen, handelt es sich dabei um Signale bzw. Signalprozesse. Informationelle Kopplung, die über die bloße Signalkopplung hinausgeht, kommt jedoch erst zustande, wenn die Systeme S_1 und S_2 durch eine weitere Brücke miteinander in Verbindung stehen. Diese wird von einem sog. gemeinsamen Zeichenvorrat $Z_1 \cap Z_2$ gebildet. Nur unter dieser Voraussetzung ist es möglich, daß S_1 aus seinem Zeichenvorrat Z_1 entsprechend der zu übermittelnden Information bestimmte Zeichenreihen auswählt, sie (in der Regel über mehrere Stufen) umkodiert und schließlich Signale an S_2 übermittelt, welches dieses System wegen der Existenz des gemeinsamen Zeichenvorrats durch schrittweise Dekodierung in eine Zeichenreihe zu verwandeln vermag, die der von S_1 ausgewählten äquivalent ist. S_2 ist dadurch in der Lage, die Information „zu verstehen" (KLAUS u. LIEBSCHER 1976a).

Als System S_1 fungiert im vorliegenden Falle der Kartengestalter (u. U. unter Mitwirkung eines Kartenautors), und als System S_2 fungiert der Kartennutzer. Der gemeinsame Zeichenvorrat kommt dadurch zustande, daß der Kartengestalter die von ihm verwendeten Kartenzeichen und die ihnen zugeordnete Bedeutung in der Form der Zeichenerklärung „erklärt", das heißt darstellt. Die oft verwendete definierende Formulierung „*vereinbarte* Zeichenbedeutung" trifft in der Kartographie höchst selten zu, denn in der Mehrzahl der Fälle existiert bekanntlich gar keine Möglichkeit einer Vereinbarung, und die Kartengestaltung wird vom Kartographen nur im Falle von standardisierten Lösungen unter eventueller indirekter Mitwirkung vom Kartennutzer vorgenommen. (Wirklich weltweite Lösungen des Standardisierungsproblems in der Kartengestaltung unter maßgeblicher Mitwirkung der jeweils konkreten Kartennutzer gibt es im übrigen bisher wohl nur bei Orientierungslaufkarten und geologischen Karten (LUNZE u. MÖSER 1980; GUNTAU u. PÁPAY 1984).

Um das Ziel einer optimalen Informationsübertragung zu erreichen, sind auch bestimmte Grundsätze für die Gestaltung der Zeichenerklärung (GAEBLER 1967 u. 1984) einzuhalten. Als wohl wichtigstes Prinzip ist die Erklärung aller in der Karte verwendeten Kartenzeichen – *Grundsatz der Vollständigkeit* – anzusehen. Dennoch ist nicht zu übersehen, daß selbst in Karten für den Gebrauch durch den wenig erfahrenen Schüler beispielsweise eine blaue, unstetig gekrümmte Linie höchst selten als Flußlauf erklärt wird, weil zumeist dieser Sachverhalt als bekannt vorausgesetzt werden kann. Derartige Elemente bedürfen also offenbar keiner Erklärung (ARNBERGER 1966).

Der *Grundsatz der Zweckmäßigkeit* des Aufbaus der Zeichenerklärung stellt ebenfalls eine wichtige Bedingung für eine effektive Kartennutzung dar, weil deren Strukturierung von der Art der Kartennutzung und deren Einbindung in ein analoges System maßgeblich bestimmt wird. Daher ist es günstig, nachstehend aufgeführte Legendenarten zu unterscheiden (OGRISSEK 1967): Als *Einzellegende* sei die sich auf einer beliebigen Karte befindliche selbständige Zeichenerklärung definiert, unabhängig davon, ob diese sich auf weiteren Karten der gleichen Themenstellung wiederholt oder nicht. Als *Sammellegende* hingegen ist eine Zeichenerklärung, die zumeist auf einem eigenen Blatt sämtliche graphischen Elemente des Karteninhalts – soweit sie als zu erklären für notwendig erachtet werden – aller Karten der gleichen Themenstellung (z. B. Wirtschaftskarten) in einem Kartenwerk, d. h. geschlossen ausweist. *Hauptlegende* sollte man eine vor allem als Arbeitsmittel beim Kartenentwurf, aber auch in der Praxis der Kartenherausgabe teilweise benutzte und bewährte Form der Zeichenerklärung nennen, die an gesonderter Stelle die allen Karten der gleichen Themengruppe (z. B. Industriekarten) *gemeinsamen* graphischen Elemente erklärt. Die im Zusammenhang mit der Anwendung einer Hauptlegende auf der jeweiligen Karte allein, d. h. einmalig auftretenden Inhaltselemente werden auf der betreffenden Karte erklärt und dann zweckmäßigerweise als *Zusatzlegende* bezeichnet. Verbleibt noch die begriffliche Fixierung für die Zeichenerklärung sämtlicher in einem komplexen Kartenwerk auftretenden Inhaltselemente, also allgemeingeographische und thematische Karten betreffend. Hierfür empfiehlt sich die Anwendung des Begriffes *Generallegende*. Diese spiegelt, richtigen Aufbau vorausgesetzt, die gesamte inhaltliche Struktur der enthaltenen Karten wider, die Lokalisierung natürlich ausgeschlossen. Eine gravierende praktische Rolle spielt ein solches System von Kartenzeichenerklärungen bei der Kartenausstattung von Lexika, wo außer einem Kartenband auch ein Teil der Karten in den verschiedenen Lexikonbänden enthalten ist (OGRISSEK 1967). Eine Sonderform stellt die sog. „ambulante" Legende oder Lose-Blatt-Legende dar, die das ständige Umblättern zwischen Karten und Legende vermeiden bzw. einzuschränken hilft (GAEBLER 1967).

Die wohl häufigsten Verstöße beim Legendenaufbau erfolgen gegen die *Logik* und damit gegen die *Richtigkeit der Zeichenerklärung*. Auf das Problem der Logik hat bereits ECKERT (1925 u. 1939) hingewiesen, wenn auch nicht explizite die Legende betreffend. Er formulierte (1925): „Die Logik der Karte ist eines der wichtigsten, wenn nicht das wichtigste Kapitel der wissenschaftlichen Kartographie". Die Anwendung der Logik als der Wissenschaft, welche die Strukturformen und Gesetze des Denkens untersucht, d. h. die Verknüpfung von Aussagen, die Bildung und Verknüpfung von Begriffen, das Folgern oder die Bildung von Schlüssen, die deduktive Methode und die Definition (BUHR u. KOSING 1982), sind auch bei dem Legendenaufbau zu sichern. Es ist dabei nicht zu übersehen, daß die Logik des Legendenaufbaus auch *maßgeblich* von der Logik der Strukturwiderspiegelung des Kartengegenstandes beeinflußt wird.

Oft anzutreffender *Verstoß gegen die Logik* der Begriffsformulierung ist z. B. die unbegründete Verwendung der *Pluralformen*; außer dem Fehler einer wesentlich zu hohen Anzahl von widergespiegelten Objekten erlaubt diese Verfahrensweise auch keine im Gegenstand begründete Unterscheidung der Anzahl der durch das jeweilige Kartenzeichen repräsentierten Erscheinungen bzw. Objekte.

Die richtige Wiedergabe der Kartenzeichen in der Legende bezieht sich einerseits auf die Form, andererseits auf die Einhaltung der in der Karte verwendeten Größen. Dazu gehört selbstverständlich auch die sachlich richtige Erklärung der aufgeführten Zeichen, wie vorstehend erläutert. Geteilte Auffassungen existieren hinsichtlich des Beginns der Schreibung der jeweiligen Zeichenerklärung mit *Groß- oder Kleinbuchstaben*. Zwar lenkt der Beginn mit Großbuchstaben den Blick rascher auf den betreffenden Begriff, jedoch lassen sich dabei

Termini nun nicht mehr für den Kartennutzer ohne weiteres erkennen (z. B. Nationale Mahn- und Gedenkstätten). Die zweite Variante ist daher vorzuziehen. Die Formulierungen *mehrwortiger Zeichenerklärungen* bergen noch ein weiteres Problem. Hier besteht die Wahl zwischen *adjektivischen Formulierungen* und Formulierungen durch Anwendung von *Relativsätzen*; Beispiel aus einer Karte über Kampfhandlungen im zweiten Weltkrieg in der Sowjetunion: ständigen Schlägen der Partisanen ausgesetzte Eisenbahnlinie *oder* Eisenbahnlinie, die ständigen Schlägen der Partisanen ausgesetzt war. Die Meinungen über die bessere Eignung gehen hier noch auseinander, bzw. stehen schlüssige Untersuchungen noch aus.

Lesbarkeit und Verständlichkeit der Zeichenerklärung werden maßgeblich von theoretischen Überlegungen zu deren *graphischen Gestaltung* bestimmt. GAEBLER (1967 u. 1984) hat eine Reihe von Grundsätzen ausgearbeitet, die sich mit axialer oder anaxialer Anordnung der Kartenzeichen, der optimalen Ordnung der Kartenzeichen im Sinne der günstigsten Abfolge (einschließlich Diagrammfiguren), links- oder rechtsbündiger Anordnung, Erklärung von Farben, richtiger Gestaltung von linienhaften Kartenzeichen, – aus Einzelelementen zusammengesetzt – in der Zeichenerklärung, günstigste Anordnung der Pfeile, fortlaufend waagerechte oder senkrechte Abfolge der Legendenkästen, günstige Abstände zwischen den einzelnen Legendenelementen und -blöcken und noch anderen befassen. (Eine Ordnung der Legende nach dem Charakter der verwendeten graphischen Ausdrucksmittel – punkthaft, linienhaft, flächenhaft – ist selten oder gar nicht praktizierbar, weil die Gliederung nach sachlichen Zusammenhängen zumeist für die Dekodierung unter kognitiven Aspekten entschieden günstiger ist. Aber natürlich stehen auch die verwendeten elementaren graphischen Ausdrucksmittel zufolge des Modellcharakters der Karte in einem bestimmten Zusammenhang mit den abgebildeten Objekten.) Das Erkennen der widergespiegelten Strukturen wird bei Beachtung der genannten Grundsätze wesentlich erleichtert. Die bei FRIEDLEIN (1982) gegebenen Hinweise für die Gestaltung *mehrsprachiger Legendentexte* sind insbesondere für exportorientierte kartographische Produkte bedeutsam. Gute und schlechte Beispiele der Legendenanordnungen, auch in der Ensemblewirkung mit dem Kartentitel, sind bei IMHOF (1972) zu finden. Die Bedeutung der Strukturierung der Zeichenerklärung läßt sich auch aus arbeits- bzw. ingenieurpsychologischer Sicht aufzeigen. In psychologischen Untersuchungen als Gruppierungseffekte bei visueller Datenentnahme (VAIC 1973) bezeichnete Vorgänge finden ihre kartographische Entsprechung im Erfassen einer nach sachlichen Merkmalen typographisch gegliederten Zeichenerklärung, dort als geometrische Gliederung bezeichnet. Die im Ergebnis der durchgeführten Untersuchungen gezogenen, für das kartographische Anliegen wesentlichen Schlußfolgerungen lauten folgendermaßen: Derartige geometrische Gliederungen stellen eine echte Hilfe und ein Mittel zur Erhöhung der Effektivität der Datenentnahme dar, da von diesen Gliederungen eine induzierende Wirkung auf die Bildung subjektiver Gruppierungsstrategien ausgeht, eine echte Hilfe für Ungeübte gegeben wird und keine leistungsbeeinträchtigende Störung subjektiver Gruppierungsstrategien erfolgt.

Lesbarkeit und Verständlichkeit der Zeichenerklärung werden erheblich kompliziert, wenn die einzelnen Legendenpositionen erst nach Entschlüsselung der beigeschriebenen Ziffern zu identifizieren sind, wie häufig bei Textkarten praktiziert (Doppelkodierung). Aus dem Modellcharakter der Karte resultierend, stellt die Legende die zusammenfassende Erklärung bzw. Erläuterung der semantischen Beziehungen zwischen kartographischen Zeichen und ihrer jeweils konkreten Bedeutung in qualitativer und quantitativer Hinsicht (GAEBLER 1984) dar; daher kann von einer Legendenkodierung nur unter bestimmten Bedingungen (ALAJSKI 1981) gesprochen werden.

Außer den bereits zitierten speziellen Untersuchungen zu Legendenproblemen ist noch hinzuweisen auf solche zur Konstruktion von Kartodiagrammlegenden (FRACZEK 1983), zur

239

Legende von Landschaftskarten (SANDNER 1983) und zu Modellierungsaspekten sozial-ökonomischer Karten (ŽUPANSKIJ 1974) sowie zur Legendengestaltung anderer thematischer Karten (DE LUCIA u. MILLER 1982) und zum Aufbau der Legende bei Karten mit Kreissignaturen (DOBSON 1974).

In Anbetracht der Tatsache, daß die Zeichenerklärung als Ausdruck des gemeinsamen Zeichenvorrats der Kommunikationspartner den unerläßlichen Schlüssel zum Verständnis jeder Kartendarstellung bildet, verdient dieser Kartenbestandteil größte Aufmerksamkeit in Theorie und Praxis der Kartengestaltung und der Kartennutzung.

6.2.5. *Weitere Zwecke der Kartennutzung*

Nächst Erkenntnisgewinnung und Kommunikation ist wohl die *Orientierungsfunktion* von Karten als hochbedeutsam zu nennen. Sie bildet den Hauptzweck von Touristenkarten, Autokarten und Orientierungslaufkarten. PÁPAY (1973) faßt diese Funktionen als Teile einer Verhaltenslenkungsfunktion auf, was man aber auch z. T. für die Erkenntnisgewinnungsfunktion ansetzen kann. Gleiches gilt, wenn auch bei immenser Bedeutungsverringerung für Werbekarten.

Manchmal fungieren Karten als *historische Dokumente*. In jüngster Zeit hat die Nostalgiewelle auch die Karte erfaßt, und sie fungiert als *Raumschmuck*. Ein System, daß die Karten nach Nutzungsmerkmalen sinnvoll gliedert, steht noch aus.

6.3. Ergonomische Grundlagen der Kartennutzung und Kartengestaltung

Im Zentrum ergonomischer Untersuchungen stehen die *Bedingungen und Besonderheiten der subjektiven Leistungsmöglichkeiten* sowie die *unmittelbaren Beziehungen zwischen Mensch, Arbeitsmittel und Arbeitsumgebung*. In der Kartographie spielt die Ergonomie nicht allein bei der Kartennutzung, sondern natürlich auch bei der Kartenherstellung eine Rolle. Das wird besonders deutlich, wenn man die Empfehlungen betrachtet, die auf der 1. RGW Konferenz über Fragen der Ergonomie, Moskau 1972, verabschiedet wurden: „Die *Ergonomie* untersucht die funktionellen Möglichkeiten und Besonderheiten des Menschen bei den Arbeitsprozessen; Ziel ist dabei die Schaffung von Bedingungen, Methoden und Organisationsformen der Arbeitstätigkeit, welche die Arbeit des Menschen produktiver machen, gleichzeitig seine geistige und physische Entwicklung fördern sowie gefahrlose und angenehme Arbeitsbedingungen, die die Gesundheit und Leistungsfähigkeit des Arbeitenden erhalten, gewährleisten. Die Ergonomie befaßt sich mit der komplexen Erforschung und Gestaltung der Arbeitstätigkeit mit dem Ziel der Optimierung der Arbeitsinstrumente, der Arbeitsbedingungen und der Arbeitsprozesse. Gegenstand der Ergonomie ist die *Arbeitstätigkeit des Menschen*, Forschungsobjekt hingegen das System „Mensch – Arbeitswerkzeug" (im weiten Sinne dieses Wortes) – Arbeitsgegenstand – Produktionsmilieu (KULKA 1980).

Die Bedeutung der Ergonomie für Kartengestaltung *und* Kartennutzung wird auch in dem Schema „Aufgaben und Ziele der ergonomischen Gestaltung" nach KULKA (1980) sichtbar (s. Abbildung 83). So ist die *Gestaltung der Arbeitstätigkeit* sowohl bei der Kartenherstellung als auch bei der Kartennutzung wesentlich unterschieden, eigentlich seit Karten hergestellt wer-

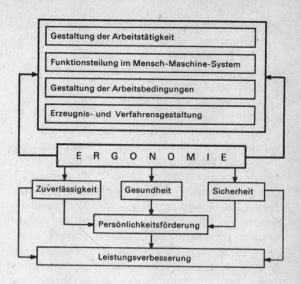

Abbildung 83
Aufgaben und Ziele der ergonomischen
Gestaltung
(nach KULKA)

den. Die *Funktionsteilung im Mensch-Maschine-System* ist vor allem zum Problem geworden, seit mit der Entwicklung der rechnergestützten Kartographie die interaktive Kartenbearbeitung (z. B. HOINKES 1980) eine zunehmend größere Bedeutung erlangt. Selbstverständlich herrschen hinsichtlich der *Gestaltung der Arbeitsbedingungen* bei Kartenherstellung und Kartennutzung unterschiedliche Verhältnisse. Erzeugnis- und Verfahrensgestaltung sind in der Kartographie vor allem unter den Teildisziplinen Kartengestaltung und Technologie der Kartenherstellung bekannt.

Ungeachtet einer Vielzahl von Veröffentlichungen zur Ergonomie muß man feststellen, daß es bisher keine generelle und in den sozialistischen Ländern verbindliche Auffassung zum Begriff, zum Gegenstand und den Aufgaben der Ergonomie gibt. Allerdings sind nach KULKA (1980) inzwischen folgende Auffassungen *relativ* einheitlich, denen zufolge unter Ergonomie ein interdisziplinäres und integratives (komplexes) *Wissenschafts- und Aufgabengebiet*, eine zentrale Orientierung auf die menschliche Leistungsfähigkeit und Arbeitstätigkeit, ein Schwerpunktbezug auf das System von Mensch und Maschine bzw. technischer Anlage und zugehöriger Umgebungseinflüsse, eine wissenschaftspraktische Ausrichtung auf optimale Lösungen in technischer, technologischer, organisatorischer und hygienischer Hinsicht zu verstehen sind.

Es liegt auf der Hand, daß das angeführte System Mensch und Maschine mit dem Ausbau der rechnergestützten Kartenherstellung und künftig auch -nutzung für die Kartographie zunehmend an Bedeutung, auch in ergonomischer Hinsicht gewinnt.

Unter den Hauptaufgaben der Ergonomie in Theorie und Praxis sind folgende für Kartenherstellung und/oder Kartennutzung besonders wichtig:

– Strukturanalyse spezifischer Arbeitstätigkeiten zur Bestimmung der Arbeitsanforderungen und Belastungswirkungen; hier dürften Kartenherstellung wie Kartennutzung gleichermaßen angesprochen sein.

– Berücksichtigung der funktionellen Leistungsmöglichkeiten des Menschen bei der Entwicklung und Konstruktion von Arbeitsmitteln; hier gilt ebenfalls das oben Gesagte, denn Karten sind bekanntlich auch Arbeitsmittel.

– Entwurf und Projektierung von Mensch-Maschine-Systemen unter dem Aspekt der Koordinierung menschlicher und technischer Leistungskomponenten bei Wahrung der aktiven Rolle des Menschen. Hier handelt es sich um den typischen Fall der rechnergestützten Kartenherstellung. Die Koordinierung der Leistungskomponenten ist ein Merkmal der interaktiven Kartenbearbeitung, wie sie z. B. von HOINKES (1980) und BRANDENBERGER (1980) auf der Grundlage bewährter Praxis instruktiv beschrieben wird.
– Nutzung ergonomischer Arbeitsgestaltung und Leistungsoptimierung in der Phase der Produktionsdurchführung einschließlich Entstörung, Instandhaltung und Gütekontrolle. Hier handelt es sich eindeutig um die Kartenproduktion, die angesprochen ist.

Auch bei Kartenherstellung und Kartennutzung als Arbeitstätigkeit ist diese auf ein geistig vorweggenommenes Ziel ausgerichtet, wird mit innerer Begründung (Motivation) verrichtet und hat eine spezifische innere Ordnung (Struktur). Dabei steht dem Kartenhersteller wie dem Kartennutzer ein bestimmter Handlungsspielraum zur Verfügung. Dabei kann es so sein, daß in beiden Fällen die objektiv vorhandenen Freiheitsgrade vollständig oder nur teilweise erkannt, in vollem Umfang oder nur teilweise genutzt werden. Das Erkennen und Nutzen von Freiheitsgraden hängen wesentlich von Qualifikation und Berufserfahrung des Werktätigen ab, also z. B. welche Signale er wahrnimmt und zu identifizieren vermag, welche Regeln und Arbeitsverfahren er beherrscht, mit welcher Einstellung und Verantwortung er tätig ist (KULKA 1980).

Unter Beachtung der gegebenen Handlungsalternativen, des persönlichen Signalinventars sowie der inneren Abbildung der Aufgabe und ihrer Lösung, bezeichnet als „operatives Abbildsystem" oder „inneres Modell" der Tätigkeit, kommt es im Prozeß der Tätigkeitsausführung zu charakteristischen Vollzugsetappen, sog. Handlungsphasen, die sich verallgemeinert nach HACKER (1980 a u. b) wie folgt angeben lassen:
– Antizipation des Endergebnisses sowie von Teilergebnissen;
– Erfassen von tätigkeitsbedeutsamen Bedingungen sowie der Ausgangslage;
– Analyse und Verallgemeinerung der Wirkungsweise von Arbeitsmitteln;
– Ermitteln der wesentlichen Beziehungen zwischen Ausgangslage, antizipierten Ergebnismerkmalen und den Funktionsprinzipien der Arbeitsmittel;
– Mittelwahl;
– Antizipation des prinzipiellen Verfahrensweges;
– Antizipation und Auswahl von Arbeitswegvarianten;
– Antizipation von Teilarbeitsschritten;
– Bestimmen von „Orientierungspunkten" für Kontrolloperationen;
– Verdichten zu einem Plan für die einheitliche Organisation aller Komponenten.
Die vorstehend genannten Handlungsphasen lassen sich, wenn auch unterschiedlich akzentuiert, ebenfalls im Prozeß der Kartenherstellung und Kartennutzung erkennen. Deren genaue Kenntnis und bewußte Steuerung stellen eine Grundbedingung der Effektivitätserhöhung von Kartenherstellung und Kartennutzung dar. Die Lösung der praktischen Aufgaben der Optimierung der Arbeitstätigkeit des Menschen in der modernen Produktion ist eine reale Grundlage für die Entwicklung der Beziehungen verschiedener Wissenschaften, auch in der Kartographie. Der Operateurtätigkeit (SINTSCHENKO, MUNIPOW u. SMOLJAN 1976) kommt bei den ergonomischen Aufgabenstellungen eine besondere Bedeutung zu.

Dem Problem der optimalen Arbeitsplatzgestaltung für Kartographen wird auch in der DDR entsprechende Aufmerksamkeit gewidmet, wie eine umfassende Untersuchung von GÖLDNER (1980) zeigt. Dabei überzeugen vor allem der Umfang der angeführten Gesichtspunkte, die den komplex gestalteten kartographischen Arbeitsplatz als Ziel der Bemühungen kreieren.

6.4. Spezielle Dekodierungsbedingungen

6.4.1. *Rechnergestützte Kartennutzung*

Spezielle Dekodierungsbedingungen sind mit der rechnergestützten Kartennutzung gegeben, wobei die komplexe Automatisierung kartographischer Prozesse die rechnergestützte Kartennutzung einschließt. Nachstehend werden daher einige offensichtlich bedeutsame Ansätze der sowjetischen Kartographie exemplarisch angeführt. Dabei finden das Relief bzw. die Relieftypen offenbar das besondere Interesse im Hinblick auf deren automatische Erkennung. So haben z. B. Vergasov, Vasmut u. Prugalova (1971) diesbezüglich experimentelle Untersuchungen an ausgewählten Musterausschnitten von Relieftypen in 5 unterschiedlich strukturierten morphologischen Einheiten durchgeführt. Durch maschinelle Erkennung und Interpretation konnten die Reliefmuster in Gruppen klassifiziert werden, die sich jeweils eindeutig unterschieden. Diese Methode soll es ermöglichen, die automatische Generalisierung des Reliefs weiter zu entwickeln und auch in der Geologie, Geophysik und Landschaftslehre bzw. Landschaftsanalyse sowie in anderen Disziplinen anwendbar sein. Mit der gleichen Problematik befaßt sich Vergasov (1974). Dabei erscheint bemerkenswert, daß durch ein automatisches Lesesystem zur Ermittlung von Parametern für die Reliefinterpretation auch das Digitalisierungsproblem effektiv gelöst werden kann, die Eingabe in den Maschinenspeicher eingeschlossen. Die Erhöhung der Effektivität der Kartennutzung mittels rechnergestützter Verfahren erfordert auch die Ausarbeitung neuartiger kartographischer Darstellungsverfahren. Diese sollen ermöglichen, den zu analysierenden Karteninhalt vollautomatisch zu digitalisieren und in die EDVA einzugeben. Zur Lösung dieser Aufgabe benutzt Širjaev (1977) sog. *normalisierte Karten*, die sowohl visuell als auch maschinell lesbar sind. Methodisch wurden dabei bisher die Rasterdiskretisierung und die optische Luminiszenzkodierung angewendet. Bei der *Rasterdiskretisierung* (Lichtner 1981) wird die abzubildende kartographische Information durch ein System von parallelen Rasterlinien in diskreter Form verschlüsselt, in dem bestimmte Parameter des Rasterliniensystems bestimmten Objektmerkmalen zugeordnet werden. Die Methode der Luminiszenzkodierung besteht nach Alajski (1981) darin, daß die zu verschlüsselnde Information durch farblose luminiszente Ziffernkodes auf die konventionelle Karte aufgedruckt wird. Diese Kodes werden durch Bestrahlung einer ultravioletten Lichtquelle dekodierbar und können mittels spezieller Flächenabtastautomaten der maschinellen Auswertung zugänglich gemacht werden.

Širjaev (1977) zufolge wurden folgende praktische Aufgaben mittels rechnergestützter Verfahren oben angeführter Spezifik bisher experimentell gelöst: Volumenberechnungen aus Isoliniendarstellungen, Flächenberechnungen aus Darstellungen nach der Methode der qualitativen Flächenfüllungen, Längenmessungen, Ableitungen von Dichtekarten aus Darstellungen von linienhaften Objekten und andere mehr. Damit wird wohl hinreichend deutlich, daß die Schaffung der theoretischen Grundlagen für die rechnergestützte Kartennutzung eine unbestreitbar große Bedeutung erlangt hat.

6.4.2. *Nutzung von Blindenkarten*

Spezielle Dekodierungsbedingungen sind mit der Nutzung von Blindenkarten gegeben, also durch Menschen, denen das Sehvermögen fehlt. Das Fehlen des Gesichtssinnes kann durch verstärkten Gebrauch und Schulung der übrigen Sinne, insbesondere Gehör und Tastsinn, durch erhöhte Konzentration, Gedächtnisübung und anderes in gewissem Maße ausgeglichen werden. Der *Tastsinn* wird durch Übung verstärkt und verfeinert; in Ausnahmefällen hat man dreifache Tastempfindlichkeit gegenüber Sehenden festgestellt. Als Hauptorgan zur Gewinnung des Tastraumes dient die Hand (PODSCHADLI 1981).

Die Eingliederung von Blinden in das tägliche Leben macht auch die Bildung auf kartenrelevanten Gebieten wie Geographie, Geschichte und anderen unerläßlich. Dabei wird die visuelle Wahrnehmung durch das Abtasten von erhabenen, seltener vertieften Punkt- und Linienelementen ersetzt, ein Prinzip, das hinsichtlich der Punktelemente auch für die Schriftwahrnehmung der BRAILLE-Blindenschrift gilt. Besonders erschwerend für die Kartengestaltung wirkt der Fortfall der Farbe.

Durchgeführte Untersuchungen zur Nutzung von Blindenkarten ergaben *sechs Gesichtspunkte*, denen für die Gestaltung besondere Bedeutung zukommt (WIEDEL u. GROVES 1970): linearer Maßstab, Format, Ausgangspunkt zur Orientierung auf jeder Karte, Einfachheit der Zeichnung, Blindenschrift und Ausbildung im Kartenlesen sowie Karteninterpretieren. Für die technische Realisierung hat sich thermoplastisches Material gut bewährt.

Für den Einsatz der Karte bei sehschwachen bzw. sehbehinderten Kindern haben Untersuchungen (GREENBERG u. SHERMAN 1970) ein interessantes *Ergebnis* erbracht: Weiße Signaturen auf schwarzem Hintergrund wurden besser und auf eine größere Entfernung erkannt als im umgekehrten herkömmlichen Falle.

Die vorstehend angeführten, aus der Untersuchung von Dekodierungsprozessen gewonnenen Erkenntnisse sind bei der Gestaltung von Blindenkarten zweckmäßig zu berücksichtigen, auch wenn Erkenntnisse über die optimale Kartenbelastung bei Blindenkarten, optimale Gestaltung der Kartenzeichen (Größe, Gestalt bzw. graphische Differenzierung usw.), Anordnung der Kartenzeichenerklärung und ähnliches noch weitgehend ausstehen.

6.4.3. *Kartennutzung durch Schüler bzw. Kinder und Schlußfolgerungen für die optimale Kartengestaltung*

Bei der *Kartennutzung durch Schüler bzw. Kinder* sind ebenfalls spezielle Dekodierungsbedingungen zu beachten, die zu einem wesentlichen Teil auf den entsprechenden Bildungsstand und mangelnde Erfahrungen in der Kartennutzung zurückzuführen sind. Diese Faktoren bzw. theoretischen Erkenntnisse gilt es bei der Festlegung der Grundsätze der Kartengestaltung für diesen Benutzerkreis zu berücksichtigen. SANDFORD (1980) und PAPP-VARY (1982) haben sich jüngst mit dieser Problematik befaßt und sind zu nachstehenden Ergebnissen hinsichtlich der *Kartengestaltung* gelangt, die aber sicher noch nicht Allgemeingut aller Gestalter von schulkartographischen Erzeugnissen sind, wie man sich unschwer überzeugen kann. Hinsichtlich der Entwicklung des Kartenverständnisses und der damit zusammenhängenden Fragen sei auf BREETZ (1975), hinsichtlich des Zusammenhanges mit der Schulkartographie als Zweig der Kartographie sei auf Kapitel 8.2. verwiesen.

In der DDR werden die Kinder – wie auch anderwärts – in der 4. oder 5. Klasse, d. h. mit etwa 10 Jahren, zum ersten Male mit geographischen oder Geschichtskarten konfrontiert. Es ist daher unerläßlich, die in dieser Altersstufe verwendeten Karten sowohl hinsichtlich ihrer Konzeption als auch der graphischen Gestaltung auf die *speziellen Dekodierungs- bzw. Kartennutzungsbedingungen* maximal exakt abzustimmen.

Für das vorgenannte Anliegen ist von zwei grundsätzlichen Erkenntnissen auszugehen: 1. Das Denken ist hauptsächlich vom Wahrnehmen abhängig. 2. Beim Denken vereinfachen die Kinder merklich, beim Verallgemeinern verbinden sie unterschiedliche Gegenstände und Prozesse, d. h., sie verallgemeinern nicht hinreichend differenziert. Daraus wird geschlußfolgert, daß Karten für Kinder *nicht nur eine vereinfachte Variante* für die Erwachsenen sein können. Als Besonderheiten bei der Kartengestaltung sind o. g. Untersuchungen zufolge die nachgenannten zu beachten: 1. Die Kartenzeichen sollten weitgehend der abgebildeten Wirklichkeit entsprechen, und der Abstraktionsgrad sollte minimal bleiben. Dies erklärt theoretisch hinreichend die starke Verwendung bildhafter Kartenzeichen in Atlaskarten, Wandkarten und Handkarten für den Gebrauch in den unteren Schulklassen. 2. Der Karteninhalt muß insbesondere für allgemein-geographische Karten nach der Luftansicht abgeleitet dargestellt werden. 3. Die verwendeten Begriffe dürfen nicht zu stark differenziert sein, jedenfalls nicht in den Anfangsstadien der Kartennutzung durch das Kind; andererseits müssen die Kartenzeichen in der Legende gut verständlich erklärt werden. 4. Ausführliche, aber dennoch leicht verständliche Kartentitel sind sehr nützlich. 5. Den Einsatz der Schriftdifferenzierung zur Kartengestaltung sollte man auf die höheren Klassen beschränken, auch dürfen die gewählten Schriftgrößen nicht zu gering sein. 6. Maßstabsangaben sind sowohl als Zahlenmaßstab als auch als linearer Maßstab (Maßstabsleiste) anzugeben günstig, weil nicht nur die Größenvorstellung des abgebildeten Raumes gefördert wird, sondern weil dadurch auch die Maßstabsvorstellungen eingeprägt werden. Die schwerwiegende Problematik des Maßstab bei der Kartennutzung durch Kinder wurde u. a. von BARTZ (1971) erkannt und vor allem im Zusammenhang mit Kartenverständnis und Karteninteresse bei Kindern diskutiert. Größere Schwierigkeiten macht den Schülern offenbar das Verständnis des Gradnetzes; bestimmte Lösungsmöglichkeiten bietet der Einsatz von Atlaskarten, die die Erdkugel zeigen und Kartennetzentwürfe, aus denen die Kugelform der Erde sichtbar wird. Bezüglich der Farbwahl für allgemein-geographische Karten mehren sich die Vorschläge, die auf die Verwendung naturnaher Farben, auch unter Bezug auf Satellitenbilder, hinauslaufen. Dabei wird jedoch zumeist übersehen, daß die infolge der Jahreszeiten auftretenden z. T. erheblichen Farbunterschiede die Dekodierung merklich erschweren können. Im übrigen findet die Dekodierung von Karteninhalten durch Kinder immer wieder das Interesse psychologischer Untersuchungen, wie z. B. GROHMANN (1975) oder neuerdings PAPP-VARY (1982) zeigt. Die Ursachen liegen darin, daß auch in diesem speziellen Falle die bei der Kartennutzung gewonnenen Erkenntnisse als Theoriebestandteil der Kartengestaltung Anwendung finden.

6.5. Effektivitätsnachweis der Kartennutzung

Der Effektivitätsnachweis der Kartennutzung stellt eine äußerst schwierig bestimmbare Größe dar. *Effektivität* sei dabei definiert als die erzielte Leistung im Verhältnis zu den eingesetzten Mitteln.

6.5.1. *Bedeutung des Effektivitätsnachweises der Kartennutzung*

Im einzelnen Falle ist es durchaus möglich, die eingesetzten Mittel zur Herstellung einer Karte so zu erfassen, daß vom eingesetzten Material bis zur notwendigen Qualifizierung des Kartographen aller Aufwand über die Kosten registriert wird. Jedoch kann es erhebliche Probleme wegen unterschiedlicher Produktionsbedingungen bei den zu vergleichenden Betrieben u. ä. geben. Das Hauptproblem liegt aber in der Ermittlung der meßbar erzielten Leistung (EBERT u. THOMAS 1971) beim Einsatz der betreffenden Karte, also der Kartennutzung. Hier stehen jegliche Untersuchungen noch aus. Dies gilt sowohl für den Vergleich von einzelnen Kartenklassen untereinander als auch von Karten gegenüber anderen, ähnlichen Informationsmitteln, wie Luftbildern, Graphiken usw.

Ein im vorgenannten Sinne nur „quasi-indirektes Verfahren" stellen die bisherigen Versuche zur Gebrauchswertbestimmung von Karten dar (OGRISSEK 1972).

6.5.2. *Gebrauchswertbestimmung von Karten*

Einen in den vorstehend angedeuteten Grenzen tragfähigen Ansatz der Gebrauchswertbestimmung von kartographischen Darstellungen lieferte in der DDR GAEBLER (1979). Der *Gebrauchswert* wird ebenda definiert als die *Gesamtheit der nützlichen Eigenschaften eines Dinges, die es zur Befriedigung menschlicher Bedürfnisse geeignet machen.* Die aktuelle Bedeutung dieser Problematik mit ihren ideologischen, wissenschaftlich-technischen, ökonomischen und sozialen Aspekten ist auch in der Kartographie unbestreitbar, wobei der Gebrauchswert einer kartographischen Darstellung durch die geistige und praktische Aneignung ihres Inhalts, durch die geistige Konsumtion, die Rezeption realisiert wird. Da die reale Wirksamkeit kartographischer Darstellungen infolge zumeist fehlender Rückkopplung schwer nachweisbar ist, gibt es Probleme bei der Gebrauchswertbestimmung, die nur mittels einer gezielten Wirkungsforschung zu lösen sind. Nach GAEBLER (1979) ist die Unterscheidung von distributiven und rezeptiven Gebrauchseigenschaften in der Kartennutzung sinnvoll. Abgeleitet von der Zweckbestimmung (Funktion) kartographischer Darstellungen werden zu den *distributiven Gebrauchseigenschaften* Publizität, Aktualität und physische Speicherbarkeit gerechnet. Als *Publizität* wird die Eigenschaft sozialistischer Information verstanden, Erkenntnisse für die Öffentlichkeit zugänglich, d. h. verständlich und erreichbar zu vermitteln. Die Gebrauchseigenschaft *Aktualität* ist abhängig von der an einen bestimmten Zeitpunkt gebundenen Bedürfnisbefriedigung, die nicht zuletzt auch von dem Einsatz hocheffektiver Technologien der Kartenherstellung abhängig ist. Die *physische Speicherbarkeit* stellt eine wesentliche Eigenschaft insbesondere selbständiger kartographischer Darstellungen dar, wie sie z. B. mit Kartensammlungen gegeben ist. Nicht zuletzt ist in diesem Zusammenhang auch die Problematik der Zugriffszeit einzuordnen.

Den distributiven Gebrauchseigenschaften werden *rezeptive Gebrauchseigenschaften* gegenübergestellt. Die Effektivität der Rezeption, auch kartographischer Darstellungen, wird zusammen mit den physiologischen, psychischen und intellektuellen Eigenschaften des Rezipienten und seiner Rezeptionsumgebung durch die rezeptiven Gebrauchseigenschaften bestimmt (GAEBLER 1979). Rezeptive Gebrauchseigenschaften können inhaltlicher und formaler Art sein. Nachstehend werden die formalen rezeptiven Eigenschaften behandelt, ohne dabei inhaltliche Aspekte auszuklammern.

Der *Rezeptionsanreiz* wird durch eine Reihe von Bedingungen bestimmt, die sich nicht allein auf die Bedürfnisbefriedigung reduzieren lassen (GAEBLER 1979). In Abhängigkeit von der Funktion der kartographischen Darstellung wirken eine Reihe von Umgebungsreizen in positiver oder negativer Weise (BOČAROV 1966, BOLLMANN 1977), ohne daß bereits vollständige Klarheit über die Einzelheiten dieser Problematik herrscht. Auf jeden Fall ist hier der Zusammenhang bzw. auch die Identität mit den ergonomischen Faktoren unübersehbar. Möglich erscheint bei den durch die kartographischen Darstellungen bewirkten Reizen eine Untergliederung in *spezifische* und *nichtspezifische Reize* (GAEBLER 1979). Demzufolge entstehen *nichtspezifische Reize* durch das Wirken der distributiven und rezeptiven Gebrauchseigenschaften Aktualität, Handhabbarkeit, gute Übereinstimmung von Inhalt und Form, von innerer und äußerer Struktur, gute visuelle Wahrnehmbarkeit (Lesbarkeit, Anschaulichkeit), gute Reproduktionsqualität. *Spezifische Reize* werden vor allem durch die Gestaltungsvariablen

(Form, Farbe, Struktur usw.) ausgelöst. Die genannten Reize wirken jedoch nicht allein, sondern stets kombiniert und beeinflussen auch die anderen Gebrauchseigenschaften.

Unter den Aspekten der Rezeptionsgewohnheiten und der Nutzungshäufigkeit ist vor allem die *physische Handhabbarkeit* zu sehen. Format und Masse der Darstellungen sind dafür wesentliche Parameter, die auch mit den technischen Möglichkeiten der maschinellen Verarbeitung abzustimmen sind. So hat z.B. QUEISZNER (1977) diesbezüglich auf das Problem der Auseinanderfaltung von Karten hingewiesen. Weitere derartige Probleme sind z.B. die typographische Orientierung der einzelnen Kartenseiten bzw. -ausschnitte der Atlanten. So erschwert häufig notwendiges Drehen des Kartenwerkes nicht nur die physische Handhabung, sondern auch den Vergleich und damit die Auswertbarkeit der betreffenden Karten. Hinsichtlich der visuellen Wahrnehmbarkeit sei es im vorliegenden Zusammenhang für ausreichend erachtet, die für Informationsaufnahme, Informationsverarbeitung und Informationsspeicherung sowie Produktivität der Rezeption *maßgeblichen Faktoren* zu nennen: Strukturierung, Anschaulichkeit, Reproduktionsqualität und Lesbarkeit. Einige wenige Hinweise mögen die Problematik verdeutlichen, die ansonsten ausführlich in den entsprechenden Kapiteln behandelt wird.

Für die *Strukturierung* erscheint die Erkenntnis besonders bedeutsam, daß die konzipierte Strukturbildung insbesondere für den Rezipienten kartographischer Darstellungen *leicht und eindeutig erkennbar* sein muß. Auf die Bedeutung der *Anschaulichkeit* der Kartengestaltung selbst wurde bereits von BOČAROV (1966) hingewiesen. Als dabei wirkende Faktoren werden genannt (GAEBLER 1975): Ähnlichkeit der Darstellung mit den Objekten und Erscheinungen einschließlich deren Strukturen, die Assoziationsfähigkeit, Prägnanz und Unterscheidungskraft in qualitativer und quantitativer Hinsicht für die Aufnahme, Einprägung und Wiedererkennung. Die Anschaulichkeit als Gebrauchseigenschaft darf nicht überbewertet werden. Beim Einsatz der Karte als Forschungsmittel kann die Ähnlichkeit mit dem betreffenden Gegenstand die Gedanken zu sehr auf dessen äußere, sinnlich wahrnehmbare Merkmale lenken und das Bewußtwerden der wesentlichen Zusammenhänge störend beeinflussen (RESNIKOV 1968).

Die *Reproduktionsqualität* wirkt als Komponente der visuellen Wahrnehmbarkeit, deren negative Auswirkungen im Extremfalle bis zum Eintreten von Informationsverlusten führen. Zur visuellen Wahrnehmbarkeit ist auch die *Lesbarkeit* zu zählen, die in der Typographie als Geschwindigkeit und Leichtigkeit des Lesens definiert wird (KAPR u. SCHILLER 1977). Als determinierende Faktoren für diese Gebrauchseigenschaft wirken: der Rezipient mit seinen Rezeptionsgewohnheiten, mit seiner psychischen Einstellung usw.; die Rezeptionsumgebung, die inhaltliche Präsentation mit innerer Strukturierung, mit nützlicher und/oder leerer Redundanz usw. und die kartographische Darstellung.

Eine wesentliche Form der Kartennutzung bildet bekanntlich die kartometrische Analyse, topographische wie thematische Karten betreffend.

An die Karte als Maßgrundlage sind definierte Anforderungen hinsichtlich exakter Kenntnis immanenter Parameter zu stellen. Diese betreffen vor allem (GAEBLER 1979): die projektiven Eigenschaften; die maßstabsabhängige Detailliertheit; die maßstabsbedingte quantitative und qualitative Generalisierung; die geometrische Genauigkeit der Darstellung; die graphische Genauigkeit (Zeichengenauigkeit); die zugrunde liegende Vermessung; die Maßhaltigkeit des Informationsträgers und die Eigenschaften der kartographischen Darstellung bezüglich Vollständigkeit und Richtigkeit, wie sie, insgesamt gesehen, maßgeblich durch die Prinzipien der kartographischen Modellbildung (BERLJANT 1975a) gegeben sind.

Insbesondere für Forschungszwecke, aber auch aus ökonomischen Gründen spielt die *Konvertierbarkeit* (Modifizierungsmöglichkeit) von kartographischen Darstellungen eine nicht

| Gebrauchseigenschaften |||||||||||| Komponenten der kartographischen Gestaltung (Auswahl) |
| distributiv ||| rezeptiv — Visuelle Wahrnehmbarkeit ||||||||| |
Publizität	Aktualität	physische Speicherbarkeit	Rezeptionsanreiz	Handhabbarkeit	Kartenwerke Strukturierung Einzeldarstellungen	Anschaulichkeit	Reproduktionsqualität	Lesbarkeit	kartometrische Auswertbarkeit	Konvertierbarkeit	wiederholte Benutzbarkeit	
x	x	x	x	x	x	x		x	x	x	x	**Art der Darstellung**
x	x	x	x	x	x					x	x	Karte, sonstige kartographische Darstellung
x	x	x	x	x	x						x	selbständig, unselbständig
x	x	x	x	x	x						x	Erscheinungsweise
												Geographische Identifizierung
												Projektion, Entwurf
					x	x			x	x		Art
					x							Anzahl
					x					x		Netzdichte
												Maßstab
					x			x	x	x		Größe
					x							Anzahl
						x						Vergleichsdarstellung
												Ausschnitt
			x		x	x						Form
				x	x							Größe
				x	x							Anzahl
				x	x							Anordnung, Abfolge
												Orientierung
			x			x						geographisch
				x	x							typographisch
					x			x	x	x		Grundkarte
												Genauigkeit
									x	x		geometrisch
					x		x	x	x	x		graphisch
					x			x	x	x		Geometrische Generalisierung
			x		x			x	x	x		Aussageform
			x		x	x		x	x	x		Darstellungsmethoden
												Darstellungsmittel
			x		x	x						Zeichen
					x	x	x	x	x			Art
					x	x	x	x	x	x		Form
					x			x				Größe, Maßstab
					x			x				Anzahl
					x			x				Dichte
					x			x				Anordnung
												Schrift
					x			x				Gattung
					x		x	x				Schnitt
					x		x	x				Grad
					x			x				Menge
					x			x				Anordnung
												Farbe
			x		x	x	x	x				Qualität
					x	x	x	x				Gestalt
					x	x		x				Quantität
											x	Lichtbeständigkeit
			x			x	x	x				modulierte Halbtöne
												Titel
			x		x	x						Anordnung
					x			x				Schrift
												Legende
				x	x							Art
				x	x	x						Anordnung
					x							Umfang
					x			x				Struktur
					x			x				Schrift
			x									Randgestaltung -ausstattung
x												**Erschließungshilfen**
					x						x	Vorwort
					x						x	Inhaltsverzeichnis
					x						x	Register
					x						x	Kartenweiser, -übersicht
											x	Verweise
								x			x	Interpretationshilfen
								x			x	Erläuterung zu Namensschreibung, Aussprache, Netzentwürfen, Maßstabsveränderung, Themen, Reliefdarstellung, Farbanwendung u. ä.
										x	x	Quellennachweis

Gebrauchseigenschaften — *distributiv* (Publizität, Aktualität, physische Speicherbarkeit); *rezeptiv — Visuelle Wahrnehmbarkeit* (Rezeptionsanreiz, Handhabbarkeit, Kartenwerke Strukturierung / Einzeldarstellungen, Anschaulichkeit, Reproduktionsqualität, Lesbarkeit, kartometrische Auswertbarkeit, Konvertierbarkeit, wiederholte Benutzbarkeit)

Publizität	Aktualität	physische Speicherbarkeit	Rezeptionsanreiz	Handhabbarkeit	Kartenwerke Strukturierung	Einzeldarstellungen	Anschaulichkeit	Reproduktionsqualität	Lesbarkeit	kartometrische Auswertbarkeit	Konvertierbarkeit	wiederholte Benutzbarkeit	Komponenten der kartographischen Gestaltung (Auswahl)
													Nebendarstellungen
					x								verbal
			x		x		x						nonverbal
	x												Kartographische Originalherstellung
					x	x		x	x	x	x		Verfahren
						x		x		x			Material
			x	x	x	x	x	x		x	x		Fähigkeiten, Fertigkeiten des Modellierers
	x							x				x	Reproduktion
													Verfahren
													Material
		x	x	x	x	x		x					Art
						x		x	x	x			Oberfläche
					x	x		x	x				Farbe
		x		x									Gewicht
		x	x	x				x	x	x	x	x	Qualität
										x	x		Vorlagentreue
x	x	x											Anzahl, Auflage
													Weiterverarbeitung
													Art
		x			x							x	gefalzt
		x			x							x	gebunden
		x			x							x	aufgezogen
		x			x		x					x	plastisch verformt
		x			x								Format
				x									Segmentierung
	x	x	x		x							x	Einband
x	x				x								Umfang

unwesentliche Rolle, unter den Gebrauchseigenschaften. Auf diese Möglichkeit wurde auch in der DDR-Literatur vor längerem explizite hingewiesen (PÁPAY 1973). Hinsichtlich der Notwendigkeit und Bedeutung der mathematischen Erfassung des Gebrauchswertes führte GRYGORENKO (1975b) einen Ansatz vor, auf den hier wie auf den umfangreichen Ansatz von OSTROWSKI (1979) über den semantischen Aspekt des Wirkungsgrades einer Karte hingewiesen sei. Trotz der zweifellos bei kartographischen Darstellungen in der Regel extrem hohen „Aktualitätsempfindlichkeit" stellt die *wiederholte Benutzbarkeit* derselben eine wichtige Gebrauchseigenschaft dar. Diese wird sowohl von kartengestalterischen als auch von beispielsweise buchbinderischen oder anderen technischen Faktoren beeinflußt. Dabei handelt es sich letztlich um Fragen der Ökonomie der Kartennutzung, die in der Kartenherstellung entschieden werden. Die Untersuchungen von GAEBLER (1979) sind hinsichtlich des Zusammenhangs von ausgewählten Komponenten der kartographischen Gestaltung und Gebrauchseigenschaften in einer Matrix zusammengestellt (vgl. Tabelle 7). Nach OGRISSEK (1972) bildet die Zugriffszeit eine eigene Komponente des Gebrauchswertes von kartographischen Darstellungen, der eine herausragende Bedeutung zukommt und die daher eine entsprechende weitere Untersuchung verdient. Nicht zuletzt muß noch darauf hingewiesen werden, daß der Gebrauchswert einer Karte immer eine vom jeweiligen Benutzerkreis determinierte Größe darstellt. Die Situation bei der rechnergestützten Kartennutzung ist offenbar noch nicht untersucht.

7. Die Subkomponenten des Systems der Theoretischen Kartographie

7.1. Geschichte der Kartographie

7.1.1. Geschichtswissenschaftliche Grundpositionen.

Die Geschichte der Kartographie ist nur als *Teil* des Entwicklungsprozesses der menschlichen Gesellschaft zu begreifen, als Teil der Geschichte der Gesellschaft. Daher ist es unerläßlich, auch für die Kartographie, die wissenschaftliche Theorie der Geschichte und damit die allgemeine theoretische und methodologische Grundlage der Geschichtswissenschaft, den historischen Materialismus, anzuwenden. Demzufolge bedingt die Produktionsweise des materiellen Lebens den sozialen, politischen und geistigen Lebensprozeß überhaupt. „*Die Geschichte* tut nichts ... Es ist vielmehr *der Mensch*, der wirkliche, lebendige Mensch, der das alles tut, besitzt und kämpft; es ist nicht etwa die „Geschichte", die den Menschen zum Mittel braucht, um ihre ... Zwecke durchzuarbeiten, sondern sie ist *nichts* als die Tätigkeit, des seine Zwecke verfolgenden Menschen (ENGELS MEW, 4, 135).

Die *Entwicklung der Kartographie* wird in erster Linie durch die Bedürfnisse des materiellen Lebens der Gesellschaft bestimmt, und man kann sie nicht losgelöst von den konkreten gesellschaftlichen Bedingungen verstehen und richtig erklären, also nicht außerhalb des Entwicklungsprozesses der Produktivkräfte und der Produktionsverhältnisse. Neu erwachsende Bedürfnisse der Gesellschaft rufen die Notwendigkeit zur Schaffung neuer Karten hervor und stellen im Zusammenhang damit die Theorien der Kartographie vor bestimmte Probleme. Deren erfolgreiche Lösung dient der Realisierung der praktischen Aufgaben und entwickelt zugleich die kartographische Wissenschaft, zu deren Aufgaben auch die Erforschung und die Darstellung ihrer eigenen Geschichte gehört (SALIŠČEV 1967). Aus diesen Gründen ist es leicht zu erklären, daß in der Mehrzahl der Fälle, die „Geschichte der Kartographie" auch als Komponente der Theoretischen Kartographie aufgefaßt wird.

Da die Geschichte der Kartographie, wie gesagt, auch als Bestandteil der Geschichte (IMHOF 1964) aufzufassen ist, erscheint es zweckmäßig, die Gliederungsprinzipien der Geschichtswissenschaft auch auf die Geschichte der Kartographie anzuwenden, um diese als Gegenstand der Geschichtswissenschaft in die Gesamtentwicklung richtig einzuordnen. Ohne das Rüstzeug des Historikers ist die Geschichte der Kartographie nicht mit Erfolg und Sinn zu betreiben.

Geodäten, Topographen, Kartographen und Reproduktionstechniker sind Kraft ihres Fachwissens in der Lage, die Vermessungs- und Kartengeschichte wesentlich zu fördern; denn sie erkennen Wesentliches der fachlichen Entwicklungen, und sie sehen Zusammenhänge, die dem nicht spezialisierten Historiker verborgen bleiben (IMHOF 1964).

Aus der objektiven Struktur des gesellschaftlichen Lebens sowie seiner Bewegung in Raum und Zeit ergeben sich drei grundlegende Gliederungsprinzipien für den Gegenstand der Geschichtswissenschaft (BRENDLER 1979):

1. die *strukturelle Gliederung*, die in allgemeinen Umrissen den großen Komplexen der sich ständig vertiefenden gesellschaftlichen Arbeitsteilung Rechnung trägt;
2. die *räumliche Gliederung*, die das historische Geschehen hinsichtlich der geographischen Ausbreitung der jeweiligen Erscheinung konkretisiert;
3. die *zeitliche Gliederung*, die Periodisierung des historischen Geschehens.

Auch für die Geschichte der Kartographie gilt es zu beachten, daß diese drei Gliederungsprinzipien eine Einheit bilden, einander bedingen und sich gegenseitig durchdringen. Sie haben nur einen relativen Sinn als praktische Orientierungshilfen in der Vielfalt des historischen Stoffes auch der Kartographie. Keines dieser Gliederungsprinzipien kann für sich allein als Ausgangspunkt für eine theoretische Erklärung des Verlaufs der Geschichte der Kartographie und die sich daraus ergebende Konstruktion des Geschichtsbildes genommen werden.

Die *strukturelle Gliederung* der Geschichtswissenschaft widerspiegelt die gesellschaftliche Arbeitsteilung in der Geschichte. *Wirtschaft, Politik* und *Kultur* sind die drei großen Teilbereiche des gesellschaftlichen Lebens, die in struktureller Hinsicht eine Gliederung der Geschichtswissenschaft wie folgt gestatten (BRENDLER 1979):

1. *Wirtschaftsgeschichte,*
2. *Politische Geschichte,*
3. *Kulturgeschichte.*

1. Die *Wirtschaftsgeschichte* erforscht die Entwicklung des sozialökonomischen Lebens der Gesellschaft, wozu die Geschichte der Produktivkräfte und der Produktionsverhältnisse, die Geschichte der einzelnen Produktionszweige, wozu man ab der Mitte des 18. Jahrhunderts auch die Kartographie rechnen kann (FREITAG 1972). Da die Wirtschaftsgeschichte vornehmlich die Produktionsweise der materiellen Güter – wozu zweifelsohne auch die Karte zu rechnen ist – untersucht, fällt die Karte als historisches Produkt auch in die Kompetenz der Wirtschaftsgeschichte. Da Karten, das Hauptprodukt der Kartographie (zumindest in ihrer jüngeren Geschichte), zugleich ein technisches Produkt sind, müssen sie auch als Gegenstand der Technikgeschichte betrachtet werden, ohne, daß die Beziehungen zwischen Wirtschaftsgeschichte und Technikgeschichte bereits hinreichend geklärt sind.

2. Die *politische Geschichte*, das zentrale Arbeitsfeld der Geschichtswissenschaft, ist nur in bestimmten Teilbereichen für die Geschichte der Kartographie relevant. Diese sind die *Geschichte des Militärwesens* und die *Kirchengeschichte*. Bestandteil einer Geschichte des Militärwesens sind zweifelsohne die militärischen Kartenwerke (OGRISSEK 1983 a), die militärkartographischen Institutionen, die Militärkartographen als Persönlichkeiten usw. Im Hinblick auf die Kirchengeschichte ist die stark weltanschaulich bestimmte Kartengeschichte des Mittelalters als entsprechend bekanntes Beispiel zu nennen (STAMS 1983).

3. Die *Kulturgeschichte*, dritter großer Bereich der Geschichtswissenschaft, beinhaltet vornehmlich den dialektischen Zusammenhang von Wissenschaft, Kunst und Literatur, Philosophie, Weltanschauung, Ideologie, Sitte, Brauchtum. Karten sind demzufolge auch Gegenstand der Kulturgeschichte. Im Hinblick auf die Wissenschaft ist diese Feststellung sicher erst für die jüngere Zeit gültig. Anders hingegen liegt die Situation bezüglich der Kunst, wo die wechselnde Rolle des Künstlerischen u. a. beispielsweise dazu führte, bekannte Werke zur Geschichte der Kartographie (GROSJEAN u. KINAUER 1970) im 18. Jahrhundert enden zu lassen, worauf von Kartographiehistorikern verwiesen wurde (SCHARFE 1981).

Die *räumliche Gliederung* der Geschichte erfaßt die sich verändernde Bindung der einzelnen historischen Erscheinungen an ein bestimmtes Territorium, an das Siedlungsgebiet der Stämme und Völkerschaften, das Wirtschafts- und Staatsgebiet der Völker und Nationen (BRENDLER 1979).

Hinsichtlich der historisch-politischen Gemeinschaften, denen jeweils eine bestimmte räumliche Ausdehnung entspricht, kann man als große Gegenstandsbereiche der Geschichtswissenschaft unterscheiden: Weltgeschichte, Ländergeschichte und Regionalgeschichte. Eine umfassende *Weltgeschichte* der Kartographie steht noch aus, sie kann keineswegs nur eine Geschichte der Karten oder der Kartographen sein, sondern muß heute mehr umfassen (SCHARFE 1981). Die Weltgeschichte realisiert sich in der und durch die Geschichte der einzelnen Länder. Genauso kann sich eine Weltgeschichte der Kartographie nur in und durch die Geschichte der Kartographie der einzelnen Länder realisieren. *Ländergeschichte* ist interpretierbar als Geschichte der Stämme, Völker und Nationen, die das betreffende Land bewohnen und deren historisch-politischer Zusammenhang staatlich gesichert ist (BRENDLER 1979). Für unser Anliegen ist nicht zu übersehen, daß der bisherige Anteil an Abhandlungen, die die kartographischen Aktivitäten eines Landes als territorialen Rahmen im Laufe der historischen Entwicklung zum Gegenstand haben, doch sehr gering ist.

Für die Zwecke historischer Detail- und Spezialforschung ist es möglich und notwendig, die Fragestellungen, die an die Ländergeschichte insgesamt herangetragen werden, thematisch auf einen engeren Raum einzugrenzen. Wir sprechen dann von *Regionalgeschichte*, die die historischen Prozesse, also auch die Entwicklung der Kartographie, in den administrativen Einheiten bzw. den landschaftlichen Regionen eines Landes beinhaltet. Ihre Ergebnisse sind jedoch nur in Konfrontation mit überregionalen analogen Erscheinungen verallgemeinerungsfähig.

Die zeitliche Gliederung (die Periodisierung) der Geschichte strebt danach, den Ablauf der Geschichte in der Zeit überschaubar zu machen. Die einfachste Möglichkeit hierfür bietet bekanntlich die Datierung der historischen Ereignisse nach der Kalenderzeit und die Unterscheidung von Zeitaltern nach ihrem Abstand von der Gegenwart. Man nennt dies bekanntlich das *chronologische Prinzip*, welches aber keinerlei inhaltliche Aussagen bietet. Diese trifft hingegen die *Periodisierung*. Bei dieser geht es darum, solche Zeitabschnitte in der Entwicklung festzulegen, die sich durch eine relative Konstanz der Situation auszeichnen, und zwar im Hinblick auf ein bestimmtes Merkmal oder auf einen Komplex von Merkmalen. Diese Merkmale bezeichnet man als *Periodisierungskriterien*. Mit den Periodisierungskriterien kann man invariante Merkmale, Kräfte oder Größen erfassen, die für eine bestimmte Zeitdauer die konkret-historische Wirkung gesellschaftlicher Gesetzmäßigkeiten bedingen und damit die jeweiligen Prozeßabläufe in ihren Grundlinien determinieren (BRENDLER 1979).

Theoretisch-methodologische Grundlage auch für die Periodisierung der Geschichte der Kartographie ist die Lehre des historischen Materialismus von der ökonomischen Gesellschaftsformation. Der Begriff gestattet sowohl die Feststellung von qualitativen Entwicklungs*stufen* als auch von historischen Entwicklungs*regionen*. Innerhalb der Formationen wird vielfach nach *Stadien* periodisiert. Stadien sind Entwicklungsabschnitte innerhalb einer ökonomischen Gesellschaftsformation (z.B. Manufakturkapitalismus, Industriekapitalismus, Imperialismus). Die Existenz verschiedener Gesellschaftsformationen zu ein und derselben Zeit macht es erforderlich, daß man neben den Qualitätsbegriffen der Formation und des Stadiums Zeit- und Prozeßbegriffe in der Periodisierung verwendet, die es ermöglichen, qualitativ unterschiedliche Erscheinungen zusammenzufassen, die dann ihrerseits mit Hilfe der Formationsbegriffe und der anderen Kategorien des historischen Materialismus inhaltlich analysiert werden. Solche Begriffe sind *Zeitalter, Epoche, Hauptperiode, Periode, Etappe* und *Phase*. Ihre Anwendung erfolgt nicht einheitlich, Zeitalter und Epoche werden bevorzugt unter weltgeschichtlichem Aspekt angewendet; Hauptperiode, Periode, Etappe und Phase dienen oft zur Periodisierung engerer Erscheinungen (BRENDLER 1979). Diese Kategorien sind sicher gut geeignet, auch bei der Periodisierung der Geschichte der Kartographie eine spe-

Abbildung 84
Strukturmodell der Geschichte der Kartographie für die Erforschung und Darstellung (nach OGRISSEK)

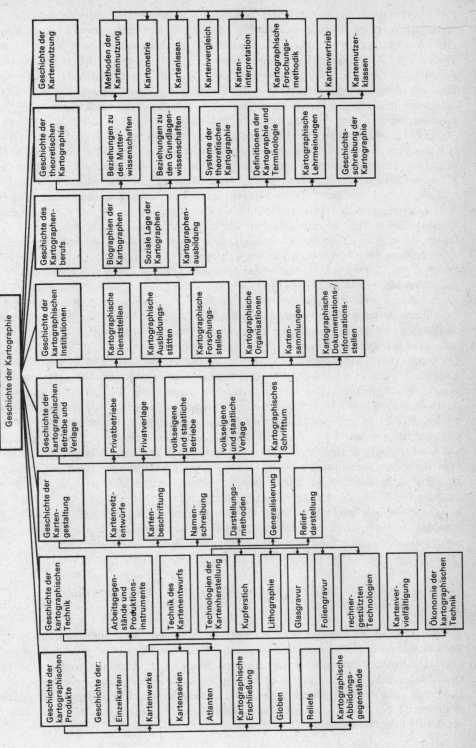

zielle Anwendung zu finden. Wesentlich ist, daß diese spezielle Anwendung eindeutig von der allgemeinen im Sinne der ökonomischen Gesellschaftsformationen unterschieden wird. Die Einschnitte zwischen den einzelnen Gesellschaftsformationen, Epochen, Perioden und Phasen werden als *Zäsuren* bezeichnet. Diese sind definiert als solche Ereignisse oder Ereigniskomplexe, in denen sich ein grundlegender Situationswandel für das jeweilige Bezugssystem vollzieht, ein Qualitätssprung in der Entwicklung. In Abhängigkeit vom Bezugssystem haben wir demzufolge Zäsuren *unterschiedlicher Wertigkeit* zu unterscheiden, wobei die Rangfolge der Zäsuren dem Prinzip „vom Allgemeinen über das Besondere zum Einzelnen" folgt. Die große Bedeutung der Periodisierung liegt auch für die Geschichte der Kartographie letztlich darin, *von der Beschreibung historischer Erscheinungen zur Erkenntnis* (OGRISSEK 1982 c) der objektiven gesetzmäßigen Zusammenhänge zu gelangen, was ihre Erklärung einschließt.

Der völlig ungenügende Stand in der Geschichtsschreibung der Kartographie gab wiederholt Anlaß zu berechtigter Kritik. Ihre Ursache wurde zuletzt darin gesehen, daß sich die Kartographie noch im Stadium der Grundlagensammlung befände; und die Feststellung von SCHARFE (1981), darin keinen Grund zu sehen, Versuche zu einer Theorienbildung zu unterlassen, kann nicht nachdrücklich genug unterstrichen werden. Vom methodologischen Ansatz her kann bisher eigentlich nur der Beitrag von FREITAG (1972) über die „Zeitalter und Epochen der Kartengeschichte" als weiterführend angesehen werden. Dessenungeachtet muß gesagt werden, daß die Überbewertung der Kommunikationsfunktion (SALIŠČEV 1978 c) von Karten dazu führte, die dominierenden Gliederungsmerkmale der Kartengeschichte in der Geschichte der Kommunikationswissenschaft zu suchen. Dem steht die wohlbegründete Auffassung von der maßgeblichen Rolle der Erkenntnisgewinnungsfunktion der von SALIŠČEV 1978 c u. 1982 a) entgegen.

FREITAG (1972) gibt folgende Periodisierung der Kartengeschichte: Er unterscheidet drei *Zeitalter*, 1. ein solches der sog. chirographischen Karten oder der Manuskriptkarten, 2. ein solches der typographischen oder gedruckten Karten, 3. ein solches der photographischen oder telegraphischen Karten. Dabei treten folgende Probleme auf: Zunächst einmal muß unterstrichen werden, daß eine Geschichte der Karten noch keine Geschichte der Kartographie ist, aber einen wesentlichen Baustein dazu darstellt. Zum anderen ist nicht zu übersehen, daß als Periodisierungsmerkmal allein die Vervielfältigungstechnik oder bestimmte Grundzüge derselben angewendet werden. Es muß beim gegenwärtigen Stand der theoretischen Durchdringung der Forschung dahingestellt bleiben, welche Merkmale für eine Periodisierung der Gechichte der Karten als am besten geeignet anzusehen sind. Auf jeden Fall muß man wohl die Geschichte der Karten, des wichtigsten Produktes der Kartographie im Zusammenhang mit den anderen Bestandteilen der Kartographie sehen. Nachstehend wird ein neuer Ansatz vorgeführt, der von dieser Grundüberlegung ausgeht.

7.1.2. *Ein System zur Erforschung und Darstellung der Geschichte der Kartographie*

Das vorgenannte Anliegen wird im Rahmen eines Systems zu realisieren gesucht, daß von der *Identität der Grundlinien der Erforschung und der Darstellung* einer Geschichte der Kartographie ausgeht. Zu diesem Zweck wird die Geschichte der Kartographie so gegliedert, daß gewissermaßen eine vertikale und eine horizontale Untersuchung und Darstellung der ausgegliederten Teile der Kartographie möglich wird. Dessenungeachtet bleibt das Problem der Periodisierung der Geschichte der Kartographie noch zu lösen, da dafür unterschiedliche Merkmale einsetzbar sind.

Das zu beschreibende System geht von einer Einteilung der Geschichte der Kartographie in acht Gebiete, wohlgemerkt für die o. g. Zielstellung, aus (vgl. Abbildung 84): 1. *Geschichte der kartographischen Produkte,* 2. *Geschichte der kartographischen Technik,* 3. *Geschichte der Kartengestaltung,* 4. *Geschichte der kartographischen Betriebe und Verlage,* 5. *Geschichte der kartographischen Institutionen,* 6. *Geschichte des Kartographenberufs,* 7. *Geschichte der theoretischen Kartographie* und 8. *Geschichte der Kartennutzung.* Diese Gebiete werden in eine Reihe von Teilgebieten untergliedert, die der Abbildung 78 zu entnehmen sind. Zur *Geschichte der kartographischen Abbildungsgegenstände* ist folgendes anzumerken. Bei letzterem Teilgebiet – kartographische Abbildungsgegenstände – liegen bisher kaum eigene Untersuchungen vor, aber zweifelsohne lassen sich dabei viele Erkenntnisse nicht nur über die Entwicklung konzeptioneller Auffassungen der Kartographen in den verschiedenen Perioden gewinnen, sondern auch über die sich in den Abbildungsgegenständen widerspiegelnden unterschiedlichen Zweckbestimmungen. Damit schließt sich dann der Kreis wieder mit dem letztgenannten Gebiet, der Geschichte der Kartennutzung.

Letztlich ist alle kartographische Tätigkeit nicht denkbar ohne den aktiv wirkenden Kartographen, insbesondere nicht ohne den „professionellen" Kartographen. Daher gehört in ein System der Geschichte der Kartographie auch unabdingbar die *Geschichte des Kartographenberufs.* Als Teilgebiete empfehlen sich *Biographien der Kartographen, Geschichte der sozialen Lage der Kartographen* und *Geschichte der Kartographenausbildung.* Das Ergebnis der Entwicklung, zumeist erst des 20.Jahrhunderts – von der Kartennetzentwurfslehre einmal abgesehen – bildet den Gegenstand einer *Geschichte der theoretischen Kartographie.* Zufolge dem System der Theoretischen Kartographie (OGRISSEK 1981a), das der vorliegenden Darstellung zugrunde liegt, ergibt fast zwangsläufig nachstehend erläuterte Gliederung in Teilgebiete. An erster Stelle steht die *Geschichte der Beziehungen der Kartographie zu den Mutterwissenschaften und Geschichte der Beziehungen der Kartographie zu den Grundlagenwissenschaften*; damit werden solche wichtigen Fragen wie die der Disziplingenese der Kartographie im Gesamtzusammenhang (PÁPAY 1984a), aber auch im speziellen Einzelfall (OGRISSEK 1985a) angesprochen. In den Komplex einer Geschichte der Theoretischen Kartographie gehören zudem die *Geschichte der Systeme (und Auffassungen) der theoretischen Kartographie,* die *Geschichte der Definitionen der Kartographie* und die *Geschichte der kartographischen Terminologie* sowie die eng damit zusammenhängende *Geschichte der kartographischen Lehrmeinungen.* Nicht zuletzt gehört zu einer Geschichte der theoretischen Kartographie auch die *Geschichte der Geschichtsschreibung der Kartographie.*

Die Geschichte der Kartographie wurde bisher überwiegend als Geschichte der Kartenherstellung aufgefaßt und geschrieben. Inzwischen zeigte sich deutlich, daß die *Geschichte der Kartennutzung* eine wesentlich stärkere Bearbeitung als bisher erfordert. Dabei scheinen die Untersuchungen für drei Teilgebiete vorrangige Bedeutung zu besitzen: *Geschichte der Methoden der Kartennutzung, Geschichte des Kartenvertriebs* – Kartenvertrieb als oftmalige Voraussetzung effektiver Kartennutzung im Öffentlichkeitsbereich zu sehen – und *Geschichte der Kartennutzerklassen.* Die Methoden der Kartennutzung lassen sich in die in Abbildung 84 genannten Teilgebiete untergliedern.

7.2.   Kartographische Terminologie

Im Interesse einer weiteren Entwicklung der theoretischen Grundlagen der Kartographie ist eine theoretische Durchdringung auch der kartographischen Terminologie als Bestandteil der theoretischen Kartographie notwendig (OGRISSEK 1980a u. b). Das Fernziel muß die Schaffung einer kartographischen Nomenklatur sein, an die folgende drei allgemeine Forderungen zu stellen sind: Jeder Name muß sich auf eine bestimmte Einheit beziehen, jede Einheit darf nur einen Namen tragen, und ein einer bestimmten Einheit zuerkannter Name darf nicht willkürlich verändert werden (NATHO 1978a).

Nicht zuletzt ist auf den Zusammenhang von Terminologie und Wissenschaftssprache hinzuweisen und darauf, daß die Wissenschaftssprache strukturbildendes Instrument jeder Disziplin ist (ALBERT, HERLITZIUS u. RICHTER 1982).

7.2.1. Theoretische Grundlagen der kartographischen Terminologie

Terminologie ist zu definieren als die *Gesamtheit der Fachwörter bzw. Fachausdrücke einer wissenschaftlichen Disziplin oder eines Berufes* (NATHO 1978b). Terminologische Eindeutigkeit ist eine unabdingbare Voraussetzung für eine erfolgreiche Kommunikation im nationalen wie im internationalen Rahmen. Diesem Anliegen dienen bekanntlich in der Kartographie auch solche Unternehmen wie das „Multilingual Dictionary of Technical Terms in Cartography".

Die Basis der Terminologie bilden die Termini, als Fachwörter oder Fachausdrücke zu übersetzen. Das Wort *Terminus* wird in der modernen logischen und methodologischen Literatur unterschiedlich verwendet. In der Logik und Methodologie wird zwischen „Eigennamen" und „Prädikatoren" unterschieden. Eigennamen wie beispielsweise „Erde", „Elbe" oder „Harz" sind dabei Worte einer Sprache, die einem einzelnen Gegenstand als Benennung zugeordnet werden. Prädikatoren hingegen sind Worte, die verschiedenen mit Eigennamen bezeichneten Gegenständen zu- oder abgesprochen werden (WESSEL 1978a). Als kartographische Beispiele wären analog zu den zitierten Eigennamenbeispielen „Planet", „Fluß" oder „Gebirge" zu nennen. Einige Autoren bezeichnen nur eine bestimmte Gruppe von Prädikatoren, jedoch keine Eigennamen, als „Termini". Die Verwendungsweise von Prädikatoren ist in der Umgangssprache, z.T. aber auch in der kartographischen Fachsprache, im allgemeinen nicht genau festgelegt. Einige Prädikatoren sind mehrdeutig. Als anschauliches Beispiel in der Kartographie sei „Schloß", oftmals Element topographischer Karten oder Touristenkarten, angeführt. Derartige Prädikatoren sind kontextabhängig. In der Kartographie läßt sich jedoch aus der Legende der zutreffende Sachverhalt in der Regel ohne Schwierigkeiten erkennen oder erschließen, so daß das Problem eine untergeordnete Rolle spielt. Durch Aufstellung von Prädikatorenregeln läßt sich die Verwendungsweise von Prädikatoren präzisieren. Dies ist besonders für den wissenschaftlichen und bzw. philosophischen Sprachgebrauch notwendig, da hier Mehrdeutigkeiten möglichst ausgeschlossen werden müssen. Als „Termini" bezeichnet man deshalb explizite vereinbarte, durch ein System von Prädikatorenregeln festgelegte und kontextinvariante Prädikatoren. Die allgemeine Terminitheorie läßt sich auf der Beziehung des Bedeutungseinschlusses aufbauen. Die Bedeutung eines Terminus t^l ist in der Bedeutung eines Terminus t^2 eingeschlossen, genau dann, wenn ein beliebiger mit t^2 bezeichneter Gegenstand auch mit t^l bezeichnet wird. Mit Hilfe dieser Beziehung läßt sich unter anderen die Bedeutungsgleichheit definieren (WESSEL 1978a). Die Gesamtheit der nach bestimmten Regeln erfolgenden Bezeichnungen bestimmter Teile eines wissenschaftlichen oder technischen Gebietes wird als *Nomenklatur* bezeichnet (NATHO 1978a). Im Gegensatz zu manchen Disziplinen (z.B. Chemie) gibt es für die Kartographie noch keine diesbezüglichen Nomenklaturvorschriften. Der Zusammenhang mit den in der Kartographie anstehenden Standardisierungsaufgaben ist wohl unübersehbar.

7.2.2. Kartographische Terminologie sowie Kartenklassifikation und allgemeine Objektbegriffe der kartographischen Darstellung

Von herausragender Bedeutung für die theoretische und die praktische Kartographie ist die *Kartenklassifikation* mit einer damit verknüpften eindeutigen Terminologie.

Eine wissenschaftliche Klassifikation wird dann objektiv notwendig, wenn der zu untersuchende Gegenstandsbereich durch eine wachsende Anzahl von Kenntnissen unübersichtlich wird. Es geht aber nicht nur um die erkannten Objekte eines Gegenstandsbereiches, sondern auch um ihre begriffliche Widerspiegelung (ROCHHAUSEN 1968). Damit ergibt sich auch der Zusammenhang mit der Terminologie, wie in den nachstehenden Ausführungen dargelegt. Die Notwendigkeit der Klassifikation von Karten, wie der kartographischen Darstellungsformen überhaupt, und die Schaffung entsprechender Termini ist also durch deren wachsende Vielfalt bedingt und besitzt nachstehende sowohl theoretische als auch praktische Bedeutung (SALIŠČEV 1967):

– Die wissenschaftliche Klassifikation hilft bei der Untersuchung bzw. Feststellung von Gesetzmäßigkeiten, die den einzelnen Kartenklassen eigen sind,
– sie findet ihre Widerspiegelung in der Organisation der kartographischen Produktion, und
– sie ist für die Katalogisierung der Karten und ihre systematische Aufstellung in Kartensammlungen und Archiven notwendig.

Voraussetzung für das Eindringen in logisch-methodologische Aspekte der Klassifikation in der Kartographie ist die klare Einsicht in das allgemeine Problem der *Klassifikation*. Man kann unter Klassifikation sowohl den Prozeß als auch das Resultat der Einteilung einer Menge oder Klasse von Individuen in Teilklassen verstehen. Dabei müssen folgende logische Forderungen erfüllt sein:

1. Vollständigkeit, d.h. $K_1 \cup K_2 ... \cup K_n$ und
2. Elementefremdheit, d.h. $K_1 \cap K_2 ... \cap K_n = \emptyset$

wobei $\emptyset$ das Symbol für die leere Menge ist. Mit Worten ausgedrückt heißt das: Die Vereinigung der Teilklassen muß die unterteilte Klasse ergeben, und es darf kein Element mehreren Teilklassen angehören (RICHTER 1978).

Die Klassifikation ist auch heute noch grundlegendes Element einer jeden Erkenntnistätigkeit. (Am Rande sei vermerkt, daß Erkenntnis jedoch nicht auf Klassifikation reduziert werden kann). In unserer Abhandlung handelt es sich diesbezüglich offensichtlich um die beiden Komponenten Systematisierung bzw. Vergleich und Begriffsbildung.

Eine Klassifikation erfolgt immer nach bestimmten *Merkmalen* unter Anwendung der Ordnungsprinzipien *Koordination* und *Subordination*. Zudem kann eine Klassifikation nur nach wesentlichen Merkmalen – als Hauptmerkmale bezeichnet – vorgenommen werden. Darunter sind diejenigen zu verstehen, die eine eindeutige Abgrenzung zu Nachbarbereichen erlauben. Daraus wird auch deutlich, daß das Wesen eines Dinges vom jeweiligen Bezugssystem abhängig ist. Dementsprechend kann ein und dasselbe Ding, also auch eine Karte, in verschiedenen Klassifikationen erscheinen. Noch ein weiterer Aspekt ist besonders für kartographische Klassifikationen bedeutsam; das ist der *Zusammenhang zwischen Logik und Dialektik*. So orientiert dialektisches Denken auf die ständige Verbesserung einmal gewonnener Klassifikationen und auf die Überwindung von Begrenztheiten, die niemals völlig zu vermeiden sind. Sie bestehen beispielsweise darin, daß Übergangserscheinungen nicht beachtet werden (RICHTER 1978). Es liegt auf der Hand, daß Wissenschaften mit einer solchen raschen Entwicklung, wie es bei der Kartographie der Fall ist (OGRISSEK 1979a), hier ein weites Aufgabenfeld zu bewältigen haben.

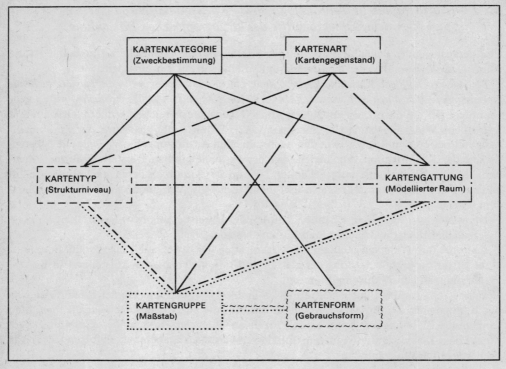

Abbildung 85
System der Kartenklassen nach Hauptmerkmalen
(nach OGRISSEK)

Eine relativ umfassende, repräsentative Untersuchung der Situation in der DDR auf dem Gebiet der Kartenklassifikation und zugehöriger Terminologie liegt von OGRISSEK (1980a u. b) vor, worauf hier zu verweisen ist. Zusammengefaßt werden ebenda folgende Charakterisierung der Sachlage in der DDR gegeben und daraus resultierende Erfordernisse genannt:

– Die Anzahl eingeführter Begriffe entspricht vielfach nicht mehr den existierenden Anforderungen.
– Die Anwendung der Klassifikationsbegriffe erfolgt äußerst uneinheitlich.
– Neuschöpfung und Übernahme von Termini erfolgen nicht mit der notwendigen Sorgfalt; Ausnahmen wie EWERT u. NÄSER (1979) bestätigen nur die Regel.
– Es sind Untersuchungen und daraus resultierende Vorschläge für eine diesbezügliche Nomenklatur erforderlich, die auf zu ermittelnden Hauptmerkmalen basieren.
– Um den Anforderungen der Praxis gerecht zu werden, sollten die am häufigsten verwendeten und begründeten Termini in das zu schaffende System optimal integriert werden. Außerdem sind bei der Wortwahl auch die Beziehungen zwischen den einzelnen Komponenten zu beachten.

Von OGRISSEK (1980b) wurde ein System der Kartenklassifikation ausgearbeitet, das, von Hauptmerkmalen ausgehend, entsprechende Terminivorschläge mit zugehöriger Begründung enthält. Als *Hauptmerkmale der Kartenklassifikation* wurden erachtet (s. Abbildung 85):

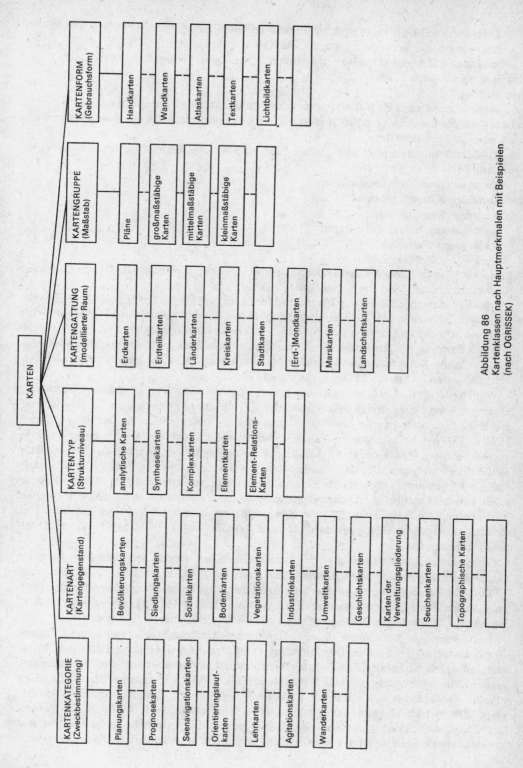

Abbildung 86
Kartenklassen nach Hauptmerkmalen mit Beispielen (nach OGRISSEK)

KARTEN

KARTENKATEGORIE (Zweckbestimmung)
- Planungskarten
- Prognosekarten
- Seenavigationskarten
- Orientierungslaufkarten
- Lehrkarten
- Agitationskarten
- Wanderkarten

KARTENART (Kartengegenstand)
- Bevölkerungskarten
- Siedlungskarten
- Sozialkarten
- Bodenkarten
- Vegetationskarten
- Industriekarten
- Umweltkarten
- Geschichtskarten
- Karten der Verwaltungsgliederung
- Seuchenkarten
- Topographische Karten

KARTENTYP (Strukturniveau)
- analytische Karten
- Synthesekarten
- Komplexkarten
- Elementkarten
- Element-Relations-Karten

KARTENGATTUNG (modellierter Raum)
- Erdkarten
- Erdteilkarten
- Länderkarten
- Kreiskarten
- Stadtkarten
- [Erd-]Mondkarten
- Marskarten
- Landschaftskarten

KARTENGRUPPE (Maßstab)
- Pläne
- großmaßstäbige Karten
- mittelmaßstäbige Karten
- kleinmaßstäbige Karten

KARTENFORM (Gebrauchsform)
- Handkarten
- Wandkarten
- Atlaskarten
- Textkarten
- Lichtbildkarten

- *Zweckbestimmung*, teilweise auch als Funktion bezeichnet,
- *Kartengegenstand*, teilweise auch mit Kartenthema gleichgesetzt,
- *Strukturniveau*, bisher teilweise nicht exakt mit Verallgemeinerungsgrad bezeichnet,
- *modellierter Raum*,
- *Maßstab*,
- *Gebrauchsform*, auch als Nutzungsform oder Erscheinungsform bezeichnet.

Bezüglich der Begriffshierarchie ist lediglich die dominierende Rolle der Zweckbestimmung als eindeutig einzuschätzen.

Als Klassifikationstermini und analoge Merkmale werden folgende vorgeschlagen (s. Abbildung 86):

Kartenkategorie: Zweckbestimmung

Kartenart: Kartengegenstand

Kartentyp: Strukturniveau

Kartengattung: modellierter Raum

Kartengruppe: Maßstab

Kartenform: Gebrauchsform

Rund 40 Beispiele von Kartenbezeichnungen sind sicher geeignet, das System und seine Struktur hinreichend zu veranschaulichen.

Die Bedeutung der Kartenklassifikation für die kartographische Terminologie betrifft auch die neuen Entwicklungsgebiete der Kartographie wie die Automatisierung kartographischer Prozesse. Auf das Problem der Auswirkungen rechnergestützter Kartographie für die Definition der Kartographie (als Wissenschaft) hatte unter dem Blickpunkt der maschinenlesbaren Karte – in der Kombination mit visueller Nutzungsmöglichkeit als *„normalisierte Karte"* bezeichnet – bereits ŠIRJAEV (1977) hingewiesen.

Von ähnlich großer Bedeutung wie die terminologischen Problemlösungen der Kartenklassifikation – und auch damit zusammenhängend – ist die terminologische Klärung der Begriffe, die für die allgemeine *Gegenstandsbestimmung* der kartographischen Darstellung (PÁPAY 1972 u. 1974) verwendet werden. PÁPAY (1980) hat diese Begriffe – als *allgemeine Objektbegriffe* bezeichnet – nach der Häufigkeit ihrer Verwendung und unter semantischen Aspekten ausführlich untersucht. Die dabei vorgenommene Unterscheidung in Publikationen sozialistischer Länder und solche nichtsozialistischer Länder ist sicher nützlich, den philosophischen bzw. erkenntnistheoretischen Hintergrund dieses Terminusbereiches zu verdeutlichen; hinzu kommt die Berücksichtigung des entwicklungsgeschichtlichen Aspektes durch die Darstellung der relativen Häufigkeit des jeweiligen Begriffes in vor 1970 und danach erschienenen Veröffentlichungen.

Entsprechend der Reihenfolge der relativen Häufigkeit wurden den einzelnen Begriffen die bedeutungsgleichen und bedeutungsähnlichen Begriffe zugeordnet, dabei insgesamt 17 Gruppen von bedeutungsgleichen und -ähnlichen allgemeinen Objektbegriffen der kartographischen Darstellung unterschieden. Über deren relative Häufigkeit gibt Abbildung 87 Auskunft. Die einzelnen Gruppen umfassen dabei folgende Begriffe:

1. *Erscheinungen*, Phänomene, Erscheinungsformen, territoriale Erscheinungen; 2. *Objekte*, Gegenstände, Dinge, Sachen, Objektinhalte; 3. *Erdoberfläche*, Oberfläche, Erdsphäre, Erdgebiet, erdräumliche Inhalte, Landschaft, Territorium; 4. *Informationen*, Daten, Forschungsergebnisse, Beobachtungsergebnisse, Kenntnisse; 5. *Sachverhalte*, Tatsachen, Merkmale, Sachinhalte, Tatbestände; 6. *Gesellschaft;* 7. *Natur;* 8. *Wirklichkeit*, Realität, objektive Realität, reale Welt, Wirklichkeitsbereich, geographische Wirklichkeit, reale Wirklichkeit, Umwelt, Universum, Außenwelt, geographisches Milieu, geographische Umwelt, landschaftliche Realität, materielle Welt, objektive Wirklichkeit, territoriale Wirklichkeit; 9. *Prozesse*, zeitliche

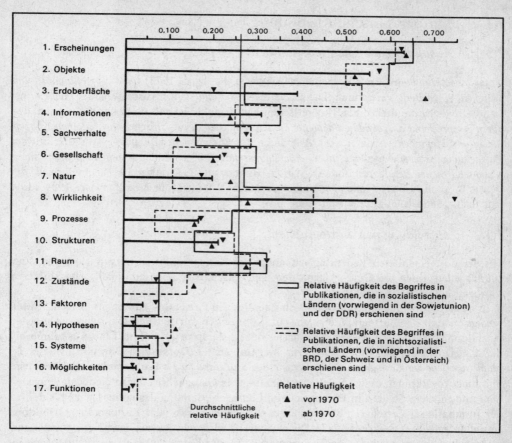

Abbildung 87
Gruppen von bedeutungsgleichen und -ähnlichen allgemeinen Objektbegriffen der
kartographischen Darstellung – relative Häufigkeit
(nach PÁPAY)

Veränderung, Vorgänge, Tendenzen; 10. *Strukturen*, Zusammenhänge, Beziehungen, Wechselbeziehungen, Objektbeziehungen, Verflechtungen; 11. *Raum*, räumliche Strukturen, räumliche Beziehungen, räumliche Systeme, räumliche Verteilung, regionale Struktur, geographischer Raum, Lebensraum, Raumerscheinungen, räumliche Gegebenheiten, räumliche Realität, räumliche Zusammenhänge; 12. *Zustände*, Vorkommen, Gegebenheiten; 13. *Faktoren;* 14. *Hypothesen*, Vorstellungen, Abstraktionen, Fiktionen; 15. *Systeme*, Komplexe; 16. *Möglichkeiten*, Projekte; 17. *Funktionen.* Die Bildung einer einheitlichen Terminologie, eines einheitlichen Systems der allgemeinen Objektbegriffe ist von hoher Relevanz für die weitere Entwicklung der theorethischen Kartographie (PÁPAY 1980).

Weitere Untersuchungen des genannten Gegenstandes sind zur Erreichung des vorgenannten Zieles unerläßlich, vor allem im Interesse einer weiteren theoretischen Durchdringung von Kartengestaltung und Kartennutzung.

261

7.3. Kartographische Ausbildung

7.3.1. *Ausbildung als Theoriebestandteil*

Unter *Ausbildung* wird im allgemeinen (GÖRNER u. KEMPCKE 1973) die *Vorbereitung auf eine Tätigkeit, einen Beruf* verstanden. Die *theoretische Begründung* der Ausbildung als Theorienbestandteil, als Bestandteil einer Theoretischen Kartographie ist vor allem darin zu sehen, daß *durch entsprechend ausgebildete Fachleute die Reproduktion der spezifischen theoretischen Konzeptionen und Methoden* gesichert wird. Aber auch die *Bildung neuer Disziplinen* ist daher mit der *Entwicklung neuer Lehrsysteme, neuer Ausbildungseinrichtungen* und mit der *Entstehung neuer wissenschaftlicher Berufe* verbunden (ALBERT, HERLITZIUS u. RICHTER 1982), ein Prozeß, der sich z. B. auch bei der Genese der kartographischen Wissenschaft (z. B. PÁPAY 1984 sowie OGRISSEK 1985a u. c) nachweisen läßt.

7.3.2. *Ausbildung von Kartographen*

Mit der unübersehbaren Bedeutungszunahme der Kartographie (ORMELING 1981, SALIŠČEV 1982c) wuchs auch die Gewichtigkeit der akademisch, d. h. hochschulmäßig ausgebildeten Kartographen (SALIŠČEV 1980).

In der Hochschulausbildung zeigt sich überdies die Beziehung zu den jeweiligen Mutterwissenschaften der Kartographie gegenwärtig wohl noch am deutlichsten, denn die meisten Ausbildungsprofile sind entweder geodäsie- oder geographie-orientiert. Eine Ausnahme bildet das „Dresdener Modell" der Technischen Universität (OGRISSEK 1978a u. b), wo der *Diplom-Ingenieur der Kartographie* vom Beginn des Studiums an als Kartograph ausgebildet wird und nicht im Rahmen einer „Vertiefungsrichtung" in Geographie oder in Geodäsie. Für kleinere und mittlere Staaten in Europa scheint hier nach Meinung des vormaligen Präsidenten der International Cartographic Assoziation die ideale Lösung der Kartographenausbildung gefunden zu sein (ORMELING 1982). Die Bedeutung der hochschulmäßigen Kartographenausbildung für die Entwicklung von Theorie und Praxis der Kartographie ist auch anderwärts inzwischen voll erkannt worden. Für die BRD liegt eine umfassende Bestandsaufnahme mit Prämissenangaben für ein Hochschulstudium der Kartographie, unter Einbeziehung österreichischer und schweizerischer Autoren vor (BOSSE u. MEINE 1975), die zugleich die Vorzüge einer abgestimmten Kartographieausbildung auf allen drei Stufen (OGRISSEK 1982d) – wie in der DDR praktiziert – augenfällig macht. Im Suchen nach den optimalen Studienplänen werden verschiedene Wege gegangen, so z. B. in Japan mit der Schaffung und Anwendung von Modell-Lehrplänen (KANAZAWA 1973). In China ist die Orientierung auf eine moderne kartographische Hochschulausbildung nicht zu übersehen, wie das Beispiel der Universität Wuhan (YUJU 1981) zeigt, wobei ein Vergleich der Übereinstimmung mit dem „Dresdener Modell" aufschlußreich ist. Als Zentren der Hochschulausbildung von Kartographen im zitierten Sinne nennt ORMELING (1982) Dresden, Glasgow, Madison, Moskau, Wien, Zürich; hinzuzufügen wären sicher noch weitere. Aussagen zu Inhalt und Form der Hochschulausbildung enthalten folgende Veröffentlichungen: *Großbritannien* – ANSON (1982), *Frankreich* – CARRÉ (1982), *Belgien* – DEPUYDT (1982), *Sowjetunion* – EVTEEV (1982), *Schweiz* – FICKER (1982), *Polen* – GRYGORENKO (1982), *Ungarn* – KLINGHAMMER (1982), *Österreich* – KRETSCHMER (1982), *Jugoslawien* – LOVRIĆ (1982), *Niederlande* – ORMELING, JR. (1982) und *Schweden* – PALM (1982) sowie *USA* – DAHLBERG (1977) u. KENT (1980).

Für die Ausbildung von Kartographen in der DDR gelten folgende generellen Prämissen (ALBERT 1974): Spezifische Anforderungen an den Prozeß der Bildung und Erziehung ergeben sich aus dem Entwicklungsstand der Kartographie und ihren Entwicklungstendenzen unter Berücksichtigung des gesamtgesellschaftlichen Bedürfnisses an kartographischen Erzeugnissen und Leistungen für staatliche und volkswirtschaftliche Aufgaben. Solche Forderungen, denen auch in der Zukunft sicher die ungeteilte Aufmerksamkeit gebührt, sind:

– die Vermittlung der modernsten wissenschaftlichen Erkenntnisse auf den Gebieten der Kartographie, die für den Aufbau des Sozialismus von Bedeutung sind,
– die Erziehung zum selbständigen schöpferischen Arbeiten bei der Lösung kartographischer Aufgaben und zur Wahrung einer hohen Ordnung und Sicherheit in der Produktion und im Umgang mit den Erzeugnissen,
– die Gewährleistung der erforderlichen Disponibilität für den Einsatz auf den Teilgebieten der Kartographie und der für bestimmte Teilgebiete notwendigen Qualifikation bzw. Weiterbildung.

Dabei ist davon auszugehen, daß die Weiterbildung künftig die gleiche Bedeutung erlangen wird wie die Ausbildung. Das dürfte auch für die Reproduktion kartographischen Wissens bedeutsam werden. Für die Aktualität des zu vermittelnden Wissens spielen in didaktischer Hinsicht Lehr- und Lernmittel eine ebenso große Rolle (KOCH 1982) wie die Kenntnisvermittlung zur Anwendung der rechnergestützten Projektierung und Konstruktion von Karten (HOFFMANN 1982 u. 1984) bezüglich der Technologie, die automatisierte Bildverarbeitung (BOL'ŠAKOV 1981, ALBERT 1984) eingeschlossen.

7.3.3. *Ausbildung von Nichtkartographen in Kartographie*

Obwohl keine statistischen Angaben über den Anteil der Vertreter von Mutterdisziplinen oder Nachbardisziplinen als auf dem Gebiet der Kartographie Auszubildende weltweit oder wenigstens für Europa vorliegen, kann man wohl doch annehmen, daß infolge der stark gewachsenen Bedeutung der thematischen Kartographie der *Schwerpunkt bei den Geographen* liegt. Bei der geographischen Hochschulaus- und Weiterbildung in der DDR sind hinsichtlich der Kartographie zwei *Aufgabenbereiche* wesentlich (KUGLER 1973):

– Entwicklung der kartographischen Denk- und Arbeitsmethoden als integrierende und integrierte Bestandteile der geographischen Ausbildung, und
– Entwicklung der Fähigkeiten und Fertigkeiten für die Schaffung, Interpretation und Anwendung kartographischer Darstellungsformen.

Dabei wird berechtigt davon ausgegangen, daß solide Kenntnisse auf dem Gebiet der Kartographie sowohl für den künftigen Fachlehrer der Geographie (BREETZ 1972) als auch für den Berufsgeographen unerläßlich sind.

Die Kartographieausbildung in außerkartographischen Studienrichtungen betrifft zwar vorrangig die Geographie, aber eben nicht ausschließlich. Eine große Rolle spielt die Kartographie bekanntlich seit langer Zeit in der *Geologie*. Daher kommt der Kartographieausbildung der Geologen eine analog hohe Bedeutung zu. RAVENEAU (1981) hat ein in Frankreich praktiziertes Modell der Organisation der Kartographieausbildung für Geologen vorgeführt (Abbildung 88), welches das bevorzugte Interesse der in der kartographischen Ausbildung Tätigen verdient. Der Schwerpunkt liegt offensichtlich auf der Kartennutzung, nicht der Kartenherstellung, die gerade bei der geologischen Kartographie in hohem Maße institutionalisiert ist. Das Modell zeigt die berücksichtigten modernen Entwicklungstendenzen, wie Einbeziehung der rechnergestützten Kartenherstellung, auch unter Anwendung quantitativer Methoden, und der Geofernerkundung. Rechnergestützte Nutzung der Karten war offenbar noch nicht in der Diskussion.

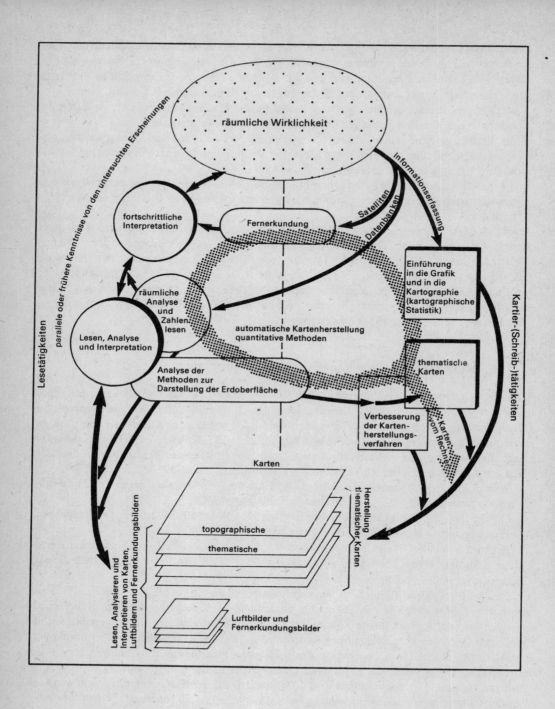

Abbildung 88
Modell der Organisation der Kartographieausbildung für Geologen
(nach RAVENAU)

8. Verbindung von theoretischer und praktischer Kartographie

Für das Anliegen der Verbindung von theoretischer und praktischer Kartographie ist zu dem vom *Wesen der praktischen Kartographie* auszugehen. Dieses besteht nach SALIŠČEV (1981 b) in der Zusammenstellung der Karten nach den Methoden der theoretischen Kartographie und im Zweck der Informationsvermittlung über die räumliche Verteilung der Objekte sowie der Anwendung der Karten als Hilfsmittel im wissenschaftlichen Forschungsprozeß.

8.1. Spezielle Theorie der Kartengestaltung und spezielle Theorie der Kartennutzung

Im Zusammenhang mit den Darlegungen zur Theoriensystembildung in der Kartographie (s. Kapitel 1.5.) wurden Definition und allgemeine Einordnung der beiden genannten Theoriebestandteile angegeben. In der Abbildung wird die Spezifizierung in die verschiedenen „Kartographien" bei entsprechender Auswahl in ihrer Einbindung in die obengenannten Theoriekomplexe veranschaulicht. Weitere Ausführungen erübrigt Abbildung 89. Im nachfolgenden Kapitel wird die Schulkartographie als auch international hochentwickelter Teil der Kartographie für die Anwendung der speziellen Theorie exemplarisch behandelt.

8.2. Aufgaben der Schulkartographie als Beispiel für die Anwendung der speziellen Theorien

Die Schulkartographie stellt schon seit längerem einen spezifischen kartographischen Arbeitsbereich konzeptioneller, kartenredaktioneller, kartenproduzierender und interpretierender Tätigkeit dar. So gehört z. B. die vollständige Versorgung der Schulen in der UdSSR mit kartographischen Erzeugnissen (z. B. existiert ein nach Klassenstufen differenziertes Schüleratlassystem) nach KUTUZOV (1981) zu den vorrangigen Aufgaben der sowjetischen Kartographie nach dem XXVI. Parteitag der KPdSU. BREETZ (1982) in der DDR betont zu Recht den *bedeutsamen Platz* der Schulkartographie im hier verwendeten zweckorientierten System der eng miteinander verknüpften speziellen Theorien der Kartengestaltung und Kartennutzung. Sie wendet sich nicht nur an eine engere Berufsgruppe – wie z. B. die Seekartographie oder die Luftfahrtkartographie – bzw. gewissermaßen fakultativ an breite Bevölkerungskreise – wie z. B. die Touristenkartographie –, sondern jeder Staatsbürger wird obligatorisch und kontinuierlich mit ihren Erzeugnissen konfrontiert und damit systematisch in das

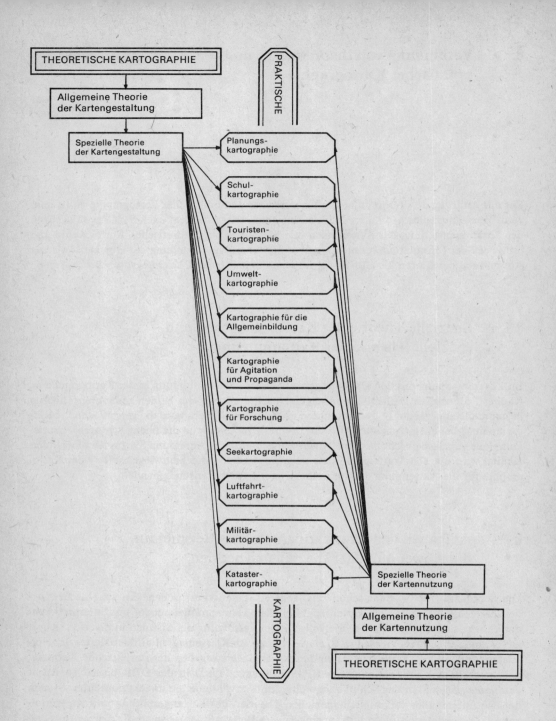

Abbildung 89
Verbindung von theoretischer und praktischer Kartographie im System Kartengestaltung – Kartennutzung
(nach OGRISSEK)

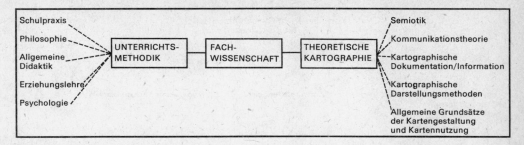

Abbildung 90
Elementarstruktur der Schulkartographie
(nach BREETZ)

Verständnis des Wesens und speziell die Nutzung dieser Abbildungsform der objektiven Realität eingeführt. Letztendlich sollte nie übersehen werden, daß die *Einstellung zur Karte bzw. zur Kartennutzung im Leben maßgeblich während der Schulzeit geprägt* wird (OGRISSEK 1979a).

Die Bedeutung der speziellen Theorie der Kartengestaltung und der speziellen Theorie der Kartennutzung läßt sich aus den von BREETZ (1982) formulierten Aufgaben der Schulkartographie unschwer ableiten, zumal hier die erkenntnistheoretische Problematik seit längerem eine zentrale Rolle spielt (BREETZ 1972a u. b, 1974).

Die *Aufgaben der Schulkartographie* bestehen vor allem darin, entsprechend aktueller schulpolitischer Forderungen und im Ergebnis thematischer Grundlagenforschung sowie schulpraktischer Untersuchungen für die einzelnen Klassenstufen und die ausgewählten thematischen Schwerpunkte lehrplanadäquate kartographische Unterrichtsmittel zu konzipieren und redaktionell zu bearbeiten sowie präzisiertes Interpretationsmaterial für Lehrer und Schüler zu entwickeln. Die Untersuchungen auf dem Gebiet der Schulkartographie konzentrieren sich zu einem wesentlichen Anteil auf *methodische Fragen der Kartennutzung* im Geographieunterricht in der Schule (z. B. BREETZ 1968, 1972, 1973, 1975, FERRIDAY 1974, KOHLMANN 1977, SPERLING 1982), Probleme der *Kartenkonzeption und Kartengestaltung* (z. B. AURADA 1966, 1968, 1975; ARNBERGER, MAYER u. WITT 1975; BREETZ 1973; FINDEISEN, HERRMANN u. KOHLMANN 1973, SPERLING 1973, 1974 und andere). Von SPERLING (1974) stammt eine (nun schon nicht mehr ganz aktuelle) Bibliographie „Kartenlesen und Kartengebrauch im Unterricht". Schulkartographisches Wissen in kurzer Abrißform wird auch dem Historiker in der DDR, den Geschichtslehrer inbegriffen, im Rahmen der *Einführung* in die Wissenschaftsdisziplin geboten (OGRISSEK 1979c).

Unter den Aspekten der Hauptdeterminante Zweckbestimmung bzw. Funktion der kartographischen Darstellungen ist es leicht erklärbar, daß die vorliegenden Untersuchungen vorrangig aus der Sicht und für den Bereich der *Methodik des schulischen Unterrichts* durchgeführt sind. Dabei nimmt diesbezüglich der Geographieunterricht (vgl. die bibliographischen Angaben bei BREETZ (1982) gegenüber dem Geschichtsunterricht (FIALA 1967 u. 1975) eine Vorrangstellung ein, was wohl aus Gründen der Disziplinspezifik und -geschichte zu begreifen ist. Nach BREETZ (1982) wird die *Elementarstruktur der Schulkartographie* aus den Komponenten Theoretische Kartographie mit deren zugehörigen Subkomponenten, der Fachwissenschaft und Unterrichtsmethodik mit Schulpraxis, Philosophie, Allgemeiner Didaktik, Erziehungslehre und Psychologie gebildet (vgl. Abbildung 90). Das Hauptmerkmal der Schulkartographie ist demzufolge die pädagogische Orientierung und Profilierung. Die vorgestellte

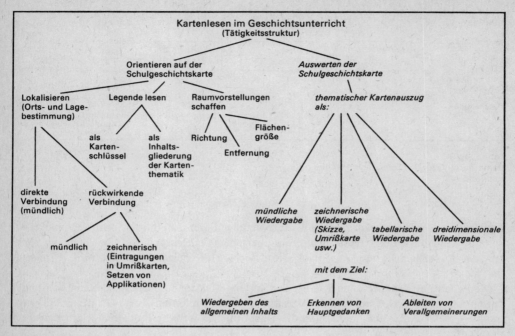

Abbildung 91
Kartennutzung im Geschichtsunterricht
(nach FIALA)

dreiteilige Basisstruktur ermöglicht, daß die schulkartographische Kommunikationskette – nicht zuletzt durch vielfältige Rückkopplungen bzw. Querverbindungen markant strukturiert – optimal funktioniert. Die spezielle Theorie der Kartengestaltung muß die theoretische Grundlage für nachgenanntes zentrales Sortiment der kartographischen Unterrichtsmittel folgender Formen bilden:

a) *Geographieunterricht:* Atlanten, Handkarten, Handumrißkarten, Lehrbuchkarten, Deckfolienkarten, Wandkarten, Schiefertuchumrißkarten, Projektionsfolienkarten, Diakarten und Globen.

b) *Geschichtsunterricht:* Handkarten, Lehrbuchkarten, Wandkarten, Projektionsfolienkarten und Diakarten.

Für den *Staatsbürgerkundeunterricht* werden verfügbare Karten aus dem Geographie- und dem Geschichtsunterricht sowie politisch-aktuelles Kartenmaterial aus der Öffentlichkeitsarbeit genutzt. Die spezielle Theorie der Schulkartographie muß sich konzentrieren auf das definierte (BREETZ 1982) Aktivitätsspektrum: die Erarbeitung von allgemeinen Kriterien und speziellen Grundsätzen zur Kartengestaltung, die redaktionelle Bearbeitung sowie die Entwicklung von interpretierenden Nachfolgematerialien und Praxishilfen zur unterrichtlichen Kartennutzung. Dabei spielen pädagogisch-methodische Grundsätze eine wichtige Rolle. Relativ umfangreich sind die Aktivitäten auf dem Gebiet der Kartennutzung, d.h. hier, der Karteninterpretation. In der Schulkartographie für den Geographieunterricht, aber auch für den Geschichtsunterricht erfolgt die Vermittlung der Theorie des Einsatzes derselben in hohem Maße systematisch bis hin zur Nutzung des Bildungsfernsehens der DDR. Ein begrüßens-

Verfahrensweisen und Tätigkeitsformen	Zielfragestellungen	Dominierende geistige und geistig-praktische Handlungen
1. Orientierung am Kartenblatt	WAS (Kartenthema/-titel) WO? (Gebiet)	Betrachten
	WIE? (Legendenstruktur)	Erkennen/Erfassen (Abstrahieren, Klassifizieren)
2. Kartenlesen (punkthafte Analyse) a) Bestands/ Elementaranalyse	WAS-WO? (Objekt-Lage)	Erkennen/Erfassen (Zergliedern)
b) Merkmalsanalyse	WAS-WO-WIE? (Ausprägung)	Beschreiben (Ausgliedern)
3. Kartenauswerten (flächenhafte Analyse) 3.1. Singuläre Kartenauswertung a) Merkmalsanalyse	WAS-WO-WIE? (Struktur)	Beschreiben (Ordnen, Klassifizieren)
b) Kausal- und Funktionalanalyse	WAS-WO-WIE-WARUM/WOZU? (Ursache/Zweck)	Erklären (Deuten, Begründen)
3.2. Vergleichende Kartenauswertung a) Merkmalsanalyse	WAS-WO-WIE/WORIN? (Unterschiede/Gemeinsamkeiten)	Beschreiben (Vergleichen, Ordnen)
b) Kausal- und Funktionalanalyse	WAS-WO-WIE/WORIN-WARUM/WOZU? (Zusammenhänge)	Erklären (Deuten, Begründen)
4. Ergebnisformulierung/ -synthese (systematisierende Zusammenfassung) 4.1. Verbale Darstellung (mündlich oder textlich)	WAS? WO? WIE (Wesentliches) (Region) (Qualität, Wert, Typ)	Verallgemeinern, lautspachliches und gegenständliches Darstellen
4.2. Modellierte Darstellung (graphisch oder räumlich-gegenständlich)	WAS-WO-WIE (Darstellungsform)	

Tabelle 8
Verfahrensweisen unterrichtlicher Kartennutzung (nach Breetz)

wert exaktes, vor allem konkretes (frühes) Modell der Kartennutzung im Geschichtsunterricht in der Schule – wenn auch zu eng als Kartenlesen bezeichnet – stammt von FIALA (1967), wie Abbildung 91 zeigt. Damit werden (beinahe zwangsläufig) wesentliche Bereiche, auf die sich der Prozeß der speziellen Theoriebildung in der Schulkartographie erstreckt, unübersehbar veranschaulicht. Das Pendant für den Geographieunterricht zeigt Tabelle 8, von BREETZ (1983) unter der Bezeichnung Verfahrensweisen unterrichtlicher Kartennutzung.

Die von BREETZ (1982) angeführten Entwicklungsaufgaben im geographiemethodischen Bereich machen die Schaffung entsprechender spezieller theoretischer Grundlagen erforderlich; über deren Bedeutung herrschen im schulkartographischen Bereich der DDR keine Zweifel, wie die reiche Palette vorliegender Arbeiten zeigt (OGRISSEK 1980c). In den folgenden zehn Punkten sind die vorerwähnten Aufgaben genannt, die z.T. von grundsätzlicher Bedeutung sind und damit geeignet, die *Allgemeine* Theorie der Kartengestaltung und die *Allgemeine* Theorie der Kartennutzung zu bereichern:

– Präzisierung des Systems der Stufenatlanten,
– Neuentwicklung von Folienwandkarten und weitere Entwicklung von Einblattwandkarten,
– verstärkte Aufnahme von Luftbildern (u. Satellitenbildern [!] Ogr.) in die Schulatlanten,
– Konsequente Durchsetzung der Signaturenstandardisierung für Maßstabsgruppen der allgemein-geographischen Wandkarten,
– Neugestaltung des Zeichenschlüssels für Landwirtschaftskarten,
– weitere Anwendung quantitativer Darstellungsmethoden auf Wirtschaftskarten und Entwicklung von synthetischen Wirtschaftskarten,
– Verstärkung des dynamischen Prinzips in der Kartengestaltung (z.B. durch historisch-geographische Kartenserien und durch Bewegungssignaturen),
– Beachtung einer altersgerechten Niveaustufung in der Gestaltung von thematischen Karten,
– wahrnehmungspsychologische und ingenieurpsychologische Untersuchungen zur unterrichtlichen Kartennutzung,
– weitere Ausarbeitung und Erprobung von Handlungsvorschriften bzw. Lernalgorithmen zum Kartenlesen und -auswerten.

Bisher durchgeführte vergleichende Analysen von geographischen Schulatlanten haben im übrigen gezeigt, welche komplizierten methodischen Probleme dabei zu lösen sind und, was im vorliegenden Zusammenhang noch wichtiger erscheint, wie schwierig die Gewinnung theoretischer Erkenntnisse sowohl für die Kartengestaltung als auch die Kartennutzung dabei ist (vgl. z.B. DORNBUSCH 1978). Obwohl sich die o.g. Aussagen nur auf wenige Karten stützen, verdienen sie doch im Interesse der *Theorienbildung* festgehalten zu werden: je kleiner der Maßstab, desto größer ist die Kartenbelastung; je größer der Maßstab, desto größer ist die Informationsmenge pro 1 cm^2 Signaturfläche; bei Wirtschaftskarten nimmt die Informationsmenge pro 1 cm^2 Kartenfläche mit ansteigender Kartenbelastung stärker als bei allgemein-geographischen Karten zu; eine zu hohe Kartenbelastung mindert den Wert der Informationen.

Angesichts der eingangs angeführten großen Bedeutung der Schulkartographie verdienen die Bemühungen zur theoretischen Fundierung derselben entsprechend hohe Beachtung und Anerkennung.

9. Gesetze in der Kartographie

Gesetzesaussagen bilden einen wesentlichen Bestandteil jeder Theorie und spielen damit in vielen Wissenschaften eine wichtige Rolle. In vergleichsweise geringem Umfang ist dies bisher auch in der Kartographie der Fall. Daher scheint es geboten, auf diese Problematik im gegebenen Zusammenhang einer theoretischen Kartographie zumindest abrißartig einzugehen.

9.1. Definition und allgemeine philosophische Grundlagen

Gesetz im philosphischen Sinne ist zu definieren (HÖRZ 1978) als *objektiver, allgemeinnotwendiger, sich unter gleichen Bedingungen wiederholender und wesentlicher,* d. h. *den Charakter der Erscheinungen bestimmender Zusammenhang zwischen Objekten und Prozessen der Natur, der Gesellschaft oder des Denkens, der in wissenschaftlichen Theorien durch Gesetzesformulierungen widergespiegelt wird.* Ein objektiv existierendes System von Gesetzen, das den Ablauf von Prozessen und das Verhalten von Objekten in den allgemein-notwendigen und wesentlichen Seiten bestimmt, wird als *Gesetzmäßigkeit* bezeichnet. Unter dem *objektiven Charakter eines Gesetzes versteht man seine Existenz und Wirkung unabhängig vom Bewußtsein, vom Willen und den Wünschen der Menschen.*

Der dialektische und historische Materialismus leitet den Gesetzesbegriff aus der materiellen Einheit der Welt und dem universellen Zusammenhang aller in der Welt existierenden Dinge, Prozesse, Systeme usw. ab. Damit ein objektiver Zusammenhang Gesetzescharakter trage, muß er notwendig, allgemein und wesentlich sein. Eine bedeutsame Rolle spielen oftmals *kausale Gesetze,* worunter man einen solchen notwendigen Zusammenhang versteht, der in einer Ursache und deren Wirkung besteht; jedoch ist nicht jeder Ursache-Wirkungs-Zusammenhang als kausales Gesetz anzusprechen. Um Gesetzescharakter zu tragen, muß der Kausalzusammenhang alle Kriterien eines Gesetzes erfüllen, d. h. für eine ganze Klasse von Erscheinungen gelten.

Im weiteren ist es noch wichtig, die für die *Wirkung eines Gesetzes notwendigen objektiven Bedingungen* zu kennen, die in erster Näherung wie folgt unterschieden werden können (KRÖBER 1976): 1. *spezifische Bedingungen,* die den spezifischen Inhalt, das Wesen des Gesetzes bestimmen und als Ursache seiner Wirkung auftreten. (Die Existenz der kapitalistischen Produktionsverhältnisse ist z. B. eine spezifische Bedingung für das Wirken der ökonomischen Gesetze des Kapitalismus.) 2. *nichtspezifische Bedingungen,* die nicht den spezifischen Inhalt und das Wesen des Gesetzes bestimmen, aber dennoch für sein Wirken notwendig sind. (So ist z. B. die Existenz der menschlichen Gesellschaft eine notwendige Bedingung für das Wirken der ökonomischen Gesetze des Kapitalismus, bestimmt aber nicht deren Inhalt und Wesen.)

Die Klasse der Erscheinungen, in der die notwendigen Wirkungsbedingungen eines Gesetzes gegeben sind, heißt die *Wirkungssphäre* dieses Gesetzes. Je mehr Bedingungen für das Wirken eines Gesetzes notwendig sind, um so kleiner ist seine Wirkungsphäre, und umgekehrt. In diesem Sinne läßt sich formulieren: Ein objektives Gesetz ist also ein wesentlicher Zusammenhang zwischen den Erscheinungen seiner Wirkungssphäre.

9.2. Kartographische Gesetze im gegenwärtigen Entwicklungsstand

In bedeutendem Umfange wurde der Gesetzesbegriff für kartographische Belange in der DDR – erstmals in der Veröffentlichung „Das Wurzelgesetz und seine Anwendung bei der Reliefgeneralisierung" (1962) – kreiert, also im Zusammenhang mit dem anerkannt äußerst komplizierten Generalisierungsproblem in der Kartographie. In der Weiterentwicklung erfolgte dann außer dem „unmittelbaren Wurzelgesetz" die Vorstellung eines „Gesetzes der Naturmaße", eines „Gesetzes der linearen Kartenmaße", eines „Gesetzes der flächenhaften Kartenmaße" und anderer kartographischer Gesetze (TÖPFER 1974). In der diesbezüglichen umfangreichen Monographie wird davon ausgegangen, daß die der Generalisierung innewohnenden Gesetzmäßigkeiten bisher noch nicht erkannt worden seien. Aber die Betrachtung der oben angeführten Definition (KRÖBER 1976) zeigt, daß es sich bei dem gegebenen Sachverhalt bzw. Sachverhalten der Generalisierung gar nicht um Gesetze im definierten Sinne handelt, vor allem, weil der postulierte objektive Charakter nicht gegeben ist, der die Existenz und Wirkung eines Gesetzes unabhängig vom Bewußtsein sowie vom Willen und den Wünschen der Menschen beinhaltet. Der fehlende objektive Charakter wird noch deutlicher, wenn man die für bestimmte Generalisierungsaufgaben vorgesehene Anwendung eines „Bedeutungsfaktors" (für Auswahlaufgaben) (TÖPFER 1974) in Betracht zieht, wie jüngst aus berufenem Munde auch so zum Ausdruck gebracht wurde (SALIŠČEV 1984). Wenn der Begriff der Wurzel als Umkehrung der Potenz zur Begriffsbildung beibehalten werden soll, könnte z. B. von „Wurzel(generalisierungs)regel" gesprochen werden, was dem Sachverhalt am ehesten entsprechen dürfte. Daß Prozesse nicht mit Gesetzen gleichgesetzt werden dürfen, geht aus der angegebenen Definition (HÖRZ 1978) eindeutig hervor.

(Im übrigen ist die „Wurzelregel in der Generalisierung" wohl doch schon älter als gemeinhin angenommen. Einen Hinweis darauf bei ECKERT (1921) zu finden, überrascht vielleicht weniger als die Tatsache, daß in einem allgemeinen Lexikon aus dem Jahre 1890 – Meyers Konversations-Lexikon, 10. Band, Leipzig und Wien – also im 19. Jahrhundert (!) unter dem Stichwort Landkarte folgendes zu lesen ist: „... man kann im allgemeinen sagen, daß der Inhalt der Landkarten im Verhältnis der Quadrate der Maßstäbe abnimmt".)

Eine Serie von kartographischen Gesetzen hat PRAVDA (1983) – im Zusammenhang mit verschiedenen kartographischen Kategorien – unlängst kreiert. Im Ergebnis werden folgende Gesetze der Kartographie vorgestellt, ohne dabei Anspruch auf Vollständigkeit oder Endgültigkeit zu erheben: „Gesetz des Maßstabs" (der Maßstäblichkeit), „Gesetz der Generalisierung", untergliedert in die Teilgesetze der „Verallgemeinerung der Form (Gestalt)", der „Auswahl (Reduktion)", der „Harmonisierung (Abstimmung)", „Gesetz der kartographischen Projektion", „Gesetz der vermittelnden Projektion", „Gesetz der kartographischen Darstellung" und andere. Es kann festgestellt werden, daß es sich hierbei um Regeln, Prinzipien und Verfahren, offenbar nicht um Gesetze gemäß Definition handelt.

Die skizzierte Gesetzesproblematik macht hinreichend deutlich, daß in dieser Hinsicht offensichtlich noch Lücken im wissenschaftlichen Gebäude der Kartographie vorliegen (SALIŠČEV 1984). Das Erkennen und Ausnutzen von Gesetzen auch in der Wissenschaft Kartographie gehört unzweifelhaft zu den Aufgaben elementarer Natur in der Wissenschaftsentwicklung. Das wurde übrigens bereits im Jahre 1901 von einem der Begründer der theoretischen Kartographie, nämlich von KARL PEUCKER (PÁPAY 1984) mit nachstehenden Worten zum Ausdruck gebracht: „… die Kartographie aber braucht Gesetze, um bei jedem, der sie mit geschickter Hand und treuem Wissen betreiben will, des Erfolges so sicher zu sein, wie der Baumeister der Festigkeit seines Baues …" (PEUCKER 1901).

10. Bemerkungen zu Theorie und Gegenstandsbereich der Kartographie sowie die Definition der Kartographie

Der Gegenstandsbereich der Kartographie verändert sich entsprechend den praktischen Erfordernissen. Dafür liefert auch die jüngste Entwicklung wieder zahlreiche Beispiele. Es sei dabei nur an die kosmische Kartierung der Erde (SALIŠČEV u. KNIŽNIKOV 1980) oder an die Herstellung von Karten ferner Himmelskörper, z. B. Marskarten, erinnert.

Eine Theorie (KLAUS 1974) vom *Gegenstandsbereich* der Kartographie mit ihrer systematisch geordneten Menge von Aussagen bzw. Aussagesätzen sowie prätheoretischem Wissen, methodologischen Bestandteilen usw. sollte geeignet sein, die Sachverhalte ihres Objektbereiches, also den Gegenstandsbereich der Kartographie, zu erklären, aber auch bis dahin unbekannte Sachverhalte derselben vorauszusagen. Letztlich entscheidendes Kriterium für die Brauchbarkeit der Theorie ist die Praxis, d.h. in unserem Falle die Eignung der Gegenstandsbestimmung der Kartographie für die Befriedigung der Bedürfnisse aller Zweige der nunmehr doch sehr weit gespannten kartographischen Praxis. Zum gegenwärtigen Zeitpunkt erfüllt die auch den Gegenstandsbereich ausreichend erfassende Definition der Kartographie von SALIŠČEV, an verschiedenen Stellen veröffentlicht, die zu stellenden Anforderungen: *Die Kartographie ist die Wissenschaft, die sich mit der Modellierung von (geo-) raumbezogenen Sachverhalten und Erscheinungen aus Natur und Gesellschaft unter Verwendung graphischer Ausdrucksmittel befaßt. Zu den Aufgaben der Kartographie gehört die allseitige Untersuchung des Wesens kartographischer Informationen, die Erarbeitung von Methoden und Technologien der Gestaltung und Herstellung von Karten und kartenverwandter Darstellung sowie ihrer Nutzung, einschließlich wissenschaftlicher Auswertung.* Von dieser Definition geht auch das Modell der Theoretischen Kartographie von OGRISSEK (1981a) aus. Änderungen des Gegenstandes der Kartographie führen in der Regel auch zu Veränderungen in den Elementen, seltener in den Komponenten des Systems der Theoretischen Kartographie. Dabei kann es sich um Entfallen, Neuaufnahme, Änderungen des Beziehungsgeflechts und Bedeutungswandel handeln.

Ein Vergleich der unterschiedlichen Definitionen der Kartographie in Vergangenheit und Gegenwart macht diese Feststellung in ihrer überragenden Relevanz deutlich, Theorie und Praxis gleichermaßen betreffend.

11. Struktur der Theoretischen Kartographie und Struktur der Kartographie als Wissenschaft

Die den Ausführungen im vorliegenden Lehrbuch zugrunde liegende Auffassung von der Struktur der Theoretischen Kartographie läßt sich nach neuesten Erkenntnissen (OGRISSEK 1986) auch für die Weiterentwicklung zu einem Grundstrukturmodell der Kartographie als Wissenschaft nutzen. Wesentlich ist dabei vor allem die explizite Ausgliederung *empirischer Kennntnisse*, und zwar sowohl im Bereich der Kartengestaltung als auch im Bereich der Kartennutzung (Abbildung 92). Diese Kenntnisse sind vorrangig für die Theorienbildung im speziellen Bereich bedeutsam, da sie zunächst nur für die Klasse von Karten, auf die sie sich beziehen, als eindeutig signifikant anzusprechen sind. Erst die Prüfung entscheidet darüber, ob sie eventuell für die allgemeine Theorie relevant sind. Natürlich können empirische Kenntnisse auch für den Methodik-Methodologie-Komplex belangvoll sein, jedoch haben sie hier einen anderen Stellenwert zufolge des eingangs erörterten Verhältnisses von Theorie und Methode. Da die abgebildeten Bestandteile elementaren Charakter tragen, wird von einem Grundstrukturmodell der Kartographie als Wissenschaft gesprochen, dem alle Merkmale einer Wissenschaft einbegriffen sind.

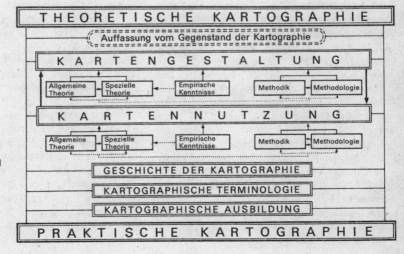

Abbildung 92
Das zum Grundstrukturmodell der Kartographie als Wissenschaft entwickelte Strukturmodell der Theoretischen Kartographie (nach OGRISSEK)

Literaturverzeichnis

ALAEV, E. B.
Ėkonomiko-geografičeskaja terminologija (Ökonomisch-geographische Terminologie). Moskva 1977.

ALAJSKI, S. A.
Kodirovanie legendy dlja special'nych kart (Kodierung der Legende von Spezialkarten). Geodez. i Kartogr. Moskva 57 (1981) 6, S. 43–47.

ALBERT, K.-H.
Zu aktuellen Fragen der Aus- und Weiterbildung geodätischer und kartographischer Fachkräfte in der DDR. Vermessungstechnik, Berlin 22 (1974) 9, S. 323–328.

ALBERT, K.-H.
Einige Grundsätze und Erfahrungen zur Leitung und Planung von Wissenschaft und Technik im Bereich der Verwaltung Vermessungs- und Kartenwesen. Vermessungstechnik, Berlin 24 (1976) 1, S. 2–5.

ALBERT, M.
Zu einigen Entwicklungstendenzen und Anwendungsmöglichkeiten der automatisierten Bildverarbeitung. Vermessungstechnik, Berlin 32 (1984) 9, S. 293–296.

ALBERT, J., HERLITZIUS, E. u. RICHTER, F.
Entstehungsbedingungen und Entwicklung der Technikwissenschaften. Freiberger Forschungshefte, Leipzig 1982.

ANSON, R. W.
Cartographic Education in the U. K. – 1981. In: Internat. Yearbook of Cartography. XXII. Bonn–Bad Godesberg 1982, S. 11–22.

APPELT, G.
Die kartographische Gestaltung aus der Sicht der Informationstheorie. In: Intern. Yearb. of Cartogr. XVI. Bonn–Bad Godesberg 1976, S. 15–24.

ARNBERGER, E.
Die Signaturenfrage in der thematischen Kartographie. Mitt. d. Österr. Geogr. Ges., Wien 105 (1963), S. 202–234.

ARNBERGER, E.
Handbuch der thematischen Kartographie. Wien 1966.

ARNBERGER, E.
Die Kartographie als Wissenschaft und ihre Beziehungen zur Geodäsie und Geographie. In: Grundsatzfragen der Kartographie. Wien 1975, S. 1–28 [= 1975a].

ARNBERGER, E.
Möglichkeiten, Vorteile und Gefahren einer internationalen Signaturenvereinheitlichung in der Kartographie. In: Wiener Geogr. Schriften. H. 43/44/45. I. Teil. Wien 1975. S. 11–26 [= 1975b].

ARNBERGER, E.
Der Weg der Theoretischen Kartographie zur selbständigen Wissenschaft. In: Geodätische Woche. Köln 1976. S. 264–270.

ARNBERGER, E.
Thematische Kartographie. Braunschweig 1977 [= 1977a].

ARNBERGER, E.
10 Jahre „Institut für Kartographie" d. Österreichischen Akademie der Wissenschaften (Rückblick und Arbeitsbericht). Mitteil. d. Österr. Geograph. Gesellschaft, Wien 119 (1977) II. S. 1–11 [= 1977b].

ARNBERGER, E.
Eigenschaften der graphischen Darstellungsmittel. Kartogr. Schriftenreihe. (hrs. Schweiz. Ges. f. Kartographie) Bern 1978, Nr. 3, S. 7–17.

ARNBERGER, E.
Neuere Forschungen zur Wahrnehmung von Karteninhalten. Kartogr. Nachr., Bonn–Bad Godesberg 32 (1982) 4, S. 121–132.

ARNBERGER, E. u. KRETSCHMER, I.
Wesen und Aufgaben der Kartographie. Bd. I: Topographische Karten. Wien 1975.

ARNBERGER, E.; MAYER, F. u. WITT, W.
Schulatlaskartographie. In: Internat. Yearbook of Cartography. XV. Bonn–Bad Godesberg 1975, S. 91–109.

ARNOLD, A.

Theorie (Stichwort). In: Philosophie und Naturwissenschaften. Wörterbuch zu den philosophischen Fragen der Naturwissenschaften. Berlin 1978.

ARTAMONOV, I. D.:

Optische Täuschungen. Leipzig 1982 (3. A.).

ASLANIKAŠVILI, A. F.

Jazyk karty (Die Kartensprache). In: Trudy Tbilisskogo univ. 122 (1967), S. 13–16.

ASLANIKAŠVILI, A. F.

Kartografija. Voprosy obščej teorii (Kartographie. Fragen der allgemeinen Theorie). Tbilisi: Mecniereba 1969.

ASLANIKAŠVILI, A. F.

Metakartografija. Osnovnye problemy (Metakartographie. Grundprobleme). Tbilisi: Mecniereba 1974.

AURADA, F.

Bedeutung und Eigenständigkeit der thematischen Kartographie im Rahmen der Schulatlanten. Mitt. Österr. Geogr. Ges., Wien 108 (1966), S. 110–122.

AURADA, F.

Synthese, Quantitätsdarstellung und Dynamik – Kernfragen der thematischen Schulkartographie. Jb. f. Kartogr., Bd. VIII, Gütersloh 1968, S. 113–135.

AURADA, F.

Der Entwurf thematischer Karten unter dem Einfluß kartographischer Techniken. Vermessung, Photogrammetrie, Kulturtechnik, o. O. 73 (1975) 1, S. 69–71.

AURADA, K. D.

Zur Anwendung des systemtheoretischen Kalküls in der Geographie. Peterm. Geogr. Mitt., Gotha 126 (1982) 4, S. 241–249

AURAS, S. u. a.

Sprachkommunikation. Berlin 1972.

BAAR, S.

Einführung und Nutzung moderner Methoden der Organisationswissenschaft bei der Herstellung kartographischer Erzeugnisse. Vermessungstechnik, Berlin 20 (1972) 9, S. 321–324.

BAER, B.

Zu den Aufgaben und Leistungen der Zentralen Informationseinrichtung Wissenschaft und Technik für das Vermessungs- und Kartenwesen der DDR. Geogr. Berichte, Gotha/Leipzig 16 (1971) 4, S. 302–304.

BAER, B.

Der Informationsrecherchethesaurus Geodäsie, Fotogrammetrie, Kartografie als Mittel zur Verbesserung der Versorgung mit wissenschaftlichtechnischen Informationen. Vermessungstechnik, Berlin 25 (1977) 2, S. 37–40.

BAER, B.

Entwicklungsetappen der wissenschaftlich-technischen Information im staatlichen Vermessungs- und Kartenwesen der DDR. In: 25 Jahre Forschung im staatlichen Vermessungs- und Kartenwesen der DDR. Leipzig 1982, S. 143–159.

BAGROW, L.

History of Cartography. Bearb. R. A. SKELTON. London 1964.

BALASUBRAMANYAN, V.

Application of information theory to maps. In: Internat. Yearbook of Cartography. XI. Gütersloh 1971, S. 177–181.

BALIN, B. M. u. ZIELECINSKI, B.

Methodik zur Bestimmung des Inhalts und seiner kartographischen Darstellung in Spezialkarten und thematischen Karten. Vermessungstechnik, Berlin 26 (1978) 10, S. 341–343.

BALOGUN, O. Y.

Communicating through Statistical Maps. In: Internat. Yearbook of Cartography. XXII. Bonn–Bad Godesberg 1982, S. 23–41.

BANSE, G.

Technische Wissenschaften (Stichwort). In: Philosophie und Naturwissenschaften. Wörterbuch zu den philosophischen Fragen der Naturwissenschaften. Berlin 1978.

BÄR, W.-F.

Zur Methodik der Darstellung dynamischer Phänomene in thematischen Karten. Frankfurt/M. 1976.

BARANOWSKA, T. u. CIOŁKOSZ, A.

Über die Anwendung von Satellitenaufnahmen in der thematischen Kartographie. Peterm. Geograph. Mitt., Gotha 127 (1983) 3, S. 205–211.

BARSCH, H. u. WIRTH, H.

Methodische Untersuchungen zur Auswertung multispektraler Fernerkundungsdaten für Flächennutzungskartierungen in der DDR. Peterm. Geogr. Mitt., Gotha 127 (1983) 3, S. 191–202.

BARTELS, J.

Wege zur Karteninterpretation. Kartogr. Nachr., Gütersloh 20 (1970) 4, S. 127–134.

BARTZ, B. S.
Designing maps for children. In: Cartographica, monograph. Ottawa 2 (1971), S. 35–39.

BEAUJEAN, K. (Hrsg.)
Militärtopographie. Berlin 1982.

BECK, W.
Geödäsie und Kartographie. Zeitschr. f. Vermess.-Wesen, Stuttgart (1958) 11,
S. 433–439.

BECKMANN, J.
Anleitung zur Technologie. Göttingen 1780.

BEHRENS, J.
Generalisierung administrativer Grenzen für Automatenkartogramme. Vermessungstechnik, Berlin 23 (1975) 9, S. 343–346.

BENEDICT, E.
Prinzipien der inhaltlichen und kartographischen Gestaltung des Atlas DDR. Geogr. Ber., Gotha 22 (1977) 3,
S. 176–186.

BENEDICT, E. u. OGRISSEK, R.
Der „Atlas Deutsche Demokratische Republik". Peterm. Geogr. Mitt., Gotha/Leipzig 124 (1980) 2, S. 153–159.

BENEDICT, E. u. OGRISSEK, R.
Georäumliche Strukturabbildung mittels thematischer Karten als Verflechtungs- und als Prozeßmodelle für die Forschung und die Praxis der Volkswirtschaft. Peterm. Geogr. Mitt., Gotha 129 (1985) 2, S. 147–155.

BERGMANN, C.
Die Kommunikationsverfahren Vergleichen, Verallgemeinern, Begründen und Schlußfolgern. Wiss. Z. d. Päd. Hochschule, „Karl Liebknecht", Potsdam 22 (1978) 5,
S. 563–570.

BERLJANT, A. M.
Ispol'zovanie informacionnych funkcij pri analize kart (Nutzung der Informationsfunktion für die Kartenanalyse). Izv. vysš. učebn. zaved. Geodez. i aèrofotos"ëmka, Moskva (1970) 5, S. 97–102.

BERLJANT, A. M.
Voprosy teorii ispol'zovanija kart v naučnom issledovanii (Fragen der Theorie der Kartennutzung in der wissenschaftlichen Untersuchung). Vestn. Mosk. Univ., Ser. Geogr., Moskva 26 (1971) 4, S. 50–54.

BERLJANT, A. M.
Kartografičeskoe modelirovanie i sistemnyj analizis (Kartographische Modellierung und Systemanalyse). In: Puti razvitija kartografii. Moskva 1975, S. 98–106 [= 1975a].

BERLJANT, A. M.
Kritika koncepcii kartologii (Kritik der Konzeption der Kartologie) Izv. Vsesojuzn. Geogr. Obšč., Leningrad 107 (1975) 2, S. 138–144 [= 1975b].

BERLJANT, A. M.
Kartografičeskij metod issledovanija (Kartographische Methodik der Untersuchung). Moskva 1978 [= 1978a].

BERLJANT, A. M.
O suščnosti kartografičeskoj informacii (Zum Wesen der kartographischen Information). Izv. Vses. Geograf. Obšč. Moskva 110 (1978) 6, S. 490–496 [= 1978b].

BERLJANT, A. M.
Karta rasskazyvaet. Posobie dlja učitelej (Die Karte berichtet. Hilfsmittel für Lehrer). Moskva 1978 [= 1978c]

BERLJANT, A. M.
Kartografičeskij obraz (Das kartographische Abbild). Izvestija akademii nauk SSSR. Ser. geograf., Moskva 2 (1979), S. 29–36.

BERLJANT, A. M.
Kartografičeskaja informacija. Sistemnyj podchod. (Kartographische Information. Systemhafter Ansatz). In: Kartografirovanie geografičeskich sistem. Moskva 1981, S. 10–22.

BERLJANT, A. M.
Geografičeskie principy ispol'zovanija kart kak sredstva issledovanija (Geographische Prinzipien der Kartennutzung als Mittel der Untersuchung). In: Geografičeskaja kartografija v naučnych issledovanijach i narodnochozjajstvennoj praktike. Moskva 1982, S. 38–50 [= 1982a].

BERLJANT, A. M.
Kartografičeskij monitoring (Kartographisches Monitoring). Vestn. Mosk. univ., ser. geogr., Moskva (1982) 6, S. 79–84 [= 1982b].

BERLJANT, A. M.
Model' processa čtenija kart (Modell des Kartenleseprozesses). Izvest. Vsesojuzn. Geogr. Obšč., Moskva 116 (1984) 4, S. 316–323.

BERLJANT, A. M.
O rasprostranenii i izpol'zovanii kart (Zur Verbreitung und Nutzung von Karten). Geodez. i. Kartogr. Moskva 60 (1984) 7, S. 44–49.

BERLJANT, A. M.; GUSAROVA, S. O. u.
DERGAČEVA, L. A.
Èksperimental'noe issledovanie vosprijatija kart (Experimentelle Untersuchung der Wahrnehmung von Karten). In: Geografičeskaja kartografija, eë razvitie i novye zadači. Moskva 1980, S. 39–41.

BERIJANT, A. M.; SERBENJUK, S. N. u. TIKUNOV, V. S.
Kartografičeskoe modelirovanie kak sredstvo issledovanija prirodnoj sredy (Kartographische Modellierung als Mittel der Erforschung der natürlichen Umwelt). Sborn. „Kartografičeskie metody v issledovanii okružajuščej sredy". Moskva: Izd. Geogr. Obščestva SSSR 1980, S. 35–46.

BERIJANT, A. M.; ŽUKOV, V. T. u. TIKUNOV, V. S.
Matematiko-kartografičeskoe modelirovanie v sisteme „sozdanie – isopol'zovanie kart" (Mathematisch-kartographische Modellierung im System. Herstellung – Nutzung der Karten). In: Geogr. issled. v Mosk. un-te, Tradicii-perspektivy, Moskva 1976, S. 235–243.

BERTIN, J.
Graphische Semiologie. Diagramme, Netze, Karten. Berlin [West]/New York 1974.

BERTIN, J.
Theory of Communication and theory of „The Graphic". In: Intern. Yearbook of Cartogr. XVIII. Bonn–Bad Godesberg 1978, S. 118–126.

BERTINCHAMP, H.-P.
Automationsgerechte kartographische Zeichen. Nachr. aus d. Karten- u. Vermess.-Wesen, Frankfurt a. M. 1970. H. 47.

BILICH, JU. u. VAKHROMEYEVA, L. A.
Higher Education in Cartography in the USSR. 8th Internat. Cartogr. Conf., Moscow 1976.

BOARD, C.
Maps as models. In: Models in geography. London 1967.

BOARD, C.
Cartographic communication and standardization. In: Intern. Yearbook of Cartogr. XIII. Budapest 1973, S. 229–236.

BOARD, C.
Map reading tasks appropriate in experimental studies in cartographic communication. The Canadian cartographer 15 (1978), S. 1–12 [= 1978a].

BOARD, C.
How can theories of cartographic communication be used to make maps more effective? In: Intern. Yearbook of Cartography. XVIII. Bonn–Bad Godesberg 1978, S. 41–49 [= 1979b].

BOARD, C.
Cartographic communication. Cartographica. Maps in modern geography. Toronto 18 (1981) 2, S. 42–78.

BOARD, C. u. TAYLOR, R. M.
Perception and maps: human factors in map design and interpretation. In: Transact. Inst. Brit. Geographers. N. S. o. O. 2 (1977) 1, S. 19–36.

BOČAROV, M. K.
Osnovy teorii proektirovanija sistem kartografičeskich znakov (Grundlagen einer Theorie der Schaffung kartographischer Zeichensysteme). Moskva 1966.

BOČAROV, M. K. u. NIKOLAEV, S. A.
Matematiko-statističeskie metody v kartografii (Mathematisch-statistische Methoden in der Kartographie). Moskva 1957.

BÖHNISCH, S.
Beobachtung (Stichwort). In: Philosophie und Naturwissenschaften. Wörterbuch zu den philosophischen Fragen der Naturwissenschaften. Berlin 1978.

BOLLMANN, J.
Probleme der kartographischen Kommunikation. Bonn–Bad Godesberg 1977.

BOLLMANN, J.
Quantifizierung syntaktischer Zeicheninformationen in Karten für sozialempirische Untersuchungen. Nachr. aus d. Karten- u. Vermessungswesen. Frankfurt/M., Reihe 1 (1978) 75, S. 9–32.

BOLLMANN, J.
Untersuchung über die Auswirkung der Zeichenkomplexität in Karten auf elementare Wahrnehmungsprozesse. Berlin (West) 1979.

BOLLMANN, J.
Aspekte kartographischer Zeichenwahrnehmung. Eine empirische Untersuchung. Bonn–Bad Godesberg 1981.

BOL'ŠAKOV, V. D.
O podgotovke inženerov po issledovaniju prirodnych resursov s pomoščju sredstvo kosmičeskoj techniki (Über die Vorbereitung von Ingenieuren zur Fernerkundung mittels kosmischer Technik). Izv. Vysš. Učebn. Zaved., Geodez. i Aěrofotos'ěmka. Moskva (1981) 1, S. 62–66.

BORMANN, P.
Naturwissenschaftliche Grundlagen der Erdfernerkundung. Vermessungstechnik, Berlin 28 (1980) 11, S. 357–360.

BOS, E. S.
Another approach to the identity of cartography. ITC-Journal, Enschede (1982) 2, S. 104–108.

BOSSE, H. u. MEINE, K.-H. (Hrsg.)
Ausbildungswege in der Kartographie. Bibliotheka Cartographica Nova. Bd. 1. Bonn–Bad Godesberg 1975. 2 Bde.

BRANDENBERGER, C.
Nachführung der Luftfahrtkarten Schweiz mit interaktiver graphischer Datenverarbeitung und Lichtzeichnung. Vermessung, Photogrammetrie, Kulturtechnik. Zürich 78 (1980) 2, S. 42–45.

BREETZ, E.
Erkenntnistheoretische Probleme bei der Arbeit mit geographischen Karten im Schulunterricht. Wiss. Zeitschr. d. Päd. Hochschule Potsdam 1972. S. 513–525 [= 1972a].

BREETZ, E.
Betrachtungen zur erkenntnistheoretischen Position der Karte aus pädagogischer Sicht. Vermessungstechnik, Berlin 20 (1972) 5, S. 188–192 [= 1972b].

BREETZ, E.
Betrachtungen zur systematischen Entwicklung des Kartenverständnisses im Geographieunterricht unter bes. Berücksichtigung der Kl. 5. Zeitschr. f. d. Erdkundeunterricht, Berlin 24 (1972) 7/8, S. 251–260; 8/9, S. 340–350 [= 1972c].

BREETZ, E.
Zum Kartenverständnis im Heimatkunde- und Geographieunterricht. Berlin 1975.

BREETZ, E.
Zur Entwicklung der Schulkartographie in der Deutschen Demokratischen Republik. Wiss. Zeitschr. d. Päd. Hochschule Potsdam 26 (1982) 3, S. 357–375.

BREETZ, E.
Verfahrensweisen der Kartennutzung im Schulunterricht. Vermessungstechnik, Berlin (1983) 2, S. 48–50.

BRENDLER, G.
Struktur und Gliederung der Geschichtswissenschaft. In: Einführung in das Studium der Geschichte. Berlin 1979, S. 47–57.

BRENNECKE, E.
Die Stellung der Kartographie zwischen Geodäsie und Geographie. Kartogr. Nachr., (1952) 3/4, S. 13–14.

BREITFELD, K.
Möglichkeiten zur Erhöhung der Effektivität der Kartennutzung durch Interpretationsbeispiele. In: Wiss. Kolloquium, 25 Jahre Hochschulausbildung in der Fachrichtung Kartographie. Kartograph. Bausteine Nr. 1. Manuskriptdruck. Dresden 1982, S. 68.

BREU, J.
Kartographie und Ortsnamenkunde. In: Internat. Yearbook of Cartography. XI. Budapest 1971, S. 291–302.

BREU, J.
The Standardization of Geographical Names within the Framework of the United Nations. In: Internat. Yearbook of Cartography. XXII. Bonn–Bad Godesberg 1982, S. 42–47.

BRUNNER, H.; GÖTZ, H. u. BÖHLIG, K.
Lehrbuch für Kartographiefacharbeiter. Teil 1. Kartenkunde. Gotha/Leipzig 1978.

BUHR, M. u. KOSING, A.
Kleines Wörterbuch der marxistisch-leninistischen Philosophie. Berlin 1982 (6. A.).

BUNGE, W.
Metacartographie. In: Theoretical Geography. Lund Studies in Geography. Lund 1962.

CARRÉ, J.
La communication cartographique. Bulletin du Comité Français de Paris 75 (1978).

CARRÉ, J.
Cartographic Education in France. In: Internat. Yearbook of Cartography. XXII. Bonn–Bad Godesberg 1982, S. 48–51.

CASTNER, H. W.
A model of cartographic communication: practical goal or mental altitude. In: Intern. Yearb. of Cartogr. XIX. Bonn–Bad Godesberg 1979, S. 34–40.

CERNY, J. W. u. WILSON, J.
The effect of orientation on the recognition of simple maps. The Canadian Cartographer 13 (1976) 2, S. 132–138.

CHALUGIN, E. I.:
Osnovy fotoljumenescentnoj kartografičeskoj reprodukcii (Grundlagen der photolumineszenten kartographischen Reproduktion). Moskva 1977.

CHORLEY, R. J. u. HAGGETT, P.
Models in Geography. London 1967.

CLAUSS, G. u. a. (Hrsg.)
Wörterbuch der Psychologie. Leipzig 1981.

CLAUSZ, C.
Probleme der kartographischen Darstellung von Merkmalskombinationen. Geogr. Berichte, Gotha/Leipzig 19 (1974) 1, S. 32–40.

CLAUSZ, C.
Probleme der Generalisierung nichtkartographischen Ausgangsmaterials für thematische Karten. Vermessungstechnik, Berlin 23 (1975) 4, S. 138–141.

CLAUSZ, G. u. EBNER, H.
Grundlagen der Statistik für Psychologen, Pädagogen und Soziologen. Berlin 1974.

CLAVAL, P. u. WIEBER, J. C.
La cartographie thématique comme méthode de recherche. 2 Bde. Paris 1969.

DAHLBERG, R. E.
Cartographic education in U.S. colleges and universities. The American cartographer, Falls Church, Virginia, 2 (1977) 2, S. 145–146.

DELONG, B.
Perspektivni problémy mezinárodni socialistické integrace v oblasti geodézie a kartografie. (Künftige Probleme der internationalen sozialistischen Integration auf dem Gebiet der Geodäsie und Kartographie). Geodet. a kartogr. obzor, Praha 27 (1981) 6, S. 145–150.

DE LUCIA, A. A. u. MILLER, D. W.
Natural legend design for thematic maps. The Cartographic Journal, London/Swansea 19 (1982) 1, S. 46–52.

DEPUYDT, F.
The Cartographic Training in Belgium. In: Internat. Yearbook of Cartography. XXII. Bonn–Bad Godesberg 1982, S. 52–55.

DEWALD, W.
Ist die Kartographie der Geodäsie oder der Geographie zuzuordnen oder stellt sie eine eigenständige Disziplin zwischen ihnen dar? In: Nachr.-Blatt d. Vermess.- u. Katasterverwaltung Rheinland-Pfalz, Koblenz (1973), S. 2–5.

DOBSON, M. W.
Refining legend values for proportional circle maps. The Canadian Cartographer, Toronto 11 (1974) 1, S. 45–53.

DOBSON, M. W.
Eye movement parameters and map reading. The American Cartographer, Washington 4 (1977) 1, S. 39–58.

DORNBUSCH, J.
Analyseergebnisse ausgewählter Schulatlanten. Peterm. Geogr. Mitt. Gotha/Leipzig 122 (1978) 1, S. 63–69.

DOSLAK, W. R. u. CRAWFORD, P. V.
Color influence on the perception of spatial structure. The Canadian Cartographer. Toronto 14 (1977) 2, S. 120–129.

DRIČ, K.I. u. KIRILENKO, L. V.
Metodika proektirovanija uslovnych znakov dlja avtomatizirovannych kartografičeskich sistem. (Eine Methodik der Kartenzeichenentwicklung für automatisierte kartographische Systeme). Izv. Vysš. Učebn. Zaved., Geod. i aėrofotos"ëmka, Moskva (1980) 6, S. 86–92.

DURY, G. H.
Map interpretation. London 1960.

DUŠIN, N. I. u. SOKOLOV, N. I.
O nekotorych osobennostjach kartografičeskoj informacii (Zu einigen Merkmalen der kartographischen Information). Geodez. i. Kartograf., Moskva (1976) 6, S. 52–56.

EBERT, H. u. THOMAS, K.
Gebrauchswert-Kosten-Analyse. Aufgabe-Methode-Anwendung. Berlin 1971.

EBNER, L.; GÄRTNER, K. u. ZAKLAI, S.
Vyvoj tvorby a výroby tyflomáp. (Die Entwicklung der Schaffung und Produktion von Blindenkarten). Geodet. a kartogr. Obz., Praha 27 (1891) 9, S. 223–226.

ECKERT, M.
Die Kartenwissenschaft. Forschungen u. Grundlagen zu einer Kartographie als Wissenschaft. Bd. 1. Berlin u. Leipzig 1921, Bd. 2, 1925.

ECKERT-GREIFENDORF, M.
Kartographie. Berlin 1939.

ELLENS, E.
Kartografie en ergonomie. Kartografisch tijdschrift. o. O. VII (1981) 4, S. 47–54.

EVTEEV, O. A.
Cartographic Education in the USSR; Situation and Trends. In: Internat. Yearbook of Cartography. XXII. Bonn–Bad Godesberg 1982, S. 56–62.

EVTEEV, O. A.; KEL'NER, Ju. G. u. NIKIŠOV, M. I.
Tematičeskaja kartografija (Thematische Kartographie). In: Itogi nauki i techniki. Kartografija. Bd. 5. Moskva 1972, S. 67–98.

EWERT, H.-L.
Betrachtung von Zusammenhängen zwischen Gelände u. Gesellschaft für geodätische u. kartographische Zwecke. Arb. a. d. Vermess.-u. Kartenwes. d. DDR. Bd. 30. Leipzig 1973 [= 1973a].

EWERT, H.-L.
Begründung und Definition des Begriffes „Geländeinformation". Vermessungstechnik, Berlin 21 (1973) 9, S. 344–349 [= 1973b].

EWERT, H.-L.
Stichwort „Abbildung". In: Brockhaus ABC Kartenkunde. Leipzig 1983 [= 1983a].

EWERT, H.-L.
Stichwort „Information". In: Brockhaus ABC Kartenkunde. Leipzig 1983 [= 1983b].

EWERT, H.-L.
Stichwort „Sprache". In: Brockhaus ABC Kartenkunde. Leipzig 1983 [= 1983c].

EWERT, H.-L. u. NÄSER, K.
Zu neuen Begriffsbildungen in der Geodäsie und Kartographie. Vermessungstechnik, Berlin, 29 (1981) 6, S. 181–185.

FABIAN, E.; GIRNUS, W.; HOFFMANN, D.; RICHTER J.
Gemeinsamkeiten und Differenzen in der historischen Genese neuer Wissenschaftsdisziplinen. Rostocker wissenschaftshistorische Manuskripte. Rostock 1978. H. 1,
S. 35–44.

FERRIDAY, A.
Map reading for schools. London 1974.

FEZER, F.
Karteninterpretation. Braunschweig 1976.

FIALA, F.
Mathematische Kartographie. Berlin 1957.

FIALA, H.-J.
Die Karte im Geschichtsunterricht.
Berlin 1967.

FIALA, H.-J.
Zur Arbeit mit der Schulgeschichtskarte.
In: Methodik Geschichtsunterricht. Berlin 1975, S. 235–241.

FICHTNER, N.
Informationsspeicherung. Technik–Theorie–Weltanschauung. Berlin 1977.

FICKER, K.
Der heutige Stand der kartographischen Ausbildung in der Schweiz. In: Internat. Yearbook of Cartography. XXII. Bonn–Bad Godesberg 1982, S. 63–69.

FILANČUK, N. V.
Osobennosti technologii sozdanija kart s ispol'zovaniem kosmičeskich snimkov (Besonderheiten der Technologien der Kartenherstellung unter Verwendung kosmischer Aufnahmen). Geodezija i kartografija. Moskva (1978) 10, S. 59–63.

FILANČUK, N. V. u. FURMONT, A. N.
Učebnye karty s kosmičeskoj fotoinformaciej (Schulkarten mit kosmischen Fotoinformationen). Geodez. i kartogr., Moskva (1979) 11, S. 43–45.

FINDEISEN, G., HERRMANN, S. u. KOHLMANN, R.
Grundsätze für eine Neubearbeitung des Atlasses für die Klassenstufen 6 bis 11.
Zeitschr. f. d. Erdkundeunterricht. Berlin (1973) 8/9, S. 330–339.

FÖLDI, E.
Die Wiedergabe der geographischen Namen auf der Weltkarte 1:2 500 000. In: Beiträge z. Weltkarte 1:2 500 000. Leipzig 1977, S. 179–199.

FOMIN, E. A.
Osobennosti vosprijatija uslovnych znakov (Besonderheiten der Wahrnehmung von Kartenzeichen) Geodez. i kartogr., Moskva (1980) 3, S. 50–52.

FOMIN, E. A.
Osobennosti vosprijatija uslovnych znakov geometričeskogo tipa (Besonderheiten d. Wahrnehmung v. Kartenzeichen geometrischen Typs) Geodez. i kart., Moskva (1981) 5, S. 46–48.

FRACZEK, I.
Konstrukcija legendy kartodiagramów (na przykładzie polskich atlasów regionalnych (Konstruktion von Kartodiagramm-Legenden am Beispiel polnischer Regionalatlanten). Polski przegląd kartograficzny, Warzawa 15 (1983) 4, S. 153–167.

FRANČULA, N.
Die vorteilhaftesten Abbildungen in der Atlaskartographie. Diss. Bonn 1971.

FRANK, H.
Kybernetische Grundlagen der Pädagogik. Stuttgart 1969 (2. A.).

FRANZ, P. u. HAGER, N.
Modell (Stichwort). In: Philosophie und Naturwissenschaften. Wörterbuch zu den philosophischen Fragen der Naturwissenschaften. Berlin 1978.

FREITAG, U.
Semiotik und Kartographie. Kartogr. Nachr., Gütersloh 21 (1971) 5, S. 171–182.

FREITAG, U.
Die Zeitalter und Epochen der Kartengeschichte. Kartogr. Nachr., Gütersloh 22 (1972) 5, S. 184–191.

FREITAG, U.
Teaching cartography on the basis of communication theory. ITC-Journal, Enschede (1978), S. 228–242.

FREITAG, U.
Grundlagen, Aufbau und zukünftige Aufgaben der kartographischen Wissenschaft. In: Kartographische Aspekte in der Zukunft. Karlsruhe 1979, S. 31–46.

FREITAG, U.
Can communication theory form the basis of a general theory of cartography? Nachr. a. d. Kart.- u. Vermess.-Wes. Reihe II. Frankfurt a. M. (1980), S. 17–35.

FRIEDLEIN, G.
Thematische Karten für Umweltforschung und Umweltgestaltung. Vermessungstechnik, Berlin 24 (1976) 8, S. 292–293.

FRIEDLEIN, G.
Die fremdsprachigen Legenden im Atlas DDR. In: Wissenschaftliches Kolloquium „25 Jahre

Hochschulausbildung in der Fachrichtung Kartographie". Kartograph. Bausteine 1. Techn. Universität Dresden 1982, S. 69.

FUCHS-KITTOWSKI, K.; KAISER, H.; TSCHIRSCHWITZ, R. u. WENZLAFF, B.
Informatik und Automatisierung. Bd. Theorie und Praxis der Struktur und Organisation der Informationsverarbeitung.
Berlin 1976.

GAEBLER, V.
Die Legende thematischer Karten. Vermessungstechnik, Berlin 15 (1967) 8, S. 304–309, 319.

GAEBLER, V.
Das Kartenzeichen. Symbol oder konventionelles Zeichen einer Wissenschaft. Vermessungstechnik, Berlin 16 (1968) 12, S. 464–465.

GAEBLER, V.
Semiotik und Gestaltung – ihre Bedeutung für die Kartographie. Vermessungstechnik, Berlin, 17 (1969) 9, S. 347–349.

GAEBLER, V.
Semiotische Aspekte der Zeichenstandardisierung in der thematischen Kartographie. Vermessungstechnik, Berlin 19 (1971) 3, S. 103–106.

GAEBLER, V.
Generalisierungsprobleme bei der graphischen Gestaltung kartographischer Zeichen und Zeichensysteme. Vermessungstechnik, Berlin 23 (1975) 9, S. 338–343.

GAEBLER, V.
Zum Gebrauchswert kartographischer Darstellungen. Peterm. Geogr. Mitt. Gotha/Leipzig 123 (1979) 2, S. 127–134.

GAEBLER, V.
Gestaltung kartographischer Zeichenschlüssel und Legenden. (Manuskriptdruck.) Dresden 1984.

GALPERIN, P. J.; LEONTJEN, A. N. u. a.
Probleme der Lerntheorie. Berlin 1966.

GEISZLER, H.-G.
Stichwort „Psychophysik". In: Wörterbuch der Psychologie. Leipzig 1981a.

GEISZLER, H.-G.
Stichwort „Wahrnehmungspsychologie". In: Wörterbuch der Psychologie. Leipzig 1981b.

GLUSCHKOW, W.
Die Industrie der Informationsverarbeitung. Sowjetwissenschaft. Gesellschaftswiss. Beiträge o. O. 31 (1978) 2, S. 149–158.

GOCHMAN, V. M.; LJUTYJ, A. A. u. PREOBRAŽENSKIJ, V. S.
Sistemnij podchod v kartografii (Systemansatz in der Kartographie). In: Kartografirovanie geografičeskich sistem. Moskva 1981.

GOCHMAN, V. M. u. MEKLER, M. M.
Teorija informacii i tematičeskoe kartografirovanie (Informationstheorie und thematische Kartierung). Vopr. geogr. Teoretič. geogr., Moskva 1971, S. 172–183.

GOCHMANN, V. M. u. MEKLER, M. M.
Ocenka ob"ëma soderžanija sintetičeskich kart (Einschätzung d. Inhalts synthetischer Karten). In: Sintez v kartogr., Moskva 1976, [= 1976a].

GÖHLER, H.
Das Wesen der Technologie in geodätischen und kartographischen Produktionsprozessen. Vermessungstechnik, Berlin 30 (1982) 2, S. 37–40.

GOKHMAN, V. M. u. MEKLER, M. M.
On the development of the general theory of languages for thematic maps. Paper VIIIth ICA-Conf., Moscow 1976 [= 1976b].

GÖLDNER, O.
Methoden und Ergebnisse der Gestaltung von kartographischen Arbeitsplätzen. Vermessungstechnik, Berlin 28 (1980) 1, S. 5–7.

GONIN, G. B.
Estestvennaja generalizacija kosmičeskich snimkov (Natürliche Generalisierung kosmischer Aufnahmen). In: Aėrokosmič. metody issled. okruž. sredy. Frunže 1980. S. 132–149.

GORBAČEVA, M. P.
Iz opyta naučnoj organizacii truda na predprijatii (Erfahrungen mit der wissenschaftlichen Arbeitsorganisation im Betrieb). Geodez. i Kartogr., Moskva 52 (1976) 7, S. 14–17.

GÖRNER, H. u. KEMPCKE, G.
Synonymwörterbuch. Sinnverwandte Ausdrücke der deutschen Sprache, Leipzig 1973.

GOULD, P. u. WHITE, R.
Mental maps Harmondsworth 1974.

GRAZIANSKIJ, A. N. u. NADEŠDINA, M. E.
Informacionnye sistemy po ochrane okružajuščej sredy kak istočnik informacii dlja kartografirovanija. (Informationssysteme zum Umweltschutz als Informationsquelle für die Kartierung). In: Itogi nauki i techniki. Kartografija. Bd. 9. Moskva 1980, S. 107–124.

GREENBERG, G. L. u. SHERMAN, J. C.
Design of maps for partially seeing children. In: Intern. Yearbook of Cartography. X. Gütersloh 1970, S. 111–115.

GRIESZ, H.
Untersuchungen zum Problem des Nutzerverhaltens in Bezug auf Karten und Pläne in der Generalbebauungs- und Generalverkehrsplanung der Städte. Peterm. Geogr. Mitt., Gotha 117 (1983) 1, S. 61–68 [= 1983a].

GRIESZ, H.
Stichwort „Technologie der Kartenherstellung". In: Brockhaus ABC Kartenkunde. Leipzig 1983 [= 1983b].

GROHMANN, P.
Alters- und geschlechtsspezifische Unterschiede im Einprägen und Wiedererkennen kartographischer Figurensignaturen. Wien 1975.

GROSJEAN, G. u. KINAUER, R.
Kartenkunst und Kartentechnik vom Altertum bis zum Barock. Bern–Stuttgart 1970.

GROSZER, K.
Zur Konzeption thematischer Grundlagenkarten. Geogr. Ber., Gotha, 104 (1982) 2, S. 173–183.

GRYGORENKO, W.
Automatowe rozposznawanie i interpretacja tresci Mapy (Automatisches Erkennen und Interpretieren des Karteninhalts). Przegląd Geodezyjny, Warszawa XLV (1973) 11/12, S. 496–500.

GRYGORENKO, W.
Zasady numerycznego modelowania i pretwarzania informacji kartograficnych (Grundsätze der numerischen Modellierung und Verarbeitung von kartographischen Informationen) Przegląd Geodezyjiny, Warszawa XLVII (1975) 10, S. 417–422 [= 1975a].

GRYGORENKO, W.
Próba oceny wartości uzytkowej map (Versuch einer Nutzwertbeurteilung von Karten). Przegląd geodezyjny, Warszawa, 47 (1975) 9, S. 379–382 [= 1975b].

GRYGORENKO, W.
Kwantytatywne parametry kompozicji treści mapy (Quantitative Parameter der Komposition des Karteninhalts). In: Rozprawy Unywersytetu Warszawskiego. Warszawa 1981.

GRYGORENKO, W.
Cybernetyczny model procesu przekazu kartograficznego (Ein kybernetisches Modell der kartographischen Kommunikation). Polski kartogr. przegl., Warszawa, 14 (1982) 2, S. 67–77 [= 1982a].

GRYGORENKO, W.
Development of the Cartographical Education in Poland. In: Internat. Yearbook of Cartography. XXII. Bonn–Bad Godesberg 1982, S. 70–77 [= 1982b].

GUELKE, L.
Cartographic communication and geographic understanding. The Canadian cartographer, Toronto 13 (1976) 2, S. 107–122.

GUELKE, L.
Perception, meaning and cartographic design. The Canadian cartographer. Toronto 16 (1979) 1, S. 61–69.

GUNTAU, M.
Zur Herausbildung wissenschaftlicher Disziplinen in der Geschichte. Rostocker wissenschaftshistorische Manuskripte. Rostock 1978 1, S. 11–24.

GUNTAU, M. u. PÁPAY, G.
Die Herausbildung einer einheitlichen Farbgebung in geologischen Karten. Peterm. Geogr. Mitt., Gotha 128 (1984) 1, S. 45–49.

GUSKE, W.
Möglichkeiten und Grenzen der Nutzung von Fernerkundungsdaten in der Kartenherstellung. Vermessungstechnik, Berlin 30 (1982) 12, S. 403–405.

GUSKE, W. u. KLUGE, W.
Zur Verwendung von MKF-6-Aufnahmen in der Kartographie. Vermessungstechnik, Berlin 30 (1982) 2, S. 57–58.

GUSKE, W. u. KLUGE, W.
Nutzung von Daten der Fernerkundung in der Kartographie. Vermessungstechnik, Berlin 32 (1984) 11, S. 362–363.

GUTTMANN, G.
Eigenheiten der Wahrnehmung, Methoden und Ergebnisse der Wahrnehmungspsychologie. Kartograph. Schriftenreihe. Nachtrag zu Nr. 3. Bern 1978.

HAACK, E.
Die Schreibweise geographischer Namen in kartographischen Erzeugnissen der DDR. Vermessungstechnik, Berlin 20 (1972) 10, S. 373–375.

HAACK, E.
Redaktionsprinzipien bei d. Bearbeitung d. Blätter d. Weltkarte 1:2500000. Vermessungstechnik, Berlin 22 (1974) 8, S. 283–286 [= 1974a].

HAACK, E.
Die Weltkarte 1:2500000 als Gemeinschaftswerk sozialistischer Staaten. Papier und Druck. Schwerpunktheft Kartographie. Leipzig 23 (1974) 11, S. 168–171 [= 1974b].

HAACK. E.
Grundlagenkarten für die thematisch-kartographische Darstellung der Territorialstruktur.

Vermessungstechnik, Berlin 23 (1975) 12, S. 463–465.

HAACK, H.
Aus Theorie und Praxis der Kartographie (Hrsg. v. W. HORN, Gotha/Leipzig 1975.

HAACK, E.
Zum Stand der Standardisierung geographischer Namen in der DDR. Vermessungstechnik, Berlin, 30 (1982) 7, S. 232–233.

HABEL, R.
Ihr Atlas. Eine Betrachtung zu Entstehung und Inhalt. Dargelegt am Beispiel von „Haack Großer Weltatlas" Gotha/Leipzig 1971 (2. Aufl.).

HACKER, W.
Psychologische Bewertung von Arbeitsgestaltungsmaßnahmen – Ziele und Bewertungsmaßstäbe. Lehrtext 1. Spezielle Arbeits- u. Ingenieurpsychologie in Einzeldarstellungen. Berlin 1980 [= 1980a].

HACKER, W.
Allgemeine Arbeits- und Ingenieurpsychologie. Berlin 1980 (3. A.) [= 1980b].

HAGER, K.
Wissenschaft und Technologie im Sozialismus. Berlin 1974.

HAHN, E. u. KOSING, A.
Marxistisch-leninistische Philosophie. Berlin 1978 (2. Aufl.).

HAKE, G.
Der Informationsgehalt der Karte – Merkmale und Maße. In: Grundsatzfragen der Kartographie. Wien 1970, S. 119–131.

HAKE, G.
Kartographie und Kommunikation. Kartogr. Nachr., Bonn–Bad Godesberg 23 (1973) 3, S. 137–148.

HAKE, G.
Zum Einfluß des simultanen Helligkeitskontrastes bei Flächendichtekarten. In: Wiss. Arbeiten der Lehrstühle f. Geodäsie, Photogrammetrie u. Kartographie d. Techn. Univ. Hannover. Nr. 83 Hannover 1978, S. 48–57.

HAKE, G.
Der wissenschaftliche Standort der Kartographie. In: Festschrift 100 Jahre Geodätische Lehre und Forschung in Hannover. Hannover 1981, S. 85–89.

HAKE, G.
Kartographie I, Allgemeines, Erfassung der Information, Netzentwürfe, Gestaltungsmerkmale, topographische Karten. Berlin u. New York 1982 (6. Aufl.); Kartographie II. Thematische Karten, Atlanten, kartenverwandte Darstellungen, Kartenredaktion und Kartentechnik, rechnergestützte Kartenherstellung, Kartenauswertung, Kartengeschichte. Berlin (West), New York 1985 (3. Aufl.).

HEITSCH, W.
Relation (Stichwort). Philosophie und Naturwissenschaften. Wörterbuch zu den philosophischen Fragen der Naturwissenschaften. Berlin 1978.

HERING, D. u. LICHTENECKER, F.
Lösungsvarianten zum Lehrstoff-Zeit-Problem und ihre Ordnung. Wiss. Zeitschr. d. Techn. Universität Dresden, 15 (1966) 5, S. 7–34.

HERLITZIUS, E.
Erfolge und Grenzen der Mathematisierbarkeit. Deutsche Zeitschr. f. Philosophie, Berlin 27 (1979) 8, S. 983–988.

HETTNER, A.
Die Eigenschaften und Methoden der kartographischen Darstellung. In: Internat. Jb. f. Kartographie. II. Gütersloh 1962, S. 7–35 (Abdruck aus Geogr. Zeitschrift, Leipzig 1910).

HEUPEL, A.
Geodäsie und Kartographie. Kartogr. Nachr., Gütersloh 18 (1968) 2, S. 46–52.

HIEBSCH, H.
Stichwort „Motivation". In: Wörterbuch der Psychologie. Leipzig 1981.

HILLER, F.-M.
Rationalisierung der technologischen Arbeit durch Algorithmierung. Papier und Druck (Allgem. T.) Leipzig 29 (1980) 12, S. 185–190.

HOFFMANN, F.
Mathematisches Modellieren als Grundlage der Kartographischen Analyse und automatisierten Generalisierung. Vermessungstechnik, Berlin 21 (1973) 8, S. 296–298.

HOFFMANN, F.
Fortschritte der Kartographie. 1969–1982. Manuskriptdruck TU Dresden Sektion Geodäsie u. Kartographie. Dresden 1982.

HOFFMANN, F.
Automatisierung kartographischer Prozesse – Zum Stand der rechnergestützten Projektierung und Konstruktion von Karten in der Hochschulausbildung. Vermessungstechnik, Berlin 32 (1984) 10, S. 336–339.

HOFFMANN, J.
Das aktive Gedächtnis. Berlin 1982.

HOINKES, C.
Geometrische Strukturtypen kartographischer Ausdrucksformen und ihre digitale Darstellung.

Vermessung, Photogramm, Kulturtechnik. Fachbl. Winterthur 73 (1975) 1, S. 85–90.

HOINKES, C.
Die digitale kartographische Zeichenanlage, ein Hilfsmittel für die Kartenherstellung. Vermessung, Photogrammetrie, Kulturtechnik. Sonderheft Kartographie. Zürich 78 (1980) 2, S. 31–41.

HOJOVEC, V.
Cartographic representation of exact criteria. In: Cartography in the Czechoslovak Socialist Republic. 2, 1982, S. 55–67.

HÖRNIG, H.
Wissenschaft (Stichwort). Philosoph. Wörterbuch. Bd. 2, Leipzig 1974 (10. Aufl.).

HÖRZ, H.
Experiment-Modell-Theorie. Zur Bedeutung der „Dialektik der Natur" bei der Lösung gegenwärtiger erkenntnistheoretischer Probleme. Deutsche Zeitschrift für Philosophie, Berlin, 23 (1975) 7, S. 883–897.

HÖRZ, H.
Philosophische Probleme der Modellierung. In: Mathematische Modellbildung in Naturwissenschaft und Technik. Berlin 1976, S. 11–17.

HÖRZ, H.
Gesetz (Stichwort). In: Philosophie und Naturwissenschaften. Wörterbuch zu den philosophischen Fragen der Naturwissenschaften. Berlin 1978.

HÖRZ, H.
Information und Gesellschaft (II). Spectrum, Berlin 14 (1983) 10, S. 1–3.

HÜTTERMANN, A.
Die geographische Karteninterpretation. Kartogr. Nachr., Bonn – Bad Godesberg 25 (1975) 2, S. 62–66.

IMHOF, E.
Gelände und Karte. Erlenbach/Zürich 1951.

IMHOF, E.
Aufgaben und Methoden der theoretischen Kartographie. Peterm. Geogr. Mitt., Gotha, 100 (1956) 2, S. 165–171. In englisch: Intern. Jahrb. f. Kartographie. III. Gütersloh 1963, S. 13–25.

IMHOF, E.
Kartenverwandte Darstellungen der Erdoberfläche. In: Intern. Jahrb. f. Kartogr. III. Gütersloh 1963, S. 54–99.

IMHOF, E.
Beiträge zur Geschichte der topographischen Kartographie. In: Internat. Jahrb. f. Kartographie. IV. Gütersloh 1964, S. 129–153.

IMHOF, E.
Kartographische Geländedarstellung. Berlin [West] 1965.

IMHOF, E.
Über den Aufbau einer Lehre der thematischen Kartographie. Kartogr. Nachr., Gütersloh 19 (1969) 6, S. 218–223.

IMHOF, E.
Thematische Kartographie. Berlin, New York 1972.

IZMAJLOVA, N. V.
Kartografičeskaja informacija i sistemy kartografičeskich znakov (učebnoe posobie) [Kartographische Information und kartographische Zeichensysteme (Lehrmittel)], Odessa 1976.

JENKS, G. F. u. COULSON, M.R.C.
Class intervalls for statisticall maps. In: Internat. Jahrb. f. Kartographie. III. Wien 1963, S. 119–134.

JENSCH, G.
Zum Grundprinzip der Zuordnung von Farbe, Form und Sachverhalt in thematischen Karten. In: Untersuchungen zur thematischen Kartographie. Teil I. Hannover 1969, S. 27–42.

JOLY, F.
Problèms de standardisation en cartographie thematique. In: Internat. Yearbook of Cartography. XI. Gütersloh 1971, S. 116–119.

KANAZAWA, K.
Application of typical syllabuses to current education of cartographers. In: Intern. Yearbook of Cartogr. XIII. Budapest 1973, S. 45–51.

KANNEGIESSER, K.
Elemente einer Theorie der Theorienbildung. Wiss. Zeitschr. d. Karl-Marx-Universität, Leipzig 20 (1971) 4, S. 439–334.

KANNEGIESSER, K., ROCHHAUSEN, R. u. THOM, A.
Philosophisch-methodologische Probleme der Bildung und Entwicklung theoretischer Erkenntnisformen in den Naturwissenschaften (Thesen). Wiss. Zeitschr. d. Karl-Marx-Universität, Leipzig 20 (1971) 4, S. 409–421.

KAPR, A. u. SCHILLER, W.
Gestalt und Funktion der Typographie. Leipzig 1977.

KAUTZLEBEN, K.; KROITZSCH, V. u. WIRTH, H.
Die Fernerkundung der Erde mit Hilfe der Multispektralaufnahme. Vermessungstechnik, Berlin 25 (1977) 3, S. 78–81.

KAUTZLEBEN, H. u. MAREK, K.-H.
Zur Entwicklung der Geofernerkundung in der DDR. Vermessungstechnik, Berlin 30 (1982) 7, S. 217–221.

KEATES, J. S.
Understanding maps. London u. New York 1982.

KÉKI, B.
5000 Jahre Schrift. Leipzig, Jena, Berlin 1978 (2. A.).

KELLER, W.
Die qualitative Auswahl einzelner Kartenelemente nach dem Ordnungsprinzip im Bereich der geographischen Kartographie. Vermessungstechnik, Berlin 18 (1970) 4, S. 142–145.

KELNHOFER, F.
Beiträge zur Systematik und allgemeinen Strukturlehre der thematischen Kartographie, ergänzt durch Anwendungsbeispiele aus der Kartographie des Bevölkerungswesens. Wien–Köln–Graz 1971.

KENT, K. B.
Academic geographer/cartographers in the United States. Their training and professional activity in cartography. The American cartographer. Falls Church, Virginia 7 (1980) 1, S. 59–66.

KIMMERLING, A. J.
Cartographic guidelines for the use of moire patterns produced by dot tint screens. The Canadian cartographer, Toronto 16 (1979) 2, S. 159–167.

KIRCHHOF, M. u. RAUCH, M.
Nichtmechanische Druckverfahren. Feingerätetechnik, Berlin 31 (1982) 11, S. 485–488.

KISHIMOTO, H.
Ein Beitrag zur Klassenbildung in statistischer Kartographie unter besonderer Berücksichtigung der maschinellen Herstellung von Choroplethenkarten. Kart. Nachr., Gütersloh 22 (1972) 6, S. 224–239.

KISHIMOTO, H.
„Mental Maps" und Kartographie. Vermessung, Photogrammetrie, Kulturtechnik. Winterthur 73 (1975) 1, S. 62–64.

KLAUS, G.
Spezielle Erkenntnistheorie. Prinzipien der wissenschaftlichen Theorienbildung. Berlin 1966.

KLAUS, G.
Moderne Logik. Abriß der modernen Logik. Berlin 1967.

KLAUS, G.
Kybernetik und Erkenntnistheorie. Berlin 1972 (5. Aufl.).

KLAUS, G.
Semiotik und Erkenntnistheorie. Berlin 1973 (4. Aufl.).

KLAUS, G.
Begriffswort „Kommunikation". In: Philosophisches Wörterbuch. Leipzig 1974 [= 1974a].

KLAUS, G.
Begriffswort „Theorie". In: Philosophisches Wörterbuch. Leipzig 1974. Bd. 2 (10. Aufl.) [= 1974b].

KLAUS, G.
Rationalität – Integration – Information. Entwicklungsgesetze der Wissenschaft in unserer Zeit. Berlin 1974 [= 1974c].

KLAUS, G.; KOSING, A. u. SEGETH, W.
Begriffswort „Abstraktion". In: Philosophisches Wörterbuch. Leipzig 1974. Bd. 1 (10. Aufl.).

KLAUS, G. u. KRÖBER, G.
Begriffswort „Experiment". In: Philosophisches Wörterbuch. Leipzig 1974. Bd. 1 (10. Aufl.).

KLAUS, G. u. LIEBSCHER, H.
Systeme, Informationen, Strategien. Berlin 1974.

KLAUS, G. u. LIEBSCHER, H. (Hrsg.)
Wörterbuch der Kybernetik. Berlin 1976 [= 1976a].

KLAUS, G. u. LIEBSCHER, H. (Hrsg.)
Stichwort „Semiotik". In: Wörterbuch der Kybernetik. Berlin 1976 [= 1976b].

KLINGHAMMER, I.
Cartographic Education in Hungary. In: Internat. Yearbook of Cartography. XXII. Bonn–Bad Godesberg 1982, S. 78–82.

KLIX, F.
Zeichenerkennung, Begriffsbildung und Problemlösen als Prozesse der organismischen Informationsverarbeitung. In Organismische Informationsverarbeitung. Zeichenerkennung – Begriffsbildung. Berlin 1974, S. 1–11.

KLIX, F.
Strukturelle und funktionelle Komponenten des Gedächtnisses. In: Zur Psychologie des Gedächtnisses. Berlin 1977.

KLIX, F.
Information und Verhalten. Berlin 1979.

KLUGE, W.
Der Beitrag des Forschungszentrums des VEB Kombinat Geodäsie und Kartographie zur Beschleunigung des wissenschaftlich-technischen Fortschritts im Vermessungs- und Kartenwesen der DDR. In: 25 Jahre Forschung im staatlichen Vermessungs- und Kartenwesen der DDR. Leipzig 1982, S. 7–47.

KNÖPFLI, R.
Information, Karte, Flugbild. Vermessung, Photogrammetrie, Kulturtechnik, o. O. (1975), S. 65–87.

KNÖPFLI, R.

Information, Modell, Karte. In: Intern. Yearbook of Cartogr. XVIII. Bonn–Bad Godesberg 1978, S. 65–87.

KNÖPFLI, R.

Informationstheoretische Betrachtungen zur Verringerung der Ungewißheit durch Struktur. In Internat. Yearbook of Cartogr. XX. Bonn–Bad Godesberg 1980, S. 129–141.

KNÖPFLI, R.

Kartographische Kommunikation. Vermessung, Photogrammetrie, Kulturtechnik, o. O. (1981), 4, S. 114–122.

KOBLITZ, J.

Redundanz und Reduktion. Informatik. Berlin (1969) 5, S. 5–10.

KOCH, W. G.

Gedruckte Lehr- und Lernmittel in der Hochschulausbildung von Kartographen an der Technischen Universität Dresden. Vermessungstechnik, Berlin 30 (1982) 2, S. 58–62.

KOCH, W. G.

Eine Untersuchung zur Ermittlung visuell gleichabständiger Helligkeitsskalen. Vermessungstechnik, Berlin 31 (1983) 4, S. 319–321.

KOCH, W. G.

Optische Täuschungen und Kontrasterscheinungen in thematischen Karten. Vermessungstechnik, Berlin 32 (1984) 6, S. 196–200.

KOEMAN, C.

The principle of communication in cartography. In: Internat. Jahrb. f. Kartographie. XI. Gütersloh 1971, S. 169–176.

KOEMAN, C.

Sovremmennye issledovanija v oblasti istoričeskoj kartografii i ich značenie dlja istorii kul'tury i razvitija kartografičeskich nauk (Aktuelle Untersuchungen auf dem Gebiet der Geschichte der Kartographie und ihre Bedeutung für die Kulturgeschichte und die Entwicklung der kartographischen Wissenschaft). Puti razvitija kartografii (Sališčev-Festschrift 70. Geb.) Moskva 1975, S. 107–121.

KOEMAN, C.

History of cartography. In: Multilingual Basic Manual on Cartography. ICA-Publ. (im Druck).

KOEN, B.

Kartata na sveta v M 1:2 500 000 i nejnoto značenie za meždunarodnata standardizacija na geografskite imenal (Die Weltkarte 1:2 500 000 und ihre Bedeutung für die internationale Standardisierung geographischer Namen). Sbornik statii kartogr. Sofija 1972. H. 14, S. 15–18.

KOHLMANN, R.

Das Erkennen geographischer Beziehungen und Zusammenhänge mit Hilfe kartographischer Darstellungen im Geographieunterricht. Geogr. Ber., Gotha/Leipzig 22 (1977) 4, S. 287–295.

KOLÁCNY, A.

Kartographische Kommunikation – ein Grundbegriff und Grundterminus der modernen Kartographie. In: Internat. Yearbook of Cartography. X. Budapest 1970, S. 186–193.

KOMKOV, A. M.

Zur Frage der Beziehungen der Kartographie zur Geodäsie, Topographie und Geographie bei dem heutigen Stand der Wissenschaften. In: Probleme der Kartographie. Gotha 1955.

KONDÁS, Š.

The standardization of cartografic signs for an automated graphic output. In: Cartography in the Czechoslovak Socialist Republic, o. O. 2, 1982, S. 92–99.

KONECNY, G.

Die Methodik der Fernerkundung und ihre Anwendung zur Erfassung thematischer Daten. Zeitschr. f. Vermess.-Wesen, Stuttgart 104 (1979) 9, S. 389–410.

KOSING, A.

Begriffswort Erkenntnisprozeß. In: Philosophisches Wörterbuch. Leipzig 1974. Bd. 1 (10. Aufl.).

KOSING, A.

Stichwort „Struktur". In: Philosophie und Naturwissenschaften. Wörterbuch zu den philosophischen Fragen der Naturwissenschaften. Berlin 1978.

KRAKAU, W.

„Gesetzmäßige" oder „regelmäßige" Generalisierung? Vermessungstechnik, Berlin 21 (1973) 4, S. 147–150.

KRAKAU, W.

Qualitative Generalisierung in kleinmaßstäbigen Karten, am Beispiel der Ortschaften. Vermessungstechnik, Berlin 22 (1974) 1, S. 11–12 u. 29–31.

KRAUSE, B.

Zur Analyse der Informationsverarbeitung in kognitiven Prozessen. Leipzig 1981.

KRCHO, J.

Mapa a struktúre jej bosahu z hl'adiska teórie systémov (Die Karte und die Struktur ihres Inhalts vom Standpunkt der Systemtheorie). Geodet. a kartogr. Obz., Praha 27/69 (1981) 1, S. 8–16.

KRETSCHMER, I.
Die Redaktion von Fachatlanten. In: Intern. Yearbook of Cartogr. XII. Gütersloh 1972, S. 45–62.

KRETSCHMER, I.
Was kann die Kartographie für die Umweltplanung leisten? Kartogr. Nachr. Bonn–Bad Godesberg 27 (1977) 1, S. 10–17.

KRETSCHMER, I.
The Pressing Problems of Theoretical Cartography. In: Internat. Yearbook of Cartography. XVIII. Bonn–Bad Godesberg 1978, S. 33–40.

KRETSCHMER, I.
Kartographie-Ausbildung in Österreich. In: Internat. Yearbook of Cartography. XXII. Bonn–Bad Godesberg 1982, S. 92–104.

KRÖBER, G.
Begriffswort Gesetz. In Philosophisches Wörterbuch. Leipzig 1976. Bd. 1 (12. Aufl.).

KRÖNERT, R.; HENGELHAUPT, U.; SCHMIDT, I. u. SCHUBERT, L.
Geographisch-kartographische Analyse der Flächennutzung nach multispektralen Luftbildern und Satellitenaufnahmen. Peterm. Geogr. Mitt., Gotha 127 (1983) 3, S. 181–190.

KRUGLIKOV, B. I. u. TIŠČENKO, K. N.
Ein Systemmodell einer künstlichen Sprache. In: Sprachen der ökonomischen Leitung und der Systemprojektierung. Berlin 1977, S. 69–75.

KUGLER, H.
Die Bedeutung der Kartographie und der Karten für die geographische Aus- und Weiterbildung an Hochschulen. Peterm. Geogr. Mitt., Gotha/Leipzig 117 (1973) 1, S. 154–158.

KUGLER, H.
Die kartographische Generalisierung. Vermessungstechnik, Berlin 23 (1975) 4, S. 130–134.

KUGLER, H.
Kartographisch-semiotische Prinzipien und ihre Anwendung auf geomorphologische Karten. Peterm. Geogr. Mitt., Gotha/Leipzig 120 (1976) 1, S. 65–78.

KUGLER, H.
Karte und Umweltforschung. In: Hallesches Jb. f. Geowiss., Gotha/Leipzig 3 (1978), S. 1–14.

KUGLER, H.; RIEDEL, C. u. VILLWOCK, G.
Landschaftsanalyse mit multispektralen Luftbildern in der Umgebung von Halle (Saale). Geograph. Berichte, Gotha 112 (1984) 3, S. 165–184.

KULKA, H.
Ergonomie – wofür? Ein neues Wissenschaftsgebiet im Wirkungsfeld von Mensch und Technik. Leipzig 1980.

KUTUZOV, I. A.
Vystuplenie na otkrytii VIII. Meždunarodnoj kartografičeskoj konferencii (Ansprache zur Eröffnung der VIII. Internationalen Kartographischen Konferenz). Presented paper. ICA-Conference. Moscow 3.–10. 8. 1976.

LAITKO, H.
Erkenntnistheoretische und reproduktionstheoretische Gesichtspunkte zur Bestimmung des Disziplinbegriffes. Rostocker wissenschaftshistorische Manuskripte. Rostock 1978. 1, S. 25–34 [= 1978a].

LAITKO, H.
Stichwort „Wissenschaft". In: Philosophie und Naturwissenschaften. Wörterbuch zu den philosophischen Fragen der Naturwissenschaften. Berlin 1978 [= 1978b].

LEBEDEV, P. P.
Obščaja formal'naja model' sintaktičeskoj struktury karty (Allgemeines formales Modell syntaktischer Kartenstrukturen). In: Geogr. issled. v. Mosk.un-te. Tradicii – perspektivy. Moskva 1976, S. 244–251.

LEHMANN, Er.
Die Kartographie als Wissenschaft und Technik. Peterm. Geogr. Mitt., Gotha 96 (1952) 1, S. 73–84.

LEHMANN, Er.
Die Typisierung als Problem der kartographischen Darstellung im „Atlas DDR". Peterm. Geogr. Mitt. 112 (1968) 1, S. 61–71.

LEHMANN, Er.
Charakteristik der themengebundenen kartographischen Gestaltungsgrundsätze. Der „Atlas DDR" im Vergleich zu anderen Nationalatlanten. Peterm. Geogr. Mitt., Gotha/Leipzig 114 (1970) 2, S. 152–158.

LEHMANN, Er.
Kartographie im Dienste der Umweltforschung. In: Im Mittelpunkt der Mensch. Berlin 1975. S. 218–232.

LEHMANN, Er.
Zur Problematik von Umweltatlanten. Peterm. Geogr. Mitt., Gotha 124 (1980) 2, S. 161–163.

LEHMANN, Et.
Zur Methodenlehre der thematischen Kartographie unter den Aspekten neuer interdisziplinärer Wissenschaften. Vermessungstechnik, Berlin 19 (1971) 1, S. 1–6.

LENGFELD, K.
Die Stellung der Kartographie im System der Wissenschaftsverflechtung. Vermessungstechnik, Berlin 19 (1971) 2, S. 56–58.

LENIN, W. I.
Materialismus und Empiriokritizismus. In: Werke. Bd. 14. Berlin 1973 (6. Aufl.).

LEONTJEWA, A.
Tätigkeit, Bewußtsein, Persönlichkeit. Berlin 1982.

LICHTNER, W.
Anwendungsmöglichkeiten der Rasterdatenverarbeitung in der Kartographie. Hannover 1981.

LIEBSCHER, H. u. PAUL, S.
Mathematisierung (Stichwort). In: Philosophie und Naturwissenschaften. Wörterbuch zu den philosophischen Fragen der Naturwissenschaften. Berlin 1978.

LJUTYJ, A. A.
Jazyk karty (Die Kartensprache). Moskva 1981.

LOMOW, B. F.
Die wissenschaftlich-technische Revolution und einige Probleme der Psychologie. Sowjetwissenschaft. Gesellschaftswiss. Beiträge, o. O. 35 (1982) 1, S. 75–87.

LOMPSCHER, J.
Aufgaben und Perspektiven der pädagogisch-psychologischen Forschung. In: Probleme und Ergebnisse der Psychologie. H. 55. Berlin 1975.

LOMPSCHER, J. u. LÖWE, H.
Stichwort „Fähigkeiten". In: Wörterbuch der Psychologie. Leipzig 1981.

LOSINOVA, V. M.; EGOROVA, N. B. u. ŠKURKOV, K. V.
O kartografičeskoj avtomatizirovannoj dokumental'noj informacionno-poïskovoj sisteme (Zu einem kartographischen automatisierten Dokumentations-Informationsrecherchesystem) Geodezija i kartografija, Moskva (1977) 7, S. 52–56.

LOVRIĆ, P.
System kartografiskih znakova medu ostalim sistemima znakova (Das System der kartographischen Zeichen unter den übrigen Zeichensystemen). Geodetski List, Zagreb 55 (1978) 4–6, S. 119–129.

LOVRIĆ, P.
Oblici i veličine kartografskih znakova (Größen und Formen der kartographischen Zeichen). Geodetski list, Zagreb 57 (1980) 1–3, 5–13.

LOVRIĆ, P.
60 Jahre der kartographischen Lehre und 25 Jahre der Tätigkeit des Instituts für Kartographie an der geodätischen Fakultät der Universität Zagreb. In: Internat. Yearbook of Cartography. XXII. Bonn–Bad Godesberg 1982, S. 147–149.

LÖWE, H.
Stichwort „Fertigkeiten". In: Wörterbuch der Psychologie. Leipzig 1981.

LUNZE, J. u. MÖSER, M.
Spezialkarten für den Orientierungslauf. Vermessungstechnik, Berlin 28 (1980) 12, S. 412–414.

LYONS, H.
The sailing charts of the Marshall islanders. The Geographical Journal, London 72 (1928) 4, S. 325–328.

MACIOCH, A.
Theoretical foundations for construction of a system of Cartographic signs. In: The Polish Cartography. Warszawa 1982, S. 25–34.

MAREK, K.-H.
Methodische Grundlagenforschungen zur Interpretation von Fernerkundungsdaten. Wiss. Zeitschr. d. Techn. Universität Dresden, 30 (1981) 5, S. 154–158.

MARTINEK, M.
Begriffsbestimmung der kartographischen Information, Peterm. Geogr. Mitt., Gotha/Leipzig 117 (1973) 1, S. 67–72.

MARTINEK, M.
K problematice kartografické sémiotiky jako nové oblasti teoretické kartografie (Zum Problem der kartographischen Semiotik als neuem Gebiet der theoretischen Kartographie). Geodet. a kartograf. obzor, Praha (1974) 6, S. 152–157.

MEINE, K.-H.
The influence of development of modern procedures and cartographical techniques on education and training systems. In: Intern. Yearbook of Cartogr. XIII. Budapest 1973, S. 39–44.

MEINE, K.-H.
Kartographische Kommunikationsketten und kartographisches Alphabet. Mitt. d. Österr. Geogr. Gesellsch., Wien 116 (1974) 3, S. 390–418.

MEINE, K.-H.
Certain aspects of cartographic communication in a system of cartography as a science. In: Intern. Yearbook of Cartogr. XVIII. Bonn–Bad Godesberg 1978, S. 102–117.

MENKE, K.
Bemerkungen zu Prinzipien der Klasseneinteilung in der thematischen Kartographie und Vor-

stellung eines EDV-gestützten Verfahrens. Kartogr. Nachr., Bonn–Bad Godesberg 31 (1981) 4, S. 139–149.

MERKEL, J.
Fernerkundung der Erde und Kartenherstellung. Vermessungstechnik, Berlin 30 (1982) 7, S. 222–224.

MORRISON, J. L.
The science of cartography and its essential processes. In: Intern. Yearbook of Cartogr. XVI. Bonn–Bad Godesberg 1976, S. 81–87.

MORRISON, J. L.
Towards a functional definition of the science of cartography with emphasis on map reading. In: Beiträge z. Theoretischen Kartographie (Arnberger-Festschrift). Wien 1977, S. 247 bis 266.

MUEHRCKE, P. C.
Map use. Reading, analysis and interpretation. Madison 1978.

MÜLLER, D. u. PESTER, A.
Philosophische Probleme der Mathematik und ihrer Anwendung. Wiss. Zeitschr. d. Techn. Univ. Dresden, 30 (1981) 2/3, S. 67–73.

MULLER, J.-C.
Non-Euclidean geographic spaces: mapping functional distances. Geogr. Anal., 14 (1982) 3, S. 189–203.

NATHO, G.
Stichwort „Nomenklatur". In: Philosophie und Naturwissenschaften. Wörterbuch zu den philosophischen Fragen der Naturwissenschaften. Berlin 1978 [= 1978a].

NATHO, G.
Stichwort „Terminologie". In: Philosophie und Naturwissenschaften. Wörterbuch zu den philosophischen Fragen der Naturwissenschaften. Berlin 1978 [= 1978b].

NEUMANN, J.
Über Begriffe der kartographischen Generalisierung. Intern. Yearbook of Cartogr. XVII. Bonn–Bad Godesberg 1977, S. 119–124.

NEUMANN, J. u. TIMPE, K.-P.
Psychologische Arbeitsgestaltung. Berlin 1976.

NIKISHOV, M. I. u. PREOBRAZHENSKY, A. I.
The problem of the unification of the vontents and conventional signs standardizatioń on economic maps. In: Internat. Yearbook of Cartography. XI. Gütersloh 1971, S. 127–136.

NIKOLIĆ, M. M.
Metode korśćenja karata pri naučńim istraživanjima (Methoden der Kartennutzung bei wissenschaftlichen Untersuchungen). Geodet. List, Zagreb 52 (1975) 1, S. 26–37.

NISCHAN, H.
Informationswissenschaften und thematische Kartographie-Beziehungen und Möglichkeiten der Nutzung von Erkenntnissen. Vermessungstechnik, Berlin 19 (1971) 4, S. 149–153.

NISCHAN, H. u. SCHIRM, W.
Der Beitrag des staatlichen Vermessungs- und Kartenwesens zur Versorgung der Volkswirtschaft mit topographischen Karten. Vermessungstechnik, Berlin 29 (1982) 12, S. 417–419.

OGRISSEK, R.
Bestimmung des relativen Signaturengewichts durch fotoelektrische Dichtemessung. Kartogr. Nachr., Gütersloh 15 (1965) 2, S. 79–86.

OGRISSEK, R.
Einige Grundfragen der Gestaltung von Karten als Buchbeilage. Papier und Druck. Leipzig 15 (1966) 7, S. 145–152.

OGRISSEK, R.
Einige Probleme der Zeichenerklärung (Legende) in Wirtschaftskarten. Vermessungstechnik, Berlin 15 (1967) 11, S. 427–429.

OGRISSEK, R.
Die Karte als Hilfsmittel des Historikers. Gotha/Leipzig 1968.

OGRISSEK, R.
Az ipar kartográfiai ábrázolásában használt jelek szabványositása (Die Standardisierung von Signaturen für die kartographische Industriedarstellung). In: Megjelent S. Radó 70. születésnapa és a kartografiai Vállalat alapításának 15. évfordulója alkalmából. Budapest 1969, S. 86–89 = Geodézia és kartografia, 3. különszám.

OGRISSEK, R.
Der Informationsprozeß und die thematische Karte. Vermessungstechnik, Berlin 18 (1970) 6, S. 226–228 [= 1970 a].

OGRISSEK, R.
Kartengestaltung, Wissensspeicherung und Redundanz. Peterm. Geogr. Mitt., Gotha/Leipzig 114 (1970) 1, S. 70–74 [= 1970 b].

OGRISSEK, R.
Zum Problem des Gebrauchswertes von thematischen Karten. Peterm. Geogr. Mitt., Gotha/Leipzig 116 (1972) 4, S. 277.

OGRISSEK, R.
Kartographische Kommunikation und Sprachkommunikation – ein Beitrag zur Theorie der kartographischen Information. Papier und Druck. Schwerpunktheft Kartographie, Leipzig 23 (1974) 11, S. 41–44 [= 1974 a].

OGRISSEK, R.

Determinierende Faktoren in der kartographischen Kommunikationskette. Peterm. Geogr. Mitt., Gotha/Leipzig 118 (1974) 2, S. 150–152 [= 1974 b].

OGRISSEK, R.

Die Geschichtskarte als optimales Kommunikationsmittel bei der Erfassung raumbezogener Informationen. In: Problemy nauk pomocnicznych historii. Bd. 3. Katowice 1974, S. 91–95 [= 1974 c].

OGRISSEK, R.

Begriffsgeneralisierung in der thematischen Kartographie. Vermessungstechnik, Berlin 23 (1975) 7, S. 247–251.

OGRISSEK, R.

Die Hochschulausbildung von Kartographen in der Deutschen Demokratischen Republik nach dem neuen Studienplan der Fachrichtung Kartographie. In: Internat. Yearbook of Cartogr. XVIII. Bonn–Bad Godesberg 1978, S. 159–181 [= 1978 a].

OGRISSEK, R.

Praktičeskaja podgotovka studentov po special'nosti „Kartografija" v GDR/(Die praktische Ausbildung der Studenten der Kartographie in der DDR.). Izv. Vysš. Učebn. Zav., Geodez. i Aėrofotos"ëmka 22 (Moskva) 5, S. 163–165 [=1978b].

OGRISSEK, R.

Entwicklungstendenzen der Kartographie in den 70er Jahren des 20. Jahrhunderts. Wiss. Zeitschrift d. Techn. Universität Dresden, 28 (1979) 3, S. 700–707 [= 1979a].

OGRISSEK, R.

Dekodierung des Karteninhalts und Gedächtnis. In: Internat. Yearbook of Cartography. XIX. Bonn–Bad Godesberg 1979, S. 96–103 [= 1979b].

OGRISSEK, R.

Die Arbeit mit kartographischen Hilfsmitteln. In: Einführung in das Studium der Geschichte. Berlin 1979, S. 208–213 [= 1979c].

OGRISSEK, R.

Prinzipien und Möglichkeiten der Anwendung von Modellklassifikationen bei kartographischen Darstellungsformen und kartographische Terminologie. (Lehmann-Festschrift). In: Geographie, Kartographie, Umweltforschung. Sitzungsberichte der Akademie der Wissenschaften der DDR. Berlin 5N/1980, S. 99–121 [= 1980a].

OGRISSEK, R.

Kartenklassifikation und analoge kartographische Terminologie in Theorie und Praxis. Peterm. Geogr. Mitt., Gotha/Leipzig 124 (1980) 1, S. 75–81 [= 1980b].

OGRISSEK, R.

Beiträge der Kartographie der Deutschen Demokratischen Republik zur Entwicklung der Theoretischen Kartographie im letzten Jahrzehnt. Peterm. Geogr. Mitt., Gotha/Leipzig 124 (1980c) 3, S. 221–235 [= 1980c].

OGRISSEK, R.

Ein Strukturmodell der Theoretischen Kartographie für Lehre und Forschung. Wiss. Zeitschr. d. Techn. Universität Dresden, 29 (1980) 5, S. 1123–1126 [= 1980d].

OGRISSEK, R.

A kartográfiai információfevétel feltételei és problémái (Bedingungen und Probleme kartographischer Informationsaufnahme). (Radó-Festschrift). Földrajzi közlemények. Budapest XXVIII (1980) 1/2, S. 39–44 [=1980e].

OGRISSEK, R.

Theorie der Kartengestaltung und Theorie der Kartennutzung als Hauptkomponenten eines Systems der Theoretischen Kartographie für Ausbildung und Forschung. In: Intern. Yearbook of Cartography. XXI. Bonn–Bad Godesberg 1981, S. 133–153 [=1981a].

OGRISSEK, R.

Die Oberlausitzkarte „LUSATIA SUPERIORIS, Tabula Chorographica" des Johann Georg Schreiber aus dem Anfang des 18. Jahrhund. Sächs. Heimatbl., Dresden 27 (1981) 5, S. 223–226 [= 1981b].

OGRISSEK, R.

Nutzung kartographischer Modelle und Struktur des Erkenntnisprozesses. Peterm. Geogr. Mitt., Gotha/Leipzig 126 (1982) 2, S. 127–131 [= 1982a].

OGRISSEK, R.

Dekodierung des Karteninhalts und Ursachen der Aufmerksamkeit bei der Kartennutzung. Vermessungstechnik, Berlin 30 (1982) 5, S. 155–157 [= 1982b].

OGRISSEK, R.

Erkenntnistheoretische Grundlagen und Erkenntnisgewinnung in der Kartographie. Dresden 1982 (Manuskriptdruck) [= 1982c].

OGRISSEK, R.

Education in Cartography in the German Democratic Republic (G.D.R.) and Main Tasks of Education in the Field of Theoretical Cartography in the Eighties. In: Internat. Yearbook of Cartography. XXII. Bonn–Bad Godesberg 1982, S. 170–175 [= 1982d].

OGRISSEK, R.
Stichwort „Militärgeschichtskarten". In Brockhaus abc Kartenkunde. Leipzig 1983 [= 1983a].

OGRISSEK, R.
Vorstellungskarten als Erkenntnismittel der Kartographie. Vermessungstechnik, Berlin 31 (1983) 11, S. 378–380 [= 1983b].

OGRISSEK, R.
(Hrsg.) Brockhaus abc Kartenkunde. Leipzig 1983 [= 1983c].

OGRISSEK, R.
Zalezności między redagowaniem a percepcją map ze szczególnym uwzględnieniem map historycznych (Beziehungen zwischen Kartengestaltung und Kartennutzung, insbesondere bei Geschichtskarten). Polski przegląd kartograficzny. Warszawa 16 (1984) 3, S. 109–112 [= 1984a].

OGRISSEK, R.
Zur Bedeutung psychologischer Komponenten in der Kartennutzung. Vermessungstechnik, Berlin 32 (1984) 7, S. 235–237 [= 1984b].

OGRISSEK, R.
Der Geograph Otto Delitsch (1821–1882) und das erste kartographische Thema einer Habilitationsschrift an der Universität Leipzig. Peterm. Geogr. Mitt., Gotha 129 (1985) 1, S. 57–68 [= 1985a].

OGRISSEK, R.
Eduard Imhof, einer der Wegbereiter der theoretischen Kartographie, 90 Jahre. Peterm. Geogr. Mitt., Gotha 129 (1985) 1, S. 69 [= 1985b].

OGRISSEK, R.
Abriß der Geschichte des „Weltatlas. Die Staaten der Erde und ihre Wirtschaft". Ein Beitrag zur Geschichte der Atlaskartographie in der Deutschen Demokratischen Republik. In: Kartographische Bausteine 6, Teil I. Technische Universität Dresden, 1985, S. 10–31 [= 1985c].

OGRISSEK, R.
Die Methode kartenhistorischer Forschungen und das Werk des ersten ungarischen Kartographen Lazarus Secretarius, aus dem Anfang des 16. Jahrhunderts. Vermessungstechnik, Berlin 33 (1985) 2, S. 53–55 [= 1985d].

OGRISSEK, R.
Studium, Promotion und Lehrtätigkeit Max Ekkerts an der Universität Leipzig im 19. Jahrhundert. In: Internat. Yearbook of Cartography. XXV. Bonn–Bad Godesberg 1985, S. 139–158 [= 1985e].

OGRISSEK, R.
Kartographische Methodik, Methodologie der Kartographie und die Entwicklung eines Grundstrukturmodells der Kartographie als Wissenschaft. Vermessungstechnik, Berlin 34 (1986) 3, S. 77–79.

OLSON, J. M.
Experience and the improvment of cartographic communication. The cartographic journal, Glasgow 12 (1975) 2, S. 94–108.

OLSON, J. M.
A coordinated approach to map communication improvement. American cartographer. Falls Church, Virginia 3 (1976) 2, S. 151–159.

OLSON, J. M.
Cognitive cartographic experimentation. The Canadian cartographer. Toronto 16 (1979) 1, S. 43–44.

OLSON, J. M.
Cognitive aspects of the map use. Paper X.th ICA-Conference Tokyo 1980.

ORMELING, F. J.
Einige Aspekte und Tendenzen der modernen Kartographie. Kartogr. Nachrichten, Bonn–Bad Godesberg 28 (1978) 3, S. 90–95.

ORMELING, F. J.
Kartographie im Wandel. Aspekte von Gegenwart und Zukunft. Kartogr. Nachr., Bonn–Bad Godesberg 31 (1981) 4, S. 125–139.

ORMELING, F.
Final projekt. Enschede 1982.

ORMELING, JR. F. J.
Levels and Objectives of Cartographic Training-Facilities in the Netherlands. In: Internat. Yearbook of Cartography. XXII. Bonn–Bad Godesberg 1982, S. 176–183.

OSTROWSKI, W.
Sprawność kartograficznej formy przekazu (Nutzeffekt der kartographischen Form der Informationsübertragung). Polski przegląd kartogr., Warszawa 6 (1974) 1, S. 14–23.

OSTROWSKI, W.
Semtyczny aspekt sprawności mapy. (Der semantische Aspekt des Wirkungsgrades einer Karte). In: Prace i studia geograficzne. Warszawa 1979, S. 153–220.

PALM, C.
Maps for orienteering. In: Internat. Jahrb. f. Kartographie. XII. Gütersloh 1972, S. 130–136.

PALM, C.
Cartographic Education in Sweden – The Situation of 1981/82. In: Internat. Yearbook of Cartography. XXII. Bonn–Bad Godesberg 1982, S. 184–186.

PÁPAY, G.
Die Größenabstufung der Bergbausignaturen in kleinmaßstäbigen komplexen Wirtschaftskarten. Vermessungstechnik, Berlin 18 (1970) 3, S. 98–101.

PÁPAY, G.
Definition kartographischer Termini. Vermessungstechnik, Berlin 18 (1970) 8, S. 302–305 u. 9, S. 335–339.

PÁPAY, G.
Funktionen der kartographischen Darstellungsformen. Peterm. Geogr. Mitt., Gotha/Leipzig 117 (1973) 3, S. 234–239.

PÁPAY, G.
Das Wesen der kartographischen Darstellungsformen. Papier und Druck. Schwerpunktheft Kartographie. Leipzig 23 (1974) 11, S. 161–164.

PÁPAY, G.
Allgemeine Theorie der kartographischen Generalisierung und die marxistisch-leninistische Erkenntnistheorie. Vermessungstechnik, Berlin 23 (1975) 8, S. 305–309 [=1975a].

PÁPAY, G.
Objektivität und Subjektivität bei der kartographischen Generalisierung. Vermessungstechnik, Berlin 23 (1975) 9, S. 346–348 [= 1975b].

PÁPAY, G.
Diskussion von allgemeinen Objektbegriffen der kartographischen Darstellung nach der Häufigkeit ihrer Verwendung und nach semantischen Aspekten. Peterm. Geogr. Mitt., Gotha/Leipzig 124 (1980) 1, S. 83–91.

PÁPAY, G.
Zur Herausbildung der Kartographie als selbständige Wissenschaftsdisziplin. Peterm. Geogr. Mitt., Gotha 128 (1984) 3, S. 221–231 [= 1984a].

PÁPAY, G.
Zum 125. Geburtstag von Karl Peucker (1859–1940). Vermessungstechnik, Berlin 32 (1984) 6, S. 200–202 [= 1984b].

PAPP-VÁRY, A.
Projektovani map pro děti (Projektierung von Karten für Kinder). Geodetický a kartograficky obzor, Praha 28 (70) (1982) 6, S. 141–144.

PARTL, F.
Vorteile und Schwierigkeiten bei der Verwendung sprechender und geometrischer Signaturen zur Darstellung ortsgebundener Objekte in Agglomerationsgebieten (mit praktischen Beispielen mittelmaßstäbiger Darstellungen aus der Industrie). Diss. Wien 1981.

PAWLAK, W.
Charakter zniekształceń wybranych elementów treści mapy powstałych w procesie generalizacji (Charakter der Verzerrungen ausgewählter Elemente des Karteninhalts, die im Generalisierungsprozeß entstanden sind). Acta Universitatis Wratislaviensis. Nr. 133. Studia Geograficzne XV. Wrocław 1971.

PESCHEL, M.
Modellbildung für Signale und Systeme. Berlin 1978.

PESCHEL, M. u. SCHULZE, W.
Intensivierung der Forschung durch mathematisch-rechentechnischen Hilfsmittel. Spektrum, Berlin 9 (1978) 5, S. 15–19.

PETROWSKI, A. W. (Hrsg.)
Allgemeine Psychologie. Berlin 1974.

PEUCKER, K.
Zur kartographischen Darstellung der dritten Dimension. Geograph. Zeitschr., Leipzig 7 (1901) 1, S. 22–41.

PIPKIN, J. S.
Some Comments on Maps and Information. Research Notes and Comments, Geographical Analysis. Columbus, Ohio 9 (1977) 2. S. 187–194.

PILLEWIZER, W.
Ein System der thematischen Karten. Peterm. Geogr. Mitt., Gotha 108 (1964) 3, S. 231–238, 4, S. 309–317.

PIPPIG, G.
Beziehungen zwischen Kenntniserwerb und Entwicklung geistiger Fähigkeiten. Beiträge zur Psychologie. Bd. 6, Berlin 1980.

PLACHÝ, O.
O úloze kontrastú a jiných optických jevú v mapé. Geodet. a kartogr. obzor, Praha 6 (1960) 1, S. 8–12.

PODLACHA, K.
The subsystem ov socio-economic maps for the needs of rational utility of rural areas. In: Proceedings of the Institute of Geodesy and Cartography. Warszawa XXIX (1982) 1, S. 47–60.

PODSCHADLI, E.
Die Blindenkarte von Hannover. Kartogr. Nachr., Bonn–Bad Godesberg 31 (1981) 6, S. 206–212.

PÖHLMANN G.
Einflüsse der Darstellung thematischer Sachverhalte auf die kartographische Entwicklung. In:

Kartographische Aspekte in der Zukunft. Ergebnisse des 12. Arbeitskurses Niederdollendorf 1978 des Arbeitskreises Praktische Kartographie der Deutschen Gesellschaft für Kartographie e. V. Bielefeld 1979, S. 151–162.

POTAPOWA, A. J. u. SCHECHTER, M. S.
Welche Anzahl von Reizen kann der Mensch gleichzeitig erkennen? In: Organismische Informationsverarbeitung. Zeichenerkennung–Begriffsbildung–Problemlösen. Berlin 1974, S. 165–171.

PRAVDA, J.
Kartografický jazyk (Kartographische Sprache). Geodet. a kartogr. obzor, Praha 23 (1977) 10, S. 243–249.

PRAVDA, J.
Vzorka v teórii a praxi tvorby map (Das Strukturmuster in Theorie und Praxis der Kartenherstellung). Geodetický a kartografický obzor, Praha (1980) 8, S. 187–192.

PRAVDA, J.
Theoretical potential, methods and laws in cartography. In Cartography in Czechoslovak Socialist Republic, o. O. 1982, S. 7–17.

PRAVDA, J.
K otázce kategóií a zákonov v kartografii (Zur Frage der Kategorien und Gesetze in der Kartographie). Geodet. a kartogr. obzor, Praha 29 (1983) 12, S. 307–318.

PRAVDA, J.
Die kartographische Ausdrucksform aus der Sicht der Sprachtheorie. Peterm. Geogr. Mitt., Gotha 128 (1984) 2, S. 161–169.

PREOBRAŽENSKIJ, A. I.
Ökonomische Kartographie. Gotha 1956.

PUSTKOWSKI, R.
Standardisierungsprobleme der Kartensymbole von Touristenkarten bei Koeditionen. In: Intern. Yearbook of Cartogr. XVIII. Bonn–Bad Godesberg 1978, S. 54–57.

PUSTKOWSKI, R.
Grundzüge der Entwicklung der Verlagskartographie in der DDR – ein Beitrag zur Geschichte der Kartographie. Gotha/Leipzig 1980.

QUEISZNER, E.-F.
Qualitätssicherung bei der Herstellung von touristischen Karten für den Bevölkerungsbedarf. In: 5. Erfahrungsaustausch d. Wiss. Sektion Kartographie d. KDT, o. O. 1977.

RADÓ, S. u. DUDAR, T.
Some problems of standardization of transportation map symbols in thematical mapping. In:

Internat. Yearbook of Cartography. XI. Gütersloh 1971, S. 160–164.

RAISZ, E.
Principles of cartography. New York 1962.

RATAJSKI, L.
The methodical basis of the standardization of signs on economic maps. In: Internat. Yearbook of Cartography. XI. Gütersloh 1971, S. 137–159 [= 1971a].

RATAJSKI, L.
Kartologie – ein System der theoretischen Kartographie. Vermessungstechnik, Berlin 19 (1971) 9, S. 324–328 [= 1971b].

RATAJSKI, L.
The research structur of theoretical cartography. In: Intern. Yearb. of Cartography. XIII. Budapest 1973, S. 217–228.

RATAJSKI, L.
Pewne aspekty gramatuki mapy (Einige Aspekte der Grammatik der Kartensprache). Polski przegląd kartograf, Warszawa 8 (1976) 2, S. 49–61 [= 1976a].

RATAJSKI, L.
Cartology, its developed voncept. In: The Polish cartography. Warszawa 1976, S. 7–23 [= 1976b].

RATAJSKI, L.
Loss and gain of information in cartographic communication. In: Beiträge z. Theoret. Kartographie (Arnberger-Festschrift) Wien 1977, S. 217–227.

RATAJSKI, L.
The main characteristics of cartographic communication as a part of theoretical cartography. In: Intern. Yearbook of Cartography. XVIII. Bonn–Bad Godesberg 1978, S. 21–32.

RATAJSKI, L.
Rozwięta teoria kartologii (Entwicklungskonzeption der Theorie der Kartologie). In: Prace i studia geograficzne. T. 1 Teoria kartografii. Warszawa 1979 S. 23–44.

RATAJSKI, L. u. WINID, B.
Kartografia ekonomiczna (Ökonomische Kartographie). Warszawa 1960.

RAUSENDORF, D.
Prozeßgestaltung. In: Polygrafische Technik. Leipzig 1978 S. 569–613.

RAVENAU, J.
La cartographie a-t-elle encore sa place dans l'enseignement de la géographie à l'université. Bull. du Comité Français de Cartographie. Paris 87 (1981) 3, S. 23–30.

Rešetov, E. A.
Ispol'zovanie materialov kosmičeskich fotos"ëmok v topografičeskom proizvodstve (Verwendung von Materialien kosmischer photographischer Aufnahmen in der topographischen Produktion. Geodezija i kartografija. Moskva (1978) 12, S. 42–45.

Resnikow, L. O.
Erkenntnistheoretische Fragen der Semiotik. Berlin 1968.

Richter, F.
Klassifikation (Stichwort). In: Philosophie und Naturwissenschaften. Wörterbuch zu den philosophischen Fragen der Naturwissenschaften. Berlin 1978.

Rimbert, S.
Cartes et graphiques. Initation à la cartographie. Paris 1962.

Robinson, A. H.
An international standard symbolism for thematic maps: approaches and problems. In: Intern. Yearbook of Cartogr. XIII. Budapest 1973, S. 19–26.

Robinson, A. H. u. Bartz-Petchenik, B.
The natur of maps. Chicago 1976
[= 1976a].

Robinson, A. H. u. Bartz-Petchenik, B.
The map as a communication system. Cartogr. Journal 12 (1976) 1, S. 7–15
[= 1976b].

Robinson, A. R. u. Sale, R. D.
Elements of Cartography. New York 1969 (3. A.).

Rochhausen, R. (Hrsg.)
Die Klassifikation der Wissenschaften als philosophisches Problem. Berlin 1968.

Rochhausen, R.
Wissenschaftsentwicklung und wissenschaftliche Erkenntnisgewinnung in philosophischer Sicht. Wiss. Zeitschr. d. Karl-Marx-Univ. Leipzig 20 (1971) 4,
S. 423–437.

Röseberg, U.
Stichwort „Methode". In: Philosophie und Naturwissenschaften. Wörterbuch zu den philosophischen Fragen der Naturwissenschaften. Berlin 1978.

Roubitschek, W.
Zur Entwicklung thematischer Karten für die Leitung und Planung der Volkswirtschaft der DDR im Zeitraum 1970–1976. Vermessungstechnik, Berlin 24 (1976) 8,
S. 282–284.

Rubinstein, S. I.
Grundlagen der allgemeinen Psychologie. Berlin 1971 (8. A.).

Rüdiger, W.
Der Gesichtssinn – neurophysiologische Grundlagen. Leipzig 1982.

Rudenko, L. G.
Kartografičeskoe obosnovanie territorial 'nogo planirovanija (Kartographische Untersetzung der Territorialplanung). Kiev 1984.

[Sališčev] Salistschew, K. A.
Einführung in die Kartographie. Gotha/Leipzig 1967.

Sališčev, K. A.
Generalizacija v ëe istorii i sovremennom razvitii (Die Generalisierung in ihrer Geschichte u. modernen Entwicklung). In: Itogi nauki i techniki. Kartografija. Moskva 5 (1972), S. 6–22.

Sališčev, K. A.
Nekotorye čerty sovremennogo razvitija kartografii i ich teoretičeskij smysl (Einige Grundzüge der modernen Entwicklung der Kartographie und ihr theoretischer Inhalt). Vestnik Mosk. Univ., Ser. Geografija, Moskva 28 (1973) 2, S. 3–12.

Sališčev, K. A.
O kartografičeskom metode poznanija – Analiz nekotorych predstavlenij o kartografii (Über die kartographische Methode der Erkenntnis-Analyse einiger Auffassungen über die Kartographie). Vestnik Mosk. Univ., Ser. Geografija, Moskva 30 (1975) 1, S. 3–10.

Sališčev, K. A.
History and contemporary development of cartographic generalization. In: Intern. Yearbook of Cartography. XVI. Bonn–Bad Godesberg 1976, S. 158–172 [= 1976a].

Sališčev, K. A.
Teoretičeskie problemy kartografii (Theoretische Probleme der Kartographie). In: Itogi nauki i techniki – Kartografija. Moskva, Bd. 7, 1976, S. 6–21 [= 1976b].

Sališčev, K. A.
Proektirovanie i sostavlenie kart (Projektierung und Zusammenstellung von Karten). Moskva 1978 [= 1978a].

Sališčev, K. A.
Karty kak sredstvo kommunikacii (Karten als Kommunikationsmittel). In: Itogi nauki i techniki – Kartografija. Moskva, Bd. 8, 1978, S. 6–21 [= 1978b].

SALIŠČEV, K. A.
Kartografičeskaja kommunikacija – eë mesto v teorii nauki (Die kartographische Kommunikation und ihr Platz in der Theorie der Wissenschaft). In: Vestnik Mosk. Univ., Ser. Geografija, Moskva 33(1978) 3, S. 10–15 [=1978c].

SALIŠČEV, K. A.
Principy i zadači sistemnogo kartografirovanija (Prinzipien und Aufgaben der Systemkartierung). Izv. Vses. geogr. obščestva, Moskva 110 (1978) 6, S. 481–489 [=1978d].

SALIŠČEV, K. A. (Hrsg.)
Novye metody v tematičeskoj kartografii (Matematiko-kartografičeskoe modelirovanie i avtomatizacija) (Neue Methoden in der thematischen Kartographie. Mathematisch-kartographische Modellierung und Automatisierung). Moskva 1978 [= 1978e].

SALIŠČEV, K. A.
Wie alt sind die Begriffe Karte und Kartographie? Peterm. Geogr. Mitt., Gotha 123 (1979) 1, S. 65–68.

SALIŠČEV, K. A.
Kartograf 2000-go goda i ego formirovanie v vysšej škole (Der Kartograph des Jahres 2000 und seine Bildung an der Hochschule). Vestnik Mosk. Univ., Ser. Geografija, Moskva, 35 (1980) 5, S. 3–11.

SALIŠČEV, K. A. u. KNIŽNIKOV, JU. F
(Hrsg.) Kosmičeskaja s”ëmka i tematičeskoe kartografirovanie. Geografičeskie rezul'taty mnogozonal'nych kosmičeskich eksperimentov (Kosmische Aufnahmen und thematische Kartierung. Geographische Ergebnisse mehrzonaler kosmischer Experimente). Moskva 1980.

SALIŠČEV, K. A.
O tvorčeskom vzaimodejstvii geografičeskich nauk i kartografii (Zur schöpferischen Zusammenarbeit der geographischen Wissenschaft und der Kartographie). Vestnik Mosk. Univ., Ser. Geografija, Moskva 37 (1981) 2, S. 8–14 [= 1981a].

SALIŠČEV, K. A.
Mesto kartografii v sisteme naučnych znanii (Der Platz der Kartographie im System der wissenschaftlichen Kenntnisse). Geodezia i Kartografija, Moskva (1981), S. 37–41 [= 1981b].

SALIŠČEV, K. A.
Kartografija (Kartographie). Lehrbuch für Universitäten. Moskva 1982. 3. Aufl. [= 1982a].

SALIŠČEV, K. A.
Kartovedenie (Kartenkunde). Moskva 1982 [= 1982b].

SALIŠČEV, K. A.
Idei i teoretičeskie problemy v kartografii 80-ch godov (Ideen und theoretische Probleme in der Kartographie der 80er Jahre). Itogi nauki i techniki. Kartografija. Tom 10. Moskva 1982 [=1982c].

SALIŠČEV, K. A.
Struktura kartografičeskoj nauki (Die Struktur der kartographischen Wissenschaft). Vestnik Mosk. Univ., Ser. Geografija, Moskva 37 (1982), S. 3–11 [= 1982d].

SALIŠČEV, K. A.
O jazyke kart i kartografičeskoj nauki (Über die Sprache der Karten und die Sprache der kartographischen Wissenschaft). Geodezia i Kartografija. Moskva (1982) 4, S. 42–47 [= 1982e].

SALIŠČEV, K. A.
Fundamental'noe kartografičeskoe proizvedenie (k publikacii nacional'nogo Atlasa GDR) [Ein fundamentales kartographisches Werk (zur Veröffentlichung des Nationalatlas GDR)]. Geodezia i Kartografija, Moskva (1983) 3, S. 37–41 [= 1983a].

SALIŠČEV, K. A.
Kartografija na zapade – analiz teoretičeskich poiskov poslednich let (Kartographie im Westen – Analyse theoretischer Untersuchungen der letzten Jahre). Vestnik Mosk. Univ., Ser. Geografija, Moskva 38 (1983) 6, S. 11–17 [= 1983b].

SALIŠČEV, K. A.
Razrabotka teorii kartografii v socialističeskich stranach Evropy. Geodezia i Kartografija, Moskva (1983) 3, S. 37–41. [= 1983c].

SALIŠČEV, K. A.
Otnošenie kartografii k zakonam i klassifikacii nauk (Beziehungen der Kartographie zu den Gesetzen und die Klassifikation der Wissenschaften). Vestnik Mosk. Univ., Ser. Geografija, Moskva 39 (1984) 6, S. 3–10.

SAL'NIKOV, S. E.
Sistemnye geografičeskie osnovy i principy prikladnogo kartografirovanija prirody (Geographische Systemgrundlagen und Prinzipien der angewandten Naturkartierung). In: Geografičeskaja kartografija v naučnych issledovanijach i narodnochozajstvennoj praktike. Moskva 1982, S. 74–83.

SANDERS, R. A. u. PORTER, P. W.
Shape in revealed mental maps. In: Ann. Assoc. Americ. Geogr., o. O. 1974, S. 258–267.

SANDFORD, H. A.
Map design for children. „SUC" Bulletin, o. O. (1980) 14, S. 39–48.

SANDNER, E.
Über Aufbau und Form der Legende landeskundlicher Karten. Vermessungstechnik, Berlin 31 (1983) 7, S. 232–234.

SAUSCHKIN, J. G.
Studien zu Geschichte und Methodologie der geographischen Wissenschaft. Gotha/Leipzig 1978.

SCHAMP, H.
Die Kartographie in ihren Beziehungen zu den Geowissenschaften, insbesondere zur Geodäsie und Geographie. In: Kartogr. Aspekte d. Zukunft. Karlsruhe 1979, S. 59–81.

SCHARFE, W.
Die Geschichte der Kartographie im Wandel. In: Internat. Yearbook of Cartography. XXI. Bonn–Bad Godesberg 1981, S. 168–176.

SCHIEDE, H.
Das Element Farbe in der thematischen Kartographie. In: Grundsatzfragen der Kartographie. Wien 1970, S. 247–268.

SCHIRM, W.
Zur weiteren Bereitstellung von topographischen Karten (AV) für die Volkswirtschaft der DDR. Vermessungstechnik, Berlin 32 (1984) 7, 221–222.

SCHLICHTMANN, H.
Codes in map communication. The Canadian cartographer 16 (1979), S. 81–97.

SCHMIDT-FALKENBERG, H.
Grundlinien einer Theorie der Kartographie. Nachrichten aus dem Karten- und Vermessungswesen, Reihe I, Frankfurt [Main] (1962) 22, S. 5–37.

SCHMIDT, H. u. NAUMANN, R.
Wissenschaftliche Arbeitsorganisation. Berlin 1972.

SCHOBER, H.
Das Sehen. Bd. I, Leipzig 1960 (3. Aufl.); Bd. II, Leipzig 1964 (3. Aufl.).

SCHOLZ, E.; TANNER, G. u. JÄNCKEL, R.
Einführung in die Kartographie und Luftbildinterpretation. Studienbücherei Geographie. Bd. 16. Gotha/Leipzig 1978.

SCHOPPMEYER, J.
Die Wahrnehmung von Rastern und die Abstufung von Tonwertskalen in der Kartographie.

Dissertation. Institut für Kartographie u. Topographie d. Univ. Bonn. Bonn 1978.

SCHULTZE, J. H.
Geographie und Geodäsie. Vermessungstechnik, Berlin 1 (1952) 3, S. 17–21.

SCHULZ, G.
Stellgrößen zur Reduzierung der falsch vermittelten Lage- und Größenvorstellungen unter wahrnehmungspsychologischen Gesichtspunkten im Hinblick auf die kartographischen Darstellungen für den schulischen Bereich. Kartogr. Nachr., Bonn–Bad Godesberg 26 (1976 2, S. 52–60.

SCHULZ, G.
Kartographische Forschungsergebnisse auf einem Gebiet der Semiotik als Grundlage für die Medienpolitik der Verlage. Die Erde, 108 (1977), S. 103–114.

SCHREITER, J.
Stichwort „Wissen". In: Philosophie und Naturwissenschaften. Wörterbuch zu den philosophischen Fragen der Naturwissenschaften. Berlin 1978.

SCHWENK, W.
Kartentheorie und Automationstechnik als gemeinsame Grundlage digitaler Kartenmodelle. Diss. Techn. Universität Berlin [West] 1979.

SEGETH, W.
Elementare Logik. Berlin 1967 (2. A.).

SEGETH, W.
Stichwort „Methode". In: Philosophisches Wörterbuch. Leipzig 1974 (10. A.) [= 1974a].

SEGETH, W.
Stichwort „Methodologie". In: Philosoph. Wörterbuch. Leipzig 1974 (10. A.) [= 1974b].

SEGETH, W.
Stichwort „Wissenschaftssprache". In: Philosoph. Wörterbuch Leipzig 1974 (10.A.) [= 1974c].

SEMËNOV, V. N.
Principy konstruirovanija uslovnych značkov i ich psichologičeskoe obosnovanie (Prinzipien der Zeichenkonstruktion und ihre psycho-physiologische Grundlage). Izv. Vsesojuzn. geograf. obšč., o. O. 112 (1980) 1, S. 68–73.

SERBENJUK, S. N. u. ŽUKOV, V. T.
Primenenie matematiko-statističeskich modelej dlja kartografirovanija geografičeskich kompleksov (Die Verwendung mathematisch-statistischer Modelle für die Kartierung geographischer Komplexe). Kalinin 1973.

SERBENJUK, S. N. u. TIKUNOV, V. S.
Avtomatizacija v tematičeskoj kartografii (Automatisierung in der thematischen Kartographie). Moskva 1984.

SHANNON, C. E. u. WEAVER, W.
The mathematical theory of communication. Illinois 1949.

SIEBER, G.
Zu einigen Aufgaben des staatlichen Vermessungs- und Kartenwesens in Verwirklichung der Beschlüsse des IX. Parteitages der SED. Vermessungstechnik, Berlin 24 (1976) 10, S. 361–364.

SIEBER, G.
30 Jahre staatliches Vermessungs- und Kartenwesen im Bereich des Ministeriums des Innern der Deutschen Demokratischen Republik. Vermessungstechnik, Berlin 29 (1981) 12, S. 399–406.

SINTSCHENKO, W. P.; MUNIPOW, W. M. u. SMOLJAN, G. L.
Ergonomische Grundlagen der Arbeitsorganisation. Berlin 1976.

SINZ, R.
Lernen und Gedächtnis. Berlin 1976.

SINZ, R.
Gehirn und Gedächtnis. Berlin 1978.

SINZ, R.
Neurobiologie und Gedächtnis. Berlin 1979.

ŠIRJAEV, E. E.
Sposob polučenija mnogocvetnych kart s skrytym stereoskopičeskim izobraženiem (Verfahren zur Herstellung mehrfarbiger Karten mit latenter stereoskopischer Darstellung). Geodezija i Kartografija, Moskva 49 (1974) 12, S. 54–56.

ŠIRJAEV, E. E.
Novye metody kartografičeskogo otobraženija i analiza ego informacii s primeneniem ÈVM (Neue Methoden der kartographischen Darstellung und der Analyse ihrer Information bei Einsatz von EDVA) Moskva 1977.

ŠIRJAEV, E. E.
Proektirovanie optimal'noj sistemy diskretnych znakov (Projektierung) optimaler Systeme diskreter Zeichen). Geodezija i kartografija, Moskva 55 (1980) 4, S. 57–60.

ŠKURKOV, V. V.
Opyt ocenki količestva informacii pri vybore sposoba kartografičeskogo izobraženija (Ein Versuch zur Bewertung der Informationsmenge bei der Wahl der kartographischen Darstellungsmenge). Geodezija i Aėrofotos"ëmka (1972) 7, S. 53–59.

SMOLJAN, G. L. u. SOLNZEWA, G. N.
Psychologische Faktoren der Optimierung der Arbeitstätigkeit. Sowjetwissenschaft. Gesellschaftswiss. Beiträge. o. O, 31 (1978) 2, S. 159–172.

SOKOLOV, N. I.
K opredeleniju statističeskoj mery kartografičeskoj informacii (Zur Bestimmung des statistischen Maßes der kartographischen Information). Geodezija i Kartografija, Moskva (1980) 9, S. 51–52.

SOLDATKINA, V. D. u. MEL'NIKOV, A. V.
Puti soveršenstvovanija uslovnych znakov topografičeskich kart (Wege der Vervollkommnung topographischer Kartenzeichen). Nauč. tr. Mosk. in-te inž. zemleustrojstva, (1978) 95, S. 114–119.

SÖLLNER, R.; MAREK, K.-H.; WEICHELT, H. u. a.
Formalisierung von Erkenntnisprozessen in der Fernerkundung. Vermessungstechnik, Berlin 30 (1982) 3, S. 81–84.

SÖLLNER, R.; SCHMIDT, K. u. WEICHELT, H.
Erkennungskonzepte für die Abteilung thematischer Informationen aus Fernerkundungsdaten. Vermessungstechnik, Berlin 30 (1982) 12, S. 400–403.

SOLOV'ËV, M. D.
Matematičeskaja kartografija (Mathematische Kartographie). Moskva 1950.

SPERLING, W.
Typenbildung und Typendarstellung in der Schulkartographie. In: Akademie f. Raumforsch. u. Landesplanung. Forsch.- u. Sitz. Ber., 1973. Bd. 86, S. 179–194.

SPERLING, W.
Kartenlesen und Kartengebrauch im Unterricht. Eine Bibliographie. Nachr. Blatt d. Vermess. – u. Katasterverwaltung Rheinland-Pfalz. Sonderheft. Koblenz 1974.

SPERLING, W.
Kartographische Didaktik und Kommunikation. Kartogr. Nachr., Bonn–Bad Godesberg 32 (1982) 1, S. 5–15.

SPIESS, E.
Eigenschaften von Kombinationen graphischer Variablen. In: Grundsatzfragen der Kartographie. Wien 1970, S. 273–293.

SPIESS, E.
International genormte topographische Karten für den Orientierungslauf. In: Internat. Jahrb. f. Kartographie. XII. Gütersloh 1972, S. 124–129.

SPRUNG, L. u. SPRUNG, H.
Grundlagen der Methodologie und Methodik der Psychologie. Eine Einführung in die For-

schungs- und Diagnosemethodik für empirisch arbeitende Humanwissenschaftler. Berlin 1984.

SRNKA, E.
The analytica solution of regular generalization in cartography. In: Internat. Yearbook of Cartography. X. Budapest 1970, S. 48–62.

SRNKA, E.
Matematicko-logické modely generalizace a jejich využiti při automatickém vyhotování map (Mathematisch-logische Modelle der Generalisierung und ihre Verwendung bei der automatisierten Kartenherstellung). In: Zborník 3. kartografickej konferencie. Bratislava, SVTS 1972, S. 126–153.

SRNKA, E.
Mathematico – logical models in cartographic generalization. In: Automation, the new trend in cartography (ICA-Report). Budapest 1974, S. 45–52.

STAMS, W.
Zum Modell-, Informations- und Systembegriff in der Kartographie. Wiss. Zeitschr. d. Techn. Univ. Dresden 20 (1971) 1, S. 287–300.

STAMS, W.
Die Möglichkeiten der Kartographie zur Darstellung von räumlichen und zeitlichen Veränderungen. Wiss. Zeitschrift d. Techn. Universität Dresden 22 (1973) 1, S. 153–163.

STAMS, W.
Bibliographische Zusammenstellungen. Dresden 1982 (Manuskriptdruck).

STAMS, W.
Stichwort „Geschichte der Kartographie". In: Brockhaus abc Kartenkunde. Leipzig 1983.

STAMS, W.
Stichwort „Kartenzeichen". In: Brockhaus abc Kartenkunde. Leipzig 1983.

STEGENA, L.
Tools for automation of map generalization: the filter theory and the coding theory. In: Automation, the new trend in cartography (ICA-Report). Budapest 1974, S. 66–95.

STEINBUCH, K.
Dimensionen der Information. Kartogr. Nachr., Bonn–Bad Godesberg 23 (1973) 4, S. 133–148.

STEINHAGEN, H.-E. u. FUCHS, S.
Objekterkennung. Einführung in die mathematischen Methoden der Zeichenerkennung. Berlin 1980.

STEINICH, L.
Zum Begriff der geodätischen und kartographischen Information. Vermessungstechnik, Berlin 22 (1974) 9, S. 340–342.

ŠTOFF, V. A.
Modellierung und Philosophie. Berlin 1969.

STRIEBING, L.
Die erkenntnistheoretisch-methodologischen Besonderheiten der technischen Wissenschaften. Wiss. Zeitschrift d. Techn. Universität Dresden 28 (1979) 4, S. 921–926.

STRIEBING, L. u. SCHILD, H.
Soziale und kognitive Aspekte des ingenieurwissenschaftlichen Erkenntnis- und Schaffensprozesses. In: Informationsbull. Aus dem philosoph. Leben d. DDR. Berlin 17 (1981) 9, S. 14–20.

SUCHOV, V. I.
Informacionnaja ëmkost' karty. Entropija. (Informationserfassungsvermögen. Entropie) Geodezija i Aërofotos"ëmka. Moskva 4 (1967) S. 11–17.

SUCHOV, V. I.
Application of information theory in generalization of map contents. In: Intern. Jahrb. f. Kartogr. X. Gütersloh 1970, S. 41–47.

SUCHOV, V. I.
Matematičeskoe modelirovanie kartografičeskoj informacii (Mathematische Modellierung kartographischer Informationen). In: Teor. i metod. probl. zeml. na sovrem. etape., Moskva 1974, S. 503–513.

ŠUKOV, V. T.; SERBENJUK, S. N. u. TIKUNOV, V. S.;
Matematiko – kartografičeskoe modelirovanie v geografii (Mathematisch-kartographische Modellierung in der Geographie). Moskva 1980.

SVENTEK, JU. u. V. u. SERBENJUK, S. N.
Sostojanie i perspektivy razvitija avtomatizacii v tematičeskoj kartografii (Stand und perspektivische Entwicklung der Automatisierung in der thematischen Kartographie). In: Novye metody v tematičeskoj kartografii. Moskva 1978, S. 114–120.

SYDOW, H. u. PETZOLD, P.
Mathematische Psychologie. Berlin 1981.

TAEGE, G.
Der Einsatz der Karte in der Territorialplanung der DDR. Geogr. Ber., Gotha/Leipzig 16 (1971), 4, S. 301–310.

TÄUBERT, H.
Zur Namenschreibung in Karten und Atlanten. Papier und Druck. Schwerpunktheft Kartographie, Leipzig 23 (1974) 11, S. 45–47.

TAYLOR, R. M.
Information theory and map evalution. In: Internat. Yearbook of Cartogr. XV. Bonn–Bad Godesberg 1975, S. 165–181.

TEINZ, K.-F.
Stichwort „Heuristik". In: Philosophie und Naturwissenschaften. Wörterbuch zu den philosophischen Fragen der Naturwissenschaften. Berlin 1978.

TETERIN, G. N.
Informacionnaja struktura nekotorych vidov kart (Die Informationsstruktur einiger Kartenarten). Geodezija i kartografija, Moskva (1982) 9, S. 43–45.

TETZNER, R.
Einige Beziehungen zwischen Empirischem und Theoretischem im wissenschaftlichen Erkenntnisprozeß. Wiss. Zeitschr. d. Karl-Marx-Universität Leipzig, Ges.- u. sprachwiss. Reihe, 20 (1971) 4, S. 447–449.

TIKUNOV, V. S.
Tipologija matematiko-kartografičeskich modelej social'no-ėkonomičeskich javlenij (Klassifikation der mathematisch-kartographischen Modelle der sozial-ökonomischen Erscheinungen. Izvest. Akad. nauk SSR. Ser. geograf., Nr. 2. Moskva 1979, S. 130–134.

TIKUNOV, V. S.
Sposob ocenki dostovernosti matematiko-kartografičeskogo modelirovanija (Bewertungsverfahren der Zuverlässigkeit mathematisch-kartographischer Modellierung). Vestnik Mosk. Univ., Ser. Geografija 37 (1982) 4, S. 42–48.

TIKUNOV, S. N.
Modelirovanie v social'no-ėkonomičeskoj kartografii (Modellierung in der sozial-ökonomischen Kartographie). Moskva 1985 [= 1985].

TIKUNOV, V. S.
Teoretičeskie napravlenija razivitija metodov modelirovanija tematičeskogo soderžanija kart (Theoretische Entwicklungsrichtungen der Modellierungsmethoden thematischer Karteninhalte) In: Geografičeskaja Kartografija. Vzgljad v buduščee. Moskva 1985, S. 53–62. [= 1985b].

TIMPE, K.-P.
Begriffswort „Ingenieurpsychologie". In: Wörterbuch der Psychologie. Leipzig 1981.

TISSOT, A.
Die Netzentwürfe geographischer Karten. Stuttgart 1887.

TÖPFER, F.
Das Wurzelgesetz und seine Anwendung bei der Reliefgeneralisierung. Vermessungstechnik, Berlin 10 (1962) 2, S. 37–42.

TÖPFER, F.
Die Kartennutzung. Vermessungstechnik, Berlin 20 (1972) 10, S. 376–379 u. 20 (1972) 11, S. 435–437.

TÖPFER, F.
Kartographische Generalisierung. Gotha/Leipzig 1974.

TÖPFER, F.
Mathematisch-statistische Verfahren in der Kartographie. Vermessungstechnik, Berlin 26 (1978), 5, S. 168–170.

TÖPFER, F.
Stichwort „Generalisierung". In: Brockhaus abc Kartenkunde. Leipzig 1983.

TVERDOCHLEBOV, I. T. u. JAKOVENKO, I. M.
Naučno-metodologičeskie osnovy sozdanija rekreacionnogo atlasa (Wissenschaftlich-methodologische Grundlagen der Herausgabe von Erholungsatlanten). Geodezija i kartografija, Moskva (1982) 2, S. 48–53.

UCAR, D.
Kommunikationstheoretische Aspekte der Informationsübertragung mittels Karten. Diss. Bonn 1979.

UNBEHAUEN, R.
Systemtheorie. Berlin 1971 (2.A.).

VACHRAMEEVA, L. A.
Kartografija (Kartographie). Moskva 1981.

VAIC, H.
Gruppierungseffekte bei visueller Datenentnahme. In: Arbeits-, ingenieur- und sozialpsychologische Beiträge zur sozialistischen Rationalisierung. Berlin 1973. S. 60–65.

VANECEK, E.
Experimentelle Beiträge zur Wahrnehmbarkeit kartographischer Signaturen. Forschungen zur Theoretischen Kartographie, Bd. 6. Wien 1980.

VANJUKOVA, L. V.
Postroenie klassifikacionnoj soderžatel'noj modeli ob"ektov (Entwicklung eines klassifizierenden Inhaltsmodells der Objekte). Izv. vuzov., Geod. i Aėrofotos"ëmka 1982, 3, S. 96–102 [= 1982a].

VANJUKOVA, L. U.
Metody kodirovanija kartografičeskogo izobraženija (Kodierungsmethoden der kartographischen Darstellung). Izv. vys. učebn. zav., Geodezija i Aėrofotos"ëmka, Moskva (1982) 4, S. 113–118 [= 1982b].

VANSELOW, G. W.
Mental maps in cartography. Canad. cartogr. 1974, S. 190–191.

Van Zuylen, L.
Visual ergonomics in cartography. In: ITC-Journal, Enschede (1982) 2, S. 170–173.

Vasmut, A. S.
Modelirovanie processa čtenija (raspoznavanija) kartografičeskogo izobraženija (Modellierung des Lesens (Erkennens) einer kartographischen Abbildung). Izvest. vysš. učebn. Zaved., Geodez. i Aėrofotos"ëmka, Moskva 19 (1976) 6, S. 91–98 [= 1976a].

Vasmut, A. S.
Osnovnye principy postroenija sistemy uslovnych znakov dlja topografičeskich kart (Grundprinzipien des Aufbaus von Kartenzeichensystemen für topographische Karten). Izv. vys. učebn. zaved., Geodez. i Aėrofotos"ëmka, Moskva (1976) 4, S. 93–104 [= 1976b].

Vasmut, A. S.
Mašinoe konstruirovanie kartografičeskich znakov (Maschinelle Konstruktion der Kartenzeichen). Izv. vysš. učebn. Zaved., Geodez. i. Aėrofos"ëmka, Moskva 20 (1977) 3, S. 84–95.

Vasmut, A. S.
Model' processa peredači informacii ot karty k eë potrebitelju (Modell der Informationsübertragung von der Karte zu ihrem Nutzer). Izv. Vysš. Učebn. Zaved.; Geodezija i Aėrofotos"ëmka, Moskva 22 (1979) 5, S. 95–103.

Vasmut, A. S.
Modelirovanie v kartografii s primeneniem ĖVM (Modellierung in der Kartographie unter Anwendung der EDV). Moskva 1983.

Vasmut, A. S. u. Čerkasov, S. A.
Otobraženie prostranstvennych vzaimosvjazej ob"ektov na topografičeskich kartach (Abbildung der räumlichen Wechselbeziehungen der Objekte auf topographischen Karten) Geodez. i. Kartogr., Moskva (1981) 6, S. 47–51.

Vasmut, A. S. u. Vergasov, V. A.
Matematičeskoe modelirovanie processa postroenija karty (Mathematische Modellierungsprozesse beim Entwurf von Karten). Izv. vyss. učebn. zaved., Geodez. i Aėrofotos"ëmka, Moskva 15 (1975) 3, S. 107–115.

Vereščaka, T. V.
Ispol'zovanie kosmičeskich snimkov pri topografičeskom kartografirovanii. Izv. vysš. učebn. (Nutzung kosmischer Aufnahmen für die topografische Kartierung). Zaved. Geodez. i Aėrofotos"ëmka, Moskva (1981) 1, S. 95–102.

Vergasov, V. A.
Statističeskij analiz i avtomatičeskoe raspoznavanie risunka gorizontalej topografičeskich kart (Statistische Analyse und automatische Erkennung von Höhenlinienzeichnungen in topographischen Karten). Geodez. i Aėrofot., Moskva 17 (1974) 1, S. 103–109.

Vergasov, V. A.; Vasmut, A. S. u. Prugalova, N. A.
Ob opytach polučenija obučajuščej vyborki dlja zadač raspoznavanija tipov rel'efa s pomošč'ju ĖVM (Zu Erfahrungen bei der Ermittlung einer Lehrauswahl für Aufgaben der Relieftypenerkennung mittels EDV). Geodez. i. Kartogr., Moskva 46 (1971) 7, S. 60–67.

Viduev, N. G. u. Poliščuk, Ju. V.
Geodezija v naukovedčeskom aspekte (v porjadke obsuždenija) (Geodäsie unter dem Gesichtspunkt der Wissenschaftstheorie ‹zur Diskussion gestellt›). Geodez. i kartogr., Moskva 52 (1977) 12, S. 24–27.

Volkov, N. M.
Principy i metody kartometrii (Prinzipien und Methoden der Kartometrie). Moskva 1950.

Volkov, N. M.
Sostavlenie i redaktirovanie kart (Zusammenstellung und Redaktion von Karten). Moskva 1961.

Völz, H.
Information genauer betrachtet. Wissenschaft und Fortschritt, Berlin 32 (1982) 6, S. 234–237.

Wagner, J.
Zahl und graphische Darstellung im Erdkundeunterricht. Experimentell – psychologische Untersuchungen über Größenbeziehungen der im Erdkundeunterricht gebräuchlichen graphischen Grundformen. Gotha 1931.

Walter, K. u. a.
Wissenschaftliche Arbeitsorganisation – Arbeitsstudium, Arbeitsgestaltung und Arbeitsnormung als Instrumente sozialistischer Leitung. Berlin 1971.

Warnke, C.
Stichwort „Klassifikation der Wissenschaften". In: Philosophisches Wörterbuch. Berlin 1974.

Weber, W.
Raster-Datenverarbeitung in der Kartographie. In: Nachr. aus dem Karten- u. Vermessungswesen. R. I: Originalbeiträge (88). Frankfurt a. M. 1982. S. 111–190.

Wendt, H.
Die Mathematisierung als notwendige Voraussetzung der Existenz und Entwicklung der

Technikwissenschaften. Wiss. Zeitschr. d. Techn. Univ. Dresden 28 (1979) 4, S. 986–998.

WERNER, F.
Assoziationsmessung und semantisches Differential in der empirischen Kartographie. Kartogr. Nachr., Bonn–Bad Godesberg 28 (1978) 1, S. 12–19.

WERNER, F.
Gedanken über Erkenntnisziele und Lehrinhalte der Kartographie. Geografiker. Berlin [West] (1970) 5, S. 15–27.

WESSEL, H.
Stichwort „Terminus". In: Philosophie und Naturwissenschaften. Wörterbuch zu den philosophischen Fragen der Naturwissenschaften. Berlin 1978 [= 1978a].

WESSEL, H.
Stichwort „Kategorie". In: Philosophie und Naturwissenschaften. Wörterbuch zu den philosophischen Fragen der Naturwissenschaften. Berlin 1978 [= 1978b].

WIEDEL, J. W. u. GROVES, P. A.
Tactual maps. In: Internat. Yearbook of Cartogr. Bd. X, Gütersloh 1970, S. 116–123.

WIENER, N.
Cybernetics or control and communication in the animal and the machine. Paris 1948.

WILLIAM-OLSON, W.; EKMAN, G. u. LINDMAN, R.
A psychophysical study of cartographic symbols. Geografiska Annaler, o. O., 45 (1963) 4, S. 262–271.

WISE, D. A.
Primitive cartography in the Marshall islands. The Canadian cartographer, 13 (1976) 1, S. 11–20.

WITT, W.
Thematische Kartographie. Hannover 1970 (2.A.; 1.A. 1967).

WITT, W.
Bevölkerungskartographie. Hannover 1971.

WITT, W.
Thematische Kartometrie? Vermessung, Photogrammetrie, Kulturtechnik, o. O. 1975, S. 59–62.

WITT, W.
Modelle und Karten. Kartogr. Nachr., Bonn–Bad Godesberg 26 (1976) 1, S. 2–8.

WITT, W.
Theoretische Kartographie – ein Beitrag zur Systematik. In: Beitrag zur Theoretischen Kartographie (Arnberger-Festschrift). Wien 1977, S. 15–37.

WITT, W.
Lexikon der Kartographie. Wien 1979.

WITT, W.
Themakartographie: technischer Fortschritt und theoretische Problematik. Zeitschr. f. Verm.-Wesen, Stuttgart 107 (1982) 1, S. 7–15.

WITTICH, D.
Stichwort „Handlungsanweisung". In: Philosophie und Naturwissenschaften. Wörterbuch zu den philosophischen Fragen der Naturwissenschaften. Berlin 1978.

WITTICH, G.
Über Gegenstand und Methoden der marxistisch-leninistischen Erkenntnistheorie. Studien zur Erkenntnistheorie. Berlin 1976 (2. Aufl.).

WITTICH, G., GÖSSLER, K. u. WAGNER, K.
Marxistisch-leninistische Erkenntnistheorie. Berlin 1978.

WOLFFGRAMM, H.
Allgemeine Technologie. Elemente, Strukturen und Gesetzmäßigkeiten technologischer Systeme. Leipzig 1978.

WOLKOW, N. M. u. BOLSCHAKOW, W. D.
Thematic moon surface cartography, based on space photographs. Allgem. Vermess.-Nachr., Karlsruhe 84 (1977) 10, S. 375–379.

WOLODTSCHENKO, A.
Neue Darstellungsmöglichkeiten mehrerer Merkmale in Schreibwerkkartogrammen. Vermessungstechnik, Berlin 30 (1982) 8, S. 276–278.

WONKA, E.
Methoden der Wertstufenbildung und ihre Eignung für die thematische Kartographie. Inst. f. Geogr. Univ. Wien 1979.

WOSKA, E.
Die „Instruktion" – grundlegendes Dokument geographischer Namenschreibung. Vermessungstechnik, Berlin 32 (1984) 6, S. 190–191.

WÜSTNECK, K.-D.
Stichwort „Modellierung". In: Philosoph. Wörterbuch. Leipzig 1974 (10. A.).

YUJU, H.
A review of the higher cartographic education in modern China. In: Intern. Yearbook of Cartography. XXI. Bonn–Bad Godesberg 1981, S. 203–212.

ZAV'JALOV, Ju. S.; KVASOV, B. I. u. MIROŠNIČENKO, V. L.
Metody splajn – funkcij (Methoden der Spline-Funktionen). Moskva 1980.

ZDENKOVIĆ, M.

Odrejivanje entropije prikaza reliefa na topografskim kartama. In: Zbornik radova. Geodetski Fakultet sveučilišta u Zagrebu. Zagreb 1982, S. 27–44.

ZLOČEVSKI, S. E.; KOZENKO, A. V.; KOSOLAPOV, V. V. u. POLOVINČIK, A. N.

Information in der wissenschaftlichen Forschung. Berlin 1972.

ZOLOVSKIJ, A. P.; MARKOVA, E. E. u. PARCHOMENKO, G. O.

Kartografičeskie issledovanija problemy ochrany prirody (Kartographische Untersuchungen des Naturschutzproblems). Kiev 1978.

ZOLOVSKIJ, A. P.; MARKOVA, E. E. u. PARCHOMENKO, G. O.

Naučnye osnovy sistemnych kartografičeskich issledovanij problemy ochrany prirody (Wissenschaftliche Grundlagen systematischer kartographischer Untersuchungen des Naturschutzes). In: Kartierung geographischer Systeme. Moskau 1981, S. 40–47.

ŽUPANSKIJ, JA., J.

Nekotorye aspekty problemy modelirovanija legendy social'no-ekonomičeskich kart (Einige Aspekte der Modellierung der Legende von sozial-ökonomischen Karten). Geodez., kartogr. i aèrofotos"ëmka, L'vov (1974) 20, S. 97–99.